U0137381

对我来说，植物界里几乎没有比食虫植物更引人关注的发现。

——达尔文

与世界上所有物种的起源相比，我更关心茅膏菜的起源。……茅膏菜属是奇异的植物，或更应该说是极其聪明的动物。我将全力庇护茅膏菜属植物，直到离开人世。

——达尔文

本书列入“十三五”国家重点图书出版规划

科学元典丛书

The Series of the Great Classics in Science

主　　编　任定成

执行主编　周雁翎

策　　划　周雁翎

丛书主持　陈　静

科学元典是科学史和人类文明史上划时代的丰碑，是人类文化的优秀遗产，是历经时间考验的不朽之作。它们不仅是伟大的科学创造的结晶，而且是科学精神、科学思想和科学方法的载体，具有永恒的意义和价值。

食虫植物

Insectivorous Plants

[英] 达尔文 著　石声汉 译　祝宗岭 校

图书在版编目(CIP)数据

食虫植物/(英)达尔文(Darwin,C.R.) 著；石声汉译. —北京：北京大学出版社，2014.11

(科学元典丛书)

ISBN 978-7-301-25055-6

Ⅰ.①食… Ⅱ.①达…②石… Ⅲ.①科学普及—驱虫—植物 Ⅳ.①Q949.96

中国版本图书馆 CIP 数据核字(2014)第 246236 号

INSECTIVOROUS PLANTS
(2nd Edition)
By Charles Darwin
Rev. by Francis Darwin
London: J. Murray, 1888

书　　名　食虫植物
　　　　　SHICHONG ZHIWU
著作责任者　[英]达尔文　著　石声汉　译　祝宗岭　校
丛书策划　周雁翎
丛书主持　陈　静
责任编辑　陈　静
标准书号　ISBN 978-7-301-25055-6
出版发行　北京大学出版社
地　　址　北京市海淀区成府路 205 号　100871
网　　址　http://www.pup.cn　新浪微博：@北京大学出版社
微信公众号　科学与艺术之声（微信号：sartspku）
电子信箱　zyl@pup.pku.edu.cn
电　　话　邮购部 010-62752015　发行部 010-62750672　编辑部 010-62707542
印 刷 者　北京中科印刷有限公司
经 销 者　新华书店
　　　　　787 毫米×1092 毫米　16 开本　21.5 印张　8 插页　350 千字
　　　　　2014 年 11 月第 1 版　2021 年 1 月第 3 次印刷
定　　价　68.00 元

弁　言

· *Preface to the Series of the Great Classics in Science* ·

这套丛书中收入的著作，是自古希腊以来，主要是自文艺复兴时期现代科学诞生以来，经过足够长的历史检验的科学经典。为了区别于时下被广泛使用的“经典”一词，我们称之为“科学元典”。

我们这里所说的“经典”，不同于歌迷们所说的“经典”，也不同于表演艺术家们朗诵的“科学经典名篇”。受歌迷欢迎的流行歌曲属于“当代经典”，实际上是时尚的东西，其含义与我们所说的代表传统的经典恰恰相反。表演艺术家们朗诵的“科学经典名篇”多是表现科学家们的情感和生活态度的散文，甚至反映科学家生活的话剧台词，它们可能脍炙人口，是否属于人文领域里的经典姑且不论，但基本上没有科学内容。并非著名科学大师的一切言论或者是广为流传的作品都是科学经典。

这里所谓的科学元典，是指科学经典中最基本、最重要的著作，是在人类智识史和人类文明史上划时代的丰碑，是理性精神的载体，具有永恒的价值。

一

科学元典或者是一场深刻的科学革命的丰碑，或者是一个严密的科学体系的构架，或者是一个生机勃勃的科学领域的基石，或者是一座传播科学文明的灯塔。它们既是昔日科学成就的创造性总结，又是未来科学探索的理性依托。

哥白尼的《天体运行论》是人类历史上最具革命性的震撼心灵的著作，它向统治西方思想千余年的地心说发出了挑战，动摇了“正统宗教”学说的天文学基础。伽利略《关于托勒密与哥白尼两大世界体系的对话》以确凿的证据进一步论证了哥白尼学说，更直接地动摇了教会所庇护的托勒密学说。哈维的《心血运动论》以对人类躯体和心灵的双重关怀，满怀真挚的宗教情感，阐述了血液循环理论，推翻了同样统治西方思想千余年、被“正统宗教”所庇护的盖伦学说。笛卡儿的《几何》不仅创立了为后来诞生的微积分提供了工具的解析几何，而且折射出影响万世的思想方法论。牛顿的《自然哲学之数学原理》标志着 17 世纪科学革命的顶点，为后来的工业革命奠定了科学基础。分别以惠更斯的《光论》与牛顿的《光学》为代表的波动说与微粒说之间展开了长达 200 余年的论战。拉瓦锡在《化学基础论》中详尽论述了氧化理论，推翻了统治化学百余年之久的燃素理论，这一智识壮举被公认为历史上最自觉的科学革命。道尔顿的《化学哲学新体系》奠定了物质结构理论的基础，开创了科学中的新时代，使 19 世纪的化学家们有计划地向未知领域前进。傅立叶的《热的解析理论》以其对热传导问题的精湛处理，突破了牛顿的《自然哲学之数学原理》所规定的理论力学范围，开创了数学物理学的崭新领域。达尔文《物种起源》中的进化论思想不仅在生物学发展到分子水平的今天仍然是科学家们阐释的对象，而且 100 多年来几乎在科学、社会和人文的所有领域都在施展它有形和无形的影响。《基因论》揭示了孟德尔式遗传性状传递机理的物质基础，把生命科学推进到基因水平。爱因斯坦的《狭义与广义相对论浅说》和薛定谔的《关于波动力学的四次演讲》分别阐述了物质世界在高速和微观领域的运动规律，完全改变了自牛顿以来的世界观。魏格纳的《海陆的起源》提出了大陆漂移的猜想，为当代地球科学提供了新的发展基点。维纳的《控制论》揭示了控制系统的反馈过程，普里戈金的《从存在到演化》发现了系统可能从原来无序向新的有序态转化的机制，二者的思想在今天的影响已经远远超越了自然科学领域，影响到经济学、社会学、政治学等领域。

科学元典的永恒魅力令后人特别是后来的思想家为之倾倒。欧几里得的《几何原本》以手抄本形式流传了 1800 余年，又以印刷本用各种文字出了 1000 版以上。阿基米德写了大量的科学著作，达·芬奇把他当作偶像崇拜，热切搜求他的手稿。伽利略以他的继承人自居。莱布尼兹则说，了解他的人对后代杰出人物的成就就不会那么赞赏了。为捍卫《天体运行论》中的学说，布鲁诺被教会处以火刑。伽利略因为其《关于托勒密与哥白尼两大世界体系的对话》一书，遭教会的终身监禁，备受折磨。伽利略说吉尔伯特的《论磁》一书伟大得令人嫉妒。拉普拉斯说，牛顿的《自然哲学之数学原理》揭示了宇宙的最伟大定律，它将永远成为深邃智慧的纪念碑。拉瓦锡在他的《化学基础论》出版后 5 年被法国革命法庭处死，传说拉格朗日悲愤地说，砍掉这颗头颅只要一瞬间，再长出这样的头颅 100 年也不够。《化学哲学新体系》的作者道尔顿应邀访法，当他走进法国科学院会议厅时，院长和全体院士起立致敬，得到拿破仑未曾享有的殊荣。傅立叶在《热的解析理论》中阐述的强有力的数学工具深深影响了整个现代物理学，推动数学分析的发展达一个多世纪，麦克斯韦称赞该书是“一首美妙的诗”。当人们咒骂《物种起源》是“魔鬼的经典”“禽兽的哲学”的时候，赫胥黎甘做“达尔文的斗犬”，挺身捍卫进化论，撰写了《进化论与伦理学》和《人类在自然界的位置》，阐发达尔文的学说。经过严复的译述，赫胥黎的著作成为维新领袖、辛亥精英、“五四”斗士改造中国的思想武器。爱因斯坦说法拉第在《电学实验研究》中论证的磁场和电场的思想是自牛顿以来物理学基础所经历的最深刻变化。

在科学元典里，有讲述不完的传奇故事，有颠覆思想的心智波涛，有激动人心的理性思考，有万世不竭的精神甘泉。

二

按照科学计量学先驱普赖斯等人的研究，现代科学文献在多数时间里呈指数增长趋势。现代科学界，相当多的科学文献发表之后，并没有任何人引用。就是一时被引用过的科学文献，很多没过多久就被新的文献所淹没了。科学注重的是创造出新的实在知识。从这个意义上说，科学是向前看的。但是，我们也可以看到，这么多文献被淹没，也表明划时代的科学文献数量是很少的。大多数科学元典不被现代科学文献所引用，那是因为其中的知识早已成为科学中无须证明的常识了。即使这样，科学经典也会因为其中思想的恒久意义，而像人文领域里的经典一样，具有永恒的阅读价值。于是，科学经典就被一编再编、一印再印。

早期诺贝尔奖得主奥斯特瓦尔德编的物理学和化学经典丛书“精密自然科学经典”从 1889 年开始出版，后来以“奥斯特瓦尔德经典著作”为名一直在编辑出版，有资料说目前已经出版了 250 余卷。祖德霍夫编辑的“医学经典”丛书从 1910 年就开始陆续出版了。也是这一年，蒸馏器俱乐部编辑出版了 20 卷“蒸馏器俱乐部再版本”丛书，丛书中全是化学经典，这个版本甚至被化学家在 20 世纪的科学刊物上发表的论文所引用。一般把1789年拉瓦锡的化学革命当作现代化学诞生的标志，把1914年爆发的第一次世界大战称为化学家之战。奈特把反映这个时期化学的重大进展的文章编成一卷，把这个时期的其他9部总结性化学著作各编为一卷，辑为10卷“1789—1914年的化学发展”丛书，于1998年出版。像这样的某一科学领域的经典丛书还有很多很多。

科学领域里的经典，与人文领域里的经典一样，是经得起反复咀嚼的。两个领域里的经典一起，就可以勾勒出人类智识的发展轨迹。正因为如此，在发达国家出版的很多经典丛书中，就包含了这两个领域的重要著作。1924年起，沃尔科特开始主编一套包括人文与科学两个领域的原始文献丛书。这个计划先后得到了美国哲学协会、美国科学促进会、科学史学会、美国人类学协会、美国数学协会、美国数学学会以及美国天文学学会的支持。1925年，这套丛书中的《天文学原始文献》和《数学原始文献》出版，这两本书出版后的25年内市场情况一直很好。1950年，沃尔科特把这套丛书中的科学经典部分发展成为“科学史原始文献”丛书出版。其中有《希腊科学原始文献》《中世纪科学原始文献》和《20世纪(1900—1950年)科学原始文献》，文艺复兴至19世纪则按科学学科(天文学、数学、物理学、地质学、动物生物学以及化学诸卷)编辑出版。约翰逊、米利肯和威瑟斯庞三人主编的“大师杰作丛书”中，包括了小尼德勒编的3卷“科学大师杰作”，后者于1947年初版，后来多次重印。

在综合性的经典丛书中，影响最为广泛的当推哈钦斯和艾德勒1943年开始主持编译的“西方世界伟大著作丛书”。这套书耗资200万美元，于1952年完成。丛书根据独创性、文献价值、历史地位和现存意义等标准，选择出74位西方历史文化巨人的443部作品，加上丛书导言和综合索引，辑为54卷，篇幅2 500万单词，共32 000页。丛书中收入不少科学著作。购买丛书的不仅有“大款”和学者，而且还有屠夫、面包师和烛台匠。迄1965年，丛书已重印30次左右，此后还多次重印，任何国家稍微像样的大学图书馆都将其列入必藏图书之列。这套丛书是20世纪上半叶在美国大学兴起而后扩展到全社会的经典著作研读运动的产物。这个时期，美国一些大学的寓所、校园和酒吧里都能听到学生讨论古典佳作的声音。有的大学要求学生必须深研100多部名著，甚至在教学中不得使用最新的实验设备，而是借助历史上的科学大师所使用的方法和仪器复制品去再现划时代的著名实验。至20世纪40年代末，美国举办古典名著学习班的城市达300个，学员50 000余众。

相比之下，国人眼中的经典，往往多指人文而少有科学。一部公元前300年左右古希腊人写就的《几何原本》，从1592年到1605年的13年间先后3次汉译而未果，经17世纪初和19世纪50年代的两次努力才分别译刊出全书来。近几百年来移译的西学典籍中，成系统者甚多，但皆系人文领域。汉译科学著作，多为应景之需，所见典籍寥若晨星。借20世纪70年代末举国欢庆“科学春天”到来之良机，有好尚者发出组译出版“自然科学世界名著丛书”的呼声，但最终结果却是好尚者抱憾而终。20 世纪 90 年代初出版的“科学名著文库”，虽使科学元典的汉译初见系统，但以 10 卷之小的容量投放于偌大的中国读书界，与具有悠久文化传统的泱泱大国实不相称。

我们不得不问：一个民族只重视人文经典而忽视科学经典，何以自立于当代世界民族之林呢？

三

科学元典是科学进一步发展的灯塔和坐标。它们标识的重大突破，往往导致的是常规科学的快速发展。在常规科学时期，人们发现的多数现象和提出的多数理论，都要用科学元典中的思想来解释。而在常规科学中发现的旧范型中看似不能得到解释的现象，其重要性往往也要通过与科学元典中的思想的比较显示出来。

在常规科学时期，不仅有专注于狭窄领域常规研究的科学家，也有一些从事着常规研究但又关注着科学基础、科学思想以及科学划时代变化的科学家。随着科学发展中发现的新现象，这些科学家的头脑里自然而然地就会浮现历史上相应的划时代成就。他们会对科学元典中的相应思想，重新加以诠释，以期从中得出对新现象的说明，并有可能产生新的理念。百余年来，达尔文在《物种起源》中提出的思想，被不同的人解读出不同的信息。古脊椎动物学、古人类学、进化生物学、遗传学、动物行为学、社会生物学等领域的几乎所有重大发现，都要拿出来与《物种起源》中的思想进行比较和说明。玻尔在揭示氢光谱的结构时，提出的原子结构就类似于哥白尼等人的太阳系模型。现代量子力学揭示的微观物质的波粒二象性，就是对光的波粒二象性的拓展，而爱因斯坦揭示的光的波粒二象性就是在光的波动说和粒子说的基础上，针对光电效应，提出的全新理论。而正是与光的波动说和粒子说二者的困难的比较，我们才可以看出光的波粒二象性说的意义。可以说，科学元典是时读时新的。

除了具体的科学思想之外，科学元典还以其方法学上的创造性而彪炳史册。这些方法学思想，永远值得后人学习和研究。当代诸多研究人的创造性的前沿领域，如认知心理学、科学哲学、人工智能、认知科学等，都涉及对科学大师的研究方法的研究。一些科学史学家以科学元典为基点，把触角延伸到科学家的信件、实验室记录、所属机构的档案等原始材料中去，揭示出许多新的历史现象。近二十多年兴起的机器发现，首先就是对科学史学家提供的材料，编制程序，在机器中重新做出历史上的伟大发现。借助于人工智能手段，人们已经在机器上重新发现了波义耳定律、开普勒行星运动第三定律，提出了燃素理论。萨伽德甚至用机器研究科学理论的竞争与接受，系统研究了拉瓦锡氧化理论、达尔文进化学说、魏格纳大陆漂移说、哥白尼日心说、牛顿力学、爱因斯坦相对论、量子论以及心理学中的行为主义和认知主义形成的革命过程和接受过程。

除了这些对于科学元典标识的重大科学成就中的创造力的研究之外，人们还曾经大规模地把这些成就的创造过程运用于基础教育之中。美国几十年前兴起的发现法教学，就是在这方面的尝试。近二十多年来，兴起了基础教育改革的全球浪潮，其目标就是提高学生的科学素养，改变片面灌输科学知识的状况。其中的一个重要举措，就是在教学中加强科学探究过程的理解和训练。因为，单就科学本身而言，它不仅外化为工艺、流程、技术及其产物等器物形态，直接表现为概念、定律和理论等知识形态，更深蕴于其特有的思想、观念和方法等精神形态之中。没有人怀疑，我们通过阅读今天的教科书就可以方便地学到科学元典著作中的科学知识，而且由于科学的进步，我们从现代教科书上所学的知识甚至比经典著作中的更完善。但是，教科书所提供的只是结晶状态的凝固知识，而科学本是历史的、创造的、流动的，在这历史、创造和流动过程之中，一些东西蒸发了，另一些东西积淀了，只有科学思想、科学观念和科学方法保持着永恒的活力。

然而，遗憾的是，我们的基础教育课本和不少科普读物中讲的许多科学史故事都是误讹相传的东西。比如，把血液循环的发现归于哈维，指责道尔顿提出二元化合物的元素原子数最简比是当时的错误，讲伽利略在比萨斜塔上做过落体实验，宣称牛顿提出了牛顿定律的诸数学表达式，等等。好像科学史就像网络上传播的八卦那样简单和耸人听闻。为避免这样的误讹，我们不妨读一读科学元典，看看历史上的伟人当时到底是如何思考的。

现在，我们的大学正处在席卷全球的通识教育浪潮之中。就我的理解，通识教育固然要对理工农医专业的学生开设一些人文社会科学的导论性课程，要对人文社会科学专业的学生开设一些理工农医的导论性课程，但是，我们也可以考虑适当跳出专与博、文与理的关系的思考路数，对所有专业的学生开设一些真正通而识之的综合性课程，或者倡导这样的阅读活动、讨论活动、交流活动甚至跨学科的研究活动，发掘文化遗产、分享古典智慧、继承高雅传统，把经典与前沿、传统与现代、创造与继承、现实与永恒等事关全民素质、民族命运和世界使命的问题联合起来进行思索。

我们面对不朽的理性群碑，也就是面对永恒的科学灵魂。在这些灵魂面前，我们不是要顶礼膜拜，而是要认真研习解读，读出历史的价值，读出时代的精神，把握科学的灵魂。我们要不断吸取深蕴其中的科学精神、科学思想和科学方法，并使之成为推动我们前进的伟大精神力量。

任定成
2005 年 8 月 6 日
北京大学承泽园迪吉轩

食虫植物（insectivorous plants），是指能够诱捕昆虫或其他小动物，并能够分泌消化液将其消化以补充自身养分的植物。其典型的代表如猪笼草和捕蝇草等。据称有些这类植物甚至具有诱捕蛙类、蜥蜴和鸟的能力。目前发现并确定具有食虫性的植物已有600种以上。

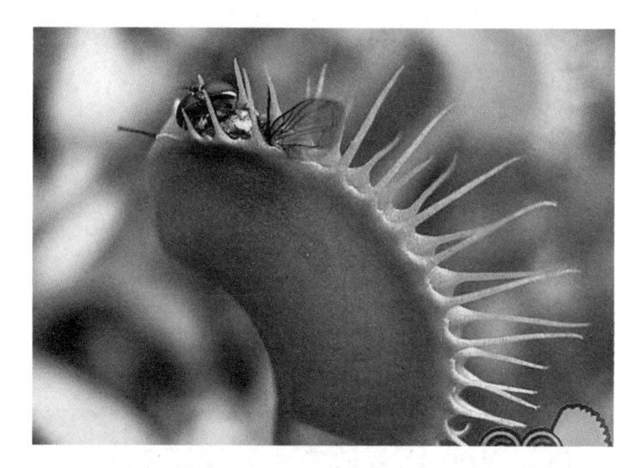

丝叶茅膏菜

食虫植物的捕猎器官称为捕虫器(insect traps)，其形态、结构和功能的差异非常大。常见的捕虫器可划分为五种类型：(1) 活动型捕虫器；(2) 捕蝇纸型捕虫器；(3) 捕兽夹型捕虫器；(4) 捕鼠器型捕虫器；(5) 陷阱型捕虫器。

活动型

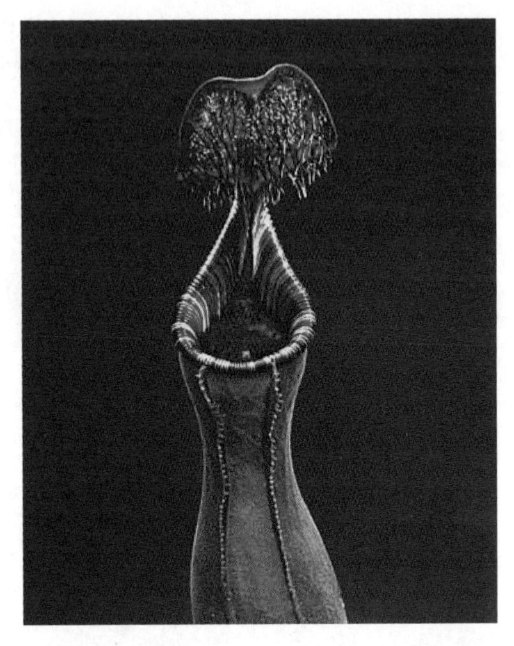

陷阱型

捕蝇纸型

捕鼠器型

捕兽夹型

食虫植物具有的典型特征：(1) 利用气味、色彩或蜜腺等，引诱猎物靠近；(2) 具有特化的捕虫囊或捕虫叶以困住猎物；(3) 本身能分泌消化液以消化、吸收猎物。

◎ 查尔逊瓶子草

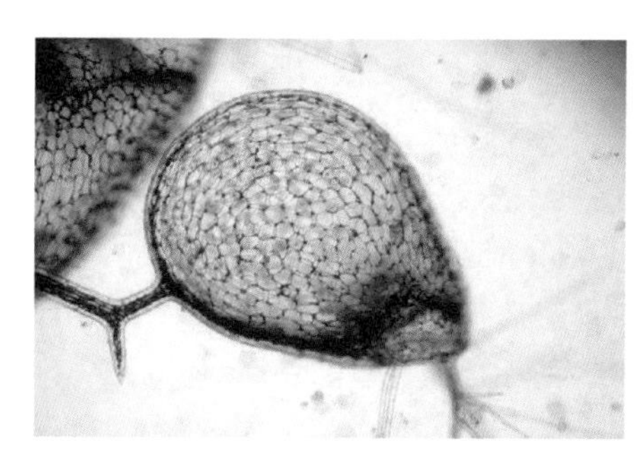

◎ 特化的捕虫囊

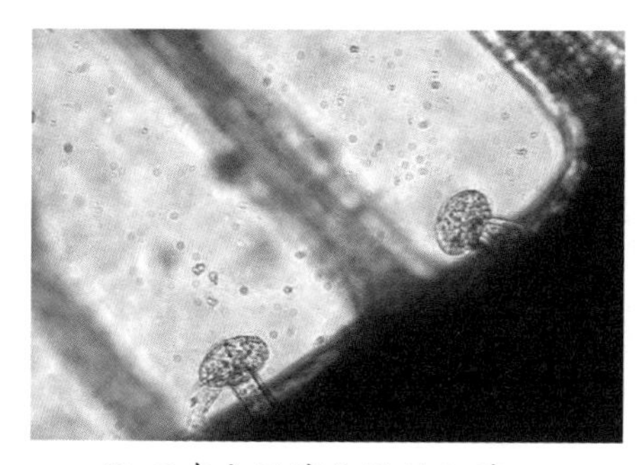

◎ 正在分泌消化液的细胞

◎ 尸香魔芋

食虫植物占据着独特的生态位，一般分布在环境温度较高的泥炭地、石质坡地、沙滩和沼泽等不易生存的环境中。它们的根系都不发达，仅依靠从土壤中获取的矿质营养，无法满足自身生长和繁育的需要；因而，在长期的自然选择过程中，演化形成了特殊的捕虫器官，通过复杂的捕猎行为来获取氮等营养物质，形成了相似的生存方式与极为独特的营养机制。

山坡上的猪笼草

食虫凤梨

台湾莲花池湿地的毛毡苔

黄花狸藻

◎孔雀茅膏菜

食虫植物一般包括猪笼草类、瓶子草类、捕虫堇类、狸藻类、茅膏菜类。它们对环境变化极为敏感，由于栖息地持续减少、环境污染、非法交易等因素，食虫植物的种群数量急剧下降，面临着巨大的生存压力。

◎鹦鹉瓶子草

◎维奇猪笼草

◎墨兰捕虫堇

大多数的食虫植物都采用“守株待兔”的捕食方式。

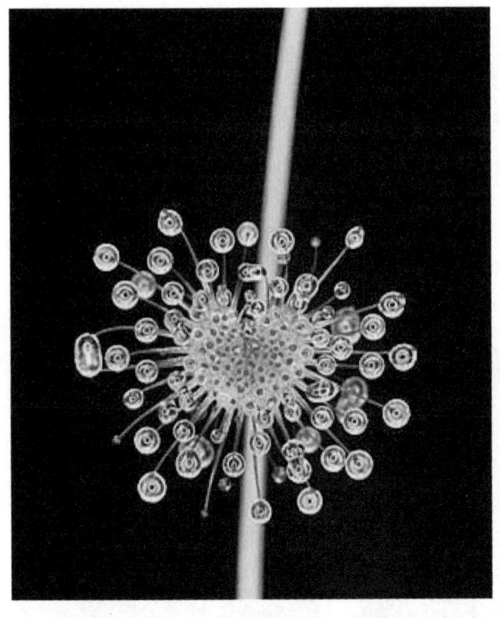

◎ 口渴的虫子被圆叶茅膏菜的水滴吸引，之后便发现自己纠缠在黏性的腺毛丛中。

◎ 劳氏捕虫堇长满胶黏的绒毛，能困住昆虫的脚步，直到消化液开始工作。

◎ 捕蝇草是一种非常有趣的食虫植物，在叶的顶端长有一个酷似“贝壳”的捕虫夹，且能分泌蜜汁，当有小虫闯入时，能以极快的速度将其夹住，并消化吸收。捕蝇草独特的捕虫本领与酷酷的外型，使它成为了最受玩家宠爱的食虫植物！

◎ 眼镜蛇瓶子草的瓶口附近有许多蜜腺，能分泌出含有果糖的汁液。然而这个汁液并不是美食，而是危险的“毒酒”！当昆虫食用了这种毒液，便会神智不清，或是麻痹、死亡。

茅膏菜是食虫植物中的一个大类，它们非常精致迷人，叶片上长有腺毛，能分泌黏液，外形像是挂满了露珠，晶莹剔透，能像黏纸一样把昆虫粘住。其中圆叶茅膏菜是达尔文最早关注且研究最深入的食虫植物。

勺叶茅膏菜

好望角茅膏菜生长在南非，它比捕蝇草的功效更好，因为它上面有黏性触须覆盖，可伺机捕获降落在它上面的昆虫。

孔雀茅膏菜

阿帝露茅膏菜

达尔文被捕蝇草的迅捷捕猎速度和一击必杀的力度而震惊，将其描绘为“世界上最奇妙的植物”。与茅膏菜属植物不同，捕蝇草的捕食机制极其独特，只对能被消化的物质或活的昆虫感兴趣。在捕虫叶闭合时，刺齿首先合拢，齿间的空隙放过了体型小、捕猎价值不大的昆虫，只围困体型较大的猎物，从而达到节省能量的目的。达尔文认为，通过忽略营养价值较低的刺激，来节约能量，这是捕蝇草的一种进化适应。

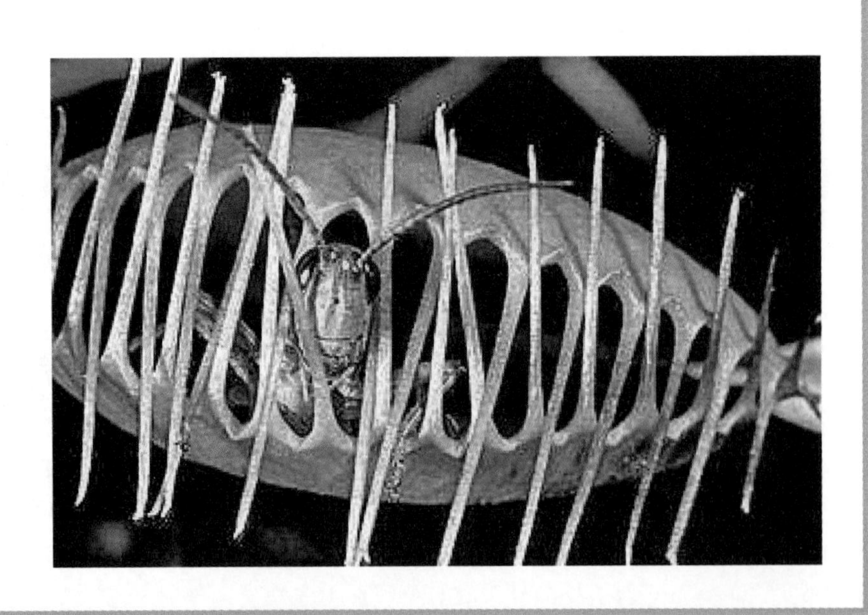

目　录

再版前言

新版中，我没有尽力将1875年以来关于这个课题的进展作出完备记录。原版中著者所作解释、说明及引证诸处中，偶然有些我认为还不是完全满意的，也没有提请注意。我只想指出最近的研究中较重要的新发现。这些增补，少数在正文中，大部分作为脚注。凡这些地方，都用方括号括出。

错字、数字有误等，都作了更正；还有几处根据Ch.达尔文的原书第一版底本，作了措词上的改正。此外，全文未改变。

F.达尔文[①]

1888年7月　于剑桥

① 指Ch.达尔文的儿子弗朗西斯·达尔文。——编辑注

THE YA-TE-VEO, OR CARNIVOROUS PLANT, 476

▲ 传说中的“食人植物”

F. 达尔文对第二版所作主要补充一览表

章	主要内容
1	加德纳(Gardiner):叉生毛毡苔腺体细胞结构
1	毛毡苔从动物性饲料得益的证据
2	按普费弗(Pfeffer)的意见修改有关毛毡苔对接触的敏感性的结论
3	加德纳:“棒状体”
3	毛毡苔触毛的细胞核
3	聚集团块是原生质并有自发运动的说法,根本是错误的
3	德弗里斯(De Vries):碳酸铵引起的聚集
4	加德纳:叉生毛毡苔腺体在分泌中的变化
6	里斯(Rees)和威尔(Will):毛毡苔分泌液中的酸
6	里斯(Rees)和戈鲁普(Gorup)、瓦因斯(Vines):毛毡苔及猪笼草分泌液中的酸与酶
6	酸浸肌蛋白的结果不可信
6	酪素的结果不可信
6	希夫(Schiff)的分泌原学说
10	关于冲动传导
10	加德纳与巴特林(Batalin):毛毡苔运动机理
13	弗劳斯塔特(A. Fraustadt)、德康多尔(C. de Candolle):捕蝇草气孔
13	弗劳斯塔特、德康多尔、巴特林:捕蝇草的敏感刚毛
13	芒克(Munk):捕蝇草对空气湿度的敏感性
13	德康多尔:水滴对捕蝇草的效应
13	加德纳:捕蝇草腺体
13	胡克(Hooker):早期对捕蝇草的研究
13	芒克:捕蝇草叶缘的一种运动

13 巴特林和芒克：捕蝇草运动的机理

13 桑德森(Sanderson)、孔克尔(Kunkel)和芒克：捕蝇草的电现象

14 卡斯帕里(Caspary)：貉藻

14 科恩(Cohn)和卡斯帕里：貉藻

14 莫里(Mori)：貉藻有感应性的部位

14 迪瓦尔·儒弗(Duval-Jouve)：貉藻某些腺体的功能

15 弗劳斯塔特、皮尤扎伊哥(Peuzig)、普费弗：捕蝇草和粘虫荆的根

16 巴特林：捕虫堇的黄绿颜色

16 巴特林：捕虫堇的叶面的纹孔或下陷

16 普费弗：用捕虫堇作凝乳剂

17 卡明斯基(Kamienski)：狸藻缺根

17 席姆帕尔(Schimper)：角花狸藻吸收腐败动物

18 霍弗拉奎(Hovelacque)、申克(Schenk)、席姆帕尔：美洲狸藻的形态

18 席姆帕尔：角花狸藻

18 德·巴里(de Bary)：狸藻获得动物性食物后生长旺盛

18 席姆帕尔：瓶子草吸收现象的证据

18 (旧文献)

18 特鲁勃(Treub)：瓜子金

导　读

肖洪兴

（东北师范大学　生命科学学院　教授）

· *Introduction to Chinese Version* ·

达尔文以大量的观察和实验为依据，详细描述了许多种食虫植物的形态和运动特征，尤其在植物生理学方面进行了大量的探究工作，例如叶的热效应和敏感性、分泌液的消化能力、运动冲动的传导途径等。达尔文开创了食虫植物研究的新时代，其著作《食虫植物》（*Insectivorous Plants*）是食虫植物研究的经典开山之作，在科学史上具有极其重要的意义，至今仍然对食虫植物的研究具有指导作用。

Insectenfressende Pflanzen

von

Charles Darwin.

Aus dem Englischen übersetzt

von

J. Victor Carus.

Mit dreiszig Holzschnitten.

STUTTGART.
E. Schweizerbart'sche Verlagshandlung (E. Koch).
1876.

茅膏菜、猪笼草等植物能够猎食昆虫等动物，因此被称为食虫植物(Insectivorous plants)，或食肉植物(Carnivorous plants)。食虫植物占据着独特的生态位，一般分布在泥炭地、石质坡地、沙滩和沼泽等不易生存的环境中，这些地区土壤贫瘠，偏酸性、缺乏氮等矿物质。它们的根系都不发达，仅依靠从土壤中获取的氮、磷等矿质营养，无法满足自身生长和繁育的需要，因而，在长期的自然选择过程中，演化成了特殊的捕虫器官，通过复杂的捕猎行为来获取氮等营养物质，形成了相似的生存方式与极为独特的营养机制。

食虫植物主要集中在瓶子草科(*Sarraceniaceae*)、猪笼草科(*Nepenthaceae*)、茅膏菜科(*Droseraceae*)、腺毛草科(*Byblidaceae*)、土瓶草科(*Cephalotaceae*)和狸藻科(*Lentibulariaceae*)等分类学单位中；全世界约有600余种，中国约分布有30余种。

食虫植物的捕猎器官称为捕虫器(insect traps)，其形态、结构和功能的差异非常大。1942年，植物学家弗朗西斯·劳埃德(F. E. Lloyd, 1868—1947)将常见的捕虫器划分成为5种类型：活动型、捕蝇纸型、捕兽夹型、捕鼠器型，陷阱型。前两种类型相对简单，后三种更加灵活，构造更加复杂，捕猎行为也更加高效。

(1) 活动型捕虫器(active trap)：在粘捕猎物时，捕虫堇属(*Pinguicula*)植物的叶缘和茅膏菜属(*Drosera*)植物捕虫器上的腺毛会主动靠拢、卷曲和包裹猎物，来增强捕捉能力。

(2) 捕蝇纸型捕虫器(flypaper trap)：捕虫器上具有能分泌黏液的腺毛，食虫植物以此来粘获猎物。分布在澳洲的大腺毛草(*Byblis gigantea*)和分布在伊比利亚半岛、摩洛哥的露叶毛毡苔(*Drosophyllumlusitanicum*)等都具有此类捕虫器。

(3) 膜捕兽夹型捕虫器(steel trap)：捕蝇草(*Dionaea muscipula*)和貉藻属(*Aldrovanda*)植物的捕虫器由两枚呈蚌壳状张开的变态叶构成，当猎物触碰到捕虫器内的触毛时，捕虫器就会迅速关闭，捕获猎物，并迅速分泌消化液来消化之。

(4) 捕鼠器型捕虫器(mouse trap)：除捕虫堇属(*Pinguicula*)外、狸藻

◀《食虫植物》德文版(1876年)扉页。

科的其他植物都具有由特化叶演化、发育而来的捕虫器，称为捕虫囊；每个捕虫囊都具有一部分真空结构和一个诱捕门，诱捕门的边缘生有几根起触发作用的刺毛，以及只能向捕虫囊内开放的单向瓣膜。当孑孓、水蚤等小虫触碰到触毛时，捕虫囊立刻膨胀，诱捕门上的单向瓣膜马上打开，猎物迅速被吸进捕虫囊内；当被捕虫囊困住的猎物触碰到囊内壁时，单向瓣膜立即关闭，将猎物围困；根据目前的研究，狸藻是反应速度最快的植物猎手，整个捕食过程在五百分之一秒内就能完成。完成捕猎后，捕虫囊内壁上的腺体开始分泌消化液，将猎物消化、吸收；等猎物被消化吸收完毕后，捕虫囊的单向瓣膜才重新打开，将水和猎物残渣一同排出。此时，捕虫囊恢复到半瘪的真空状态，为下一次捕猎做好准备。这种特殊的捕猎结构，非常适合狸藻的水生生活。

(5) 陷阱型捕虫器(pitfall trap)：猪笼草科、瓶子草科和土瓶草科植物的捕虫器由变态叶演化而来，呈瓶状；有些猪笼草的捕虫器长可达一英尺以上；因此，这类植物又称为瓶状植物(pitcher plant)。以分布在婆罗门的劳氏猪笼草(*Nepenthes lowii*)为例，其瓶状体的盖子底部能分泌大量的蜜汁等物质；捕虫囊的唇部边缘，具有光滑的微小纵脊，表面覆有蜡质，即使苍蝇等动作敏捷的昆虫都无法立足。捕虫器分泌的黏稠消化液积存在瓶状体的底部，形成了一个黏稠的消化液池；猎物一旦落入其中，越挣扎就陷得越深，难以逃脱；在猎物还没有完全死亡时，捕虫器已经开始消化其肌体。曾有学者认为，劳氏猪笼草的捕食对象是鼠类等小型哺乳动物；但目前的研究表明，劳氏猪笼草通过瓶状体来获取山地树鼩(*Tupaia montana*)等小型哺乳动物的粪便，其瓶状体分泌的蜜汁中还含有促进排便的成分。这表明，食虫植物的营养方式远比我们最初设想的更复杂多样。

现代研究表明，捕虫囊内的分泌液一直保持无菌状态；马克斯-普朗克研究所(Max Planck Institute，MPI)的学者首次对分泌液中的矿质元素、次生代谢产物和蛋白酶等成分进行分析。结果表明，分泌液中不但缺乏微生物生长必需的磷、无机氮等基本元素，还含有抗微生物的次生代谢产物和防御蛋白。捕虫囊的无菌状态在一定程度上避免了与微生物竞争养分，这是长期演化的结果。

关于食虫植物的起源，一直存在着较大的争议。目前，仅发现了很少数量的化石记录，且多为种子和孢粉化石，并不连续；因此，其进化过程并不明晰。达尔文对此就非常感兴趣，曾评论道："与世界上所有物种的起源相比，我更关心茅膏菜的起源。"大多数学者认为，植物的食虫性是经多次独立进化后才形成的；分子系统发育研究也表明，很多食虫植物各自拥有独立的祖先，且至少经历了六次独立的进化。目前，食虫植物的起源仍然是个需要深入研究的领域——“没有任何当今的进化理论能充分解释这些问题。”

从17世纪开始，植物学家就开始对食虫植物进行标本采集、描述和命名。事实上，对食虫植物的认识和研究，经历了较长的历史阶段。例如，林奈（Carl von Linné，1707—1778）就认为，植物不可能具有猎食昆虫的能力，这显然完全违背了依上帝意志来建立的自然秩序；而捕蝇草捕猎昆虫的行为，则只是意外而已，因为“一个倒霉的拥抱”，在昆虫的一番挣扎后，捕蝇草就会将其释放掉。

19世纪后半叶，学者们开始对食虫植物的捕捉机制、信号传导、消化和营养吸收方式等进行研究，证明了食虫植物的捕猎行为不是偶然，而是在环境压力下长期适应、演化的结果，进而彻底推翻了林奈的论断；其中，达尔文的研究最具有开创性和代表性。达尔文以大量的观察和实验为依据，详细描述了许多种食虫植物的形态和运动特征，尤其在植物生理学方面进行了大量的探究工作，例如叶的热效应和敏感性、分泌液的消化能力、运动冲动的传导途径等。达尔文开创了食虫植物研究的新时代，其著作《食虫植物》（*Insectivorous Plants*）是食虫植物研究的经典开山之作，在科学史上具有极其重要的意义，至今仍然对食虫植物的研究具有指导作用。

1860年夏天，达尔文观察到，圆叶茅膏菜（*Droserarotundifolia*，即本书中的圆叶毛毡苔，分布在亚洲、中北欧和北美洲的林下落叶层、湿草地与沼泽中）等植物竟然具有捕捉昆虫的神奇能力。达尔文大为震惊，并由此对这种植物捕捉动物的现象产生了极其浓厚的兴趣，“对我来说，植物界里几乎没有比食虫植物更引人关注的发现”。从此，圆叶茅膏菜成为达尔文最早关注、研究最为深入的食虫植物。

在阅读了罗特（A. W. Roth，1757—1834）、尼奇克（T. R. J. Nitschke，1834—1883）等学者发表的论文后，达尔文作出了一个非常大胆的假设，即植物和动物都需要含氮类的营养物质。他随即开始设计实验来检验这一假设，并利用撰写其他著作的空闲时间，一丝不苟、坚持不懈的开展研究，进行细致记录和分析。达尔文设计的实验主要为了研究其捕猎机制，包括如下三个方面：① 诱发食虫植物作出捕猎反应所需的最低含氮量，② 捕虫器官受到刺激后的信息传递，③ 捕猎过程中，分泌细胞的变化。

上述研究的核心问题是食虫植物对贫瘠生境的演化和适应。达尔文设计的实验极为严谨和系统，采用了多种研究方法，数据翔实可靠，并在著作的各章中分别进行阐述。这些研究持续了三年，期间，他对常见的茅膏菜属植物以及能获得的所有食虫植物的捕猎和消化方式进行了深入研究与全面比对。

在漫长的学习和研究生涯中，达尔文一直与多个学科的学者保持着积极的学术交流，持续获得新知识与启发，并获赠了大量宝贵的实验材料，彼此间也建立了伟大的友谊。这种兴趣广泛、严谨敏锐的治学态度，热情诚恳、豁达宽容的为人处事方式，是达尔文建立伟大功业的重要保证。在致地质学家查尔斯·莱伊尔(Charles Lyell,1797—1875)的信中，达尔文提到了茅膏菜属植物腺毛的高度灵敏性，极其微小的触动就能引发捕虫器的一系列反应。而在致美国植物学家阿萨·格雷(Asa Gray,1810—1888)的信中，达尔文曾写道："(茅膏菜属)是奇异的植物，或更应该说是极其聪明的动物。我将全力庇护茅膏菜属植物，直至离开人世"。在后续的研究中，达尔文发现，圆叶茅膏菜、*D. filiformis* 和捕蝇草属(*Dionaea*)植物对刺激作出的反应各不相同。1870 年，在致阿萨·格雷的信中，达尔文再次感慨："亲缘关系如此近的植物，各自的反应和敏感度竟又如此不同，真是趣味十足!"

《食虫植物》的手稿于 1875 年 3 月全部完成，同年 7 月正式出版发行。达尔文与两个儿子——乔治·达尔文(George Howard Darwin,1845—1912,天文学家、数学家)和弗朗西斯·达尔文(Frances Darwin,1848—1925)一起绘制了书中的插图。达尔文去世后，弗朗西斯·达尔文又对本书进行了补充和脚注，并于 1889 年再次出版。

书中详细记载了达尔文对于多种食虫植物的研究，并得出结论，认为这是一种通过忽略那些不大可能是营养的刺激、以节约能量的适应性表现。某些食虫植物具有陷阱式捕猎结构，有些则通过分泌黏液来诱捕猎物。达尔文认为，这是由于自然选择的压力，植物逐渐适应、演化到以多种方式来获取动物性营养，维持自身的生长和繁育。圆叶茅膏菜的腺体对极微量的含氮物也非常敏感。这是自然选择的结果，为了适应其获取动物性营养的生存方式，圆叶茅膏菜通过分泌含有酸和酶的消化液来消化含氮物并吸收之，其消化过程类似于动物。当腺体受到各种刺激信号而兴奋、甚至做出捕猎动作时，其细胞也随之发生变化。在著作的后一部分，达尔文则将注意力转移到其他食虫植物上，并与圆叶茅膏菜进行比较和分析。他认为，在漫长的自然选择过程中，捕虫器的不同位置开始分工，分别进行消化和吸收功能；而有些物种则丧失了某种能力，在自然选择的过程中演化出其专有功能，如捕虫堇属和狸藻属(*Utricularia*)虽都属于狸藻科，但其捕虫器已经具有完全不同的功能。

第一章，达尔文叙述了圆叶茅膏菜捕获昆虫的数量与种类、捕虫器的形态结构特征和捕猎过程，讨论了分泌物的性质、圆叶茅膏菜的消化与吸收能力，尤其着重阐述了捕虫器在受到刺激后的信号传递过程与获得信号刺激后的反应。达尔文在观察中发现，圆叶茅膏菜的腺毛末端具有晶莹剔透的蜜汁状黏稠液滴，能粘牢不幸落上来的昆虫，迅速封闭猎物的呼吸孔，使其无法呼吸；而没有被猎物直接触碰到的腺毛，也会向被困住的猎物弯曲，加速粘贴作用；最后，圆叶茅膏菜的捕虫器将猎物紧紧包裹，在猎物没有完全死亡时，就开始了消化作用。黏稠液滴中的某些物质，能够穿透、消化昆虫的外骨骼，从猎物中获取养分。达尔文认为，圆叶茅膏菜等食虫植物之所以进化出如此独特的捕虫器并进行复杂的捕猎行为，是由于其分布、生长在贫瘠的环境中，根系并不发达，仅依靠从空气中获得的 CO_2，无法维持自身的正常发育和繁殖。

达尔文对食虫植物一直保持着浓厚的兴趣和旺盛的研究热情，并努力完善自己的研究。在著作第一版发行后，1877 年，达尔文又设计、进行了一系列实验，来检验圆叶茅膏菜是否会从动物性营养中直接获益。结果表明，在获得动物性营养后，圆叶茅膏菜的种子产量与重量、茎的重量和果实的数量，都比未获得动物性营养的对照组有了极为明显的增加；同时，在获得动物性营养之后，圆叶茅膏菜的抗寒能力也大大增强。再版时，达尔文在第一章结尾部分，对上述研究进行了简单总结。

第二章，达尔文研究了捕虫器、尤其是捕虫器上的触毛对不同性质的固态物体刺激作出的反应。他发现，圆叶茅膏菜的触毛在受到有机物刺激后，捕虫器会立即作出捕捉反应，迅速向有机物质卷曲；同时，分泌腺也会迅速产生消化液。而捕虫器上的触毛在受到无机物或不含氮的物质刺激后，分泌腺产生消化液的速度则明显要慢很多，作出的捕捉反应也并不剧烈。达尔文的研究表明，捕虫器上的触毛和分泌腺对有利于植物生长的含氮类物质的刺激能产生捕捉反应；与之相反，触毛和分泌腺对植物生长完全无益的物质，如水滴和针尖等物的刺激则毫无反应。达尔文指出，食虫植物这种极端的敏感性和高超的分辨能力是为了适应其独特的营养方式，争取避免一切多余的运动，从而节省能量，最大限度地利用物质营养和消耗能量。

第三章,达尔文探讨了捕虫器上触毛细胞内原生质聚集方面的研究,主要包括引起食虫植物细胞内含物聚集的原因、不同物质的作用等。达尔文详细记述了实验中采用的多种方法,捕虫器对不同物质尤其是含氮有机溶液和铵盐的反应。其中,碳酸铵[$(NH_4)_2CO_3$]的刺激作用最强烈。圆叶茅膏菜的捕虫器能准确无误、迅速感觉到碳酸铵的存在,并立即开始捕猎。捕虫器能消化猎物,小腺体则吸收营养物质。达尔文的研究直接证明,圆叶茅膏菜确实具有消化能力。

第四章,达尔文探讨了不同温度的水对圆叶茅膏菜的捕虫器与捕猎行为的影响。

第五章,达尔文则分析了无氮液体(阿拉伯胶、糖、淀粉、酒精等)与含氮液体(牛奶、尿液、蛋清等)对捕虫器的刺激作用。本章的研究结果,直接导致达尔文开展后续研究,来验证圆叶茅膏菜是否具有消化动物性材料的能力。

第六章,达尔文研究了捕虫器是否具有真正的消化和吸收能力,并探讨了圆叶茅膏菜分泌液的消化能力与特性。达尔文认为这一定性实验非常有趣且意义深远,“过去没有在植物界明确的见到这种能力,这也许是我对茅膏菜观察中最有趣的部分”。而在受到动物性物质的刺激后,整个捕虫器上的腺体都会加速分泌消化液,“这也是一件同样有意味的趣事”。达尔文耗费了大量时间来设计和操作实验,分别涉及分泌液的性质及其能够消化的物质(蛋清、肉类、血纤维蛋白、软骨、乳酪、软骨胶、酪蛋白、弱酸处理过的面筋等)。达尔文还发现,圆叶茅膏菜能从鲜活种子、花粉、新鲜叶片等植物性物质中获取营养;捕虫器上的腺体,在受到含氮物质或机械刺激后,分泌液的数量增加,H^+浓度也随之上升;动物的胃液和食虫植物的分泌液在成分、消化能力等诸多方面存在相似之处;大多数能够引起圆叶茅膏菜作出捕猎反应的物质,对动物的神经系统也具有明显的刺激作用。基于上述研究,达尔文认为,动物的消化腺和食虫植物分泌腺体的功能极为相近;而在圆叶茅膏菜细胞的原生质中,一定含有某种能够传导刺激信号的物质,其具体功能与动物的神经系统相似。在致胡克(J. D. Hooker,1817—1911)的信中,达尔文曾提到这一点:圆叶茅膏菜具有某些物质,“至少在一定程度上,在构造和机能方面同神经系统有类似之处。”然而,在采用多种实验方案、长时间研究圆叶茅膏菜捕虫器的信号传递之后,达尔文又发现,不同物质对捕虫器的刺激,和对动物神经系统所起的作用迥异。最终，达尔文又彻底摒弃了这一假设。这也是达尔文取得伟大学术成就的重要保证——不在错误的理论假设上浪费过多时间和精力。

现代研究证明，茅膏菜属捕虫器表面具有分泌消化液功能的细胞，同时也具有吸收被消化营养物质的功能。但茅膏菜的叶片依靠光合作用进行生长发育。现代研究证明，捕虫器上的黏液由腺毛分泌细胞内的高尔基体合成、储存，消化液中含有多种酸性磷酸酶、蛋白酶、酯酶等。

第七章至第九章，达尔文分别研究了硝酸铵（NH_4NO_3）、磷酸铵［$(NH_4)_3PO_4$］、硫酸铵［$(NH_4)_2SO_4$］、醋酸铵［CH_3COONH_4］、草酸铵［$(NH_4)_2C_2O_4$］等 9 种铵盐类物质，钠盐、钾盐等盐类物质，马钱子碱、箭毒、秋水仙碱、眼镜蛇毒等有毒物质以及甘油、氯仿、松节油等物质对捕虫器的影响。

第十章，达尔文探讨了捕虫器的敏感性，以及捕虫器受到刺激后的信号传导途径与传递过程。叙述了捕虫器上最敏感的部位、刺激信号传导的具体过程、原生质聚集和触毛的运动方向等问题。研究证明，捕虫器受到刺激后，信号在细胞性物质中而不是在维管束中传递。

第十一章，达尔文简略总结了前面各章的主要研究内容，并重点回顾了圆叶茅膏菜的结构特征、捕猎行为和习性等。达尔文在本章结尾时感慨，虽然已经对食虫植物开展了较为系统的研究，但整体上仍处于初始阶段，需要探索的未知部分依然无法估量。

第十二章，达尔文对茅膏菜属的 *D. anglica*（原产于北美洲、中西欧、东北亚、库页岛、勘察加半岛）、*D. intermedia*（原产于欧洲、北美洲东部、古巴、南美洲北部）、*D. spathalata*（疑为小毛毡苔 *D. spatulata*，小毛毡苔原产于日本、澳洲等地）、*D. capensis*（原产于南非好望角）、*D. filiformis*（原产于北美洲）以及 *D. binata*（原产于澳大利亚、新西兰）等物种的形态特征、捕猎行为、猎物的种类、完全消化掉猎物的时间等进行了观察和比对。他的研究说明，茅膏菜属中的各物种由于亲缘关系较近、长期在相似的环境压力中适应、演化，已经完全适应捕捉和消化猎物的营养方式，其结构和功能的差异并不大。

第十二至十八章中，达尔文分别对捕蝇草（*Dionaeamuscipula*，又称维纳斯捕蝇草，原产于北美洲东海岸亚热带地区）、貉藻（*Aldrovandavesiculosa*，原产于非洲、亚洲、欧洲和北太平洋诸岛）、捕虫树（*Rozidulادentata*，原产于南非）和大腺毛草（*Byblisgigantea*，原产于澳洲）等其他科、属的食虫植物进行了观察和研究，并与茅膏菜属植物进行了比对。研究表明，上述物种的形态、结构、捕猎方式、信号传导方式等都与茅膏菜属植物存在着较大的区别。

达尔文惊讶于捕蝇草的迅捷捕猎速度和一击必杀的力度，将其描绘为“世界上最奇妙的植物”。与茅膏菜属植物不同，捕蝇草的捕食机制极其独特，只对能被消化的物质或活的昆虫感兴趣，而无论是气体流动或滴落的水珠，都不能引起捕猎反应。如果捕虫叶被不含氮的物质触发，即使处于闭合状态，小腺体也不分泌消化液，且一昼夜后，捕虫叶就会重新张开。捕虫叶在被昆虫或者投饲的肉类、蛋白质触发时，会迅速关闭，且产生巨大的闭合力量，甚至可以辨认出被捕虫叶包裹的较大猎物的形状；捕虫叶甚至能够在 2～4 周时间，持续分泌富含盐酸的消化液。与茅膏菜属植物不同，捕蝇草的分泌液只具有消化作用，并不黏稠。一般来说，捕蝇草完全消化掉一只猎物，大约需要 10 天。达尔文观察到，捕蝇草的捕虫叶缘上具有呈拉链状稀疏排列的刺齿，在捕虫叶闭合时，刺齿首先合拢，齿间的空隙放过了体型小、捕猎价值不大的昆虫，只围困体型较大的猎物，从而达到节省能量的目的。达尔文认为，通过忽略营养价值较低的刺激，来节约能量，这是捕蝇草的一种进化适应。

捕蝇草以蜜露作为诱饵，其结构很特殊——捕虫叶边缘生有数对直立的刚毛，这些刚毛就是触发机构（trigger hairs）。只要猎物在 20 秒内连续触碰到 2 根以上的触毛，捕虫叶就会迅速关闭，将猎物围困；猎物不断挣扎，持续触碰触毛，捕虫叶就束缚得更紧。现代研究证明，这是一系列电脉冲操控下的复杂行为。捕蝇草依靠释放电脉冲来实现信号传导，其捕虫叶内由细胞组成了液态的信号传导系统，这些细胞的细胞膜上有开孔，电荷刺激能够在信号传导系统中迅速传递。一旦捕虫叶上的触毛受到刺激后，其组织中立即产生一个微小的电荷，但强度还不足以使捕虫叶作出捕猎动作，避免了对雨滴、风吹等伪警报的无效反应，从而达到节省能量和时间的目的。只要猎物继续触碰触毛，刺激产生的电荷持续积累，一直到捕虫叶作出捕猎反应，水才会在捕虫叶中快速流动，促使其作出捕猎动作。

达尔文对茅膏菜科植物研究得最为深入，认为其共同祖先是具线型叶且叶的背腹面生有小腺体的古老类群，经过自然选择和长期演化，其用触须捕猎的能力进一步发展。捕蝇草和貉藻等植物则依靠闭合式捕虫器，为了适应主动捕猎的生存方式，逐渐演化、发展出更迅捷的捕猎动作，敏感性也逐步提高。

捕虫草属(*Roridula*)只有两个物种，即齿叶捕蝇幌和蛇发捕蝇幌，只分布在南非。两者形态上与茅膏菜属植物非常相似，叶片上遍布腺毛，依靠黏液来捕捉小昆虫。但与茅膏菜属植物不同，捕虫草属植物自身并不分泌消化液来直接消化猎物，而是与刺蝽属(*Pameridea*)的 *P. marlothii* 和 *P. roridulae* 形成了极为独特的共生关系。刺蝽属的这两个物种，体型娇小，身体表面覆盖着一层不惧怕黏稠分泌物的蜡质，能在植株上自由活动，以捕虫草捕捉到的猎物为食，而刺蝽的粪便落在植株周围，为捕虫树提供了丰富的营养物质。由于捕虫草本身并不直接消化或吸收猎物，因此，又称为亚食虫植物(subcarnivorous plant，protocarnivorous plant)。这说明，食虫植物的营养方式非常特殊，远比我们想象的要丰富和复杂，这为食虫植物研究扩展了新的视野和空间。

达尔文还介绍了生长在北威尔士的潮湿森林中的捕虫堇(*P. vulgaris*)，其形态特征、捕猎方式与茅膏菜科植物相似。他发现，捕虫堇等植物还能以其他植物的种子、花粉等为食，属杂食性。通过捕猎来获取养分已经是食虫植物生活史中不可或缺的重要一环，例如，狸藻如果不获得动物性营养，则不能开花、结果。对这种独特现象，达尔文认为，食虫植物的生存压力过大，必须依靠捕猎来获取动物性营养，维持自身生长发育的需要。而现代研究证明，食虫植物从猎物中获取氮、磷等关键元素，是用来制造光捕获酶类物质。换句话来说，食虫植物以捕猎的方式来获取动物营养，其目的竟然是为了做所有绿色植物该做的事：进行光合作用。

达尔文的研究开创了一个崭新的时代，为后来的研究工作提供了非常好的思路和参考方法，即使在现在看来，仍然不落伍。因为食虫植物对环境变化极为敏感，又由于栖息地持续减少、环境污染、非法交易等因素，食虫植物的种群数量急剧下降，已面临着巨大的生存压力。加强对食虫植物的保护，迫在眉睫。

本中译本由农业史学家、植物生理学家石声汉(1907—1971)先生翻译，1965 年脱稿。书稿历经磨难，于 1987 年首次出版发行。石先生是我国植物生理学和农史学科的开拓者和奠基人之一，1936 年获伦敦大学植物生理学博士学位后归国效力，先后任职于西北农林科技大学、云南大学、武汉大学、同济大学等高校和科研院所，长期从事生物学、植物生理学的教学与研究，后致力于中国古代农业科学技术的研究。他编纂的《中国农书系统图》《中国古代重要农书内容的演进表》等著作，成为古代农学研究的重要文献。

石声汉先生学贯中西，文理兼备，又通晓古典文学、文字学、音韵学，颇善书法、填词，还熟练掌握四国语言。在本书中，对于复杂的科学原理和实验设计等问题，石先生坚持用简洁、凝练的语言来译述，深入浅出，不但准确表达了达尔文的原意，又具有极强的可读性，是不可多得的译作，是科学译著的典范之一。

第一章　圆叶毛毡苔(普通的日露草)

· *Drosera rotundifolia, of common sun-dew* ·

捕虫数量——叶及其附属物或触毛的记载——各部分动作及捕虫方式的初步简述——触毛卷曲时限——分泌物性质——将虫体移向叶心的方式——腺体有吸收能力的证明——小型根系

食虫草　好望角膏菜　锦地罗

阿蒂露茅膏菜　锦地罗茅膏菜　园叶茅膏菜

孔雀茅膏菜　露叶毛毡苔　珠根茅膏菜

勺叶茅膏菜　月亮湖茅膏菜　爱心茅膏菜

1860年夏天，我在苏塞克斯(Sussex)的一片荆丛中，见到圆叶毛毡苔(*Drosera rotundifolia*)叶所捉住的虫，数量之多，令我惊讶。我曾听说起，昆虫总是这么被逮住，可是这个课题的进一步情况，我一无所知[①]。我随手采集了12棵植株，共长有56片完全展开了的叶片，其中31片上黏有已死昆虫或其残骸；这些叶片此后无疑地还可以逮到许多昆虫，而且当时未完全展开的叶片，往后更可以再逮住更多昆虫。在一棵植株上，所有6片叶都曾有过捕获物，并且在几棵植株上，有很多叶片曾捕捉过一个以上的昆虫。在一片大叶上，我见到有13只不同昆虫的残骸。被捕的蝇类(双翅类)远比其他种类多。我所见到最大的一只是小蝴蝶(*Caenonympha pamphilus*)；可是威尔金森(H. M. Wilkinson)牧师告诉过我，他曾见到过一只活的大蜻蜓被两片叶同时紧紧逮住。这种植物在某些地区极普通，每年这么遭杀的昆虫，数字应当不少。许多植物都能致昆虫于死亡，例如欧洲七叶树(*Aesculus hippocastanum*)具黏液的芽，据我们所知，它们并不

◀茅膏菜(即本书中的“毛毡苔”)类食虫植物。

---

① 尼奇克(Nitschke)博士已总结了有关毛毡苔的文献[见《植物学报》(*Bot. Zeit.*)1860，229页]，这里我不必再详说。1860年以前的杂记，大多数简短，也不重要。最早的一篇似乎最有价值，是1782年罗特(Roth)博士所作。[1829年《科学与文艺季刊》(*Quarterly Journal of Science and Art*)，伯内特(G. T. Burnett)曾表示过他相信毛毡苔从捕获的昆虫体中吸收养分而得益。——F. D.]米尔德(Milde)博士在《植物学报》(1852，540页)也有一篇简短但很有意味的关于毛毡苔习性的记述。1855年，格罗恩兰德(Groenland)和特勒居尔(Trécul)两位各在《植物学纪事》(*Annales des Sc. Nat. Bot.*，第三卷297页及304页)发表了附图的论文，叙述叶的结构；可是特勒居尔先生甚至根本怀疑它们有运动能力。只有尼奇克博士于1860及1861两年在《植物学报》发表的关于这种植物习性及结构的文章，才是最重要的；往后我还要多次引用。他所讨论的几点，例如激动由叶一部分传送到其他部分，都甚为出色。1862年12月11日，司各脱(J. Scott)先生在爱丁堡植物学会宣读的一篇文章，随后在《园艺学者记事》(*Gardener's Chronicle*，1863，30页)发表过，司各脱(Scott)先生说明，轻柔刺激毛或向叶盘上搁下昆虫，都使毛向中心弯曲。1873年，英国科学协会(British Association)会议上，贝内特(A. W. Bennett)先生报告过叶的运动，极为动人。同年，沃明(Warming)博士发表一篇题名为《毛类之间的差别》(*Sur la Différence entre Les Trichomes*……)的文章，是由哥本哈根博物学会(Soc. d'Hist. Nat. de Copenhague)会议录中摘出的，记载了各种所谓毛类的结构。往后，我还常要引用到美国新泽西州一位特里特(Treat)太太关于美国产毛毡苔属的文章。伯登·桑德森(Burdon Sanderson)博士在英国皇家研究院(Royal Institute)一篇有关捕蝇草的演说[后来在《自然》(*Nature*)，1874年6月14日发表]中，第一次以简短总结公布了我对毛毡苔和捕蝇草具有真正消化能力的观察。美国阿萨·格雷(Asa Gray)教授在《国家》(*The Nation*)期刊(1874年，261及232页)及其他刊物上发表的文章，对引起大家注意毛毡苔及其他具有相似习性的植物，也大有贡献。胡克博士在他重要的报告《食肉植物》(*Carnivorous Plants*)(1874年在贝尔法斯特举行的英国科学协会会议上的讲演)中，对这课题的历史作了综述。[1879年，在布雷斯劳的厄尔(w. Oels)发表了一篇关于毛毡苔的比较解剖论文。——F. D.]

能从死虫得到任何益处；可是很快我就了解到，毛毡苔是极好地适应于捕获昆虫这个特殊目的，所以这个课题似乎很值得好好研究。

研究的结果确实有意义，其中较重要的有：第一，由所谓毛类或触毛类的运动表明，腺体对轻微压力及极小剂量的某些含氮化合物水液，具有极高敏感性；第二，叶有能力溶解或消化含氮物质，随后并吸收它们；第三，腺体由各种方式激动后，触毛细胞内部起了种种变化。

首先，必须先简略地描述这种植物。它长着 2～3 片到 5～6 片叶，一般水平地伸展，但也有直立向上的。叶的全形及一般外貌，顶面观见图 1[①]，侧面观见图 2。叶一般阔幅略大于长度，不过图 1 的标本却不是这样。叶片的上表面长满带有腺体的长丝条，由于它们的动作方式，我称它们为触毛（tentacles）。曾经用 31 片叶计量过（其中不少是异乎寻常地大）所长的腺体，平均数为 192；最大数字为 260，最小为 130。每个腺体外面包有大滴极黏稠的分泌液，阳光照灼时，闪闪发光，所以这种植物的俗名带诗意地称为“日露草”。

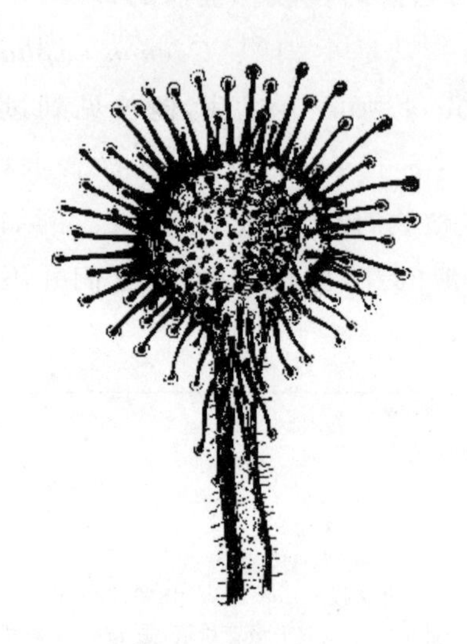

图 1　圆叶毛毡苔

叶的顶面观；放大四倍。

叶片中央即叶盘上的触毛，短而直立，毛柄绿色。愈靠近叶缘，触毛愈长，也愈向外倾斜；毛柄紫色。刚好长在叶缘上的，则顺叶面的同一平面向外水平伸出，但弯曲下垂的更普遍（见图 2）。叶柄基部，还有少数触毛；它们最长，有达到近 $\frac{1}{4}$ 英寸[②]的。一片长有 252 条触毛的叶片，叶盘上的绿柄短毛与边缘内和边缘上的紫柄长毛，数量比例为 9∶16。

触毛下段是一条细长头发状的长柄，顶上戴着腺体。毛柄略有些扁，由几列长条形细胞组成；细胞中充满紫色液体或颗粒性物质[③]。然而较长

---

① 本书毛毡苔及捕蝇草的图，是我的儿子 G. 达尔文所绘；貉藻、多种狸藻属植物的图是我儿子 F. 达尔文画的。由伦敦河畔斯特伦德街 188 号库珀(Gooper)先生作成优美木刻版。

② 1 英寸等于 2.54 厘米。——译者

③ 据尼奇克博士说（《植物学报》，1861，224 页），紫色液体是由于叶绿素变质造成的。索比(Sorby)先生用光谱仪检查了有色物质后，告诉我它只是最普通的一种叶红素(erythrophyll)，“在活力低的叶以及叶柄等叶功能不完备的部分中，经常见到。因此，目前只好说，这些毛类（即触毛）和叶中执行正常任务不够的部分，具有同一颜色。”

的触毛在紧接腺体下面有一窄段,近基部又有一宽段,都呈绿色。由简单维管组织伴随着的一些螺纹导管,由叶片的维管束分支出来,并顺触毛直上到腺体。

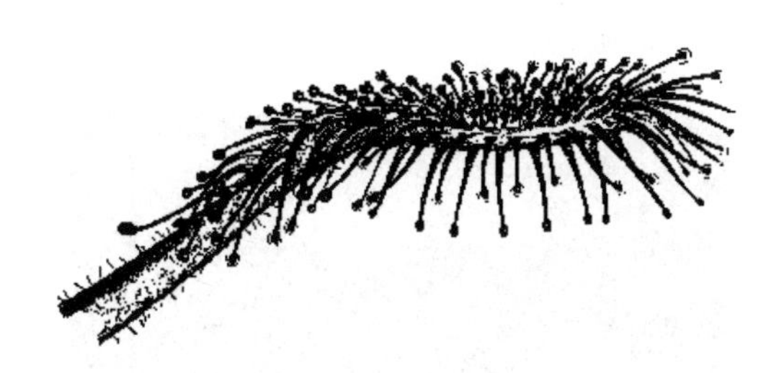

图 2 圆叶毛毡苔

老叶侧面观;放大约五倍。

好几位杰出的生理学家,曾讨论过这些附属器或触毛的同源论的(homological)本质,也就是说,想确定它们是毛类(毛状体)还是叶的延伸物。尼奇克指明,触毛具备了叶片所应有的各种组织成分;它们含有维管组织这件事实,过去曾用来作为它们是叶片延伸物的证据,可是近来已知道导管也有时进入真正的毛类[①]。它们具有运动能力,可以作为不应把它们当做毛类看待的有力凭证。在我看来,将在第 15 章提出的最可能的结论,大致该是这样:它们的原基是腺毛或只是表皮形成物,它们的顶端也仍旧该这么看待;可是它们能运动的基部则是叶片的延伸体;螺旋纹导管则从这里直达到毛顶尖。往后我们还会见到,珍珠柴(*Roridula*)分叉叶的顶端触毛仍是一个过渡形式。

这些腺体除极边缘的触毛上所生的以外,都是卵圆形,大小近于一律,约 4/500 英寸长。它们的结构特别,功能复杂,因为它们分泌、吸收,并能接受多种刺激剂的作用。最外面是一层小多角形细胞[②],含有紫色颗粒性物质或液体,胞壁比毛柄细胞的厚。这层细胞里面有一层形状个别的细胞,也含有紫色液体,不过色彩略有不同,用氯化金处理时反应也不一样。将腺体压破或用氢氧化钾煮沸后,这两层细胞都常可见到。据沃明

---

① 尼奇克博士在 1861 年的《植物学报》(241 页等)曾讨论过这个问题。又请参看沃明博士[《毛状体间的差别》……(1873)]开列的各种文献。又请参看格罗恩兰德和特勒居尔的《植物学纪事》(第四编)第三卷,1855,297 和 303 页中的文章。

② 加德纳[见《皇家学会会报》(Proc. Royal Soc.),No. 240,1886)]指出,在叉生毛毡苔(*Drosera dichotoma*)头上的腺细胞,具有未角化的胞壁,胞壁上表面即自由面,有膜孔。——F. D.

博士说，除此之外，还有一层特别长的细胞，如从他的文章中所引的剖面图（图 3）；不过尼奇克博士没有见到过这层细胞，我也没见到。中心有一群长形柱状细胞，长度不同，上端成钝尖形，下端截成平面或圆形，密集地挤在一起，周围有一条螺旋线，可以成一条纤维剥下来。

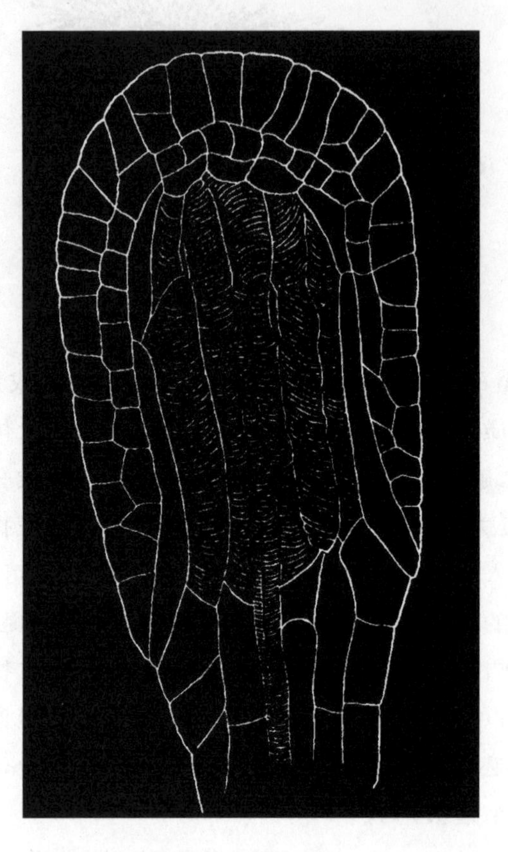

图 3　圆叶毛毡苔

腺体纵剖面，高倍放大（沃明博士）。

后一些细胞，充满着清澄液体；长期酒精浸渍后，有大量褐色物质沉积出来。我假定它们确实与通过触毛全长的螺纹导管相连，因为我几次见到后者分裂成为两三个特细的分枝，这些分枝可以一直跟踪到螺旋形细胞上。沃明博士曾叙述过它们的发生史。曾经听到胡克博士说，在其他植物中，也见到过相同细胞。我在捕虫堇（*Pinguicula*）叶缘上也见到。不管它们的功能如何，从整个茅膏菜科（Droseraceae）中其他属的腺体构造看来，分泌消化液、吸收或向其他部分传播运动冲动，都不需要它们。

最边缘的触毛与其余触毛略有不同。它们基部较阔，除了本身自有的导管外，还从进入触毛两侧的导管各得到一条细分枝。它们的腺体伸得更长，不是长在触毛尖端而是嵌在毛柄上层。此外则和卵形腺体没有什么区别，我曾在一个标本中见到有两极端之间的各种中间形态。另一标本则没有长头状腺体。这些边缘触毛感应性失灵较早，如刺激只作用于叶中央，它们兴奋得比其余触毛迟。剪下的叶浸在水中时，只有它们会卷曲。

充塞腺体细胞的紫色液体或颗粒性物质，与毛柄细胞内的有些不同。如果将一片叶泡进热水或某些酸类里面，腺体变得很白而不透明，毛柄细胞则除了恰在腺体下的以外，都变成了鲜红色。后一些细胞失去了它们的淡红色；它们所含绿色物质，则和基部细胞所含的一样，绿得更鲜明。叶柄生有许多多细胞的毛，其中接近叶片的一些，据尼奇克说，顶上有一些圆形细胞，似乎是未完备的腺体。叶的两面和触毛毛柄，尤其是外缘触毛的下侧面，以及叶柄都缀着许多小乳突（毛或毛状体），各有一个圆锥形基部，顶端有两个，偶然有 3 个乃至于 4 个圆形细胞，富于原生质。这些乳突一般无色，但也有时含有少量紫色液体。尼奇克说过[①]，我也多次见到过它们的发育不同，逐渐过渡达到长形多细胞的毛。多细胞毛和乳突可能是从前存在过的触毛之残存物。

为了不再复述乳突，这里我该说明，乳突不分泌，但是容易透过各种液体。例如活的或已死的叶，用水 437 份、氯化金或硝酸银一份的溶液浸泡，很快就变黑了，而且这种变色随即向周围组织扩展。长的多细胞毛受影响没有这么快。叶在生肉稀浸出液中泡 10 小时后，乳突显然吸收了动物性物质，因所含的清澄液体，现在成为原生质的小聚集团块[②]，而且不停地缓缓变形。用 218 份水 1 份碳酸铵的溶液只浸没 15 分钟，也能引起同一变化，而且触毛上邻近乳突所在处的细胞现在也会含有原生质聚集团块。因此，我们可以归结说，一片叶在下面所说方式中紧卷着一个被逮住的昆虫时，则叶上面及触毛上的乳突，可能吸收分泌物中所溶解的一些动物性物质，但叶下面或叶柄上的乳突则不会有这种事。

---

① 尼奇克曾绘图详细说明这些乳突[见《植物学报》，1861，234，253，254 页。又参看《皇家显微镜术者学会会报》(Trans. R. Microscop. Soc.)，1876 年 1 月贝内特的报告]。——F. D.

② 关于聚集团块，请参看第三章。——F. D.

捕虫时叶片各部分的动作及捕虫方式的初步描述

将一个小的有机或无机物体，放在叶片中央的腺体上，腺体就向边缘触毛传递一个运动冲动。较靠近的触毛先反应，缓缓向中心卷曲；接着，较远的触毛跟着动作，最后所有触毛都卷曲过来，紧按在这物体上。这个过程需要1小时到4～5小时或更久些。需时长短，因种种情况而不同：即物体的大小及性质，是否含有合适种类的可溶性物质；叶的健康及年龄；最近曾否有过活动；还有，据尼奇克的文章[①]，当天的温度，我也觉得似乎如此。一只活昆虫比一只死虫更为有效，因为它骚动时会压在很多触毛的腺体上。又像蝇类那样外壳较薄的昆虫，由于溶液中动物性物质更容易经薄壳透到周围黏稠分泌物中去，比像甲虫那样有硬壳的昆虫，能更有效地引起长时间卷曲。触毛的卷曲，不论在光中或暗中，都同样进行；这种植物也不受任何所谓睡眠的夜间运动的控制。

叶盘上腺体受到重复触动或轻擦时，尽管腺体上并未留下任何物体，边缘触毛也会向内卷曲。另外，水液滴，像唾液或任何铵盐溶液等，落到中央腺体上时，很快也会有同样结果，有时不到半小时。

触毛作卷曲动作时，扫过一个颇大空间；如一条与叶片同一平面的边缘触毛，就得作180°的大转弯；我曾见过原来直立而大幅度反卷了的触毛，所作运动的角度不小于270°，弯曲部分几乎全限于近基部的一短段；特别长的外缘触毛，向内弯曲的一段较长，但在所有情况下远基一段始终平直。叶盘中央的短触毛，直接激动时不卷曲；不过如受到相距较远的其他触毛传来的运动冲动而激动时，也还会卷曲。一片浸在生肉浸汁或淡铵盐溶液（如太浓，叶会瘫痪）里面的叶片，外圈触毛全部都向内弯曲（见图4），靠近叶中央的则直立不动；可是如向叶盘的一侧面搁一个可引起兴奋的物体，则靠近中央的触毛也会向它卷曲，如图5。在图4中，我们见到腺体围绕着叶心形成一个黑圈，这是由于外圈触毛，愈近边缘的就成比例地加长而起。

---

① 见《植物学报》，1860，246页。

图 4　圆叶毛毡苔

叶(放大)面所有触毛都向内紧卷，这是用磷酸铵溶液（一份盐兑87500 份水)浸渍后所引起。

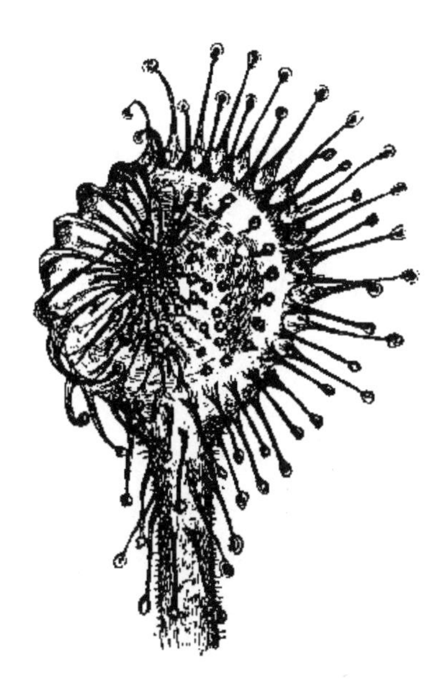

图 5　圆叶毛毡苔

叶(放大)一侧的触毛卷曲到放在叶盘上的一小点肉上面。

触毛所作的卷曲，最好以一条外缘长触毛腺体由任何方式激动时的情形表示;这时，邻近的触毛不受影响。附图(图 6)所示，在一条触毛上搁一小颗肉屑，它就向叶中心卷曲，邻近两条都原位不动。腺体可由简单地轻触三四次或与无机或有机物体或多种液体作较久接触，达到兴奋状态。我曾用放大镜明确地见到，在一条触毛的腺体上搁了一个物体后 10 秒钟，就开始弯曲;也曾见到，不到 1 分钟就显现了的明显卷曲。出于意外地小的一颗物体，例如一点线或头发或玻璃屑，如果放下去而与腺体真正接触，就能够使触毛弯曲。如果由这种动作移向叶中心的物体不太小，或含有可溶性氮化物，它就作用于中心腺体，中心腺体随即向外缘触毛传导一个运动冲动，使它们向内弯曲。

当将强兴奋物或液体搁在叶片中心，则不但触毛，叶片本身也有时向内卷入，(但不是经常如此)。牛奶和铵或钠的硝酸盐溶液小滴，尤其容易产生这种效果。叶片因此变成一个小杯。弯曲的方式变化很大，有时只有叶尖向内弯，有时一侧面，有时两侧面。例如我向三片叶上搁下小粒煮硬了的鸡蛋，一片叶尖向叶基弯转，一片两侧远端向内弯曲，全叶轮廓几乎成为三角形，这大概是最普遍的反应;而第三片，虽然所有触毛都和前两片一样紧紧卷曲着，可是叶片本身却没有动。一般情形，整个叶片往往抬起或向上弯一些，这样和叶柄形成比原来小些的角。乍看上去，这似乎是一种特殊的运动，可是实际只是和叶柄相连处的叶片边缘向内弯曲，因此使得整个叶片弯曲或向上抬起了一些。

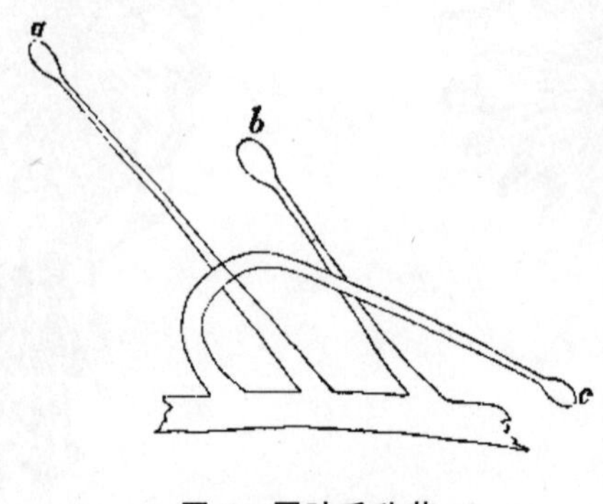

图6　圆叶毛毡苔

简图表明一条外缘触毛向内紧卷，邻近两条仍保持原来状态。

触毛和叶片对一个放在叶盘中心的物体保持卷曲的时间，因条件而有种种变化，即叶的健康和年龄，依 Nitschke 的意见，还有当时温度，因为天冷而叶片不活动时，叶片再伸展得比天暖时快。但最重要的条件还是物体性质。我反复地见到，触毛卷曲在能产生可溶性氮化物的物体上，要比在不能产生那些物质的任何有机或无机物上久得多。过一段时间，1 天到 7 天，触毛和叶片重新开展，可以随时又活动。我曾见到同一片叶连续三次卷向搁在叶片中心的昆虫，很可能它还可以重复更多次。

腺体分泌物非常黏稠，可以拉成长丝。看来无色，但可以将小纸团染成淡桃红色。我相信任何物体搁在腺体上都会促使它分泌加多；可是物体的存在却使这种现象难于肯定。有时，效应非常显著，例如搁下一小粒糖；可是这个结果很可能只是水分的外渗。碳酸铵、硝酸铵以及其他盐类如硫酸锌等，也能增进分泌。浸没在 1 份氯化金或其他盐类和 437 份水的溶液中，也使腺体兴奋，分泌液大量增加；另一方面，酒石酸锑却不能产生这种结果。用酸类(437 份水 1 份酸)浸没，同样引起惊人的分泌，以至于从溶液中取出叶时，长条极黏滞的液体从腺体上像绳线一样拖着。有些酸却又不能引起这种方式的反应。分泌的增加不一定依赖触毛的卷曲，因糖粒和硫酸锌粒就不引起运动。

更可注意的事实是，像一小点肉或一只昆虫搁在叶盘中后，只要周围触毛已经卷曲得够了,它们的腺体就会倾出大量增加了的分泌液。我先选定叶两侧分泌液珠大小约略相等的叶片,在一侧面搁些肉屑来估定这个情形。当一侧面的触毛弯曲得够了,但腺体还没有和肉屑接触时,分泌液珠已经加大。这种现象曾反复见到,不过只记载了 13 个实例,其中 9 个很容易看到分泌有增加,其余 4 个之所以未见到,如不是叶片正处十迟钝状态,则是所搁肉屑过小,没有引起足够的卷曲。因此我们必须作出结论说,中央腺体在强度兴奋后,能向外缘触毛的腺体传递某些影响,使它们分泌得更畅通。

还有一件更重要的事实(下面我们讨论分泌物的消化能力时,就会知道得很清楚为什么重要),由于中央腺体受到机械刺激或与动物性物质接触触毛开始卷曲之后,腺体分泌物不仅增加了分量,而且性质也改变成为酸性;这个变化在腺体与叶中央所搁物体接触之前就开始。所含酸类与叶组织中的酸不同。只要触毛还紧紧卷曲着,腺体就继续分泌,而且分泌物是酸性的;就是用碳酸钠中和过,几小时后又成为酸性。我曾观察过同一叶片,触毛紧卷在不容易消化的物质,如经化学制备的酪素[①]上,8 天中仍继续不断地再放出酸性分泌物,又对小碎骨片继续分泌了 10 天。

分泌物似乎和动物的胃液一样,具有一定的防腐能力。在热天,我把两小颗大小相等的生肉屑,一颗搁在毛毡苔叶片上,一颗用湿藓围着,放在同一处。过了 48 小时再来检查。藓上的一颗已有大群纤毛虫,而且已经腐败到看不清它的横纹;分泌液浸着的一颗,不但没有纤毛虫,中心未溶解部分的横纹也完整地明显存在。同样,搁在藓上的小颗蛋白和干酪,已布满了霉类丝条,表面已略变色并蚀损;而在毛毡苔叶上的洁净如新,不过蛋白已变成透明液体。

触毛紧卷在物体上几天之后,会逐渐重新展开,这时,它们的腺体已减少分泌,或者全不分泌,腺体干燥。这时它们外面裹上一层原来是溶解在分泌液中的白色半纤维状物质。腺体再展开时的干燥对植物小有益处,因为我常看到黏在叶面上的物体可以由微风带走,叶面因此得到清除,可以再起动作。可是腺体并不一定全干,这时,柔薄的物体,像脆软的昆虫等,会由触毛的伸直而撕成碎片,散在叶面各处。重展完成时,腺体很快恢复再分泌,到分泌液珠够大时,触毛就可以拘捕新的物体了。

一只昆虫落到中央盘上时,它立即被黏稠分泌物缠住,周围的触毛不

① 由于酪素的制备方法,这个观察不可靠。——F. D.

久都弯曲过来，最后从四面八方将它逮牢。据尼奇克博士观察，大致一刻钟时间，由于昆虫的气道被分泌液堵塞而它们就被杀死。如果一只虫只黏在几条外围触毛的腺体上，这些触毛就卷曲着把捕获物送向内侧触毛；内侧触毛跟着向内卷曲；这样继续向内，最后，这只虫就被一种特异的滚动推到了叶中心。随后，过一段时间，触毛从四面八方卷曲过来，向捕获物倾注它们的分泌物，正像昆虫一开始就落在叶片中心的情形。很小很轻的昆虫已经能够引起这么一系列活动，实在可惊。例如我见过蚊虫中最小的一种（库蚊，*Oulex*），刚把它极柔细的脚搁在最边缘几条触毛上，并没有任一个腺体接触到虫体，这些触毛已经开始向内卷曲了。要不是我加以干预，这只小虫一定要被送到叶中心而从四面八方地牢牢卷住。下面我们还要谈到，小到什么程度的一点点某些有机物汁液或盐溶液能引起强度卷曲。

昆虫落在叶上，只是偶然来歇歇，还是为分泌物气味所吸引，我不知道。由英国产毛毡苔所捕虫数之多，以及由我在花房里种的外国种观察所得，我怀疑气味有吸引力。如果是后一种情形，则叶可以比拟为一种带饵的陷阱；如果是前者，则可比作在猎物常来往的途径上安排陷阱而不带饵。

腺体具有吸收能力，可由给予很少量碳酸铵而几乎立即变暗色来证明；变色的原因主要是或完全是因细胞中物质急速聚集所致。加其他某些液体则色变淡。吸收能力的最好证明，应是用同一比重的各种含氮及不含氮液体滴在盘心腺体上或一个边缘腺体上，所得相差甚远的结果，同样也可以用触毛蜷伏在能不能给出可溶性氮化物物体上时间的不同来说明。也许由叶的结构及运动这么完美地适应于捕虫一点上，也可得到同一结论。

由捕获的昆虫体中吸收动物性物质，说明了为什么毛毡苔能在极瘠薄的泥炭土——有时仅有泥炭藓生长着，而藓类是只靠大气营养的——上长得很茂盛。由于触毛的紫色，它们的叶片，初看似乎并非绿的，可是叶片上下表面、中心触毛的毛柄、叶柄，都含有叶绿素，所以这种植物无疑地是从空气中获得二氧化碳并且同化它的。可是考虑到它生长着的土壤的性质，氮的供给极有限或者完全不够要求，除非它们具有从捕得的虫体中获取这一种重要的元素的能力。我们也可以由此了解到为什么它们的根系长得这样不好。根通常只有三两条略有分叉的分枝，每枝长半英寸到 1 英寸（12.7 毫米到 25.4 毫米），带有吸收毛。看来，这种根只能够吸收水分，虽然它们如果长在土壤里，显然也还可以吸收营养物质。下面我们还会谈到，它们确实能够吸收稀薄的碳酸铵溶液。一株毛毡苔，叶边缘向内卷入，作成一个临时的胃，紧卷着的触毛上腺体倾出酸性分泌物来，溶解动物性物质，随后又吸收了它们，可以说就像一个动物进食一样。不过和动物不同，它还得用根喝水，而且要喝得很多，才可以在耀眼的阳光中整天晒着，仍旧保持有时多到 260 个的腺体上那么多颗的黏稠液体。

[本书初版发行后，曾进行几个实验来决定食虫植物是否可由动物性食物中得到利益。]

我的实验，在《林奈学会会志》上发表[1]，几乎同时，《德国植物学报》也刊登了凯勒曼(Kellermann)和冯・劳默尔(Von Raumer)的实验结果[2]。我从 1877 年 6 月开始实验，用 6 个普通汤盆种下采来的植株。每盆都用矮隔板隔作两部分，其中生长得最不好的一半选作"饲喂"组，其余植株作为"饥饿"组。植物用轻纱罩着，免得它们自己捕捉昆虫，因此它们只有"饲喂"组通过饲喂给它的烤肉碎屑得到动物性食物，"饥饿"组则没有。仅仅过了 10 天，饲喂和饥饿两组间的差异已可明显看出。饲喂组植株颜色鲜绿，触毛的红色也更明艳。8 月底，这些植株经过计数、称量、量长，得到如下显明结果：

(%)

	饥饿组	饲喂组
重量(花梗在外)	100	121.5
花梗数	100	164.9
茎重	100	231.9
荚数	100	194.4
计算的种子总重	100	379.7
计算的种子总数	100	241.5

这些结果清楚表明，食虫植物从动物性食物中获得了很大的利益。令人寻味的是，两组植株间最明显的差别是在与生殖有关的部分，即花梗、荚果、种子等。

为了试探(与春季生长的比较)夏季所积累的储存物质的分量，割去

① 第十七卷；F. 达尔文：《圆叶毛毡苔的营养》。

② 《对圆叶毛毡苔饲肉和不饲肉时营养性生长的研究》(*Vegetations versuche an Drosera rotundifolia mit und ohne Fleisch fütterung*)见《植物学报》，1878。部分结果在埃朗根生理医学学会(Phys. -Med. Soc. ,Erlangen)1877 年 7 月 9 日的会上宣读过。

花梗后，保留了三组植株，让它们越冬。饥饿与饲喂的植株都不给食物，直到 4 月 3 日称量时，发现饥饿组植株平均为 100 时，饲喂组平均为 213.0。

这就证明，饲喂植物尽管已经生产了几乎 4 倍的种子后，仍保有丰富得多的储藏养分。

凯勒曼和冯·劳默尔的试验（见上）用蚜虫作为饲料而不用肉，这个方法增大了他们试验结果的价值。他们的结论和我的相似。他们证明饲喂植株不但产生了更多的种子，所生冬芽也比饥饿株更壮实。

比斯干(Büsgen)博士最近发表了一篇有关这个问题的可玩味的文章[①]。他的实验用毛毡苔实生苗作的，这是一个有利条件。这样，没有饲喂的植株比用成长而已具有储存养料的植株来做实验，就饥饿得更有效些。因此，比斯干的结果和凯勒曼、冯·劳默尔及我自己的相比，表现得更鲜明。例如饲喂植物所生荚果，比饥饿的多出 5 倍有余，而我的实验只是 100∶194。比斯干对这个课题作了一个良好总结，最后归结说，饲喂植株高出饥饿植株的程度，足以让人理解这种植物捕捉昆虫的结构的意义。——F. D.

① 《捕捉昆虫对圆叶毛毡苔的意义》[*Die Bedeutung des Insectfanges für Drosera rotundifolia* (L.),1883.]

第二章　与固态物体接触引起的触毛运动

· *The movements of the tentacles from the contact of solid bodies* ·

外缘触毛由于中央腺体受反复触动或物体停留而兴奋后所发生的卷曲——产生与不产生可溶性含氮物质的物体的作用差别——外缘触毛由于本身腺体直接受物体停留影响而卷曲——卷曲开始及随后的重新展开所需时间——引起卷曲的颗粒极小——沉水时的动作——外缘触毛当其腺体受反复触动兴奋后的卷曲——雨滴下落不引起卷曲

本章和后几章将叙述我做过的许多试验，它们充分说明触毛受到各种刺激时所发生的运动方式和速率。在一切正常情况中，只有腺体可以兴奋。兴奋时，它们本身并不运动，也不改变形状，只传导一种运动冲动给它们自己的以及邻近触毛的可弯部分，它们便这样被移向叶心。严格说来，腺体应当说是"可接受刺激的"，因为"敏感"这个说法，一般包含着"意识"的含义；可是从没有人假定敏感植物具有意识，而我又觉得敏感这名称很方便；所以我也就用之不疑。我想先谈外缘触毛在得到由叶盘上短触毛的腺体受刺激而传导来的间接兴奋后所作的运动。这时，外缘触毛可以说是间接兴奋着，因为它们本身的腺体并没有直接受到作用。刺激由盘心腺体传来，作用于外缘触毛近基部的能弯曲部分而不是（下面我们就要证明）先由毛柄上达到腺体，再由腺体向下传到弯曲部位。可是确也有些影响向上传到腺体，使它们分泌得更多，分泌物也变为酸性。后一事实，我相信在植物生理学上是十分新鲜的；在动物界，最近才确定，一种影响可以与血管状况无关，而通过神经达到腺体改变它们的分泌能力。

叶盘中心腺体因重复触动或由停留在那里的物体而受到刺激时，引起外缘触毛卷曲

用一支小形硬驼鬃笔刺激叶中心腺体，70 分钟后，外面触毛有几条已显卷曲；5 小时后，边缘内侧的触毛全部卷曲；第二天早上，即约 22 小时后，全部充分地重新展开。以后各例所记时间，都是从开始刺激时算起。另一片叶同样处理后 20 分钟，有少数触毛卷曲；4 小时内，边缘内侧触毛全部卷曲，几条极边缘的触毛和叶缘本身也卷曲了；17 小时后，都恢复到正常展开状态。这时，在后面所说的那片叶中心，搁下一只死蝇，第二天早上，它被卷紧；5 天后叶片重新展开，腺体有分泌液包围，触毛恢复到可再发生动作的状态。

◀捕虫堇。

小颗肉屑、死蝇、小纸屑、木头、干藓、海绵、炭渣、玻璃等，反复搁在叶片上，它们就在1小时到24小时不同时距内被(触毛)逮住；随物体性质不同，在1到2天、7天，乃至10天后，叶片重新开展，物件被释放。有一片天然地逮过两只蝇的叶，因此已闭合又展开过一次，更可能是两次，我又搁下一只新鲜死蝇：7小时后，这只蝇已略被包缠，21小时后，完全捉牢，叶缘也向内卷曲。两天半后，叶已经几乎全部再展开；刺激物体原是昆虫，卷曲时距的这种不寻常的短促，无疑是由于这片叶最近刚有过活动。我让这片叶只休息1天后，又搁下另一只蝇，它又闭合了，可是很缓慢；不过，不到2天，它又完全缠住了蝇体。

如果将一个物体搁在叶盘的腺体上在叶的一侧，尽可能地靠边上一些，则这一侧面的触毛先卷曲，对面一侧的反应迟缓得多，时常根本不起作用。这一点曾用小颗肉屑做试验反复证明；我现在只引一个例证：一只还活着的小蝇，自然地被逮住，我见到它细弱的脚被黏在叶中心盘的极左侧腺体上。这边的外缘触毛向内闭合，把蝇杀死了，不久，这一边的叶缘也向内卷入，并且这样持续了好几天，可是对面一侧的触毛和叶缘却丝毫没有动静。

如果选用幼嫩活跃的叶片，那么，在中央腺体上搁下一颗和最小的大头针针头差不多大的无机物体，有时也会引起外边触毛向内卷曲。不过。如果所搁物体含有可以被分泌液溶解的任何含氮物质，则运动一定出现，而且快得多。有一次，我见到下述特别情况：把小颗生肉屑(其作用比任何其他物质都更强有力)、纸、干藓、鹅翎管笔的羽毛碎屑搁到几片叶上，约2小时内，它们都同样地被紧卷起来。其余时候，上述各种物体，或更普通些的玻璃碴、煤灰(从火中取出的)、石子、金箔、干草、软木、吸水纸、棉絮、搓成小团的头发，这些东西虽然也有时被紧捉住，但一般地说，不能引起外缘触毛运动，或只有轻度缓慢动作。可是这些叶片却被证明是处在活跃状态中，因为它们可以由能产生可溶性氮化合物的物质，如生肉、熟肉、熟蛋或熟蛋白、各种昆虫及蜘蛛的尸体等，引起兴奋，导致运动。我只举两个例：在几片叶的中心上搁上小蝇，另几片叶放小纸团、干藓和鹅翎管，大小和小蝇大约相等；小蝇几小时内就被触毛缠裹，而25小时后，其余物体上只弯过少数几条触毛。从叶片上取去纸团、干藓、鹅翎管，另搁上小颗生肉，则所有触毛不久都强有力地卷曲了过来。

又一次，在3片叶中心搁下煤灰颗粒(重量比上述实验中所用的蝇稍大)，19小时后，一颗被裹得相当好，一颗卷有几条触毛，另一颗没有。我取掉后两片叶上的灰屑，搁上刚杀死的蝇。7小时30分后，被紧紧逮住，

20小时30分后，彻底缠裹了；触毛卷曲了许多天。而原来19小时后颇好地逮住灰屑的一片叶，没有给蝇的，33小时后（即搁上灰屑后52小时）已经完全重新展开，可以开始动作。

由这些以及另外很多不值详述实验，可知无机物质或不能受分泌液作用的有机物，作用于叶远比能产生可被吸收的可溶性物质的有机固体慢而乏力。此外，我也遇到过极少数对这条法则为例外的情形；例外的出现，显然是由于那些叶片距离刚刚动作过的时间太近，触毛在上文所特指的一些有机物体上，卷曲了比不受分泌液作用的有机物或无机物更长的时间[①]。

外缘触毛由于物体与它们的腺体直接接触而起卷曲[②]

我做了大量试验，用由蒸馏水润湿了的细针针尖，借助于放大镜，向

---

① 由于齐格勒(Ziegler)先生(Comptes rendus，1872年5月，122页)持有一种特殊信念，认为蛋白质物质如果在指间夹执一瞬间，会获得使毛毡苔触毛收缩的性质，而不经过这样夹持，它们就没有这种能力，我曾极度小心地作了另一些试验，结果却不能证实他的信念。从火中刚取出的红热煤屑，在沸水中烫过的玻璃碴、棉线、吸水纸和软木薄片，这些颗粒(都只用在沸水中浸过的器具夹的)，搁在几片叶的腺体上，它们作用的方式都和其他故意(在指缝中)拨弄过的颗粒完全一样。用沸水烫过的刀切下的熟蛋白小粒，作用和其余动物性固体一样。我对一些叶呼气1分钟以上，并且用口对近叶片重复两三次，不见效应。我还得说明，叶片并不是由于含氮物质的气味而引起动作的：在针尖上穿的生肉小片，尽量近地固定在叶面附近而不和叶接触，也无影响。另一方面，下面我们还要谈到的，某些挥发性物质如碳酸铵、氯仿、某些芳香油之类的蒸气，却能引起卷曲。齐格勒先生还有更特殊的陈述。他说凡与硫酸奎宁接近而未接触过的动物性物质，都具有特殊能力。奎宁盐的作用将在下面另一章中详细叙述。齐格勒先生在发表上述文章后，1874年还出版了同一主题的一本书，称为《无紧张性与蠕动性》(*Atonicité et Zoicite*，1874)。

② 普费弗关于植物器官对接触的敏感性所作研究[《见蒂宾根植物研究所研究报告》(*Unters aus d. Bot. Institut zu Tübingen*)，第一卷，1885，483页]，已使对毛毡苔的敏感性所作结论不可能再保持现有情况。

普费弗指出，对攀缘植物的卷须和毛毡苔的触毛，均匀压力无刺激作用；简单地指为"接触"的效应事实上来自密接点上所受不等压力。用细棒摩擦后有动作的卷须，如用裹有明胶的玻璃棒摩擦就不起作用。明胶的运动和滴在卷须上的水滴同等均匀，已知水滴无效。如明胶上黏有细沙粒或水中有黏土悬浮，则有刺激。对毛毡苔作了相同试验。发现用水银面来摩擦腺体，不能使触毛运动；但用固体摩擦或反复接触，便可引起动作。普费弗的其他实验完全肯定了均匀的持续压力没有刺激效果。他在中心腺上放小玻璃珠，用放大镜观察，证明它们已与腺体接触。有些触毛动了，但只要植物安置得好，桌子或地板的震动不传到它们时，大多数触毛都无动作。如果植物受到震动而使玻璃珠对腺体产生了摩擦或撞动，触毛就会动作。本节叙述的结果显然应用同样理由来说明，即由于桌子和地板的震动。但毛毡苔触毛的敏感性并不因为如此解释而不再惊人。我们认为运动不是由轻微重物的静压引起，而是这些轻微物体对腺体的撞动所产生的结果。——F. D.

外缘触毛腺体周围的黏稠分泌液上放置各种固体颗粒。卵圆形和长形腺体，我都实验过。像这样向一个单独腺体上放置物体时，这条触毛的动作，由于和其余静止触毛成对比而分外看得清楚（见前章，图 6）。有 4 次，小颗生肉在 5～6 分钟内引起了触毛的大幅度卷曲。同样处理另一触毛，加倍细心观察，在 10 秒钟后，虽微弱但明显地改变了位置；这是我所见到的最迅速的运动。2 分 30 秒后它已移动了 45°。放大镜中所见触毛运动和大时钟上的指针相似。5 分钟后它移动了 90°；10 分钟后再看，颗粒已移到叶盘中心；这就是说，整个运动在不到 17 分 30 秒内已经完成。几小时后，这颗小肉屑由于已和几个中心腺体接触，已离心地向周边触毛发生作用，它们全都卷曲了过来。蝇体碎屑放在 4 个与叶身同一平面向外伸出的外缘触毛腺体上，有 3 块碎屑在 35 分钟后已作了 180°的移动，达到叶盘中心。第 4 条触毛上的一块太小，直到 3 小时后才到达中心。另有 3 次，小蝇整体或大蝇碎片在 1 小时 30 分内也搬到了叶中央。这 7 个例中，整个小蝇或碎片由一条触毛搬到中心腺体上后，都在 4 至 10 小时内被其余全部触毛紧紧卷压着。

我又以相同方式，在 6 片（不同植株）叶片的 6 条外缘触毛腺体上搁 6 个写字纸小纸团（用镊子卷成，以避免和手指接触）；大致 1 小时，有 3 个已搬到叶中心；其余 3 个花了 4 小时稍多一点；但是 24 小时后，6 个纸团中只有两个为其余触毛紧紧缠绕着。可能是由于分泌液溶解了纸团中的少量皮胶或动物性化了的物质。再在 4 条外缘触毛腺体上搁了 4 颗煤灰；其中 1 颗，3 小时 40 分钟后到达了叶中心；第 2 颗花了 9 小时；第 3 颗不到 24 小时，但最初 9 小时没动多少；第 4 颗 24 小时后仍旧没有移动多远，以后也没有再动。送到了叶中央的前 3 颗灰屑，只有 1 颗已由多数其余触毛缠裹。这里，我们明白地看到，灰屑或小纸团，即使由触毛送到了叶中心腺体上，在引起其余触毛的运动上，也和蝇体碎片大不相同。

我还用其他固体物质，如蓝白色玻璃碴、软木屑、小片金箔等之类，作了许多类似的实验，不过没有仔细记下运动的时间；触毛达到了叶中心，或仅仅稍稍移动，或根本未动的例证，所占比例数变化不定。一次傍晚，用比通常所用大些的玻璃碴和软木屑搁在十多条触毛上，第二天早上，即 13 小时后，所有触毛都将它的负担转移到了中心；可能这是由于颗粒较大所致。另一次，搁在各条腺体上的灰屑、玻璃、棉线颗粒，$\frac{6}{7}$搬近或搬到了叶心；另一次是$\frac{7}{9}$；另一次是$\frac{7}{12}$；最后一次，只有$\frac{7}{26}$被搬向内部，这次比例所以低，叶片已过老而且不活动，至少是一部分理由。偶然间，可以在放大镜下看到一个腺体搬着它微小负荷运动一段极短的距离，随即停止；这种情形，在腺体所载颗粒过分微小，即尺度远小于下文所举各个测计过的例证时，特别容易出现；这里已接近于动作极限。

我为引起触毛大幅度卷曲的颗粒之微小而惊讶，觉得究竟小到什么程度的颗粒仍然引起反应，似乎值得确定。因此，请特伦哈姆·里克斯(Trenham Reeks)先生为我将量准尺寸的胶水纸条、细棉纱线、妇人头发，在介民街(Jermyn Street)实验室[①]的一架最好天平上，细心称出重量。然后从这些称过的物体上切下小段的纸、线、头发来，用量微尺量出长度，以便容易计算出它们的重量。把它们放在外缘触毛腺体周围黏稠分泌液上，小心注意上述情况，我可以肯定绝没有触动到腺体本身；而单独一次轻轻接触也不引起反应。把一小片重约$\frac{1}{465}$格令[②]的吸水纸搁下与3条腺体同时接触，3条触毛都向内弯曲；如果这点重量是平均负担的，则每个腺体受压为约$\frac{1}{1395}$格令或0.0464毫克。再用几乎相等的5小段棉纱线试验，也都有了动作。其中最短一段长$\frac{1}{50}$英寸，重约$\frac{1}{8197}$格令。这次，触毛在1小时30分钟后卷曲很大，1小时40分线运到了叶盘中心。又，一女人头发较细一头的两小段，一段长$\frac{18}{1000}$英寸，重约$\frac{1}{35714}$格令，另一段，长$\frac{19}{1000}$英寸，重量自然稍大一些，同时放在一片叶相对两侧各一条触毛上，1小时10分后，两条触毛各已弯到叶中心的一半，而同一叶片上其余触毛，都无动作。这一片叶的情形，无可争论地说明了这些微小的颗粒已足够引起触毛的弯曲。像这样的小段头发，共用了10段，搁在不同叶片的10条触毛腺体上；其中7段引起了触毛显著动作。所用最小的一段，也引起反应了的，长度是$\frac{8}{1000}$英寸(0.203毫米)，重量是$\frac{1}{78740}$格令或0.000822毫克。这些例中，不但触毛的卷曲显明，它们细胞中紫色液体也像下章所说，聚集成为原生质团块；聚集极其明显易见，我简直就用它作为唯一的标记，在显微镜下从同一些叶片上成百上千的触毛中，挑认出那一条是曾将它的负荷运向叶中心的，与其余没有这样动作过的区别开。

---

① 这是当时伦敦皇家化学学院所在的一条街。皇家化学学院那时拥有全英国最高标准的仪器设备。——译者

② 格令(grain)为英美的最小重量单位，等于64.8毫克，原为小麦谷粒的平均重量。——译者

引起我惊讶的，不只是导致运动的颗粒之小，还有它们是如何作用于腺体；记住，我是以最大的谨慎把它们搁在分泌液凸出面上的。最初我认为——现在我知道我想错了——像软木、棉纱、纸等比重很小的颗粒，不可能和腺体表面接触。这些颗粒不会是以它们的重量加在分泌液珠上而起作用的，因为比它们重多倍的小水滴，反复加上去，从不发生影响。也决不是分泌液受了扰动的影响，因为用针从分泌液珠中拉出长丝来，固定在近旁物体上若干小时，触毛也还是不动。

我也曾小心地用吸水纸尖角，从 4 条腺体上把分泌液除掉，让它们裸露在空气中，并未引起运动；但是这些腺体仍保持有效状态，因为 24 小时后，用小颗肉屑试验时，它们都迅速地卷曲了。我还想过，颗粒浮在分泌液珠上，也许向能感觉光线被遮断的腺体投下了影子。尽管这看来似乎大不可能，因为无色玻璃碴也还很有效，但是我还是作了实验，借牛油烛光之助，在黑暗中尽快地在 12 条腺体上搁了软木屑、玻璃屑，在另一些上搁了肉屑，并且随即遮光，不让任何一线光照射它们；第二天早上，过了 13 小时，所有颗粒都被搬到了叶中心。

这些消积结果引起我又作了另一些实验。在分泌液珠表面上搁上一些颗粒，尽可能仔细观察，看它们是否能穿透分泌液而与腺体表面接触。不论触毛位置如何，由于分泌液的重量，腺体下面的液层总是厚于上面。以前用过的干软木、棉纱、吸水纸、煤灰等，都再用来尝试；现在我见到了，只要过几分钟，它们所吸收的分泌液，分量比我原来想象的多得多；这些颗粒现搁在液珠上表面，也就是液层最薄之处，它们就往下沉，过一段时间，至少会与腺体上某些点发生接触。我观察到分泌液会有一些覆盖到玻璃屑和头发的外面，这样，它们也就被拉往侧面或下面。因此，一端或某些棱角迟早会和腺体相接触。

在上述及下述各例中，任何房屋中家具都经常容易发生的震动会有助于这些颗粒和腺体接触。可是由于分泌液的折射，有时很难肯定颗粒究竟是否已经接触，所以我又尝试作了下述的一些试验。把异乎寻常地小的玻璃、头发和软木颗粒轻轻地搁在几个腺体周围液珠上，很少几条触毛运动了。未动的，约半小时后，在显微镜下用细针拨动或推翻颗粒几次，仍不触到腺体。几分钟后，未动的触毛几乎也都全部开始动作了；无疑地，这是由于颗粒棱角或是一端已与腺体表面接触所致。可是由于颗粒很小，因而运动也不大。

最后，用暗蓝色玻璃捣成很细粉末，为的是在颗粒混入分泌物之后，其棱角较易分辨;在13颗分泌液珠下垂部分,也就是液层较厚之处,分别搁入了13颗细玻璃粉。几分钟后,已有5条触毛开始运动;这时我清楚地看见玻璃粉确实与腺体下表面接触。第6条触毛在1小时45分后动了,颗粒原来和腺体没有接触现在已经接上。第7条也是一样,不过在3小时45分后才开始动。其余6条在观察期间没有动作;细粉显然也没有接触腺体表面。

从这些实验中我们可以知道:凡不含可溶性物质的颗粒,放在腺体上,常使触毛在1至5分钟内开始弯曲;这是一开始颗粒便已和腺体表面接触的情形。触毛如较长时期,即从半小时至3、4小时后才开始动的,则是颗粒吸收了分泌液或分泌液逐渐包裹颗粒而加快了蒸发之后,颗粒缓缓与腺体接触的情形。如触毛根本不动,则是颗粒从未达到与腺体接触,或触毛本身不活动。要激起运动,颗粒必须确实压在腺体上,因为任何硬的物体,一次两次甚至三次地反复接触,还不能引起运动。

另一表明极细的颗粒如何作用于浸没水中的腺体的实验,也值得提及。1格令重的硫酸奎宁加入1盎司[①]水中,以后没有过滤;向90量滴[②]这种液体中搁下3片叶,5分钟后,3片叶都卷曲很厉害了,使我大为惊讶;因我以前作过试验,知道这种溶液的作用没有这么快。我立刻想起,由于轻而浮在水面的未溶奎宁粉可能已和腺体接触,因此引起了这种迅速运动。我向蒸馏水中加了一撮十分无害的物质,即沉淀的碳酸钙,一种不易察觉的粉末;我摇荡这个混合物,得到了像稀牛乳一样的液体。搁下两片叶,6分钟后,几乎每条触毛都大大卷曲了。用显微镜检查一片叶,发现分泌液珠表面黏有无数石灰微粒。有些已经穿透液珠,落到腺体表面;无疑的是这些颗粒使触毛发生了弯曲。当叶片浸入水内,分泌液立即吸水涨大;我相信它会在这儿那儿发生裂罅,因此会有小股的水冲进去。如果这样,我们就可以懂得为什么落在腺体面上的石灰微粒是怎样透进分泌液的。凡曾在手指间搓过沉淀石灰的人,都知道它是怎样细腻的粉末。无疑地,颗粒总会有个小到不能作用于腺体的极限;这个极限是什么,我不知道。我常见到我在房里搁着的植株,腺体面上沉落有空气中的细纤维和灰尘,这些颗粒却只停留在分泌液表面,从不到达腺体面上。

最后,一小段柔软棉纱线,$\frac{1}{50}$英寸长,$\frac{1}{8197}$格令重,或一小段人发,$\frac{8}{1000}$英

① 盎司(或称液盎司,fluid ounce)等于28.4毫升。——译者

② 量滴(minim)为液量最小单位,英制等于0.0592毫升。——译者

寸长，仅$\frac{1}{78740}$格令（0.000822毫克）重，或沉淀石灰石颗粒在腺体面上停留短时期，能引起腺细胞内发生某些变化，使它们兴奋，并通过毛柄约20个细胞传导一个运动冲动，达到它的基部，使这个部分弯曲，使整条触毛扫过180°以上的空间，不能不说是一个特异事件。下面谈原生质的聚集时，我们还有大量证据证明腺体细胞、随后是毛柄细胞的内含物，也会由于细小颗粒的压力发生明显可见的变化。这些事实，比我们上面的叙述还要奇异，因为这些颗粒都由黏稠而浓密的分泌液托着。不过，甚至比上述计量情况还要小些的颗粒，由刚才说过的方式，以不可觉察的缓慢运动和腺体表面接触，便可发生作用，使触毛弯曲。重量仅为$\frac{1}{78740}$格令的一段人发浮在浓密液体上，所生压力应是不可思议地轻微。我们可以推想，它应当还不到1格令的100万分之一；下面我们还要说，比1格令的百万分之一还少的磷酸铵溶液，被腺体吸收后，也发生作用，导致动作。一小段长为$\frac{1}{50}$英寸的人发，比上述实验中所用的重得多，搁在我的舌头上，我不察觉；人体中任何神经，即使在发炎的状况中，能够由于那么一小颗用浓密液体托住的物体缓缓地与神经相接触而受到影响，我认为极端值得怀疑。可是毛毡苔的腺体却可以由此兴奋到传导出一个运动冲动，达到颇远的一点上，引起运动。在我看来，植物界中似乎没有见到过比这再可异的事实。

外缘触毛受反复触动而兴奋后所起的卷曲

我们说过，叶中心腺体受轻微扫拭后，它们能传导一种运动冲动给周围触毛，使它们弯曲。现在我们再谈外缘触毛腺体本身受到触动后所起的反应。有几次用针或细毛触动多个腺体，每个只一次，力量大到可使整个柔软触毛弯曲，这时压力应当比上面所说小颗粒的要重大成千倍，可是没有一条触毛发生运动。又一次，用针和硬鬃，一次、两次乃至三次拨动11片叶上的45个腺体。拨动很快，但所用力量也大到可使触毛弯曲，可是只有6条触毛卷曲，3条较明显，另3条轻微。为了断定那些未起运动的触毛是否处于有效状态，在其中10条上搁下肉屑，它们都很快就向内大大弯曲了。另一方面，以同等力量用针或尖玻璃片同时敲击多个腺体 4 次、5 次乃至 6 次，则有较大一部分触毛卷曲，可是结果极不稳定，看来似乎混乱得很。例如，有一次我用上述方式敲击 3 条腺体，它们刚好都极敏感，因此，几乎和搁了肉屑一样快地卷曲了。另一次，我强力地敲击了各条腺体各一次，一个也不反应；可是同是这些腺体，在几小时后，用针拨动四五次，却有几条触毛不久便开始卷曲。

单独一次触动乃至两三次触动不引起卷曲，对植物说来应当是有益的；因为在大风雨天气中，长在它们近旁的其他植物或高大草类的叶片，偶然撞击到腺体上，必定不可避免。如果触毛这时有动作，会导致不利，因为触毛再展开需要较长时间，没有展开，它们便不能捕捉食物。另一方面，对轻微压力的极端敏感，对植物却是最有利的；因为，我们已经说过，一只挣扎着的昆虫，细弱的脚轻压在两三条腺体上，便可以使这些腺体所在触毛向内卷曲，把虫送到叶中央，由此招致以后周围触毛协同缠裹。可是，植物的运动并不是完善地适应于需要，因为常有这种事态：一小点干藓、泥炭或其他渣滓被风吹到叶盘上，触毛仍然毫无意义地缠裹着它们。不过，它们不久便会发现自己的错误，把这些无营养意义的东西放出去。

还有一件值得注意的事：无论是天然或人为雨水中的水滴，从高处落下，并不引起触毛运动；这种水滴打击腺体时力量很大，尤其在大雨把分泌液都洗掉之后，这种情形常常出现，虽然分泌液很黏稠，单在水中摆动叶片很难将之洗去。落下的水滴如果小，它们会黏在分泌液上，从而使分泌液珠的重量增得很重，必定会远远比搁上以前所说那些小颗粒所增加的大，可是这些水滴从来不曾使触毛卷曲。如果每阵雨中的水滴都能激起触毛卷曲，对于植物（像偶然的触动一样）也是显然大为不利的；可是由于腺体或者经过习惯而对于水滴的撞击及持续的压力不敏感，或者原来根本上只能对固态物体有感觉[①]，所以这种不利还是避免了。往后，我们还要谈到捕蝇草（*Dionaea*）叶片上的丝条，也同样对液体冲击不敏感，而对任何固态物体暂时的触动则感觉极端敏锐。

用利剪在接近腺体下方剪断毛柄，触毛一般会卷曲。我知道毛柄其他部分对任何刺激都不敏感，这个事实出乎我意料之外，因此反复尝试实验。这种截去头部的触毛，不久仍会再展开，这一点下面我们还要谈到。

① 普费弗的试验（见前）说明了为什么雨水不引起运动。——F. D.

另一方面，我曾偶然成功地用镊子捻碎腺体，但触毛却不卷曲。这时，触毛似乎是瘫痪了，可能与太浓的盐溶液和高温引起的瘫痪相似，而稀盐液与轻微加温，都能引起运动。在下面几章我们将谈某些液体、某些蒸气、氧（当植物经过一段时间绝氧之后），都能引起卷曲，感应电流[①]也有同等作用。

① 我的儿子弗朗西斯（Francis）由于受桑德森博士观察捕蝇草所得结果的启示，发现在一片毛毡苔叶片上插上两条针，触毛不动；可是这两条针如果在Du Bois感应器的次级线圈接上，几分钟后，触毛就向内弯曲。弗朗西斯希望最近能发表他的观察报告。

第三章　触毛细胞内原生质的聚集

· Aggregation of the protoplasm within the cells of the tentacles ·

细胞内含物聚集前的性质——激起聚集的各种原因——此过程从腺体中开始，沿触毛向下延展——聚集的团块及其自发运动的记述——沿胞壁的原生质流动——碳酸铵的作用——沿胞壁流动的原生质中颗粒与中央团块汇合——碳酸铵引起聚集的需要量极微小——其他铵盐的作用——其他固体、有机液体等的作用——水的作用——热的作用——聚集团块的重新解散——原生质聚集的直接原因——总结及结束语——植物根中聚集现象的补充观察

在这一章中，我想中断关于叶片运动的报告，叙述前面已经提到过的(原生质)聚集现象。检察一个幼嫩但已完全成熟的叶片上从未兴奋过或卷曲过的触毛，观察到其毛柄细胞充满着均匀的紫色液体①。胞壁上贴有一层无色的原生质，活跃地回流着②，如聚集过程已经进行了一段时间，这层原生质更容易看见。压破的触毛中排出的紫色液体有些粘连，和外面的水不混融；含有多量絮结性或颗粒性物质。可是这种物质也许是细胞压破中产生的，压碎时几乎立即引起了一定程度的聚集。

如果在腺体因反复触动，或由于搁上了无机或有机物体或吸收了某些液体而兴奋后几小时，观察触毛，它呈现一种完全改变了的外观。细胞不再是充满着均匀的紫色液体，而含有多种形状的紫色团块，浮于无色或近于无色的液体中。这种变化非常显著，用放大镜有时乃至用肉眼都可以看出；触毛现在呈斑点状，因此，凡受到这种影响的触毛，很容易和其余(未变的)辨别。中心腺体受任何刺激后，外缘触毛卷曲起来时，也有同样的结果；因为这时外缘触毛细胞内含物虽然它们的腺体没有接触任何物体，也同样聚集成为团块。但原生质聚集并不一定与卷曲相连，下面我们就要谈到。无论由哪种原因引起这个过程，它总是由腺体内部开始，然后向下传到触毛。这种变化在毛柄上部细胞比腺体中可更清楚地观察到，因为这些细胞有些不透明。触毛重新展直后不久，这些小团块都重新解散，细胞内的紫色液体，又恢复和最初一样地均匀和透明。重新解散的过程，由触毛基部起，向上扩展到腺体，即与聚集的传导方向相反。原生质聚集后的触毛，曾经请赫胥黎(Huxley)教授、胡克博士和桑德森博士看过，他们用显微镜检查后，都为这整个现象而感到诧异。

聚集后的原生质小团块外形轮廓变化极多，通常是球形或卵圆形，有

◀触毛上的腺体能分泌消化液。

① 从前关于毛毡苔柄细胞无细胞核的说法[弗朗西斯·达尔文《显微镜学会季刊》(Quarterly Journal of Microscopical Science)，1876]，据普费弗《渗透性研究》(Osmotische Untersuchungen)，1877，197页)验证，是十分错误的。——F. D.

② 加德纳先生[见《皇家学会会报》，No. 240，1886]记录了他命名为“棒状体”(rhabdoid)的一种特殊结构，存在于触毛毛柄表皮细胞中。棒状体最初在叉生毛毡苔体内发现，后来也见于圆叶毛毡苔；发现者对叉生毛毡苔的棒状体作过更专门的观察，它是一个带棱形的原生质团块，对角线式地伸展在细胞内，两端没入原生质中。“所有叶表皮细胞，除了腺体细胞及直接在其下的细胞之外，都有它存在”。——F. D.

时延长很多，或很不规则，带线形、连珠形、槌形突起。它们由浓厚的显然黏稠的物质组成，在外缘触毛内呈紫色，叶盘中心短触毛内则带绿色。这些小团块不断改变形状和位置，从不安息。有时一块分为两段，接着又联合起来。它们的运动不很快，颇像变形虫或白血球的运动。因此我们可以认为它们是由原生质组成[①]。如每隔几分钟，就把它们的轮廓描下来，可以看见它们在不停地变化形状；同一个细胞，曾经观察了几小时。这里有同一细胞的8个粗糙但正确的草图，是每隔2分钟或3分钟观察一次绘下来的(图7)，表示着一些较简单而最常见的变化。A是最初描绘时的细胞，含有两个卵圆形紫色原生质团块，彼此相接。在B，它们离开了；在C，重复联合为一。再过一会，出现了D这种最常见的形象：在长形团块一端，形成一个极小的圆球。小球迅速增大，如E，随即又被吸收，如F，这时在相对端形成了另一个球。

图7是一片捕捉过一只小蛾的暗红色叶上一条触毛的细胞，用水封装观察的。由于我最初认为团块的运动可能是吸水所招致，我在另一片叶上搁下一只蝇，18小时后，所有触毛都紧卷了，再取来不封水观察。这片叶上的一个细胞，15分钟内观察八次，绘成了图(图8)。这些简图表示了原生质所经的某些奇特变形。最初，细胞1基部有一小团具短柄的团块，上端另一块较大，彼此似乎完全离开着。不过它们仍可能被一条看不见的细原生质丝连缀着，因为有两次，当一个细胞中一块团块迅速增大而另

---

① 这个结论后来证明是错误的；聚集团块无疑的是细胞液的浓缩体或沉淀物；假定的变形虫式运动，实际上是原生质流动的结果，使这些被动的团块成为各种不同形式。

普费弗首先(1877)在他的《渗透性研究》中，坚持对这种团块性质的看法。此后，席姆帕尔[《德国植物学报》(*Botanische Zeteng*)，1882，233页]也研究了这个课题，他将这种聚集团块看做是细胞液浓缩体，富含单宁，浮游于膨胀而透明的原生质中。

加德纳(《皇家学会会报》1885年11月19日，1886年第240号)证实了席姆帕尔的观察，认为叉生毛毡苔毛柄细胞原生质从"自己液泡中吸收水分"而膨胀，因此使泡液中单宁变得浓缩了。加德纳对聚集与细胞膨胀度之间的关系，附加了一些奇异的说法。他认为聚集与细胞失水有关，表现聚集的细胞，膨胀度减低了。他说"向组织中注水，聚集立即停止，同时细胞恢复正常情形。"这些变化与加德纳称为"棒状体"的某些形状变化有关；棒状体对细胞膨胀度非常敏感，因此，加德纳用它当做"膨胀计"，即表示膨胀程度的指标。

德弗里斯对聚集的问题也有文章发表(《德国植物学报》，1886，1页)，他大体上与普费弗，席姆帕尔及加德纳(Gardiner)一样，认为聚集是细胞液的浓缩体。但其他方面，他不同意这些人的结论。

德弗里斯认为在一般植物细胞和毛毡苔细胞内，液泡外面都有一层特殊的原生质膜，和沿胞壁流动的一般原生质有别。聚集过程中，液泡挤出大部分水分，保留着红色色素、单宁和蛋白质类物质。这时液泡不再是单一体，而分成许多小形副液泡。这些就是"聚集了的团块"，因为挤出的液体成为一个无色背景衬托着，所以看起来分外鲜明。依德弗里斯的看法，这些团块的运动完全是被动的，即因为原生质的流动搅动和冲击着它们。——F. D.

一块迅速缩小时，我改变射入光，用高倍镜观察时，发现了一条极细极细的连丝，显然是两块之间的交通沟道。另一方面，这种连丝有时看到断裂，这时它们的末端很快变成棒槌头的形状。图 8 中其余各简图是连续呈现的一些形式。

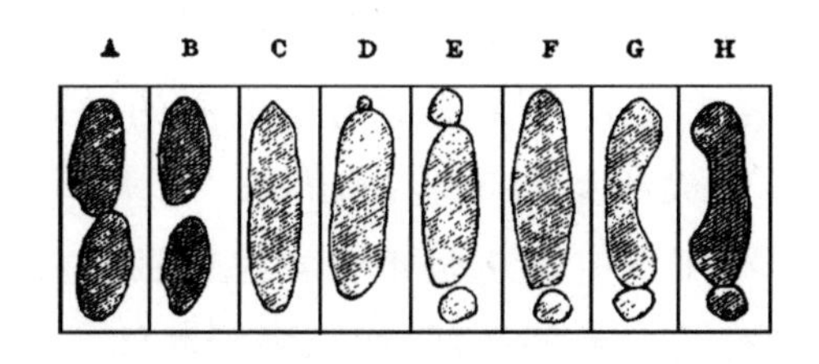

图 7 圆叶毛毡苔

触毛上同一细胞图解，表示聚集了的原生质团块连续呈现的不同形状。

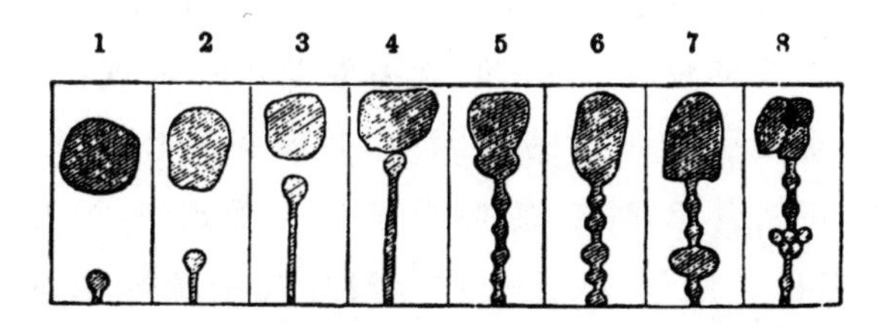

图 8 圆叶毛毡苔

触毛上同一细胞图解，表示聚集了的原生质团块连续呈现的不同形状。

细胞中紫色液体聚集之后不久，这些小团块就在无色或近于无色的液体中浮动；沿胞壁流动的颗粒性白色原生质层，现在可以看得更明显。流动的速度不规则，沿一侧胞壁向上，另一侧向下，在长形细胞末端转向时，一般流动较缓慢，像这样循环不已。流动也有时忽然停止。运动经常有“波浪”；“浪峰”有时伸张到整个细胞的全部宽度，又沉下去。显然无拘束的原生质小球常被液流带动团团转动；一些和中央团块相连的丝条，漂来漂去，似乎挣扎着要逃走。总之，细胞之一有这些常变的中央团块，也有沿壁循环的薄层原生质，合起来组成一幅生命活动的绝妙画图。

许多观察是对细胞内含物在聚集过程中作的，我想在不同项目下只详细说明少数特例。剪下一小块叶片，在高倍镜下观察，用一个加压器轻轻压腺体。15 分钟后，我清楚地看到腺体内细胞和毛柄上端细胞的紫色液体中有极小的原生质球聚集起来，它们迅速增大体积。在某些触毛的腺体上搁了玻璃屑、软木屑和煤灰，1 小时后，几条触毛卷曲了，可是 1 小时 35 分后，还没有见到原生质聚集。其他搁有这些颗粒的触毛，8 小时后观察,所有细胞都已有聚集;外缘触毛的细胞也是如此,由于搁了物体的盘心腺体传导了刺激过去,这些外缘触毛已起卷曲。中心盘边缘的短触毛,虽然没有卷曲,但也有聚集现象。后一事实说明了聚集并不依赖触毛的卷曲;这一点,我们还有其他很多证明。现在,又仔细观察了另外3片叶的外缘触毛,它们只含有均匀的紫色液体,在其中3条的腺体上搁了短段棉纱线,22小时后,几乎直到毛柄基部为止所有的细胞中,紫色液体已聚集成为无数球形、长形或线条形原生质团块。原来的小段棉线已经早运到了盘中心,这就引起了所有其余触毛都有些卷曲;它们的细胞内含物也有了聚集,可是却没有达到毛柄基部,而只限于腺体正下方。

不仅对腺体的反复触动①或微小颗粒的接触能引起聚集,如果从毛柄顶端把本身未受伤害的腺体切去,也可以在弯曲后的无头触毛中引起较缓和的聚集。另一方面,我们试过6次,如果用镊子骤然压碎腺体,则触毛似乎因为过大的震荡而瘫痪了,它们既不卷曲也不表现任何聚集。

碳酸铵 一切能引起聚集的原因中,我所见到作用最快而最有力的,是碳酸铵溶液。不管什么浓度,腺体总是首先受到影响,很快就变成不透明,以至于出现黑色。例如,我把一片叶浸在几滴颇浓的、即一份盐兑146份水(或3格令兑1盎司)的溶液中,在高倍镜下观察。所有腺体在10秒钟内都变黑了;13秒后,明显地更黑。1分钟后可以看到腺体正下方的毛柄细胞中有非常小的球形原生质团块出现,边缘长头腺体下面垫着的细胞也一样。有些例证说明,这种过程在约10分钟内已沿毛柄下行达腺体长度的两倍至三倍。有意思的是,在通过两个细胞之间横隔胞壁时,出现了一个刹那间的停顿,跟着,下面的一个细胞,透明的内含物像闪电一样变成了云状团块。毛柄下段,作用进行转缓,因此过了20分钟,边缘和边缘内的长形触毛的细胞起了聚集变化的,还只向下走了一半。

我们可以推定,腺体吸收碳酸铵,不仅由于它作用快,而且由于它的效应与其余盐类不同。由于腺体在兴奋后分泌一种属于醋酸系列的酸,使碳酸铵可能立即变成这个系列的盐;而醋酸铵引起聚集还是几乎和碳酸铵同等有力而迅速的,我们下面还要叙述。如果向压破触毛排出的紫色液体中或由与触毛摩擦而染色了的纸上滴几滴1份碳酸盐兑437份水

---

① 我只刚刚在《园艺学者记事》(1874,10月10日)见到摘要的,从赫克尔(Heckel)先生的一段记述看来,他似乎在由接触兴奋而运动了的小檗(*Berberis*)雄蕊上,见到了类似现象;他说:"每个个别细胞的内含物都在中央腔内集中了。"

或1格令兑1盎司)的溶液,则液体及纸变成淡污绿色。可是一片叶浸没在浓度为刚才所说两倍的溶液中,1小时30分后,腺体内仍有些紫色可见;24小时后,腺体正下方的毛柄细胞中,所含原生质小球的颜色还是鲜明的紫晕。这些事实表明氨不是以碳酸盐的形式透入的,否则颜色就会消灭。颜色很淡的叶片浸在溶液后,特别是边缘的长头触毛,其腺体和毛柄上部细胞,我曾见过有褪色的情形;我认为这些例证才是吸收了未变的碳酸盐。前段所说,聚集过程的显现,在通过横隔时有短暂的突然停顿,使人有物质从上到下由一个细胞转到另一细胞的印象。可是当将不溶性无机颗粒搁到腺体上,细胞逐个向下传递着聚集现象,则此过程应当是从腺体传递的分子变化,而与吸收任何物质无关。碳酸铵的情形可能也是这样。可是碳酸铵引起原生质聚集现象沿触毛向下走的速度,比由不溶解的颗粒搁在腺体上所引起的快得多,很可能某种形式的氨不仅由腺体吸收,并且还沿触毛下行了。

我在水中镜检了一片叶,看到细胞内含物均匀,加几滴1兑437倍水的碳酸铵溶液后,注意观察着腺体正下方的细胞,但没有用高倍放大。3分钟内,未见聚集,但15分钟后,见到原生质有小球形颗粒,边缘上长头腺体下的细胞尤其明显;这次,变化进行非常缓慢。25分钟后,毛柄细胞中出现有明显球形团块的,已经有和腺体长度大约相等的一段;3小时后,触毛约有全长的三分之一到一半。

细胞只含有淡粉红色液体与显然很少量原生质的触毛,搁在几滴稀薄的、1份碳酸铵兑4375份水的淡溶液中,在高倍镜下细心检查腺体下面的高度透明细胞,可以看见它们由于形成了无数小到刚可看见的颗粒①,因而最初只是像云一样微微浑浊了。后来才因为汇合或从周围液体中吸收了原生质进去而迅速变大。一次,我选得了一片颜色特别淡的叶片,在镜检中,给了一滴较浓(1∶437)溶液,这时,细胞内含物没有变成云状,但是10分钟后,形状不规则的小颗原生质出现了,随即变为不规则团块和球粒,颜色带绿或极淡的紫;可是它们虽然不断地改变形状和位置,却绝没有生成完美的球形。

---

① 德弗里斯认为由碳酸铵引起的聚集形状,与例如由肉屑引起的正常的聚集,很不相同。他认为这是由蛋白性物质沉淀所致。这样形成的颗粒,倾向于累积成球形,因此生成厚重团块,这种团块不易与德弗里斯(de Vries)认作由液泡形成的聚集团块区别。哥劳尔(Glauer)在1887年《西里西亚祖国文化协会年报》(*Jahres-Bericht der Schl. Gessel. für Vaterländ Cultur*, 1887, 167页)上,也以为氨致团块与正常现象中的形状不同。——F. D.

对红色不过深的叶，碳酸铵溶液的初步作用，一般是生成两个三个或几个极小的紫色球形团块，随即迅速增大。为了提供这种球形团块增大速度的观念，可以举一个紫色颇浅的叶为例，在一片（盖）玻片下，注入一滴1份兑292份水的溶液，13分钟后，生成了几个原生质小球；2小时30分，其中之一已达细胞直径的$\frac{2}{3}$。4小时25分，几乎和细胞直径相同；另一个小球则和第一个的一半差不多大小，此外还有几个较小的。6小时后，悬浮这些小球的液体已经几乎无色。8小时35分（以上都指从注加溶液时算起），又生成四个新小球。第二天早上，即22小时后，除了原来两个大球之外，还有7个小球，共同浮游在绝对无色的液体中，液体里有絮状的绿色物质悬垂着。

聚集过程开始时，尤其是暗红色的叶子，细胞内含物经常呈现一种特殊外观，贴附胞壁的原生质层（原浆壶）似乎从胞壁收缩而分离，因此形成一个形状不规则的紫色囊袋。除了碳酸铵溶液之外，其他液体，例如生肉浸出液，也有同样效应。不过，原浆壶从胞壁分离的外观，显然是虚假的①；因为我曾多次见到在注入溶液之前，沿胞壁有一薄层无色的流动原生质，而袋状团块形成后，沿壁流动的原生质层依然明显存在，而且似乎比从前更明显。看来，碳酸铵的作用似乎是促进了原生质流动，可是这个推理是否真实，却不能肯定。袋状团块生成后，不久就开始在细胞内周围缓慢滑动，有时生出突起，突起又分裂出去成为小球，围绕着袋状团块的液体中，有时又出现其他小球，它们运动更快。它们有时一个在前面，随后又是另一个在前面，有时却又一个绕着另一个转，可以证明这些小球是分离的。我曾偶然见到这些小球，沿细胞的一个边壁上下移动，而不是围着转。袋状团块过一些时候以后，总是分成两个圆的或卵圆形的小块，然后再像图7和图8那样不断改变形状。还有些时候，袋状团块内部出现小球，跟着它们又汇合为一，再分离开来，进行着无穷尽的循环变化。

叶在碳酸铵溶液中浸过几小时，原生质已经完全聚集后，胞壁上原生质流动便看不见了；我反复观察过多次，现在举一个例。把一片淡紫色叶浸在几滴1份盐兑292份水的溶液中；2小时后，毛柄上端细胞中已有细小紫色小球沿壁的原生质流动，清晰可见；再过4小时，其间已形成了许多新小球体，再细心的观察也不能见到可以认出的流动，这无疑地是因为所

---

① 我常见到其他植物中，像是原初液泡真正从胞壁收缩回来的现象，有由碳酸铵溶液引起的，也有由机械伤害引起的。

含颗粒已和球体联结，因此没有东西可以供我们认出清澈的原生质的流动。可是游离的小形球体却还沿着一侧壁上下移动，表明流动还在行进中。第二天早上，已过了22小时，又新生出了一些小球，这些小球在两侧壁之间来回摆动，证明流动仍存在，不过原生质回流已看不见了。另一次，在一片暗紫色叶中，浸在较浓（1∶218）溶液内，24小时后，仍可看到有流动沿壁进行。因此，这片叶浸在上述2格令对1盎司水的溶液内这样长的时间，受伤不厉害或者根本没有受伤；以后放在水中24小时，许多细胞内聚集的团块再溶解，和自然状态的叶片在捕捉过昆虫后再展开时所发生的一样。

将一片叶浸在1份碳酸盐和292份水的溶液中22小时后，原生质的几个球形团块（由袋形团块自己分裂而成）在盖玻片下轻加压力，用高倍镜检查。现在它们有些是被明显的辐射状勾缝明确割裂开，有些分裂成具有尖锐边缘的片段，它们到中心都是坚实的。较大的破裂球体中心部分比较不透明而颜色更深，不像边缘那么脆；有些只在边缘上有勾缝。多数球体周围和中央部分之间的分界线颇为分明。外围部分颜色浅紫，正和后来新形成的较小球体一样；后来的小球体，中央没有深色的中心。

由这些事实我们可以推断，凡健康的深色叶片，受碳酸铵作用时，触毛细胞里面的紫色液体常在周围聚集成为连贯黏稠物质，形成一种囊袋。袋里面会出现一些小球形体，整个团块不久分裂成两个或稍多些的球，反复地汇合又分裂着。过了或长或短的一段时间，无色原生质层中沿胞壁流动的颗粒，受较大球体吸引着和它们汇合，或者形成独立的小球；这些独立的小球，颜色都浅得多，也比最初形成的聚集团块更脆。原生质中的小颗粒这样被吸引出去之后，原来回流的原生质层就不容易辨认了，可是沿胞壁仍有一层透明液体在流动着。

如将一片叶搁入浓度很高的碳酸铵溶液中，腺体立即变成黑色，大量地分泌出分泌液来，可是触毛却不见运动。经过这样处理的两片叶，1小时后，都萎蔫了，似乎已死；所有触毛细胞都有原生质球体，不过都小而无色。另外两片叶用稍稀些的溶液处理，30分钟后，都有明显的聚集现象。24小时后，球形和更普通的长圆形原生质团块，寻常是半透明的，现在则变得不透明而多颗粒，毛柄下部细胞有无数小形球状颗粒。显然溶液浓度过高，阻碍了聚集过程的完成，和下面所谈高温的作用一样。

以上所述，都是外缘触毛的情形，它们正常是紫色的；中心短触毛的绿色毛柄，受碳酸铵和生肉浸液的作用时，过程也完全一样，只有一个仅有的差别，即聚集团块带绿色。因此，这个过程与细胞里面液体的颜色毫无关系。

最后，这种盐类最突出的特点，是只需异常少的分量就足够引起聚集。在第七章中有更详细的叙述，目前只要交代一下，对活跃的叶子，腺体仅仅需要吸收$\frac{1}{134400}$格令(0.000482 毫克)，就足够在 1 小时内引起腺体正下方细胞中原生质的聚集。

其他盐类与液体的作用 在 1 份醋酸铵与约 146 份水的溶液中，放下两片叶，发生了几乎与碳酸铵同样有力的作用，虽然没有那么迅速。10 分钟后，腺体变黑了，腺体正下方的细胞有聚集现象痕迹，15 分钟后，聚集就很明显，而且沿触毛向下传了与腺体等长的长度。2 小时后，几乎整个触毛所有细胞的内含物都已分散成原生质团块。另一片叶浸在 1 份草酸兑 146 份水的溶液中；24 分钟后，腺体下方细胞已经有些变化，虽然并不明显。47 分钟后，形成了不少球形的原生质团块，并且沿触毛毛柄下延了与腺体等长的长度。可见这种盐的作用不如碳酸盐快。至于柠檬酸铵，用过浓度相等的溶液浸一片叶，直到 56 分钟，还未见到腺体下方细胞中有聚集痕迹；但 2 小时 20 分后，就很明显了。另一次，用了较强的 1 份柠檬酸盐兑 109 份水(4 格令兑 1 盎司)的溶液，同时也将一片叶浸在浓度相同的碳酸盐溶液中。后者所浸腺体不到 2 分钟就变黑了，1 小时 45 分后，球形暗色聚集团块在所有触毛中都已经下延到一半乃至$\frac{2}{3}$全长的地方；而柠檬酸盐所浸的叶片，30 分钟后，腺体显暗红色，腺体下方细胞中聚集团块呈粉红色，长形。1 小时 45 分后，这些团块沿触毛下延了全长的$\frac{1}{5}$乃至$\frac{1}{4}$。

在 10 量滴 1 份硝酸铵兑 5250 份水(1 格令对 12 盎司)的溶液中，分别浸了两片叶，即每片叶承受了$\frac{1}{576}$格令(0.1124 毫克)盐。这个分量已使所有触毛卷曲；但 24 小时后，仅仅看到一点点聚集现象痕迹。将其中一片移到稀碳酸盐中，1 小时 45 分后，所有触毛的半个长度都显示了惊人的聚集。另取两片叶浸在很强的 1 份硝酸盐兑 146 份水(3 格令兑 1 盎司)的溶液中，其中一片 3 小时后还见不到什么显著变化；另一片则 52 分钟后已有聚集痕迹，1 小时 22 分后，就很明显，可是即使过了 2 小时 12 分，聚集程度仍旧比不上在同浓度碳酸盐溶液中浸 5 至 10 分钟的。

最后，把一片叶放进 30 量滴 1 份磷酸铵兑 43750 份水的溶液中，它应当接受$\frac{1}{1600}$格令(0.04079 毫克)的磷酸盐，触毛很快卷曲了；24 小时后，细胞内含物聚集成为卵圆形及不规则球形团块，沿胞壁有明显的原生质回流流动。不过，无论哪种原因引起的卷曲，经过这么长的时间后，总会有聚集发生的。

除铵盐之外，只试验了少数其他盐类的聚集效应。把一片叶浸在1份氯化钠兑218份水的溶液中，1小时后，细胞内含物聚集为带褐色的不规则球形小团块；2小时后，几乎解体成为浆渣，显然原生质已受损害，不久之后，有些细胞几乎空虚了。这种效应和各种铵盐所导致的完全不同，也与各种有机液体以及放在腺体上的无机颗粒所发生的效应大不一样。同浓度的碳酸钠碳酸钾溶液，作用与氯化物几乎完全相似；2小时30分钟后，腺体外层细胞已把它们带褐色的浆渣状内含物倒空。在第八章中，我们要提到浓度为这一半的各种钠盐溶液能引起卷曲，但不致伤害。硫酸奎宁、硫酸尼可丁、樟脑、眼镜蛇毒液等，不要多少时间就可引起聚集，还有些物质(例如箭毒素溶液)则没有这种倾向。

许多酸类，尽管高度稀释，仍然有毒；在第八章还会说到，它们虽然能引起触毛卷曲，却不能激起真正的聚集。例如，把叶片放在1份苯甲酸(安息香酸)兑437份水的溶液中。15分钟后，细胞内紫色液体已从胞壁退缩一些；可是1小时20分后，仔细检查时仍未见真正的聚集，24小时后，叶已死亡。另外放在同等浓度碘酸溶液中的叶，2小时15分钟后，细胞内紫色液体显出同样退缩；6小时15分后，在高倍镜中看到这些细胞充满了极细小的暗红色原生质小球；第二天早上，24小时后，这些小球几乎不见了，叶子显然死去。同等浓度溶液的丙酸也不引起真正聚集，可是触毛下段细胞底部，集中着不规则的原生质团块。

生肉浸出液过滤后，可以引起强烈聚集，但不很快。这样浸没的叶，有一片在1小时20分后有少许聚集，另一片在1小时50分后。还有些叶片则需要更长的时间。例如有一片叶用滤过肉浸液浸5小时无聚集，但用几滴1份兑146份水的碳酸铵溶液泡一下，5分钟后就有了作用。有些浸过24小时后，达到高度聚集，卷曲的触毛肉眼看来已是斑斑点点。细胞里面的紫色聚集的小团块，一般是卵圆形或连珠状，很少有像碳酸铵处理过的叶中那种球状。它们不断变形；浸过25小时，沿胞壁的无色原生质流动仍明显可见。生肉本身是一种过强的刺激剂，尽管是小块，给予叶时也对叶有伤害，有时简直就致死：聚集的原生质团块色彩晦暗或几乎无色，呈现一种不寻常的颗粒状，正像受过浓碳酸铵溶液处理过的叶。浸在牛乳中的叶，1小时后细胞内含物略有聚集。还有两片叶，一片浸在人唾液里面 2 小时 30 分，另一片浸在生鸡蛋清里面 1 小时 30 分，都没有这样的变化；可是如果让它们多停留些时间，它们无疑地也会变的。这两片叶后来搁进碳酸铵溶液（2 格令兑 1 盎司）中，一片 10 分钟，另一片 5 分钟，都有了聚集。

把好几片叶浸在 1 份白糖兑 146 份水的溶液里，过了 4 小时 30 分钟，没有聚集；移到同浓度的碳酸铵液里，5 分钟就有了；另一片在相当浓的阿拉伯胶液里浸了 1 小时 45 分也是一样。另外一些叶，搁在更浓的糖、树胶和淀粉液里面几个小时，细胞内含物强烈聚集起来。可是这种现象可能是外渗的效果，因为在浓糖水里的叶完全萎软了，就是在树胶液和淀粉浆里的叶，也有些发蔫；它们的触毛起了不规则扭曲，长些的变成螺旋形。往下我们要谈，这些物质的溶液搁在叶中央，并不会引起卷曲。将小颗蔗糖饴加到几个腺体周围的分泌液珠上，随即融化了，引起了分泌大量增加，无疑是由于外渗；24 小时后，细胞有一定程度的聚集，但触毛并不卷曲。用甘油，几分钟后就引起明显聚集，像一般情形一样，从腺体内部起，然后沿触毛向下延展；我相信是这种物质强大吸水力所致。水里面浸没几小时，也导致聚集。先细心观察过的 20 片叶，浸入蒸馏水经过一段时间再观察，获得下列结果。4～5 小时后能有聚集痕迹的很稀罕，一般需要经过更长的时间。可是如果一片在水中能迅速卷曲的叶片（有时会出现，尤其是暖天），则 1 小时后不久，便会有聚集。凡在水里面浸过 24 小时以上的，腺体都变成黑色，表示它们细胞内已发生聚集现象；镜检时毛柄上端细胞有相当明显的聚集。这些试验是用剪下的叶片做的，我忽然想到，这种处理可能影响结果，因为毛柄吸水的速度可能不够快，来不及供给腺体的继续分泌。可是这个想法却错误了。一株根部未受伤的植物共带有四片叶，沉在蒸馏水下 47 小时，触毛虽卷曲很少，腺体却全部变黑了。四片叶中有一片触毛细胞略有聚集，第二片稍多一点细胞的紫色内含物，略略有些和胞壁分离；第三和第四片，都是淡色的叶子，毛柄上部细胞有明显聚集。这些叶的小聚集团块，多数为卵圆形，形状和位置在缓缓变化中；这就是说，经过 47 小时浸没，原生质并没有杀死。早些时候就一植物作浸没尝试，触毛毫无卷曲。

高温引起聚集。让一片触毛细胞只含有均匀液体的叶片，在 130℉（54.4℃）的热水中摆动约 1 分钟，尽快镜检，这就是说，大约在 2～3 分钟内，细胞内含物已有些聚集。第二片在 125℉（51.6℃）水中摆动 2 分钟，迅速检视如前；触毛都已卷曲，细胞中紫色液体稍微从胞壁分离，含有很多卵圆形和长形聚集团块和极少数小球。第三片叶在125℉(51.6℃)的水中放着，自然冷却；1小时45分后检查，卷曲触毛已有聚集，3小时后更加明显，但以后再没有增进。最后一片，在120℉(48.8℃)水中摆动1分钟，移入冷水，过1小时26分钟，触毛很少卷曲，只有零散的聚集痕迹。所有这些以及其余热水处理，原生质聚集成球形团块的倾向，远不如碳酸钠所引起的高。

聚集原生质团块重新溶解　缠绕过昆虫或其他无机物体的或由其他原因兴奋了的触毛，重新伸展时，聚集的原生质团块也就再溶解而不见了；细胞里面现在充满了均匀紫色液体，像触毛未卷曲以前一样。重新溶解过程都从触毛基部开始，向上延展到腺体。较老的叶，尤其是曾经多次运动过的，毛柄顶端细胞的原生质继续保持着多少有些聚集的形态。为了观察这个再溶解过程，作过如下观察：将一片叶留在1份碳酸铵兑218份水的少量溶液中24小时，原生质已像寻常那样聚集为无数紫色小球，它们不断地改变形状。现在将叶取出，洗过，浸入蒸馏水中，3小时15分后，少数小球体的轮廓渐渐有些不清晰，这是再溶解的标志。9小时后，许多球体变成长形，团块周围的液体也逐渐带上颜色，清楚表明再溶解确已开始。24小时后，虽然有不少细胞还含有球形体，但可以见到另有一些细胞充满了紫色液体，而没有任何原生质聚集残迹的，它们的再溶解已经完成。在125℉(51.6℃)热水中摆动过2分钟的叶片，已经有过原生质聚集团块的，用冷水漂浸11小时后，原生质就表现初始再溶解迹象。热水浸过后第三天再镜检，可看出显明差别，虽则原生质仍有些聚集。另一片叶，由于磷酸铵稀溶液处理而全部细胞的内含物都有强度聚集的，浸没在1打兰[①]酒精对8打兰水的混合液(已知是无害的)中3到4天，再镜检时，每个细胞都充满了均匀紫色液体，毫无聚集残留。

我们说过，在浓糖水、树胶水和淀粉浆中浸没几小时的叶片，它们的细胞内含物会大量聚集，叶身多少有些萎软，触毛不规则地扭曲。这些叶在蒸馏水中漂浸4天后，萎软程度减退了，触毛部分地重新伸展了，原生质也部分地再溶解。触毛紧缠在蝇身上的一片叶，细胞内含物强度聚集着的，浸在少量"雪梨酒"中，2小时后，有几条触毛重新伸直，其余触毛可以由于轻轻一拨而回到原来的伸张情况，所有原生质聚集痕迹都已消除，细

① 打兰(drachm，或dram)，衡量单位，在药衡中，1液量打兰为$\frac{1}{8}$(液)盎司，等于3.549毫升。——译者

胞里面充满了完全均匀的粉红色液体。这种重新溶解作用，我相信是内渗导致的。

原生质聚集过程的直接原因

因为引起触毛卷曲的各种刺激，大多数也可以引起它们细胞里面原生质的聚集，很容易让人想到聚集是卷曲的直接后果，实际不然。用颇浓的碳酸铵溶液，例如 3 或 4 格令，有时甚至仅 2 格令兑 1 盎司水（每 1 份兑 109 或 146 或 218 份水）的溶液浸叶，触毛瘫痪，不能卷曲，但不久便显示出强烈的聚集。此外，叶中央的短触毛，无论叶曾在任何铵盐的稀溶液或任何含氮有机液体中浸泡过，从不会卷曲，可是它们表现一切聚集现象。另一方面，有些酸能引起显著卷曲，却不引起聚集。

一个重要的事实是，把无机或有机的颗粒搁在叶盘中心腺体上，就会使外缘腺体向内卷曲，而且，后者腺体的分泌液不但增进了数量并变成酸性，它们毛柄细胞里面的原生质也聚集起来。聚集过程总是从腺体开始，即使它们还没有和任何物体接触过。显然必定有某种力或影响，由中央腺体传到外缘触毛，先到达它们基部附近，使这里发生弯曲，然后上到腺体促进分泌。短时间后，这些被间接激发了的腺体又沿本身毛柄向下传导或反射某种影响，诱导一个一个细胞地发生聚集，直到毛柄基部。

乍看起来，似乎可以有这样的想法，聚集是由于腺体经过兴奋，加速分泌后，它们的细胞乃至于毛柄细胞中水分不足，不能使原生质成溶解状况。聚集起于触毛卷曲之后，并且卷曲时，腺体分泌量一般（我相信是经常）比以前增加了很多，这事实可以作为这个想法的理由根据。又，触毛重新伸展时，腺体分泌量已降低，甚至完全停止分泌，然后聚集的原生质团块才再溶解。此外，叶片浸在浓厚植物性液体或甘油中，腺体细胞向外失水，这时就有聚集；随后叶片漂浸在清水中或比重比水小的无害液体中时，则原生质也会重新溶解，这无疑是内渗所致。

和聚集起于细胞中水分外渗这个看法相反的有如下事实。增大的分泌量与聚集程度之间，似乎看不出有密切关系。一粒糖加在腺体周围分泌液珠上，比同一方式加上的一小颗碳酸铵所能引起的分泌增加量大得多，而聚集则少得多。纯水似乎不会引起多大外渗，但浸入纯水后，16 至 24 小时，就常有聚集发生，24 至 48 小时，则聚集必然出现。更显得不可能的，是温度为 125°F 至 130°F（51.6 到 54.4℃）的水，竟不仅能促使腺体排水，还使触毛全长直到毛基的细胞，也同时迅速排水，以至于在 2 分至 3 分钟内立即引起聚集。另一个有力的反证是，完全聚集后，球形和卵圆形原生质团块在一种稀薄无色的液体中浮荡着；至少此过程的这些最后阶段不能是由于缺水而原生质不能溶解。还有一个更有力的证据，说明聚集与分泌无关；第一章中记述过，叶片上布满了的乳突，并非腺性，不会分泌，可是它们能迅速地吸收碳酸铵或生肉浸出液，它们的内含物随即迅速地聚集起来，这种聚集现象随后遍及周围组织的细胞。往后，我们还要谈到不分泌的捕蝇草（*Dionaea*）感觉丝所含紫色液体，也会由稀碳酸铵溶液的作用而显聚集。

聚集是一个生命活动过程；所谓生命活动，是说细胞内含物必须是生活的且未受损伤，才可以起这种变化，而且必须在适宜的供氧条件下，过程的传导才可以正常速率进行。用一滴水封着一些触毛，盖上盖玻片，用力挤压，许多细胞都破了，紫色浆渣状物质带有大小形状各个不同的许多颗粒流了出来，但很难有任何细胞是真正倒空了。我然后加了一小滴 1 份对 109 份水的碳酸铵溶液，1 小时后，再来观察，腺体和毛柄中都还有少数散在的细胞，没有挤破它们的内含物，已经很好地聚集成球体，不断地改变形状和位置，沿胞壁还有明显的流动可见，足以证明原生质还是活的。相反，凡流出细胞外的物质，都已无色而不是紫色，毫无聚集痕迹。已破而内含物还没有倒空的细胞中，也没有（聚集）痕迹。我虽细心观察，这些已破细胞中绝未见到原生质流动的迹象。它们显然已在压力下死亡，它们所保有的一点物质，已和流出的一样，不能再聚集。我还可以说，在这些标本中，每个细胞在生命上的个体性（individuality）表现得很明显。

下一章将充分说明热对叶的效应，这里我只谈一件事，即上面说过的，叶在 120°F（48.8℃）的热水中浸没短时间后，并不立即发生聚集，现在再放在几滴 1 份碳酸铵兑 109 份水的浓溶液内，就会细密地聚集起来。另一片叶在 150°F（65.5℃）的热水中浸过，再用同样浓的溶液处理，却不见聚集，而细胞中充满了褐色渣浆状或淤泥状的物质。以 120°F 与 150°F（48.8℃及65.5℃）两个极端之间的温度来处理叶片，聚集过程的完成。有各种不同程度；前者（120°F）不能阻止碳酸铵随后的聚集效应，后者则能完全停止它。浸在水中的叶，加温到 130°F（54.4℃）后，再搁在盐溶液中，形成很清楚的球体，不过肯定地比平常小。其他加热到140℉(60℃)的叶，球体极小，但很显明，可是许多细胞还含有褐色的渣浆物质。还有两片加热到145℉(62.7℃)的叶，有几条触毛的个别细胞中还有几个小球，其他细胞以及其他整个触毛只含有带褐色的解体渣浆状物质。

触毛细胞里面的液体，必须在供氧条件下，引起聚集的力量或影响才可以适当速率由一个细胞传达一个细胞。把一棵根在水中的植株，搁在一个含有122盎司碳酸溶液的容器中45分钟。从这个植株取一片叶，又从一个新鲜植株取一片叶作比较，都在颇浓的碳酸铵溶液中浸没1小时。比较时，受过碳酸作用的叶所起聚集程度显然较少。另一植株，在同一容器中暴露于碳酸2小时，取一片叶，搁在1份兑437份水的碳酸铵溶液中，腺体立刻变黑了，证明它们已经吸收了铵，并且细胞内含物聚集；可是腺体正下方细胞甚至在3小时后仍未见聚集现象。4小时15分后，这些细胞中生成了少数球形原生质块；但5小时30分后，聚集沿毛柄下延也还不够一个腺体的长度。无数次用新鲜叶浸在这种浓度溶液中尝试，我从未见过聚集作用传导得这样慢。另一植株，在碳酸液中2小时后，又在流通大气中停留了20分钟，这时，叶呈红色，显出它已吸收了一些氧。取了它一片叶，与一片新鲜叶同时用(碳酸铵)溶液处理。反复地检查了前一片叶，65分钟后，在腺体正下方的细胞内开始出现少数几个原生质球状块，可是仅在两三个长触毛中。3小时后，聚集下延长度等于一个腺体的，也仅仅是少数触毛。另一方面，同样处理的新鲜叶中，15分钟后，有许多触毛有明显聚集；65分钟后，沿毛柄下延的长度，已有腺体的四五倍以上；3小时后，所有触毛都有全长的$\frac{1}{3}$乃至$\frac{1}{2}$的细胞受到影响。因此，叶暴露在碳酸中的结果，要么是使聚集暂时停止，要么是使腺体后来受碳酸铵作用而兴奋时的正常影响在传导上遭受障碍；而这种物质的作用比任何其他物质都更迅速有力。已经知道，植物原生质的自发运动，只在供氧条件中才会表现；血液中白血球也正是一样，只在能从红血球得氧时运动①；可是上述情况有些不同，它们关系到原生质团块的生成或结聚作用，在断氧时迟滞下来。

总结及结束语 聚集过程与触毛卷曲无关，显然也与腺体增加的分泌量无关。它从腺体里面开始，不论腺体是直接受刺激，或者由其他腺体

① 关于植物，参看萨克斯(Sachs)的《植物学评论》(*Traité de Bot.*)，1874，第三版864页。关于血球，参看《显微镜科学季刊》，1874，4月号，185页。

间接传来的刺激，两种情况中，过程都是沿触毛全长从顶向下逐个细胞传导的，在通过每个横隔胞壁时，略有停顿。用淡色叶子，可以在高倍镜下看见的最初变化，即细胞内的液体里面出现最细小的颗粒，因此看来似乎略有云状混浊。随着这些小颗粒聚集成为小球状团块。我曾见过，在腺体上加一滴碳酸铵溶液后10秒钟，就出现这种云状混浊。在暗红色叶，最初可见的变化是细胞内液体的外层，变成袋状团块。无论哪种方式生成的聚集团块，不断地改变着形状和位置。它们并不是里面充有液体，而是实心的固体。最后，沿胞壁流动的原生质中的无色颗粒与中央球体或团块汇合；但在细胞内仍有透明液体在流动。触毛完全重新伸直后，聚集团块也重新溶解，细胞又和原来一样，充满着均匀的紫色液体。溶解过程从触毛毛柄基部开始，向上延展到腺体，即与聚集取相反方向(的传导)。

聚集可以由如下多种原因引起：腺体多次受到触动；任何(固体)颗粒的压力，因为腺体外面包有一层浓厚分泌液，则腺体承受的压力，不会超过百万分之一格令的重量[①]；在腺体正下方切断触毛(顶端)；腺体吸收各种液体或从某些物体中溶解出来的物质；外渗；一定程度的热。另一方面，150℉(65.5℃)的温度以及骤然压碎腺体不能引起聚集。细胞破裂时流出及残留在细胞内的物质，加碳酸铵时也不发生聚集。很浓的碳酸铵溶液和颇大的生肉屑，阻止聚集团块的很好发展。由这些事实，我们可以归结说，一个细胞内的原生质液体，如不是在生活状态中，不起聚集作用；细胞遭受伤害，聚集也不完全。我们也知道，原生质液体必须在充分的供氧情况下，聚集过程才可以适当速率一个一个细胞地传递。

各种含氮有机液体及铵盐能引起聚集，但程度和速度有种种不同。碳酸铵是已知最强有力的物质；一个腺体吸收$\frac{1}{134400}$格令(0.000482毫克)后，这个触毛所有细胞都会聚集。碳酸铵、其他铵盐和有些液体的第一步效应是腺体变暗或变黑。冷蒸馏水长久浸没，也产生同一效应。这主要是由于细胞内含物的强烈聚集，它因此变成不透明而不反射光线[②]。另外某些液体使腺体呈鲜红色；尽管经过高度稀释的某些酸类，还有眼镜蛇毒液，等等，可以使腺体变白而不透明；这似乎是细胞内含物凝固而不曾聚

① 据霍夫迈斯特(Hofmeister)说(依萨克斯在他的《植物学评论》958页所引)，细胞膜承受极轻微的压力时，原生质流动立即受到阻碍而停顿，甚至决定它从胞壁的分离。可是聚集过程是完全不同的现象，它涉及细胞内含物，与沿胞壁流动着的原生质层的关系是次要的；虽然外界的触动或压力所生效应，必定是通过这薄层传导的。

② “它因此变成不透明而不反射光线”，著者很可能在再版中删除的。——F.D.

集的结果。可是至少在某些例证中,腺体在受到这样的影响之前,仍能引起它们自己触毛中的聚集。

中央腺体受刺激后,可以依离心方向向外缘腺体传导某些影响,使它们再送回来一种向心影响,导致聚集,这也许是本章所记最有意味的事实。但是整个聚集过程本身是一个非常特殊的现象。一条神经,外周边端受触动或压迫时,就产生一种感觉,大家相信那是一种不可见的分子变化,由神经一端送向另一端;可是一个毛毡苔腺体,如果反复触动或轻轻加压,我们能真正看见一种分子变化,由腺体下延到触毛;虽然这种变化可能与神经中的变化有本质上的不同。最后,能引起聚集的原因有这样种类多而又各不相同,看来腺体细胞中的生活物质似乎是处于一种极不稳定的状态,以至于任何扰动几乎都足够使它的分子性质发生变化,像某些化合物一样。腺体中的这些变化,不论是直接刺激引起的,或间接地由其他腺体传来的,都经过一个一个细胞传导着,或是使原来透明的液体真正产生原生质颗粒,或是使已有颗粒汇合而变成可见。

植物根中聚集现象的补充观察

下面我们要谈到,碳酸铵稀溶液能使毛毡苔根细胞发生聚集现象;这一点,引起我对其他植物的根也作了一些尝试。10 月下旬,我掘了一些我所遇到的第一种野草,南欧大戟(*Euphorbia peplus*),注意不伤害它的根;根洗净后,搁到少量 1 份碳酸铵兑 146 份水的溶液里面。不到 1 分钟,我见到云状混浊,由下往上一个一个细胞地沿根传上去,速度惊人。8 至 9 分钟后,造成云状混浊的颗粒,在根的极端上聚集起来,成为褐色物质的四角形团块,一部分团块不久变形成为球状。但也有些细胞未起变化。我再取同种的另一个植株来重复尝试,可是还没有来得及在显微镜下对准焦距,带红色和褐色的颗粒和四角形团块的混浊物已经布满了根的全长上来。另外又取一条新鲜的根,放进约 1 打兰的 1 份碳酸铵兑 437 份水的溶液中,这样,它接受了$\frac{1}{2}$格令或 2.024 毫克的盐。镜检时,根全长中所有细胞都含有带红色或褐色的聚集团块。在实验前,曾检查过几条根,没有见到其中任何一条含有混浊或颗粒状团块的痕迹。在 1 份碳酸钾兑 218 份水的溶液中浸根 35 分钟，没有发现这种盐有作用。

我还得说明，将大戟茎的薄片放在同样的（碳酸铵）溶液中，原来绿色的细胞立即变成混浊，其余原来无色的细胞，由于形成了无数褐色颗粒，显出混浊的褐色。我也曾见过，多种叶片在碳酸铵溶液中过些时候，叶绿素颗粒跑到一起并且部分地融合；这似乎也是一种形式的聚集。

将浮萍（*Lemna*）植株，搁在 1 份碳酸铵兑 140 份水的溶液中，过 30 至 45 分钟后，检视三条根。其中两条所有细胞原来只含有透明液体的，现在有小型绿色球体。1 小时 30 分至 2 小时后，叶边缘也有了同样的绿色小球；不过我不能肯定氨究竟是由根上达的还是叶直接吸收的。有一种无根的浮萍（*Lemna arrhiza*）[1]原来没有根，则为叶直接吸收似乎最可能。大约 2 小时 30 分后，根中的小绿球状体，一部分破裂成小形颗粒，显示布朗运动。另有些浮萍搁在 1 份碳酸钾兑 218 份水的溶液中，过了 1 小时 30 分钟，根细胞里面看不出有什么变化，但是把这些根移到同等浓度的碳酸铵溶液中，25 分钟后，就显出绿色小球。

将一种绿色海藻放在这种溶液中一段时间，仅仅发生了些可疑的影响。另一方面，一种具有细羽状叶的红色海藻，则受影响很大。细胞内含物聚集成为断裂的环，仍保持红色，缓慢地与轻微地改变着形状，环状部分中心由于生成红色颗粒而呈混浊。这里记下的这些事实（我不知它是否为新记载），表明观察各种盐溶液及其他液体对植物根部的作用，或许可以获得有意思的结果[2]。

---

① 应为无根萍（*Wolffia arrhiza*）。——译者

② 参看查尔斯·达尔文（Ch. Darwin）《碳酸铵对某些植物根的作用》，见《林奈学会会志》植物部分[*Linn. Soc. Journal*（*Bot.*）第十九卷，1882，239 页]；又《碳酸铵对叶绿体的作用》，见同会报（第十九卷，1882，262 页）。——F. D.

▲ 沼泽地中的长叶茅膏菜

第四章　叶的热效应

· *The effects of heat on the leaves* ·

实验性质——沸水的效应——热水引起迅速卷曲——再高的水温不立即引起卷曲，但也不会杀死叶片，因为它们后来还可重新伸展，而且原生质仍能聚集——更高的温度杀死叶片，使腺体的蛋白质内含物凝固

据我对圆叶毛毡苔的观察，在很热的天气里，叶对动物性物体的卷曲，似乎比寒天快而且时间久。因此，我希望肯定仅用热是否能引起卷曲；什么温度效率最高。另一个值得寻味的问题也就同时出现：在什么温度下生命就会消失，毛毡苔在这方面提供了异乎寻常的有利条件，将它的叶子在加热后浸入碳酸铵溶液中，其有利条件不在于它失掉卷曲能力，而在于损失了后来重新伸展的能力，特别是原生质不再能聚集[①]。

我的实验方式如下：将叶片割下，这并不妨害它的正常能力；例如，搁些肉屑在3片割下的叶上面，留在潮湿的大气中，23小时后，所有触毛和叶片，都卷紧在肉屑上，它们细胞内的原生质也都聚集起来。把3盎司蒸馏水在一个瓷皿里加热，水中斜悬着一个灵敏温度计的长形(蓄液)泡。用酒精灯在瓷皿下移动着，使水温逐渐上升到所需要的温度；叶片都连续在温度表泡附近连续摆动几分钟。然后将叶片取出，搁在凉水或碳酸铵溶液里面。另外一些试验，叶就留在已达到所需温度的水里面，让它同水一齐冷却。还有些叶子，则骤然地浸到所需温度的水里面，停留一段预定的时间(取出)。触毛如此纤弱，外被很薄，看来，它们细胞的液体内含物，很少可能会不热到与周围水的温度仅差一两度。我认为，任何再多的小心都是多余的，因为叶片的年龄和健康情况不同，使叶片对热的敏感有些差别。

为了方便，先简略谈谈在沸水中浸30秒钟的效应。叶子萎软了，触毛都向后倒下，这可能由于它们外表面保持弹性，比内表面保持收缩能力更久的缘故，这一点下章要谈到。毛柄细胞里面的紫色液体，变成细颗粒

◀勺叶毛毡苔。

---

① 当我做加热实验时，我不知道还有另外好几位观察者已在细心研究这个问题。例如萨克斯在《植物学评论》(1874，772，854页)就已经深信大多数不同种类的植物，经过10分钟45～46℃(即113～115℉)热水的处理，都要死亡；他还总结过，它们细胞中的原生质，在湿润条件中，遇到50至60℃(即122～140℉)之间的温度，都要凝固。马克斯舒尔茨(Max Schultze)和屈内(Kühne)[据巴斯琴(Bastian)博士在《现代评论》(*Contemp. Review*)，1874，528页]的引证，"发现植物细胞的原生质，在他们的实验中，经过以118.5℉为最高温度短暂的处理，都死亡了，改变了"。由于我的结果，导自原生质的聚集和触毛的重新开展这些特殊现象，所以似乎还值得叙述。我们会发现毛毡苔耐热的本领比大多数其他植物高。考虑到某些下等植物能在温泉中生活，则这一方面有相当差异，并不稀奇。关于在温泉中生活的植物，怀曼(Wyman)教授[《美国科学杂志》(*American Journal of Science*)，第四十四卷，1867]记有不少事例。如胡克博士在168℉的热水中见到有丝状藻(Confervae，Humboldt)在185℉；Descloi-zeaux在208℉。

状，但没有真正的聚集；即使后来再浸到碳酸铵溶液里，聚集也不出现。不过最突出的变化是腺体变成不透明而呈均匀的白色，这可能是它们蛋白质性内含物凝固所致。

我第一次的预备实验，是在一器皿水中搁下 7 片叶片，缓慢地加温到 110℉（即43.3℃）；到温度上升达 80℉（26.6℃）时，取出一片，85℃时取一片，90℃时再取一片，照此继续取出叶片。取出的叶片，随即搁在温度与我房间温度相等的水里，所有叶片的触毛，不久都有轻微而不规则的卷曲。现在把它们从凉水中取出来，放在潮湿空气中，在叶片的中心盘里搁上肉屑。曾经受 110℉温度的叶片，在 15 分钟后大幅度地卷曲了，2 小时后，所有触毛，都紧缠在肉屑上。其他 6 片叶片，也都有同样反应，不过是在较长的时距以后。这显然说明，热浴增加了叶片被肉屑所激起的敏感性。

我接着观察叶片在一定时距内仍浸在温度尽可能不变的温水中所起的卷曲程度；这里及以后，我只举少数结果作证明。一片叶片在 100℉（37.7℃）水中 10 分钟，不起卷曲。然而，另一片同样处理的叶片，6 分钟后，少数外缘触毛轻微卷曲，10 分钟后，有几条不规则地但不紧密地卷曲。第三片在 105 至 106℉（40.5～41.1℃）水中 6 分钟，卷曲不多。第四片在 110℉（43.3℃）水中 4 分钟，有些卷曲，6 至 7 分钟，就显著地弯曲了。

把 3 片叶片置于较迅速地升温的水中，温度达到 115～116℉（46.1～46.06℃）时，3 片都卷曲。然后我将灯移开，几分钟后，所有触毛都紧卷了。细胞中原生质并未被杀死，因为有清晰的运动可见；叶片搁进凉水中 20 小时后，全部重新伸直。另一片叶片浸在 100℉（37.7℃）的水中，将其升温到 120℉（48.8℃）；除了极边缘的少数之外，所有触毛不久都紧卷起来。叶片现在移到凉水中，7 小时 30 分后，部分地伸展，16 小时后，全部都伸直了。第二天早上，把这片叶片搁到碳酸铵稀溶液里，腺体迅速变黑，触毛中有强度聚集，表示原生质还是活的，以及腺体吸收能力也没有任何损失。另一片叶片放在 110℉（43.3℃）水中，温度升到 120℉（48.8℃）；只有一条触毛未动，其余全部迅速紧卷。这片叶片现在用浓碳酸铵溶液（1∶109）处理，10 分钟后，所有腺体呈深黑色，2 小时内毛柄细胞原生质已很好地聚集。把另一片叶片急遽投入 120℉的水中，和往常一样摆动，2～3 分钟，触毛弯曲，但仅仅到与叶盘成直角为止。现在将这片叶片浸到同样（即 1 份碳酸铵兑 109 份水，以后我将简称为浓溶液）溶液中，1 小时过后，我再检视，腺体变黑了，聚集也很显明。再过 4 小时，全部触毛都已紧卷。值得提起注意的是，像这样浓的溶液，一般不能引起卷曲。最后，将一片叶片急遽地投入 125°F(51.6℃)热水中，留到水自然冷却，触毛变成鲜红色，很快都卷曲了。细胞内含物有些聚集，在 3 小时内聚集程度增加；但原生质团块却没有成为小球形。浸入碳酸铵溶液中的叶片，一般总是如此。

由这些事实，我们可以知道从 120°到 125°F(48.8°～51.6℃)的温度，可以激起触毛起迅速运动，但并未杀死叶片，后来的重新伸展或是原生质的聚集，都可以说明。现在，我们来看 130°F(54.4℃)的温度，就高到了不能使叶即刻卷曲，但不致杀死细胞。

第一实验 将一片叶投入 130°F(54.4℃)的水中，并且摆动几分钟如常，不起卷曲；移入冷水，15 分钟后，在一条触毛的一个细胞中。可清楚看到一小团块原生质在缓慢运动[①]。几小时后，叶片及所有触毛都卷曲了。

第二实验 将另一片叶投入 130～131°F(54.4～54.8℃)的水中，像上面一样，没有卷曲。移入冷水中 1 小时，再浸入碳酸铵溶液内；55 分钟后，触毛大量卷曲。先前已变得鲜红的腺体，现在变黑了。触毛细胞的原生质显明地聚集着，但球状体和未经加热而直接受碳酸铵作用的相比，小得多。再过 2 小时，除了六七条之外，其余触毛都已紧卷。

第三实验 与上面相同，结果完全一样。

第四实验 将一片健康的叶浸在 100°F(37.7℃)的水中，加热到 145°F(62.7℃)。浸下不久，就和预期的一样，强度卷曲了。把叶片移放到凉水中，但由于所受温度过高，一直没有重新伸展。

第五实验 将叶浸入 130°F(54.4℃)的水中，加热到 145°F(62.7℃)没有立刻卷曲；移入凉水中，1 小时 20 分后，叶片的一侧有些触毛卷曲起来。现在再将此叶片放入浓碳酸铵溶液内，40 分钟后，所有沿边内侧的触毛都很好卷曲了，腺体也变成黑色。再过 2 小时 45 分，除了 8 条或 10 条之外，所有触毛都紧卷着，细胞表现轻微聚集；但原生质小球极小，外缘触毛的细胞有渣浆或解体的褐色物质。

第六第七实验 将两片叶投入 135°F(57.2℃)水中，升温到 145°F(62.7℃)；两片都没有卷。在凉水中停留 31 分钟之后，有一片叶有轻微卷曲，再过 1 小时 45 分，卷曲程度有些增进，到后来除了十六七条之外，其余

① 萨克斯在《植物学评论》(1874，855 页)说，南瓜(*Cucurbita*)毛在 47～48℃(约 117～119°F)的热水中 1 分钟，原生质运动就已停止。

多少都卷曲着，但叶已受伤害，始终没有再伸展。让另一片叶在凉水中停留半小时，再移入浓溶液，仍无卷曲；不过腺体变黑了，有些细胞中，略有聚集，原生质小球极小；另外的细胞，尤其是外缘触毛细胞内有许多褐色带绿的渣浆物质。

第八实验 将一片叶急投入 140℉(60℃)热水中，摆动几分钟，移入凉水浸半小时；没有卷曲。可是在移入浓溶液 2 小时 30 分后，靠边缘的内部触毛卷曲，其腺体变黑，毛柄细胞也有不完全的聚集。有三四条腺体，带有和沸水引起的相同的白色瓷状构造的斑点。只浸入温度低到 140℉的水中几分钟，能引起这种变化的，我没有见过第二例；另一次将 4 片叶浸入 145℉(62.7℃)水中，也只有一片有同样变化。另一方面，用两片叶，一片用 145℉，一片用 140℉的热水浸着，让它们自行冷却，两片叶的腺体便都变成白色瓷状。因此，浸没时距的长短是一个重要因素。

第九实验 将一片叶放在 140℉(60℃)的水中，升温到 150℉(65.5℃)，没有卷曲；相反地，外侧触毛有些向后倾倒。腺体变成瓷状，但有少数略带紫色斑点。腺体基部所受影响常比顶端的大。留在浓溶液中后，无卷曲和聚集出现。

第十实验 将一片叶投入 150～150.5℉(65.5℃)的热水中，有些萎软，外侧触毛略有反曲，内侧的略倒向中心，但限于顶端。这一点表明了这种运动不是真正的卷曲，因为正常卷曲的只在毛柄基部。触毛像寻常一样，变成鲜红色，腺体几乎白得像个瓷器，但稍带粉红色。叶片再浸入浓溶液，触毛细胞内含物成泥褐色，没有任何聚集痕迹。

第十一实验 将一片叶浸没在 145℉(62.7℃)的水中，水温增到 156℉(68.8℃)。触毛变成鲜红，略有反曲，几乎所有腺体都呈瓷状；中央部分的仍带粉红，外缘的全白。随后，和往常一样先用凉水浸，再用浓溶液处理；触毛细胞变成淤泥状带绿的褐色，原生质无聚集。不过有 4 个腺体未变成瓷状，它们的毛柄向顶端螺旋地扭曲着，像一支法国号角；但这并不是真正卷曲。扭曲部分细胞的原生质，聚集成为明显但非常细小的紫色球状团块。这就说明，原生质在承受几分钟高温后，如未凝固，当随后受到碳酸铵的作用时，可以聚集。

结束语 发状的触毛极细，而且壁柔薄，当将叶在热水中在温度计蓄液泡附近摆动几分钟时，它们承受的温度似乎不大可能不与温度计所示温度接近。由上面所记 11 次实验，我们可以知道 130℉(54.4℃)的温度，从不引起触毛立即卷曲，而 120～125℉(48.8～51.6℃)则迅速地产生这种效应。但 130℃对所引起的叶片的瘫痪，只是暂时的，以后再搁在普通水或碳酸铵溶液中，它们可以卷曲，它们的原生质也会发生聚集。较高与较低温度效应之间的这种巨大差别，可以与在浓与淡的铵盐溶液中浸没所生影响相比较，浓溶液不能激起运动，而稀溶液的作用则强有力。由热所引起的暂时丧失运动能力，萨克斯称为热僵[①]；含羞草（*Mimosa*）这种敏感植物，在 120～122℉（即 49°～50℃）的湿热空气中经过几分钟，就会发生热僵现象。值得注意的是毛毡苔叶浸没在 130℉热水中以后，再受寻常引起普通叶子瘫痪而不能导致弯曲的浓碳酸铵溶液作用时，却会被激起运动。

叶片甚至承受 145℉（62.7℃）的温度短短几分钟，并不总会死亡，因为随后留在凉水或浓碳酸铵溶液中，它们一般仍可卷曲，不过并不总是如此；它们细胞中原生质也会聚集，虽则形成的球状体极小极小，还有细胞充满着褐色淤泥状物质。有两个例。将叶浸在低于 130℉（54.4℃）的热水中，水温升到 145℉（62.7℃），在浸没初期有卷曲，但回到凉水中后，却不能再重新伸展。承受 145℉的温度几分钟，有时引起较敏感的少数腺体带上瓷状外观；有一次仅在 140℉（60℃）也有这种现象。还有一次，仅浸在 140℉而让自然冷却时，每个腺体都成为瓷状。承受 150℉（65.5℃）的温度几分钟，一般都产生这种效应，可是许多腺体带粉红色，因此产生斑点外观。这样高的温度从不引起真正的卷曲，相反，触毛寻常变得反曲，虽然反曲程度不及在沸水中；这显然是由于它们的被动弹性本领。原生质经过 150℉的处理，随后再受碳酸铵作用时，不是发生聚集而是变成失色的渣浆状物质。总之，这个热度一般足以杀死叶片；但由于年龄和健康状况的差别，它们可以在这方面有些变化。有一个特殊事例：将一片叶浸在增到 154℉（68.8℃）的水中后，许多腺体中只有四个没有变成瓷釉状[②]；这些腺体紧下方细胞的原生质也起了轻微但不完全的聚集。

最后，圆叶毛毡苔在整个大不列颠的荒芜高地沼泽都盛长着，而且在北极圈内生存（胡克博士说），竟然耐受即使是短暂浸没于热到 145℉的水

---

① 见《植物学评论》，1874，1034 页。

② 腺体的不透明和瓷釉状外观，可能是蛋白质凝固所致。我可以根据桑德森博士的见解提出，蛋白质一般在 155℉凝固，但在有酸存在时，凝固温度还可降低。毛毡苔叶都含酸，可能酸量多少不同，因此导致了上述结果的差异。

中，不能不说是一个奇特事实[①]。

也许值得提出，冷水浸没并不引起卷曲。我曾从保存于 75℉(23.8℃)温度中已几天的植株上取下 4 片叶，急投入 45℉(7.2℃)的冷水中，它们不显什么变化，似乎还不如同时从同一植株上取下而投入 75℉温水中的另几片叶，它们倒略有卷曲。

① 一般冷血动物，如大家所预料的，对升温远比毛毡苔敏感。例如我听桑德森博士说过，蛙在水温只达到 80℉时已经烦躁不安；到 95℉时，肌肉僵硬，蛙也就在僵直状态中死去。

第五章　不含氮及含氮有机液体对叶的效应

The effects of non-nitrogenous and nitrogenous organic fluids on the leaves

不含氮液体——阿拉伯胶溶液——糖——淀粉——稀释酒精——橄榄油——泡茶和煎茶——含氮液体——牛乳——尿——蛋清——生肉浸液——不纯黏液——唾液——鱼明胶溶液——这两类液体作用的差异——青豌豆汤——卷心菜汤和浸液——草叶汤

绒毛茅膏菜　北领域茅膏菜　盾叶茅膏菜

汉米尔顿毛毡苔　盾叶茅膏菜　汉米尔顿毛毡苔

曼西毛毡苔　叉蕊毛毡苔　汉米尔顿毛毡苔

1860年，我第一次观察毛毡苔时，就有一种信念，认为叶能从它们所逮住的昆虫体吸收营养物质，因此我想，如果用某些含有或不含有氮化物的普通液体，作些初步试验是很好的一件事。所得结果值得报道。

所有如下事例中的一滴液体，都是用同一尖锐器械向叶片中心滴下；经过反复尝试，这一滴的分量，可确定为平均很近于半滴量滴或$\frac{1}{960}$盎司或0.0295毫升。可是这些计量显然用不着自称为严格准确；还有，黏滞性液体的滴，显然地总是大于清水。一棵植株用一片叶做试验；植株从两个相距很远的地点采集得来。实验是在8月和9月做的。在判断结果时，必须注意一点：向一片腺体已经停止大量分泌的老的或衰弱的叶面上滴一滴任何黏性液体，尤其在室内试验时，液滴有时会失水干缩，有些中心触毛和内缘触毛，可以因此拉到一起，因而呈现卷曲的假象。用水，有时也有这种结果。因为水和黏稠分泌液混合后，也有黏性。所以唯一安全的判别（我也仅仅信任这一种）是未与供试液接触或至多只在毛基部与之接触过的外缘触毛之向内弯曲。这时，完全由于中央腺体受到液体的刺激，并传导一种运动冲动到外缘触毛上，才起运动。叶缘也常向内卷曲，正像当昆虫或肉屑搁在叶盘中心时的方式一样。叶缘运动，在我所见过的情形说来，从没有由黏性液体失水干燥牵动触毛而引起的例证。

先谈不含氮的各种液体。作为初步尝试，曾将蒸馏水滴在三四十片叶上，从没有发生任何效应；可是在另外一些极罕有的例证中，也见到极少数触毛卷曲了一个短时期；这可能是在调整叶的位置时，意外地触动了它们的腺体所致。可以预期水不会产生这样的效果，否则每一阵雨就会引起叶兴奋而运动。

阿拉伯胶　用了4级浓度。第一级是1份胶兑73份水；第二级稍浓，但还是稀薄；第三级中等黏稠；第四级稠到刚能从一个尖的器械上滴下。在14片叶上作了试验；液滴留在叶盘上24～44小时，一般约30小时。从来未见到卷曲。必须用纯的胶，因有一位朋友用买来的制成液，引起了触毛卷曲；他后来确定其中含有很多动物性物质，可能是皮胶。

糖　三级浓度的白糖液（最淡的是1份糖兑73份水），滴在14片叶

◀茅膏菜类食虫植物。

上，留32～48小时，没有发生效应。

淀粉 大致像奶油一样的淀粉浆，滴在6片叶上，停留30小时，没有发生效应。我颇为诧异，因为我相信商品淀粉一般含有微量面筋，下章就要谈到面筋这种含氮物质能引起卷曲。

稀释的酒精 1份酒精加7份水，滴到3片叶的中心盘上。48小时后未引起卷曲。为了确定叶是否因此受了伤害，在叶上再搁了肉屑，24小时后，都被缠住了。我曾在另3片叶上滴过雪梨酒，没有引起卷曲，有2片叶似乎因此受了伤害。往后我们要谈到，剪下的叶在这种浓度的稀释酒精中并不卷曲。

橄榄油 在11片叶盘上滴过，24～48小时后未发生影响。在其中4片叶的叶盘上搁了肉屑，24小时后，3片叶的全部触毛和叶片都紧卷着，第四片却只有少数触毛动了。下面我们会谈到，剪下的叶片浸没在橄榄油中，大受影响。

泡茶与煎茶 用浓的泡茶和煎茶以及较淡的煎茶，分别滴在10片叶上，都没有卷曲。后来试了3片叶，在仍留在叶盘中的茶滴里搁上肉屑，24小时后再看，都紧卷了。茶的有效成分茶碱，后来曾经试过，不发生作用。茶叶中原应含有一些蛋白性物质，在干燥制造中，无疑地变成了不溶性。

我们由此看到，除去用水所作的实验外，用61片叶试验上述各种不含氮的液体，没有一次触毛卷曲现象出现。

至于含氮液体，曾就当时在手边的作过试验。实验的时间和方式，都和上面所记完全相同。因为立即就清楚这些液体发生重大效果，我在大多数情况下忽略了把触毛开始卷曲的时间记下。但这种影响总是在24小时以内发生的，而不起作用的不含氮液滴，总是观察较长时间。

牛乳 在16片叶上滴过，全部叶片的所有触毛，还有几片叶片，很快就大大卷曲了。只记下三个例的作用时间，在这三例中，叶片上所加的液滴异乎寻常地小。45分钟后，触毛有些弯曲，7小时45分后，有两片的叶片边缘向内卷曲到成为盛住液滴的小杯。第三天这些叶片重新伸展。还有一次，一片叶片在滴下一滴牛乳后5小时便强烈地卷曲。

人尿 在12片叶上滴下，除了一个例外，所有触毛都大幅度地卷曲了。我认为尿的化学性质在不同情况下有差别，所以触毛起运动的时距也大不一致，但总在24小时以内发生了影响。有两个例，我记下了所有外缘触毛都在17小时后完全卷曲了，但叶片本身未动。另有一个例，叶缘在25小时30分后强烈卷入，形成杯状。尿的作用不是由于所含的尿素，往下我们将看到尿素不发生影响。

蛋清（鸡蛋中新取出的）　滴在10片叶上，6片很好地卷曲了。其中之一，叶缘在20小时后也向内卷入。另一片不受影响的，26小时后还是如此，又加一滴牛乳后就使触毛在12小时后向内弯曲。

生肉的冷滤液　只试过一片叶，19小时后，大多数外侧触毛和叶片本身向内卷。往后几年中，我曾反复用这种浸液来检查曾试验过其他物质的叶片，肯定它是作用最强的一种，因为没有留下确切记载，这里不介绍。

黏液　把从支气管中取得稠的与较清的黏液搁在3片叶上，都引起卷曲。一片承受了清黏液的，外缘触毛和叶片都在5小时30分钟时间内有些弯曲，20小时后，就非常明显。这种液体的作用，无疑的是由于里面混有唾液或其他蛋白性物质[①]，而不是黏液的化学主要成分"黏蛋白"（mucin），下章我们就要说明。

唾液　人的唾液蒸发之后，剩下1.14%～1.19%的残余物；其中0.25%是灰分[②]；因此，唾液所含的含氮物质比例必然很小。可是，在叶片中心滴过唾液滴的8片叶，都起了反应。其中一片，所有外缘触毛，除去9条之外，在19小时30分后都卷曲了；另一片，2小时后就有少数触毛有反应，7小时30分后，液滴左近的触毛和叶片本身，都受到了作用。做过这些试验之后，许多次都用沾过唾液的解剖刀柄来触动腺体，来确定某一片叶是否在活动状态中；因为只要几分钟，触动过的触毛就会向内弯曲。中国燕窝是唾腺分泌物构成的；用218份蒸馏水加1份燕窝煮沸几分钟，但并没有完全溶解。用这种煮剂，以通常大小的液滴滴在3片叶上，1小时30分钟后，已很好地卷曲，2小时15分后，便卷紧了。

鱼明胶　将稠到像牛乳的与更稠的两种鱼明胶溶液滴到8片叶上，所有触毛都卷曲了。在其中一例中，6小时30分钟后，所有触毛都已深卷，24小时后，叶片部分也部分卷曲。因唾液所含氮化物比例那么小而作用却那么强，我就想知道鱼明胶能起作用的最低分量。将1份鱼明胶溶在218份蒸馏水里面，滴在4片叶上。5小时后，两片卷曲已明显，另两片也有中等程度反应；22小时后，前两片大大地卷了，后两片程度更高。从滴下时算起，48小时后所有4片叶都几乎重新伸展。现在再给它们搁上肉

---

① 马歇尔（Marshall）的《生理学大纲》（*Outline of Physiology*）第二卷，1867，364页说气管中的黏液含有一些清蛋白质。

② 米勒（Müller）的《生理学初步》（*Elements of Physiology*），英译本卷一，514页。

屑，肉屑的作用比溶液更强。将一份鱼明胶溶在 437 份水里面，这溶液很稀，和清水不易区别。以寻常大小的滴，滴到 7 片叶上；每片叶所承受的是 0.0295 毫克。其中 3 片观察 41 小时，未见受到任何影响；第四第五片，18 小时后有 2 条或 3 条外缘触毛；第六片稍多几条；第七片，连叶缘也有刚可察觉的内卷。又只过了 8 小时，后 4 片叶的触毛开始重新伸展。这就是说，0.0295 毫克的鱼明胶已经足够使较敏感或较活跃的叶片发生轻微变化。在没有受到稀溶液影响的一片与只有两条触毛弯曲过的一片叶上，滴加像牛乳样稠的溶液；第二天早上，16 小时后，两片叶上的所有触毛都已强度弯曲。

总计起来，我用上述含氮液体试验了 64 片叶，5 片用极稀鱼明胶试验的和以后许多试验而未留下记录的，不计算在内。64 片叶中，有 63 片的触毛，还有些连叶片本身，都起了卷曲。一片未动的，可能是太老或太衰弱。为了获得如此高比例的成功，必须选用少壮而活跃的叶。作不含氮液体（水不计入）试验时，就同样注意选择这样的叶片，如上所述，没有一片起了任何反应。因此，我们可以安心作出结论，这 64 个用含氮液体所作试验，外缘触毛的卷曲，确实是由于叶盘中央触毛的腺体吸收了含氮化合物引起的。

用不含氮液体未引起作用的那些叶片，有一部分如上所述，随即立刻用肉屑验证过，表明它们确是在活跃状态中。除了这部分之外，还有 23 片叶滴有阿拉伯胶、糖浆、淀粉浆等，24 小时至 48 小时未起作用的叶片，就在原有液滴中，再滴牛乳、尿或蛋清。这样处理过的 23 片叶中，17 片触毛全部卷曲，其中有几片，叶片也卷缩了；但能力有些受损，因为运动速度显然比用同样含氮物滴在新鲜叶上时慢得多。这种损害与其余 6 片叶的失却敏感，可能是由于外渗所致的伤害，第一次放在叶盘上的那些液体的浓度，可以引起外渗。

还有另一些用含氮液体做的实验，为了方便，也在这里叙述。已知含氮丰富的某些植物作成的煎液，有和动物性液体一样的作用。例如将几颗青豌豆在蒸馏水中煮一会儿，把所得颇稠的汤澄清（冷却）。上面的清汤滴到 4 片叶上，16 小时后，所有触毛和叶片本身，都已强度卷曲。格哈特（Gerhardt）说[①]，豌豆里面的豆清蛋白“与一种碱结合成一种不能凝固的溶液”，我以为它会和沸水混融成汤。由上述及以下的一些试验，我还该

---

① 见沃茨（Watts）的《化学字典》（*Dict. of Chemistry*），第三卷，568 页。

提起，Schiff[①] 曾认为某些清蛋白类，在沸水中不凝固，而只变成可溶性胨。

我有三次把卷心菜叶[②]剁碎，在蒸馏水中煮 1 小时至 1.5 小时，澄清后，倒出上面的汤，得到一种淡污绿色的液体。以寻常大小的液滴滴到 13 片叶上。4 小时后，它们的触毛和叶片卷曲到了十分特殊的程度。第二天，发现触毛细胞中的原生质发生了最特出的聚集。我用小针头沾了一点汤，触上几条触毛腺体周围的黏稠分泌液珠，几分钟后，它们都卷曲了。由于这种液体力量这么强大，我就用 3 份水来稀释 1 份汤，把所得稀液滴在 5 片叶的中心；第二天早上，这些叶片所受的影响，大到它们的叶片都对折了。这样一来，就知道卷心菜叶煮汤几乎和生肉浸液同样有力量。

将与前一实验所用分量相同的碎卷心菜叶和蒸馏水装在一容器内，在温度不热到沸点的小热橱里放置 20 小时。把这样的浸液滴在 4 片叶上。其中之一，23 小时后已很卷曲；第二片，略有卷曲；第三片，仅仅内缘触毛有反应；第四片完全未受影响。这种浸液的力量，因而远不如煮汤大；同样清楚的是，卷心菜叶浸在沸腾温度下的水内 1 小时，在抽提能引起毛毡苔兴奋的物质方面，远比在热水中浸许多小时有效。也许细胞内含物是受到由纤维素形成的保护（如 Schiff 所说豆球蛋白的情形那样），只有这种壁因沸水而破裂，否则细胞所含的蛋白物质溶解的很少。从煮熟的卷心菜叶的浓厚气味，我们知道沸水所引起的化学变化很大，使它们变得对人类更容易消化，更富有营养。因此，这种温度的水可从卷心菜抽提能引起毛毡苔异常兴奋的物质，确是很可寻味的事实。

禾本科草类所含的含氮化合物，远比豌豆或卷心菜少。将三种普通草的茎叶切碎，在蒸馏水中煮一段时间。汤汁（放置 24 小时后）滴在 6 片叶上，所起作用方式颇为特殊，这类其他例证将在第七章叙述铵盐作用时提出。2 小时 30 分钟后，其中 4 片叶的叶片大大卷曲，可是外缘触毛无反应；24 小时以后，所有 6 片叶都是这样。两天后，叶片和已经卷曲的少数内缘触毛都重新伸展；叶盘上的滴液已经大部分被吸收。汤汁似乎能强有力地刺激中央腺体，引起叶片迅速而强烈地卷曲；但刺激的性质与一般情况下出现的不同，不向或很少向外缘触毛传布。

我还该在这里说一下，我曾用 1 份颠茄（bella-donna）浸出物（从药房

---

① 《消化生理学讲义》(*Leçons sar la Phys. de la Digestion*)，第一卷 379 页；第二卷；154 页，166 页，关于豆清蛋白的叙述。

② 沃茨《化学字典》，第一卷，653 页记有：像我用过的卷心菜嫩叶，含有 2.1%蛋白性物质；成熟植株外面老叶含 1.6%。

买来)溶在437份水中,将其液滴滴在6片叶上。第二天,6片叶都有些卷曲,但是48小时后,完全重新伸展了。这种效应不是由于所含的阿托品,因为我随后确定它毫无作用。我也从三个药房买来天仙子(*Hyoscyamus*)浸出物,作了3个与前浓度相同的浸液。这3个浸液中,只有1个对试过的叶片中的几片起作用。虽然药剂师相信在这些药物制备过程中,所有蛋白质都已经沉淀,我不能怀疑仍会偶然有少量保留下来;只要有一点蛋白质痕迹,已足够引起较敏感的毛毡苔叶发生兴奋。

第六章　毛毡苔分泌液的消化能力

· *The digestive of power of the secretion of drosera* ·

直接间接刺激腺体，都使分泌液呈酸性——酸的本质——可消化的物质——蛋清：其消化因加碱停顿，加酸后重新开始——肉——血纤维蛋白——酸浸肌蛋白——蜂窝组织——软骨——纤维软骨——釉质和牙质——磷酸石灰——骨的纤维性基质——明胶——软骨胶——牛乳，酪蛋白，干酪——面筋——豆球蛋白——花粉——球蛋白——血红素——不能消化的固态物质——表皮附属物——弹性纤维组织——黏蛋白——胃蛋白酶——尿素——甲壳质——纤维素——棉花火药——叶绿素——脂肪及油——淀粉——分泌液对生活种子的作用——总结和结束语

上面我们说过，含氮液体对毛毡苔叶片的作用和不含氮液体大不相同，而且，叶片缠住各种有机性物体的时间，远比缠住玻璃、灰屑、木头等无机物体碎屑的时间长，所以叶片究竟是只能吸收已经溶解在溶液中的物质，还是能使物质溶解，即叶有无消化能力，就成为一个值得探索的问题。下面我们即可见到，它们确有这种能力，它们对蛋白性物质所起作用的方式与哺乳类胃液相似；消化后的物质随即被吸收。这件事实，我们将给出确凿证据，这实在是植物生理学中最奇特的事。我在这里先声明，在我以后的全部实验中，桑德森博士曾以深厚的友情，给我种种有价值的启发与帮助。

开始以前，也许该对还不知道动物消化蛋白性化合物过程的读者，稍作交待：动物消化蛋白质，借助于一种称为"胃蛋白酶"的酶和稀盐酸，虽然几乎任何酸都可起作用。但胃蛋白酶或盐酸单独存在，却没有这种能力[①]。我们知道，当中心盘腺体与任何物体，尤其是含有氮化物的接触而兴奋时，外缘触毛有时甚至叶片能卷曲；这时叶变成一个临时的杯或临时胃。同时，叶盘腺体分泌增强[②]，分泌物成为酸性。此外，它们向外缘触毛的腺体传导一种影响，使它们增加分泌液，而且也变成酸性或增高酸性。

这个结果很重要，我将举出实证。30 片叶上的许多腺体未受任何刺激以前，用石蕊试纸检查；其中 22 片没有使试纸发生任何改变，其余 8 片则使试纸发生了极微弱、有时可疑的淡红。另外 2 片老叶，似乎曾经起过多次卷曲的，则对试纸有较明确的作用。在分泌液没有显示任何酸性的数片叶上，5 片搁上了干净玻璃屑，6 片搁上了小方颗凝固蛋白，3 片搁上生肉屑。24 小时后，这 14 片叶的所有触毛，几乎都已多少有些卷曲，我拣那些还没有达到叶中心或接触物体的腺体，用试纸试它们的分泌液，它们都已显示明确的酸性。同一叶上各腺体，分泌液酸度略有差别。有几片叶上，少数触毛由于未知的原因没有像寻常情况发生卷曲；其中 5 个例，其

◀猪笼草瓶子内的液体也具有消化能力。

---

① 据希夫(Schiff)的说法，则与许多生理学者意见不同，稀盐酸仍能溶解很少量的凝固蛋清，不过作用缓慢。见希夫《消化生理学讲义》，1867，第二册，25 页。

② 1886 年，加德纳曾在《皇家学会会报》，1886，204 号记述叉生毛毡苔腺体消化过程的各种变化，证明分泌液出自腺体细胞原生质网络的解体。——F. D.

分泌液不显任何酸性，可是同一叶上邻近已卷曲的各触毛，则分泌物显示明确酸性。在叶片中心腺体上搁了玻璃屑引起兴奋的叶片，分泌液在腺体下盘底积聚，这里的酸性，远比刚达中等卷曲程度的外缘触毛腺体所分泌的更强。蛋白凝块（天然碱性）或小点肉屑搁在中心腺体上时，它们下面积聚的分泌液也显示很强酸性。因为有水湿过的生肉，本身微带酸性，我在未搁在叶片上以前，先用试纸试过，后来被叶片分泌液浸着时，再用试纸检查；可以无任何疑问地说，后者的酸性高得多。事实上我试验过数百次，凡对任何物体发生了卷曲的叶，中心盘积聚的分泌液，从没有不显酸性的。因此我们可以归纳说，未兴奋的叶片，分泌液尽管很黏稠，都是非酸性或酸性极微弱的；触毛开始向任何无机或有机物体卷曲，分泌液的酸性立即显出或加强；触毛紧卷在任何物体上过一段时间，酸性加强更大。

我该向读者交待，分泌液显然有一定的防腐性，它能制止霉类与浸滴虫的出现，因此可以在短时间内防止熟鸡蛋白、干酪等的变色或腐坏。也就是说，它具有像高等动物胃液一样的作用，能杀死微生物，由此阻止腐败的发生。

我急于想知道分泌液含有什么酸[①]，因此从弗兰克兰（Frankland）教授得到一批蒸馏水，将 445 片叶洗在里面；这些叶的分泌液很黏稠，简直无法把它们全都洗刮下来。还有，当时自然条件也不利，因为年岁向暮，叶形很小。弗兰克兰教授友好地承担检定所得的洗涤液。叶片先在 24 小时前用清洁玻璃粉刺激兴奋，如果用动物性物质来引起兴奋，分泌液无疑地会含有更多的酸，可是动物性物质可能使分析更困难些。弗兰克兰教授告诉我，液体中无盐酸、硫酸、酒石酸、草酸、甲酸痕迹。这一点确定后，剩余液体蒸发到近乎干燥，用硫酸酸化，所产生的挥发性酸性蒸气，加碳酸银凝聚后蒸煮。“所得银盐，重量只有 0.37 克，太小，不够作准确测定原酸分子量之用。但数字与丙酸的情况相当；我相信液体中原来存在的，就是丙酸，或者是乙酸与丁酸的混合物。无疑地，这酸必属于乙酸或脂肪酸系列。”

弗兰克兰教授和他的助手说，这种液体（这是一个重要事实）“用硫酸酸化时，发出一种强烈的像胃蛋白酶的气味。”取得这种洗涤液的叶，也送

① 里斯和威尔两位先生[《植物学报》1875，716 页]用玻璃粉刺激了成千个毛毡苔植株，分析由此所得的分泌液。他们发现有多种脂酸，其中肯定有甲酸；从气味判断，丙酸和丁酸也许存在。戈鲁普和威尔曾指明，猪笼草(Nepenthes)中性分泌液用甲酸酸化，便具有强大消化力(见《植物学报》1876，476 页)。因此毛毡苔分泌液中天然含有甲酸是极有意味的事实。——F. D.

到了弗兰克兰教授那里；它们经过几小时研磨，用硫酸酸化再蒸馏，没有酸类排出。因此，新鲜叶片中含有的酸，当叶片被压碎后能使石蕊试纸变色的，与分泌液所含的不同。它们也不发出像胃蛋白酶的气味。

久已知道胃蛋白酶加上乙酸，就有消化蛋白性化合物的能力；看来，确定乙酸可否由认为在毛毡苔分泌液中存在的、与乙酸相关的酸类，即丙酸、丁酸、缬草酸等所代替，而不损害消化能力，值得作些尝试。桑德森博士慨然应允作了如下一系列试验，即使不考虑到目前的问题，这些结果本身还是极有意义的。所用酸类，由弗兰克兰教授供给。

1. 下列实验目的在于确定含胃蛋白酶液体，按与胃液中盐酸同等的比例，用乙酸系挥发性酸类酸化时，消化能力如何。

2. 验证表明，人工消化中，用含有重量占 0.2% 盐酸气体的溶液，结果最好。这相当于每升溶液有 6.25 毫升普通浓盐酸的浓度。中和 6.25 毫升 HCl 所能中和的碱基，需要的丙酸、丁酸、缬草酸分量，分别为 4.04 克、4.82 克和 5.68 克。由此认为比较这些酸与盐酸的消化能力时，以使用分量等于这些比值的酸为便利。

3. 一只在消化过程中的狗，杀死后，取得胃黏膜，制成甘油浸液；用 8 毫升这种甘油浸液，作成 500 毫升的液体。取 10 毫升，蒸发后，在 110℃下干燥。这样一份有 0.0031 的残渣。

4. 从这液体中，取出 4 份，分别用上述比例的盐酸、丙酸、丁酸、缬草酸酸化。每一份液体用一个试管盛着，浮在热水浴上面，水浴中置有温度计，指示着 38—40℃的温度。每管中加入未煮过的血纤维素，整个放置 4 小时，温度保持如上，并且留意使每管都保有过剩的血纤维。实验终止后，将各管过滤。滤液自然含有它在这 4 小时中已经消化了的全部血纤维，每份量取 10 毫升，蒸发，在 110℃下干燥如前。残渣如下：

含盐酸的液体	0.4079
含丙酸的液体	0.0601
含丁酸的液体	0.1468
含戊酸的液体	0.1254

从上述残渣减去消化液本身蒸发干燥后留下的残渣（即 0.0031）后，我们得到：

丙酸	0.0570
丁酸	0.1437
戊酸	0.1223

与盐酸的 0.4048 相比较；这些数量就是，各种酸在相同条件中以当量存在时分别消化了的血纤维的重量。

实验的结果可以总述为：以 100 代表含有胃蛋白酶与正常比例盐酸的液体的消化力，则这三种酸的消化能力分别为 14.0、35.4、30.2。

5. 第二实验，过程全同，不过试管投入水槽里面，残渣在 115℃下干燥。结果如下：

10 毫升液体所消化的血纤维分量：

丙酸	0.0563
丁酸	0.0835
戊酸	0.0615

含盐酸的相似液体，所消化的分量为 0.3376。以此为 100，则其他三种酸消化的相对量分别为：

丙酸	16.5
丁酸	24.7
戊酸	16.1

6. 第三个同样实验，所得：

10 毫升液体 4 小时内消化的血纤维分量：

盐酸	0.2915
丙酸	0.0490
丁酸	0.1044
戊酸	0.0520

将第一项作为 100 来比较，则丙酸消化力为 16.8，丁酸为 35.8，戊酸为 17.8。

三套实验所得平均数(以盐酸为 100)，为

丙酸	15.8
丁酸	32.0
戊酸	21.4

7. 另作一实验，来确定在普通温度下，丁酸(因为看来是效率最高的，所以选用它)是否比处在体温时相对更有力。结果得到，10 毫升含有正常比例盐酸的液体，消化了 0.1311 克血纤维，而同样制备的含丁酸液体，则消化了 0.0455 克血纤维。

因此，如以体温时盐酸所消化的分量为 100，则 16～18℃时，盐酸的消化力为 44.9，而丁酸在同样温度下为 15.6。

可见在较低温度下，盐酸与胃蛋白酶一起，在同一时距内所消化的血纤维，比较高温度下的所消化的一半略少一些；而丁酸的能力，在相似条件与温度下，降低了相同的程度。我们也看到，效率远比丙酸及缬草酸高的丁酸，与胃蛋白酶一起，在较高温度下消化的血纤维，比盐酸在同样温度中所消化的三分之一略低。

现在，我再详细叙述我自己就毛毡苔分泌液消化能力所作实验，将所供试材料分作两部分，一部分是消化得比较完全的，一部分是未消化的。我们会见到，高等动物胃液对这些物质的作用，方式也相同。我请求注意其中以“清蛋白”为题的一些实验，表明分泌液用碱中和后，失去消化能力，加酸后又可以恢复。

毛毡苔分泌液能全部或局部消化的物质

清蛋白　试验过许多物质后，桑德森博士建议我采用凝固清蛋白，即煮熟的鸡蛋白小方粒。我先提一下，为了比较起见，用 5 颗大小与下述实验所用相同的颗粒，同时搁在毛毡苔植株近旁的湿藓上。天气很热，4 天后，有些颗粒变色起霉，角尖有点圆化；可是周围并没有出现消化中必有的一圈透明液体。其余颗粒保持着原有白色和角尖。8 天后，所有颗粒都变小了一些，失去颜色，角尖圆化很显著。可是，5 颗之中，仍有 4 颗保持着中心部分白色而不透明。这样，它们就与受到分泌液作用的颗粒大有差别。

第一实验　最先用颇大的方颗熟蛋白供试验；24 小时后，所有触毛都已卷曲；再过 1 天，所有方颗的尖角都溶解而圆化了①；可是方颗过大，叶片受了伤害；7 天之后，死了一片叶，其余也正在走向死亡。保存了四五天的熟蛋白，可以假定是已开始腐坏的，比刚煮的作用得更迅速。因为我总是用刚煮的，我常先用唾液把它们润湿一下，让触毛缠得更快。

① 我所作关于消化熟蛋白方颗的试验，总是棱角和边缘首先圆化。希夫(Schiff)[《消化生理学讲义》，1867，第二册，149 页]说，这正是动物胃液消化熟蛋清的特征。另一方面，他说“化学性溶解，则发生在物体整个表面与溶解剂接触的地方”。

第二实验 将一颗每边长$\frac{1}{10}$英寸(2.54 毫米)的颗粒搁在一片叶上，50 小时后，它已经变成直径约为$\frac{3}{40}$英寸(1.905 毫米)的球形，外面围绕着完全透明的液体。10 天之后，叶片重新伸展了，但盘中心还留有一小点现在已变成透明的蛋白。给这片叶的蛋白，已超过它能溶解或消化的限度。

第三实验 两颗边长为$\frac{1}{29}$英寸(1.27 毫米)的熟蛋白，分别搁在 2 片叶上。46 小时后，其中一颗都已溶解，所生液化物质大部分已被吸收，残留的液体，和其余试验得到的一样，酸性很强，很黏稠。另外一颗，所受作用慢些。

第四实验 将两颗大小与上述相等的熟蛋白搁在 2 片叶上，50 小时后，变成了两大滴透明液体；把这滴液体从已卷曲的触毛下面取出来，在显微镜下用反射光检视，其中一滴里面有白色不透明物质的细条纹，另一滴也有这种条纹的痕迹。液滴再搁回叶上，10 天之后，叶片重新伸展，除一小点透明酸性液体之外，再没有剩下什么。

第五实验 这个实验稍加改变，为使熟蛋白可以更迅速地受到分泌液的作用。将两颗边长为$\frac{1}{40}$英寸(0.635 毫米)的方粒，搁在同一片叶上，另一片，搁上同样的两颗。21 小时 30 分后检查，4 颗都已圆化。46 小时后，1 片叶上的 2 颗已经完全液化，液体非常透明；另一片上的液体中还有不透明白色条纹可见。72 小时后，这些条纹已消失，叶盘中心仍留有一小点黏稠液体；第一片上的，几乎已完全被吸收。2 片叶都正开始重新伸展。

分泌液中有无与胃蛋白酶相似的酶存在，最好而几乎是唯一的检证方法，似乎应当是用碱来中和分泌液中的酸，看消化过程是否停顿，然后再加酸，看过程是否又重新开始。我就这样办了，由下文可以知道，达到了预期效果，但事先还需要两个对照试验：一、与所用碱液同等大小的水滴，会不会使消化过程停顿；二、与实验中所用强度及大小相等的小滴稀盐酸是否会伤害叶片。因此，作了下述几个实验。

第六实验 在 3 片叶上搁上小方颗熟蛋白，用针头沾上蒸馏水，每天向叶面滴两三次。这样作，并没有延滞(消化)过程，因为 48 小时后，3 片叶上的蛋白颗粒已完全溶解。第三天，叶片开始重新伸展；第四天，全部液体都吸收完毕。

第七实验 将小方颗熟蛋白搁在 2 片叶上，加上小滴的 1 份对 437 份水的盐酸溶液，加了两三次。盐酸没有延滞消化过程，反而似乎是促进了一些；24 小时 30 分钟后，蛋白粒的痕迹全部消失了。3 天后，叶已部分重新伸展，这时叶盘上黏稠液体也已几乎完全吸收。几乎是多余的说明：同样大小的方颗熟蛋白，留在同等浓度的盐酸中 7 天，棱角都和最初一样保持完整。

第八实验 将边长$\frac{1}{20}$英寸或 1.27 毫米的小方颗熟蛋白搁在 5 片叶上，其中 3 片，间歇地加小滴 1 份碳酸钠兑 437 份水的溶液，另 2 片加了同样浓度的碳酸钾溶液小滴。这些液滴是用颇大的一个针的针头加的，我确定每滴大约等于$\frac{1}{10}$量滴（即 0.0059 毫升），所以每滴应含有$\frac{1}{4800}$格令（0.0135 毫克）的碱。这个分量不够；因为 46 小时后，5 颗蛋白都溶解了。

第九实验 在 4 片叶上重复上面的第八实验，改变了所加碳酸钠溶液次数，即分泌液一显酸性时，立即加碱，所以中和得有效些。24 小时后，3 个方颗的棱角未动，第四颗有极轻微的圆化。再加极稀盐酸（1 份对 847 份水）小滴，刚好中和剩余的碱；消化随即重新开始，23 小时 30 分后，三小颗已完全溶解，第四颗变成了外面包着透明液体的小珠；第二天，小珠也消失了。

第十实验 改用浓碱液，即 1 份碳酸钠或碳酸钾兑 109 份水；因用同等大小的液滴，每滴便含有$\frac{1}{1200}$格令（0.0539 毫克）的盐。用 2 片叶，每片叶上搁 2 方颗蛋白（边长约$\frac{1}{40}$英寸，或 0.635 毫米）。分泌液微显酸性时（24 小时内发生 4 次），两叶分别加钠盐或钾盐，酸便有效地中和掉。这次试验获得了完满的成功，因 22 小时后，方颗的尖角像最初一样分明，由第五实验，我们知道在天然状态的分泌液中过了这么久，小方颗早已完全变圆了。现在用吸水纸从叶中央将残余液吸去一些，加上 1 份兑 200 份水的盐酸液小滴。因为用的碱浓些，所以盐酸也得用浓些的。消化过程现在重新开始，给酸之后 48 小时，不但 4 方颗都已溶化，连续化了的蛋白也吸收了不少。

第十一实验 将两小方颗熟蛋白（边长$\frac{1}{40}$英寸，或 0.635 毫米）分别搁在两片叶上，像上面第十实验一样用碱处理，结果相同；因 22 小时后，方颗尖角还很尖锐，表明消化作用已完全被阻。我于是想确定用强盐酸的效应如何，所以我加了 1%浓度的很小液滴。这个浓度太强；加酸 48 小时后，一颗还几乎保持着完整，另一颗也只稍有圆化，而且两颗都染成粉红色。后面的事实，表明叶已受损伤[①]，因为在正常消化过程中，蛋白没有像

① 萨克斯说过[《植物学评论》，1874，774 页]由冰冻、过高温度或化学药剂杀死的细胞，使它们所含色素逸到外界水里。

这样变色的；由此我们也可以了解为什么小方颗没有溶化。

由这些实验，我们清楚地认识到，分泌液确实有溶化熟蛋白的能力，而且，如果加碱，消化过程就会停顿，用稀盐酸中和所加的碱，消化又重新开始。即使我不作进一步实验，已有的结果已经足够证明，毛毡苔腺体能分泌像胃蛋白酶的酶，与盐酸在一起，使分泌液具有溶化蛋白质性化合物的能力。

将洁净玻璃屑撒布到不少叶片上，叶片都起了中等卷曲。把这些叶剪下来，分作三组。两组在少量蒸馏水中浸着，过些时，滤得一些带污色的、黏稠、微酸性液体。第三组用几滴甘油浸泡，已经知道甘油能溶出胃蛋白酶。熟蛋白小方颗（边长 1.27 毫米的），搁进盛有这三种液体的表玻璃里；一部分保持 90℉（32.2℃）温度几天，还有些则留在我房间的温度里；可是这些小方颗没有一颗溶化过，尖角一直像最初一样分明。这事实似乎说明，腺体未因吸收少量的可溶性动物性物质而兴奋之前，不分泌这种酶，这个结论在后面谈捕蝇草时还要举出证明。胡克博士同样见到过，猪笼草（*Nepenthes*）瓶状叶中的液体，尽管具有异常强大的消化力，但如果在瓶状叶未经过兴奋以前，从其中取出移入盛器内，尽管已经是酸性的，却没有消化能力；我们只有假定，在腺体未吸收某些兴奋性物质之前，不能分泌正常的酶，才可以解释这件事实[①]。

---

① 关于毛毡苔，里斯和威尔两位先生（《植物学报》，1875，715 页）说，如毛毡苔叶处于未经兴奋状态，也无昆虫，用甘油提浸其分泌液，无消化能力。但这种浸出液如人工酸化，仍完全能够消化血纤维。

两位先生相信腺体中天然存在的酸，可能在制取浸出液过程中被破坏了。对未兴奋过的叶所具酸性，无法由他们的结果中作出结论。但由冯戈鲁普（Von Gorup）用猪笼草作实验所得结果说来，则毛毡苔很可能在捕捉了昆虫而受刺激之前，不会分泌必需量的酸。里斯和威尔的实验，在这方面还不很确定，但它们似乎也趋于说明未兴奋的叶片，分泌液中所缺乏的是酸而不是酶。冯戈鲁普和威尔用猪笼草作的实验登载在《植物学报》（1876，473 页），不能证明胡克在猪笼草上所得结果。两位作者说，从没有昆虫的瓶状叶中采得的分泌液呈中性反应，而含有昆虫肢体的瓶状叶分泌液呈明显酸性。未兴奋的瓶状叶分泌液不加酸化，就没有消化力，酸化后，就迅速地消化血纤维。

这样看来，似乎 84 页所谈与动物消化的类比，完全不能成立。希夫说，由机械刺激引起分泌的胃液，所缺的是酶而不是酸。

另一方面，瓦因斯有关猪笼草消化酶的文章[《林奈学会会志》（*Journal of the Linn. Soc.*），第十五卷，42 页；又《解剖学与生理学杂志》（*Journal of Anatomy and Physiology*），第二系列，第九卷，124 页]中，有着另一种相似之点，极可玩味。

瓦因斯的工作与冯戈鲁普（Von Gorup）不相关，所用方法也不同，采用了甘油浸出液。瓦因斯发现甘油浸出液的作用，远不如冯戈鲁普所用天然分泌物强大，埃布斯泰因（Ebstein）和格吕茨纳（Grützner）关于动物消化的研究引导他对此事实作出有意思的解释，后两人发现，如先用酸处理黏膜，再制备甘油浸液，则此浸液的消化力有所加强。因此瓦因斯先用 1% 醋酸处理猪笼草 24 小时，然后制备甘油浸液，其胃蛋白酶的活性大有增加。这个事实让我们想到，猪笼草的分泌动作是以产生一种"先行物"，即胃蛋白酶原（pepsinogen）为始，然后由酸的作用，使这种先行物变成胃蛋白酶式的酶，正像海登海恩（Heidenhain）所发现，胰酶要由酸作用于酶原产生。——F. D.

另有三回，将 8 片叶用由唾液润湿了的熟蛋白颗粒很强地兴奋过；剪下来，用几滴甘油浸渍几小时到一整天。把这些浸出液分出一些，加到少量各种浓度（一般用 1 份兑 400 份水）的盐酸溶液中，并搁下小方颗熟蛋白[①]。两个这样的试验中，小方颗没有变动；第三个却得到了成功。一个盛有两颗蛋白的容器，3 小时后，两颗的体积都减小了；24 小时后，仅仅剩下了一些未溶化的条纹。另一个盛有两小点蛋白的容器，3 小时后，也一样有体积缩减，24 小时后，全不见了。我在这两个容器中，各加少量稀盐酸，另外又搁下一些新鲜的熟蛋白小方粒；但是它们没有受到作用。如依崇高权威希夫的说法[②]，这个事实是可以理解的，希夫反对许多生理学者共同持有的见解，曾证实了他自己的信念，即胃蛋白酶在消化动作中，有一小部分被破坏。因此，我做的溶液，如果仅仅含有极少量的酶，可能在溶化最初所给蛋白方粒时已经消耗了，再加盐酸时，已没有酶存在。消化中或蛋白变成胨后的吸收中，酶的破坏也可以解释前三组试验中为什么只有一组成功。

烤肉的消化 把中等烤熟的肉，切成边长$\frac{1}{20}$英寸（1.27 毫米）的小方粒，搁在 5 片叶上，12 小时后，都紧卷了。48 小时后，我轻轻打开一片叶来看，肉颗已只剩有一个中心小珠，部分地消化了，周围是一厚层透明黏稠液体。把它全部移出，极少扰动，搁在显微镜下检查。中央部分肌纤维上的横纹仍旧很分明，向外围液体中追寻同一条肌纤维时，可以见到它渐渐消失的过程，非常有趣。横纹先剩下由许多极小极小的暗点组成的横线，这些线的向外部分只在极高倍放大下才可看出；最后，连小暗点也不见了。我作这些观察时，还没有读过希夫关于胃液消化肌肉的记述[③]，因此不了解暗点的意义。下面所引希夫的叙述，说明了暗点的来源；从这里我们也可以看出毛毡苔分泌液与胃液的消化过程如何相似。

通常说，胃液使肌纤维失去它的横纹。这个说法，只能给一个模糊的概念，因为横纹不是肌肉解剖组成上的要素，只是外观上的一种排列。我们知道，作为肌纤维的特征外观的横纹，是构成要素（邻接纤维丝）依相等距离在内部平行重叠排列而引起的。把纤维丝联系起来的结缔组织膨胀

---

① 将小块熟蛋白搁在含有同浓度盐酸的甘油中，作为对照试验；正如预料，经过 2 天，蛋白毫无变化。

② 《消化生理学讲义》，1867，第二册，114—126 页。

③ 《消化生理学讲义》，1867，第二册，145 页。

而溶解后，纤维丝彼此分离，它们的平行排列破坏了，横纹这光学现象也就消灭。因此，在纤维刚解散后，镜检时可以看到内部各成分极精美的结构，继续观察，越来越淡薄，最后，由于胃液的作用，纤维丝自己液化了，也就看不见了。正确说来，构成上的横纹，不是在液化时破坏，而是纤维膨胀时。

围绕未消化肉颗中心的黏稠液体中，有脂肪球和弹性纤维组织小块；它们都丝毫没有经过消化。此外，还有些小平行四边形的、非常透明的黄色物质。希夫讨论胃液消化肌肉时，说到了这种平行四边形：

肌肉消化开始时的膨胀，是胃液中酸第一步向结缔组织发生溶解作用的结果，这步作用，使结缔组织液化，肌纤维解散。接着，肌纤维也溶解了大部分；但是在变成液态之前，它们倾向于横断成小片段。鲍曼（Bowman）所谓“肌肉元件”（sarcous elements）的，即肌纤维断成的这种横断片段，可以借助胃液来制备并分离出来，只要注意不让肌肉完全液化。

将5个小方粒搁在叶上72小时后，我将剩下的4片叶也轻轻拨开。其中2片叶上，除一点透明黏稠的液体之外，什么也见不到；用高倍镜检视，在液体中发现有脂肪球，弹性纤维组织小片，还有少数平行四边形的“肌肉原件”，但绝无横纹踪迹。另2片叶留有大量透明液体，中心还保留着只部分消化的肌肉小珠。

血纤维 做下面一些实验时，同时也把一些小块血纤维搁在水里面4天，它们毫无变化。我第一次用的血纤维不纯洁，含有深色颗粒。要么是制备不得法，要么是制成后另起了某些变化。将大约$\frac{1}{10}$英寸（2.54毫米）见方的薄片搁在几片叶面上，血纤维虽然不久便溶化了，但全部从未溶解。在另外4片叶上搁了较小的块，并加上小滴稀盐酸（1份兑437份水）；盐酸似乎加速了消化，有一片叶上的在20小时后全部液化吸收了，但其他3片上的，48小时后还残留了一些未溶解的东西。以上及下述各项实验中，乃至用更大片的血纤维时，叶受到激发的程度都不高；有时必须加上少量唾液帮助，才可以引起完全卷曲。而且，只要过了48小时，叶就开始重新伸展，而昆虫、肉屑、软骨、蛋白等搁上时，卷曲的时间就长得多。

随后，桑德森博士送给我一些白色血纤维，我就改用这些来试验。

第一实验 将两小块不过$\frac{1}{20}$英寸（1.27毫米）见方的白色血纤维搁在同一片叶的两侧。其中一块不引起周围触毛兴奋，它停落的腺体，很快就干了。第二块引起靠近几条短触毛卷曲，较远的，都无影响。24小时后，2

块都几乎溶解了，72 小时，全部溶解。

第二实验 同(第一)实验，结果也一样，只有一块血纤维引起了附近短触毛卷曲。这一块消化很缓慢，1 天之后，我把它推向另一些腺体上。从最初搁在叶片上后，过了 3 天，全部溶解了。

第三实验 将大小像前两实验所用的小块血纤维搁在两片叶的叶盘中心，过了 23 小时卷曲还很小，但 48 小时后，都由附近的短触毛紧紧缠住；再过 24 小时，全部都溶解了。在一片叶的叶盘上，留有多量酸性的清液。

第四实验 将同样的血纤维小块搁在两片叶叶盘上，2 小时后，腺体似乎颇干，就用唾液充分润湿；这一来，很快引起了触毛和叶片强度卷曲，腺体的分泌量也大大增加。18 小时后，血纤维全部液化了，但还有些未消化的微粒漂在清液上，再过 2 天，连这些也全部消灭。

由以上实验可以明白知道，分泌液能完全溶解纯洁血纤维。溶解速度缓慢些，但仅仅由于这种物质不能引起叶的足够兴奋，所以只有附近的触毛卷曲了过来，分泌液供应也就很小。

酸肌球朊 这种从肌肉中浸得的物质，穆尔(Moore)博士为我制备[①]。和血纤维不同，它作用得既快又有力。将小块搁在 3 片叶叶盘上，8 小时内，触毛和叶片都已强度卷曲，以后没有继续观察。生肉之所以是过于有力的刺激物，乃至于能伤害或杀死叶子，可能就因为它含有酸肌球朊。

蜂窝组织 将小块的羊蜂窝组织搁到 3 片叶叶盘上，叶都在 24 小时内起了中等卷曲，但 48 小时后，开始重新伸展，72 小时内，伸展完毕(都是从搁下时开始计算)。这种物质显然像血纤维一样，只能使叶短时间兴奋。完全重新伸展之后，叶上的残余物用高倍镜检视，见到已起了很大变化，但由于原来含有不少不受作用的弹性组织，所以不能说是液化了。

接着，从蟾蜍体腔中取得了一些不含弹性组织的蜂窝组织，就在 5 片叶上分别搁上中等大小的和小块的。24 小时后，2 块完全液化了；另 2 块已变成透明，但不能说是已经液化，第 5 块则没有受什么影响。用唾液润湿了后 3 片叶的一些腺体，很快就引起了卷曲和分泌，再过 12 小时，仅仅有一片叶上还残留有一小点未消化的组织。其余 4 片叶(其中有一片接受过颇大的一块组织)叶盘上，除了一些透明黏稠液体之外，什么也没有了。我该补充，在这些组织块中，有些黑色的色素小点没有受到任何作用。作

① 已故穆尔博士所制备的酸肌球朊，显然距纯品很远，这些结果不能置信。——F. D.

为对照试验，以同样长的时间搁在水中和湿藓上有些小块组织，一直保持着白色而不透明。由这些事实，可以明白，蜂窝组织受分泌液的消化很容易很迅速，不过它们引起叶片的兴奋作用不大。

软骨 从一只略微烤过的羊腿腿骨头上割取了三小方粒$\left(边长\frac{1}{20}英寸或1.27毫米\right)$的白色、半透明、极韧的软骨。把它们放在我温室中三株衰弱小植株的叶上，当时已是11月，像这样的不利环境，这么硬的东西，似乎很不容易被消化。可是，48小时后，小方粒已经大部分溶解，变成小珠，外面围绕着透明而很酸的液体。有两个小珠已经透心地软化；第三个还保存一小点形状不规则的固体软骨作为中心。镜检时，发现表面有奇形怪状的隆起，表示软骨已受分泌液不均匀地侵蚀。几乎用不着说，浸在水中的同样小颗软骨，经过同样时间，丝毫未起变化。

在一个温和季节里，从一只剥去皮的猫耳壳切出几块中等大小的块，里面有软骨、蜂窝组织和弹性组织，搁在3片叶上。用唾液触动了几个腺体，立即引起卷曲。2片叶在3天后，第三片到第五天，都开始重新伸展。经过检视，残留在叶盘上的液体，一个例是完全透明的黏稠物质，其他两例含有少量弹性组织，显然也还有些半消化了的蜂窝组织。

纤维软骨（羊尾椎间部分） 将中等大小的和小$\left(约\frac{1}{20}英寸\right)$（1.27毫米）片搁在九片叶上。有些起了很好的卷曲，另有些卷曲极小。后一种情形，骨片便被拽着在叶盘中移动，使它们沾满了分泌液，同时也刺激了许多腺体。所有叶片在2天之后都重新伸展了；这就是说，它们没有为这种物质引起多大兴奋。小块材料都没有液化，不过确已起了些变化；膨胀了，透明多了，变软到很容易解散。我的儿子弗朗西斯制备了一些人工胃液，它能很迅速地溶解血纤维，可见效率很高；把这种纤维软骨泡在里面后，它们一样膨胀了，变透明了，与被毛毡苔分泌液作用过的一样，也不溶解。这个结果使我颇为惊讶：因为有两位生理学家都认为纤维软骨是容易由胃液消化的。因此，我请克莱因（Klein）博士检查这些标本。他报告说，在人工胃液中浸过的两片叶，“已消化到和经过了酸类处理的结缔组织一样，即膨胀了，有点透明，纤维束变成均匀，失去纤维结构。”留在毛毡苔叶上直到叶再伸展了的标本，“部分起了变化，不过较轻微，像受胃液作用过的情形，因为已变得更透明，几乎似水一样，纤维束也不分明。”因此，可说纤维软骨受胃液作用和受毛毡苔分泌液作用的方式，几乎完全相同。

骨 将鸡的干舌骨小片用唾液润湿后，搁在两片叶上；另外从极硬的、经过油煎的羊肋骨上取得一小片，也用唾液润湿，搁在第三片叶上。3片叶都卷曲得很厉害，而且卷曲时间特别长，一片过了10天，另两片过了9天。骨片始终为酸性分泌液所浸渍。在低倍镜下检视，它们已变得很软，可用钝针刺入，撕成条，也可以压缩。克莱因博士友谊地为我将这两种（处理过的）骨作切片观察过。他说，两者都显有正常脱钙骨块的外观，只偶然地留下了一些碱土盐。大部分骨小体和它们的突起都很明显，只有少数地方，尤其是舌骨边缘上，不能看出。还有些地方显示无定形，连骨上的纵纹也不清晰。这种无定形外观，据克莱因博士推理，可能由于骨的纤维性基质已起初步消化，或者由于碱土盐溶去，骨小体变得不可见了。舌骨中髓的部位，留下一种硬、脆、带黄色的物质。

因为骨的纤维性基质上有棱角和小突起，绝未圆化或侵蚀，我把它们搁在另两片新鲜叶上。第二天早上，它们已被紧密缠裹，而且一直缠住，一片卷曲6天，另一片7天，虽然不像第一次那么长，但是已比叶正常缠裹无机乃至很多种有机物体的时间长得多。整个过程中，分泌液都使石蕊试纸变成鲜红，不过可能只是过磷酸石灰的酸性。到叶重新展开后，纤维性基质上的棱角和突起仍和当初一样分明。因此我错误地归结说（下面我们就可知道为什么是错误的），分泌液未能触及骨的纤维性基质。更正确的解释，是所有的酸都在溶解残留的磷酸钙中消耗了，所以没有留下游离酸来和酶一起对纤维性基质起作用。

珐琅质和牙质　因为分泌液能使普通骨头脱钙，我决定试试它对牙齿的珐琅质和牙质能否起作用，可并没有预期到它竟能克服像齿珐琅这么硬的东西。克莱因博士给了我狗犬齿的一些横片；把带角的小片搁在4片叶上，每天按时观察。所得结果，我认为值得详细引在这里。

第一实验　于5月1日将小块材料放在叶上；3日，触毛没有什么卷曲，因此加了一点唾液；6日，触毛没有很强地卷曲，将小块移到另一片叶上，最初反应也还不很快，但9日，已紧紧缠裹；11日，这第二片叶开始重新伸展；碎片明显地软化了，克莱因博士报告说："不少珐琅质和大部分牙质都已脱钙。"

第二实验　于5月1日将碎片搁在叶上；2日，触毛相当好地卷曲了，叶盘上有多量分泌液，而且一直这样，到7日，叶重新伸展。碎片移到另一片叶上，第二天（8日）最强度地卷曲了，一直保持着到11日，叶再伸展。克莱因博士报告："不少珐琅质和大部分牙质都已脱钙"。

第三实验　于5月1日将沾有唾液的碎片搁在叶片上，叶片一直紧卷着，到 5 日，开始重新伸展，珐琅质全未软化，牙质仅仅微有软化。移到另一片叶上，第二天（6 日）早上，已经强度缠裹，一直到 11 日。珐琅质和牙质都略有软化。克莱因博士检定说："珐琅质的一小半，牙齿的大部分，都已脱钙。"

第四实验 于 5 月 1 日将一小薄片牙质用唾液湿润过，搁在叶上，叶不久就卷曲了，5 日重新伸展。牙质已变成薄纸一样柔软。移到一片新鲜叶上，第二天（6 日）早上，已经强度卷曲，10 日重新伸展。脱钙后的牙质，柔软已极，触毛在重新伸展时的力量便把它拉成了丝缕。

由这些实验可以知道珐琅质受作用比牙质困难得多，由珐琅质的极高硬度也可以预料到；两者又都比一般骨头困难。溶解过程一经开始后，以后的作用就容易些，移到新鲜叶上时，4 个例都在第一天内强度卷曲了，而第一轮 4 片叶的迅速和强力程度都小得多。珐琅质与牙质的纤维性基质上的棱角与突起（除去第四个例不能好好观察以外），丝毫无圆化；克莱因博士报告说它们的显微结构未起变化。这也未出预料之外，因为仔细检查过的 3 个标本，脱钙作用还不完全。

骨的纤维性基质 如上所述，最初我曾归结过，分泌液不能消化这种物质。因此，我要求桑德森博士试验人工胃液对骨头、珐琅质、象牙质的作用，他发现这三种物质在很长时间后，全部都溶解了。克莱因博士镜检了一些在那种液体中浸了一星期左右的猫头骨小薄片，他发现接近边缘的地方"基质似乎变少了，产生了骨小体周围骨小管似乎变大了一些的外观。此外，骨小体和其骨小管都很分明"。这样，受人工胃液处理的骨完全脱钙在纤维性基质的溶解之先。桑德森博士给我启示，毛毡苔之所以没有能消化骨的纤维性基质、珐琅质和象牙质，也许是由于产生的酸都已消耗于碱土盐的分解，而没有剩下酸来进行消化工作。因此，我的儿子用稀盐酸将一块羊骨彻底地脱钙，取了 7 片小片所得纤维性基质搁在 7 片叶上，其中 4 小片先用唾液润湿，来促进快速卷曲。1 天之后，7 片叶都卷曲了，虽然程度不高。它们很快地重新伸展；第二天，5 片已开始伸展，第三天，另两片也伸展着。所有 7 片叶上的纤维性基质都变成完全透明、黏稠而多少液化了的小团。我的儿子用高倍镜检视，见到一片叶的中央有几个骨小体，周围透明物质中，有些纤维形痕迹。由这些事实可以明白，叶片不大感受骨纤维性基质刺激，但如果脱钙彻底，则分泌液很容易而且迅速地液化它。与黏稠物质接触了两三天的腺体，没有变色，显然没有从液化组织中吸收什么，或吸收了而没有什么影响。

磷酸石灰 由于试验中的第一组叶，触毛曾9～10天紧贴在极小骨片上，移到新鲜叶上，这些骨片又被紧贴了六七天。我就设想，引起这种长期卷曲的，也许只是磷酸石灰而不是任何动物性物质。像刚才所说，至少可以肯定骨的纤维性基质不是(引起卷曲的)原因。至于珐琅质和象牙质(前者只含4%的有机质)，前后两组叶片合并卷曲到11天。为了验证我对磷酸石灰的这种效力的信念，我从弗兰克兰教授那里获得了一些绝不含有机质或酸的样品。用水润湿少量，搁在两片叶中心盘上。一片只受到很轻微的影响，另一片紧紧卷曲了10天后，少数触毛才开始重新伸展，其余大部分，则受到严重伤害，有的死了。我重复试了一次。改用唾液润湿，来催促卷曲；有一片紧卷了6天(那么一小点唾液决不能有这么长久的作用)，随即死了；第二片在第六天勉强开始伸展，可是过了9天，还没有做到就死了。虽然给以上4片叶的磷酸石灰分量都极小，还是每次都留有许多没有溶解。再用更多一点水润湿过的磷酸石灰，搁在3片叶上，24小时后，都强度卷曲。它们都没有再伸展；到第四天，呈现病态，第六天，几乎全死了。在6天中间，叶缘上垂着不甚黏稠的大液滴。每天用石蕊试纸检查，但从没有变色过；这个事实我不了解：因为过磷酸石灰是酸性的。我怀疑分泌液中含的酸必有一部分用来生成过磷酸石灰，但生成之后，随即被叶片吸收了，因而对叶发生了伤害作用；叶缘的大液滴是一种非正常而水肿式的分泌。无论如何，磷酸石灰是一种极强的刺激剂。极少剂量也有毒，其原理正像生肉或其营养丰富的物质，用量过多就有害一样。因此，触毛所以长期卷曲在骨头、珐琅质、象牙质等片段上面，只是由于所含磷酸石灰而不是由于任何动物性物质这一个结论，应当是正确的。

明胶 我用的是霍夫曼(Hoffmann)教授给我的纯胶片。为了便于比较，切成同样大小的四方块，搁在附近湿藓上。它们很快就膨胀了，但过了3天，仍保持着角隅；5天之后，变成了圆形融软化的团块，可是即使到第八天，还可以找到胶片的痕迹。其他方块浸在水里，虽然膨胀得很大，但角隅保持了6天。用边长$\frac{1}{10}$英寸(2.54毫米)的正方小块，稍微沾水湿一下，搁在两片叶上；过了2、3天，除了一些黏稠酸性液体外，什么也没留下，而且这液体再也没有表现再成胶冻的倾向；因此，可以推想到，分泌液对明胶的作用和水不大相同，而与胃液作用相似[①]。另取4片同样大小的

① 劳德·布伦顿(Lauder Brunton)博士；《生理学实验手册》(*Phys. Laboratory*)，1873，477，487页；又希夫《消化生理学讲义》1867，第二册。249页。

明胶片，先在水中浸3天，然后搁在大形叶片上；它们2天后都液化而呈酸性，但并没有引起很大卷曲。四五天后，叶片开始重新伸展，叶盘上留有大量黏稠液体，似乎没有多少吸收。其中一片叶伸展之后不久，又捕了一只小蝇，24小时后，紧紧地卷曲了，可以表明从昆虫体吸收的动物性物质比明胶作用强有力到什么程度。把更大的明胶片小方块用水浸过5天，再搁在3片叶上，一直到第三天，这些叶片没有什么显明的卷曲，胶片也一直到第四天才完全液化。就在这一天，一片叶开始重新伸展；第二片第五天，第三片第六天开始。这些事实，表明明胶对毛毡苔的作用远不是强有力的。

在前一章中曾谈到，和牛乳或奶油同样稀稠的商品鳔胶溶液，能引起强卷曲，因此我希望比较商品鳔胶和纯明胶的作用能力。两种物质都用1份，和218份水作成溶液；每种都用半量滴（0.0296毫升），分别搁在8片叶上，每片叶所承受的分量是$\frac{1}{480}$格令或0.135毫克。承受鳔胶的4片叶的卷曲比其余4片强力得多。因此我归结说，鳔胶含有某些可溶性蛋白质性物质，虽然或许分量不大。这8片叶重新伸展后，再给它们一些烤肉颗粒，几小时后，都大量卷曲了，又一次表明肉类引起毛毡苔的兴奋，比明胶或鳔胶都有力得多。已知明胶本身，并无营养动物的能力，因此这也是耐人玩味的事实[①②]。

软骨胶 这是穆尔博士给我的样品，送来时是软胶。把一些缓缓干燥后，敲下一小点碎屑，搁在一片叶上，另一点大得多的，搁在另一片叶上。第一小点在1天中就液化了；第二小点膨胀得很厉害并且变软，但是一直到第3天才全部液化。再试未干的胶冻（切成小方块），有些搁在水里，作为对照，过了4天，棱角还保持着。在两片叶上搁了同样大小的两个小方块，另在两片叶上搁了较大的方块。后两片连触毛带叶片都在22小时后紧紧卷曲，搁较小方块的，卷曲程度小得多。4片叶上的胶冻，这时都已液化，并且变得很酸。由于原生质内含物聚集，腺体全变黑了。胶冻搁下后46小时，叶都已经几乎重新伸展，70小时后，完全平直了，只剩有少量略带黏滞的液体留在叶盘上未被吸收。

用1份这种软骨胶胶冻，溶在218份沸水中，在4片叶上各给半量滴，

---

① 劳德·布伦顿博士在《医学纪闻》(*Medical Record*)，1873，1月号36页引有维奥(Viot)的意见，认为明胶在营养中有间接作用。

② 注①原文中未注出所在，暂时加在这里。——译者

即每片叶承受$\frac{1}{480}$格令(0.135 毫克)的胶冻,当然,折算成干胶冻,分量更少。这种溶液作用极强大,3 小时 30 分钟后,4 片叶都强烈卷曲。24 小时后,3 片开始重新伸展,48 小时后,伸展完毕;不过第四片这时还只部分伸直。所有液化了的软骨胶,这时都已吸收干净。因此,软骨胶溶液作用似乎远比纯明胶或鳔胶迅速有力,可是,有人以充分根据向我说,要知道软骨胶是否纯净,极困难或竟是不可能的,如果它含有少量任何蛋白性化合物,正可以产生这些结果。不过,因为大家怀疑明胶是否有营养价值,所以我才觉得这些事实还值得提一提;布伦顿博士说动物营养上明胶与软骨胶的相对价值,他不知道有人作过试验。

牛乳 在前一章中我谈到牛乳对叶片的作用非常有力,但究竟是酪素还是(乳)清蛋白的作用,我不知道。颇大的牛乳滴能引起大量分泌,以至于分泌液(酸性极大)有时从叶上滴下;化学制备的酪素也是一样。小乳滴放在叶上,则 10 分钟左右便凝固了。希夫(Schiff)否认[①]胃液凝固牛乳的作用全出自盐酸,他以为胃蛋白酶也有部分作用;在毛毡苔凝固是不是全由酸引起,也很可疑,因为触毛已经卷曲很好之后,分泌液才能使石蕊试纸变色,而已如上述,凝固则只要 10 分钟便已开始。我将"去皮"(脱脂)小乳滴滴到 5 片叶的叶盘上,6 小时后,乳凝块已有大部分溶解,8 小时溶解更多。两天之后,叶都重新伸展了;把叶盘上残留的黏稠液体细心刮下来镜检。最初看起来,似乎所有酪素都没有溶解,因为有少量物质留下,在反射光中带白色。但是用高倍镜检视时,和用醋酸凝固了的小滴脱脂乳比较,知道它们只是聚集了的油珠,没有酪素踪迹。我不熟悉牛乳的镜检,因此请布伦顿博士代为观察这些制片;他用乙醚试验,油珠都溶解了。因此我们可以推论,毛毡苔分泌液可以迅速地溶解牛乳中天然存在的酪素[②]。

化学制备的酪素 这种物质不溶于水,许多化学家认为它与鲜乳中的酪素不同。我由霍普金斯(Hopkins)和威廉斯(Williams)两位先生处得到了一些,是固体小珠,我用来作了许多试验。小粒和粉末,干的或沾点水润湿过,都使承受了的叶缓缓卷曲,一般只在 2 天之后才见到。有些用稀盐酸(1 份兑 437 份水)润湿的,在 1 天内可引起卷曲,与穆尔博士为我制备的新鲜酪素一样。触毛普通保持着卷曲 7 天至 9 天;在这段时间中,

① 《消化生理学讲义》,第二册,151 页。

② 桑德森教授后来让我注意,牛乳酪素中含有少量核蛋白,它完全不受胃液消化。——F.D.

分泌液显强酸性。甚至在第 11 天，完全伸直的叶片盘中残留的分泌液也还是强酸性。酸的分泌似乎很快，因为有一片撒有少许酪素干粉的叶片，外缘触毛还没有一条卷曲时，中央腺体的分泌液已使石蕊试纸变色。

将固体酪素的小方粒沾水后搁到 2 片叶上，3 天后，一颗的角圆了一点，7 天后，两颗都成了软的圆块，包围在多量黏稠酸性的分泌液中间；可是这并不是棱角溶解的结果，因为浸在水里的方粒也有这种变化情形。9 天之后，叶片开始重新伸展，现在酪素方粒单凭眼看，似乎并没有减小体积，这两个例和另外的实验都这样。据霍卜-西勒特(Hope-Seylet)和柳巴温(Lubavin)[①]，酪素是一种蛋白性和一种非蛋白性物质结合而成；叶片如果吸收了很少量的蛋白性物质，便会导致兴奋，但并不会使酪素(体积)有可以觉察的减少。希夫[②]说：(对我们说，这是一个重要事实)"化学家提纯过的酪素，是一种胃液对之几乎无作用的物体"。这里，是毛毡苔分泌液与胃液之间的另一种符合，两者对鲜乳中的酪素及化学家提制的酪素，作用不同[③]。

曾用干酪作过一些实验：将边长$\frac{1}{20}$英寸(1.27 毫米)的小方粒搁在 4 片叶上，1～2 天后，都很好地卷曲了，腺体分泌着大量酸性液体，5 天之后，开始重新伸展，但是死了一片，其余几片，叶上也有些腺体受了伤害。肉眼看来，残留在叶上的干酪软缩团块，体积并没有多大减少。但是由触毛持续卷曲的时间，由某些腺体的变色，由其余一些腺体所受伤害，可以推断它们一定已经从干酪中吸收了某些物质。

豆球蛋白 我没有获得单独存在的豆清蛋白，但是由前章谈过的，青豌豆汤滴所产生的强烈效果看来用不着怀疑它容易消化。干豌豆薄片在水里浸过后，搁在两片叶上；大约 1 小时，它们就有些卷曲，21 小时卷曲极强。3～4 天之后重新伸展。薄片并没有液化，因为分泌液对纤维素构成的细胞壁，没有任何作用。

花粉 将少量新鲜的豌豆花粉撒了些在 5 片叶的叶盘上，不久就紧紧卷曲了，而且保持了 2～3 天。

花粉粒取了出来镜检，发现它们已经变色，油滴明显聚集。多数的内含物已经收缩，有些简直就空了。只有极少数长出花粉管。无疑地，分泌

---

① 见布伦顿的《生理学实验手册》，529 页。

② 见《消化生理学讲义》。

③ 桑德森教授告诉我，这个差异，无疑地来自"化学上提制酪素"时所用酒精的作用。——F. D.

液已经穿透了花粉粒外被，并且部分地消化了它们的内含物。正像那些吃花粉的昆虫，没有咀嚼它，仅仅由胃液来消化[①]。自然界的毛毡苔，不会不从这种消化花粉的能力得到一定益处。因为像莎草、禾本科杂草、羊蹄、松树等借风力传粉的植物，和它们长在同一地方，一定有无数花粉粒不可避免地落在许多腺体周围的黏稠分泌液珠上。

面筋 这种物质由两种蛋白质类组成，一种溶于酒精，一种不溶[②]。仅在水中洗涤面粉，便可获得一些样品。先作了一个预备实验，用颇大的面筋块搁在两片叶上；21 小时后，紧紧卷曲了，并且保持了 4 天，这时，一片死于伤害，另一片腺体变得很黑，以后就再没有观察它。在另两片叶上搁了较小的块；2 天之后，轻微卷曲，以后加强了许多。它们的分泌物不像由酪素兴奋的叶片那么酸。叶片上停留 3 天的面筋小块，比留在水里面同样时间的变得更透明些。7 天之后，两片叶都重新伸展；面筋容积却看不出消减。和面筋接触过的腺体都变得极黑。另用更小的半腐败面筋小点，再试两片叶，24 小时后，它们已经卷曲得颇好，4 天之后，彻底地卷缩了，接触着的腺体都变得很黑。5 天之后，有一片开始重新伸展；8 天之后，两片都全部伸张，还有小点面筋留在叶盘上。4 点敲碎的干面筋在水里蘸一下，立即移到叶面，它们作用的方式和新鲜面筋颇不同：3 天后，一片叶几乎完全伸张，其余 3 片，在第 4 天也伸展好了。碎屑软化程度颇高，几乎液化了，但还不是完全溶解。和面筋碎屑接触过的腺体，不是变黑而是颜色很淡，许多显然已经被杀死。

所有 10 个例中，尽管给的是很小很小的小块，面筋块没有一个例完全溶解。因此，我请桑德森博士试验胃蛋白酶与盐酸并合的人工消化液，是否能溶解面筋，结果面筋完全溶解了。不过，面筋所受到的作用，确实比血纤维慢得多，4 小时内溶解的血纤维为 100，而面筋只有 40.8。另外，用两种消化液，即以丙酸及丁酸代替盐酸（与胃蛋酶并合），也在室温条件下将面筋完全溶解了。这里，我们见到了毛毡苔分泌液与胃液的消化能力之间，有一个本质的差别；差别只在于酶的不同，因为胃蛋白酶与醋酸系的各酸并合，可以完满地作用于面筋。我相信，其中的理由仅仅是这样一个事实，即面筋是过于强有力的一种刺激物（像生肉、磷酸石灰乃至于过

---

① 贝内特先生在吃花粉的双翅类昆虫肠道中，发现过未消化的花粉粒外壳；见《伦敦园艺学会会志》（*Journal of Hort. Soc. of London*），第四卷，1874，158 页。

② 见沃茨的《化学字典》，第二册，1872，873 页。

大的熟蛋白块一样)，它在腺体还没有来得及倾注出足够的分泌液之前，已将它们伤害或杀死了。面筋中曾有某些物质被吸收，我们也有清楚的证据，即触毛保持卷曲的时间长度和腺体颜色的重大变化。

根据桑德森博士的建议，把一些面筋先在稀盐酸(0.02%)中浸15小时，除掉所含淀粉。这时，面筋变成无色，更透明，而且有些膨胀。取出小部分，洗净，分别搁到5片叶上，很快就紧紧卷曲；可是，出乎我意料之外，48小时后，都完全重新伸展了。有两片叶上，还留有一点残余，其他3片，一点也没剩下。我儿子将后3片叶上残留的黏稠酸液刮下来用高倍镜检查；可是除了一些污秽和许多未被盐酸溶解的淀粉粒之外，什么都没有看见。有少数腺体颜色变得很淡。因此，我们得知，用弱盐酸处理过的面筋，作为刺激剂，不像新鲜面筋那么强有力而持久有效，伤害腺体也不厉害；另外，分泌液可以迅速而完全地消化它。

球蛋白或晶体蛋白　穆尔博士为我从眼球晶状体制备了这种物质，是固态、无色透明的碎片。据说[①]眼球蛋白应当“在水中膨胀而溶解，大部分转为树胶状液体”，但我所用碎片，在水里面浸了4天，并没有起这些变化。一部分颗粒用水，一部分用盐酸润湿过，还有一些在水里面浸过1～2天，分搁在19片叶上。几小时后，多数叶片，尤其是那些承受了在水里浸过的颗粒的，都强度卷曲了。大多数在3天或4天后重新伸展；不过有3片在这以后还多卷曲了1、2、3天。因此一定有些兴奋性物质已被吸收；可是这些碎片，虽然也许比在水里面浸渍同样长久的软化得更多些，棱角仍旧分明未变。因球蛋白是一种蛋白质类，这个结果使我很诧异[②]；因为我的目的是比较分泌液与胃液的作用，我就请求桑德森博士试验我所用的这种球蛋白。他的试验报告是“用含有0.2%盐酸与大约1%狗胃(黏膜)甘油浸液并合处理。这种混合液，能在1小时内消化它本身重量1.31倍未煮血纤维，而在1小时内，这种球蛋白只溶解了0.141。两个例中，都用着过剩的物质供消化。”[③]我们可以由此看出，在同一时距内，球蛋白受溶解的分量，只比同重量血纤维的九分之一稍多一点；记住胃蛋白酶用醋酸

① 见沃茨的《化学字典》，第二册，874页。

② 据桑德森教授说，这种结果，无疑地是因为这个球蛋白样品在制备过程中曾用酒精处理过。——F. D.

③ 我该补充桑德森博士用Schmidt方法制备了一些新鲜球蛋白；这个样品，在同一时间(即1小时内)，有0.865溶解了；这就是说，比我所用的易溶解得多，虽然还比不上血纤维，后者溶解的分量是1.31。可惜我用的球蛋白，不是以这个方法制备的。

系酸并合时，消化力只有与盐酸并合的胃液的三分之一左右，则毛毡苔分泌液没有使球蛋白侵蚀或圆化。这并不希奇，虽然腺体已经从其中抽取并且吸收了一些可溶性物质。

正铁血红素　有人给了我一些用牛血制备的暗红色颗粒，桑德森博士发现它不溶于水、酸和酒精，因此，可能是正铁血红素和其他来自血中的物体。小颗粒连水搁到 4 片叶上，2 天后，3 片已相当紧地卷曲了，第四片差一些。第三天，凡和正铁血红素接触了的腺体都变黑了，有些触毛似乎已受伤害。5 天之后，两片叶死了，第三片正在死亡中，第四片开始重新伸展，但不少腺体变黑，受了伤害。很明显，从这种制备物中吸收了的物质，要么有毒，要么是过强的刺激剂。这些颗粒与同时浸在水里面的相比，似乎多软化了一些，但肉眼看来，并没有减少容积。桑德森博士以与上节所述对球蛋白的方式用人工消化液处理，发现一小时内溶解的血纤维为 1.31，则这种正铁血红素只为 0.456；但是，尽管数量再低，也还可以归之于毛毡苔分泌液的溶解作用。人工消化液最初作用后剩下的东西，以后几天再也没有向消化液给出任何物质。

分泌液不能消化的物质

以上所说各种物质，都能引起触毛的长久卷曲，完全或至少部分地被分泌液溶解。另有许多物质，有些还是含氮的，分泌液对于它们毫无作用，也不能使触毛对它们作较久于不溶性无机物所引起的卷曲。这些无兴奋力不能消化的东西，我所试过的，有动物表皮产物（例如人的指甲屑、毛发团、翮管）、弹性纤维组织、黏蛋白、胃蛋白酶、尿素、甲壳质、叶绿素、纤维素、棉花火药、脂、油和淀粉。

除了这些物质之外，还应当举出已溶解的糖、树胶、稀释酒精、不含蛋清的植物浸液，因为在上一章，我们已说过，这些东西都不能引起卷曲。有一件极突出的事，可以为毛毡苔酶与胃蛋白酶相似或相等提供进一步证据的，即对这些物质，动物的胃液同样地不起作用，虽然其中有些可以由消化道中其他分泌液所消化。上述有些物质，除了说明它们曾经反复用毛毡苔叶试验过，并且完全没有受到分泌液的作用之外，再没有什么需要谈的。另一些物质,我还应当叙述我所作过的试验。

弹性纤维组织 上面我们谈过,当小方颗的肉等搁在叶片上时,肌肉、蜂窝、乃至于软骨组织,都可以完全溶解,但弹性纤维组织,哪怕是最细微的丝条,也都要留下来,毫无受过任何侵蚀的标识。动物的胃液,对于这种组织也正同样地无作用[①]。

黏蛋白 这种物质含有7%的氮,我预料它会使叶片强烈兴奋,受到分泌液的消化,可是我错了。由化学著作所述知道,黏蛋白能否制备成纯品,是极可怀疑的事。我所用的(穆尔博士替我制备的),干而坚。将水沾湿过的颗粒搁在4片叶上,可是过了两天,只有最邻近的触毛略有卷曲痕迹。再用肉屑来试验这些叶,4片都很快地强度卷曲着。将这种干黏蛋白在水里面浸了2天,拣出大小合适的小方粒,搁在3片叶上。4天之后,叶盘边上的触毛有些卷曲,叶盘上聚积的分泌液呈酸性;可是外缘触毛没有受到影响。第四天,已有一片叶开始重新开展,到第六天,其余也都重新展开了。与黏蛋白接触过的腺体,颜色都有些变暗。因此我们可以作结论说,这个制备品所含少量杂质具有中等兴奋能力的,已被腺体吸收。桑德森博士也用实验证明了我所用黏蛋白确实含有一些可溶性物质:他用人工胃液分别消化这种样品和血纤维,1小时后,黏蛋白和血纤维溶解的分量,比例为23∶100。我试验过的小方粒虽然似乎比浸在水里面的软一些,但棱角分明和原来一样。我们可以推论,黏蛋白本身是不溶解或不能消化的。生活动物的胃液也不能消化它,据希夫说[②],胃壁在消化过程中所以不受侵蚀,正是由于有着一层黏蛋白保护它。

胃蛋白酶 我的实验结果其实不值得记述,因为要制备完全不含有其他蛋白质的胃蛋白酶,几乎没有可能;不过我的确想知道,毛毡苔分泌液中的酶,对动物胃液中的酶究竟能否有作用。最初,我用了作为医药用出售的普通胃蛋白酶,后来用穆尔博士为我特别制备的较纯品。先在5片叶上搁了多量前种制备品,叶卷曲了5天,随后,死去了4片,显然是由于刺激过大。再用穆尔博士的制备品,先用点水调成糊,在5片叶的中心盘上,搁上了如果是肉或熟蛋白就会很快溶解完的那么一点分量。叶很快都卷曲了;20小时已经有两片开始重新伸展,其余3片,44小时后也都完全展开。与胃蛋白酶或与其周围酸性分泌液接触过的腺体,颜色都出奇

① 参看希夫的《消化生理学讲义》,1867,第二册,38页。

② 《消化生理学讲义》,1867,第二册,304页。

地淡，而其余则出奇地深。刮了一些分泌液下来，用高倍镜检视，看到其中有许多颗粒，与在水中浸了同样久的胃蛋白酶颗粒无法区别。因此，我们可以推想，毛毡苔的酶，不能消化或作用于胃蛋白酶，而毛毡苔可在其中（记住所给分量很微小）吸收一些蛋白性杂质，引起卷曲，这种杂质，吸收量稍多便会发生伤害。布伦顿（Brunton）博士曾经应我的请求试图确定加盐酸的胃蛋白酶是否能消化胃蛋白酶，结果，据他所能断定的说，这种能力不存在。因此，胃液在这一方面也和毛毡苔分泌液相似。

尿素　动物体中这种废物含氮量很高，它是否像其他动物性液体或固体物质，能被毛毡苔腺体吸收并招致卷曲，我觉得很值得追究一下。我用 1 份尿素兑 437 份水的溶液，以分量为半量滴的小滴，滴到 4 片叶的中心盘上；每一滴所含物质分量为$\frac{1}{960}$格令或 0.0674 毫克，也就是我常用的一种剂量；叶不显反应。随后用生肉屑检证，它们很快便紧卷了。随后，我又以 4 片叶，用穆尔博士制备的新鲜尿素重复作试验；2 天后，无卷曲；再给一次同样剂量，仍旧不起反应。以后，用同样大小的生肉浸汁滴来检验，6 小时后，就有显著卷曲 24 小时后，出现过度反应。可是所用尿素显然仍不十分纯洁，因为将 4 片叶浸在 2 打兰（7.1 毫升）同浓度的溶液中，因而所有的腺体（不仅是中央盘上的），都有可能从溶液吸收其中的少量杂质，24 小时后，卷曲便非常显著，至少比纯水浸渍所引起的高得多。由于这批尿素不是完全白的，因此必定含有一定分量的蛋白性物质，或某种铵盐，引起了这样的反应并不希奇；在下一章我们就会见到，惊人的小剂量的铵盐效应很高。由此我们可以归结，尿素本身对毛毡苔是无兴奋力也无营养价值；毛毡苔分泌液也不能使它变成营养物；否则所有中央盘上滴加过尿素的叶片，都应当很好地卷曲。布伦顿博士告诉我，由于我的请求而在圣巴梭罗妙医院进行的试验，也说明尿素不受人工胃液（即与盐酸并合的胃蛋白酶）的作用。

甲壳质　被叶片天然逮住的昆虫，其甲壳质外皮从未见到受过任何腐蚀。曾用隐翅虫（Staphylinus）柔薄的内翼与鞘翅小方片搁在几片叶上试验，到叶完全重新伸展后，再细细检查这些方片。它们的边角仍和旧时一样；从外表上，看不见它们与浸在水中的同一昆虫的内翼或鞘翅有何差别。鞘翅显然还给出了一些营养性物质，因为叶缠裹它们前后 4 天，而搁内翼的叶片，在第二天就已重新伸展。凡愿意检查食虫动物排泄物的，都可以发现动物胃液对甲壳质是怎样地无能为力。

纤维素 我没有得到提净过的这种物质，而只用带棱角的干木材、软木、水藓、亚麻布、棉纱线等试验。所有这些物体，没有一种受到分泌液的丝毫侵蚀、它们所能引起的卷曲，只和一般无机物相同。由氮取代纤维素分子中的氢所成火药棉花，尝试结果也是一样。我们曾说过，卷心菜汤能激起最有力的卷曲。因此，我在卷心菜叶片上切了两个小方片，又切了4个小方块的中脉，把它们分别搁在6片毛毡苔叶上。12小时内，它们都卷曲得很好，而且持续了2～4天；卷心菜叶小块始终浸没在酸性分泌液中。这就说明，卷心菜含有的某种兴奋性物质被吸收了，这物质下面我们再谈；可是方片和方块的棱角始终保持原来情况，证明纤维素性骨架并未受到侵蚀。用菠菜叶小方片试验，结果也完全相同；腺体倾注了适量的酸性分泌液，触毛卷曲了3天之久。我们也曾提到，花粉粒柔薄的外壁也不为分泌液所溶解。大家都熟知，动物胃液对纤维素不起作用。

叶绿素 因为这种物质含氮，所以用来尝试过。穆尔博士送给我一些酒精保存品，把它干燥了，可是很快又潮解。在4片叶上搁了小颗样品，3小时后，分泌液显示酸性，8小时后，有颇多的卷曲；24小时，卷曲已颇明显。4天后，有两片开始重新伸展，另两片这时已接近完全伸直。很显然，这种叶绿素含有能使叶片适当兴奋的物质；但肉眼看来，却看不出有溶解；因此，纯净的叶绿素可能不会受分泌液的侵蚀。桑德森博士就我所用过的样品和新鲜制备的，同时以人工消化液作尝试，发现它不受消化。布伦顿博士用依英国药典制备的样品，在37℃下用消化液处理5天，体积未见减少；不过(混合)液体变得带些轻微褐色。用胰腺甘油浸液尝试，也只得到负的结果。由许多动物排泄物的颜色判断，似乎动物肠道分泌液对叶绿素就无作用。

但这些事实并不指明，活植物体中的叶绿粒不受分泌液的消化；因为叶绿粒是仅仅被叶绿素染色了的原生质。我的儿子弗朗西斯将一片用唾液蘸湿了的菠菜叶手切片，搁在毛毡苔叶上，另一些切片搁在湿棉花上，保持在相同温度中。19小时后，毛毡苔叶上的菠菜切片已由卷曲触毛的分泌液浸没。

显微镜下检视它，已看不见完整叶绿粒；有些绉缩变成黄绿色，集中在细胞中央；有些则解体成为带黄色的团块，也集到细胞中央了。可是用湿棉花包着的薄片，则叶绿粒完整绿色如旧。弗朗西斯还在人工胃液里搁了些薄片，它们所受作用的方式和由毛毡苔分泌液引起的几乎完全一样。我们曾见到新鲜卷心菜和菠菜叶小块，能引起触毛卷曲和腺体倾注酸性分泌液；引起叶子兴奋的，无疑地应当是组成叶绿粒的及贴附在胞壁周围的原生质。

脂肪与油 将未烹调过的几乎纯净的脂肪小方粒搁在叶上，其棱角毫无改变。我们也说过，牛乳中脂肪球不受消化。将橄榄油滴在叶中心盘上，不引起卷曲；但叶片浸没在橄榄油中，则发生强烈卷曲；这一件事，往下我们还要再说。动物胃液不能消化油质物质。

淀粉 较大的干淀粉小块引起颇明显的卷曲，而且叶直到第四天才开始重新伸展；但是我深信这是淀粉不断地吸收分泌液，因此对腺体发生持续刺激所导致的。粉块体积丝毫未改变；浸没有淀粉浆里的叶片也不受任何影响。我想我用不着提出，动物胃液是不能消化淀粉的。

分泌液对活种子的作用

随意选择了某些活种子作了一些实验，虽然和我们目前所讨论的消化只有间接关系，还可以在这里谈谈。

将去年的卷心菜种子 7 粒分别搁在 7 片叶上。有几片中等地，更多片只轻微地卷曲了，大部分在第三天就重新伸展。有 1 片持续地紧缠着一直到第 4 天；还有一片直到第 5 天。这就是说，叶片由种子引起的兴奋，比由同等大小的无机物体引起的大一些。叶片重新伸展之后，把这些种子取出和同一批中的另一些都搁在湿沙上，并给它们适当的照管，另一些都很好地发了芽。在叶片搁过的 7 颗则只有 3 颗发芽；所出 3 株秧苗，有 1 株也很快就败坏了；它的幼根根尖一出来就是烂的，子叶边缘也是暗褐色；这样，7 颗种子中，共有 5 颗最后都败坏了。

将萝卜(Raphanus sativus)去年的种子搁在 3 片叶上，中等地卷曲了之后，第三四天重新伸展。将 2 颗种子移到湿沙上，1 颗发了芽，可是很慢。这株秧苗只有 1 根极短、弯曲、病态的幼根，根没有吸收毛；子叶上有些奇异的紫斑点，叶缘黑色并部分焦枯。

将独行菜(Lepedium sativum)去年的种子搁在 4 片叶上，第 2 天早上，其中两片中等卷曲，另两片强力卷曲，并且这样持续了四五天，到 6 天。这些种子搁到叶上不久，潮润之后，它们就像平常一样，分泌了一层很韧的黏液;为了要断定卷曲这么久是否由于腺体吸收这种黏液所致,在水里面另浸两颗种子,把所分泌的黏液尽可能地洗刮干净。把刮净的种子搁到叶上,3小时后便起强力卷曲,第2天,仍卷得很紧。这就证明,引起强卷曲的不是黏液;倒过来,黏液对种子却有相当保护效应。6颗种子中有两颗在叶片上已经发芽,可是将幼苗移到湿沙上,不久就死了,其余4颗,移后只有1颗发了芽。

黑芥(Sinapis nigra)子两颗、旱芹菜(Apium graveolens)子两颗,都是去年的,两颗浸透了的葛缕子(Carum carvi)、两颗小麦,所引起的卷曲,都不比无机物颗粒强多少。5颗没有全成熟的毛茛(Ranunculus)种子,两颗新鲜的林生银莲花(Anemone nemorosa)种子,所引起的也只稍多一点儿。另一方面,4颗可能没有十分成熟的林生苔草(Carex sylvatica)种子,搁下之后,叶却强烈卷曲了,到第3天才开始重新伸展,有1片一直卷曲了7天。

这些新事实指明不同种类的种子所能引起的叶片的兴奋,彼此间相差很大。是不是全由种壳性质不同决定,不知道。把水田芥种子的黏液层除去一部分加速了触毛的卷曲。触毛如果继续几天缠裹种子,可以说明叶片从种子中吸收了某些物质。卷心菜、萝卜和水田芥种子都有死亡的,也有幼苗大受伤害的,可以证明分泌液能够穿透种壳。可是种子和幼苗所受伤害,可能全由于分泌液中的酸,而不是消化过程所引起;因为特拉赫恩·莫格里奇(Traherne Moggridge)先生证明过,醋酸系列的弱酸对种子有高度伤害作用。过去我从没有想到观察自然界生长着的植株,其有黏质的叶上是否常有风吹来的种子;但由后面我们将要叙述的捕虫堇的情形看来,这种情况应不稀罕。如果这样,毛毡苔可能由那些种子中吸收一些物质,获得轻微利益。

毛毡苔叶消化能力的摘要和结束语

叶盘腺体由于吸收了含氮物质或接受了机械刺激而兴奋时,它们的分泌液分量增大,并且变酸。它们向外缘触毛的腺体传导某种影响,使腺体分泌更旺盛,其分泌液也变酸。据 Schiff[①] 说,动物的胃接受机械刺激后,其腺体兴奋而分泌酸,但不分泌胃蛋白酶。我有各种理由相信(虽然事实还没有完全弄清楚),毛毡苔的腺体尽管在不断地分泌黏稠液体来补偿蒸发的损失,但仅给以机械刺激时,它并不分泌消化酶,只在吸收了某些物质(可能是含氮性的)之后,才有酶分泌出来。许许多多叶片的中央盘接受玻璃屑的刺激后,所分泌的液体并不能消化熟蛋白;再由捕蝇草和猪笼草的相似情形,是我这么推论的根据。据希夫的说法,动物的胃腺也只在吸收某些可溶性物质(他称之为"胃分泌原")后,才分泌胃蛋白酶。因此毛毡苔腺体和胃腺之间,在酸和酶的分泌中,有突出的平行现象[②]。

我们已看到分泌液能彻底溶解熟蛋白、肌肉、血纤维、蜂窝组织、软骨,骨的纤维性基质、明胶、软骨胶、牛乳中存在形式的酪蛋白,经过弱盐酸处理的面筋等。酸浸肌蛋白和豆球蛋白能使叶片迅速强度兴奋,似乎也可被溶解无疑。分泌液不能消化新鲜面筋,显然因为它能伤害腺体,虽然腺体确实吸收了一部分。生肉(除非是极小的碎屑)和较大颗粒的熟蛋白等也能伤害叶片,似乎叶片也和动物一样,受了伤食的害。我不知道这种相似是否真实;但值得注意的是卷心菜汤对毛毡苔所引起的兴奋,远比温水浸液大,也许营养价值更高;而至少对人说来,煮熟过的卷心菜远比未煮过的更富于营养。这些事例中最突出的一个(也可能事实上并不比其余显著),是对软骨这么一种坚韧物质的消化。纯磷酸钙、骨头、牙质、尤其珐琅质的溶解,看来很神奇;可是溶解只是长久继续分泌一种酸的后果;分泌酸的时间,在这些例中都比其他物质所引起的长得多。当分泌液中的酸消耗于溶解磷酸钙时,看不出真正的消化作用;可是骨的脱钙彻底完成后,纤维性基质即被侵蚀而很容易地液化了,是很可寻味的事实。以

---

① 见《消化生理学讲义》第二册,1867,188,245 页。

② 由前面所举各事实看来,即使我们承认希夫的胃分泌原学说,植物学方面的证据仍不利于这种假定中平行现象之存在。何况希夫的胃分泌原假说,许多生理学者都不同意,桑德森教授叫我注意埃瓦尔德(Ewald)在他的《消化病诊断(i)消化的研究》(*Klinik der Verdauungs Krankheiten*,(*i*)*Die Lehre von der Verdauung*),1886,911 页中,对这个问题所持意见。埃瓦尔德不相信所谓胃分泌原有什么特别作用。他写道:"我发现将淀粉浆导入胃中时,几乎立即有酸和胃蛋白酶同时出现。导入 Schiff 的所谓胃分泌原时,当然也是同样的,这时已为后一步消化作用准备了不少的酸和胃蛋白酶,而后一步的消化也就当然变得更强有力。"

赫尔曼(Hermann)的《生理学大全》(*Handbuch Physiologie*)第五册,第一编,153 页有黑登海因(Hadenhein)对希夫(Schiff)假说的批判。他认为希夫的试验方法中有一个错误,所以他所据以立说的观察,有某种程度的不可信。——F. D.

上所列举的分泌液能彻底溶解的12种物质，也都能被高等动物胃液溶解；胃液消化方式也完全相同，如熟蛋白块棱角的圆化，尤其是肌肉组织横纹的消失。

毛毡苔分泌液和胃液，都能从我所用过的眼球蛋白和血色素样品中溶出某些成分或杂质。分泌液也能从化学制备的酪蛋白中溶出某些东西。据说，这样的酪蛋白含有两种成分，尽管 Schiff 认为胃液对这样制备的酪蛋白不起作用，很可能他忽略了其中含有少量的蛋白性物质，毛毡苔却可以检出而吸收它。纤维性软骨虽然不是正规地溶解，但毛毡苔分泌液和胃液对它们起着方式相同的作用。可是这种物质也许该和我所用血色素一样，应列入不能消化的物质一类中。

胃液的作用全靠所含胃蛋白酶这种酶与一种酸的并合，久已证实。我们有极好的证据说明毛毡苔分泌液中有一种酶存在，它也只在有酸并存时才起作用；因为我们见到了，如用小滴碱液中和分泌液中的酸，熟蛋白颗粒的消化随即完全停顿，加入小剂量盐酸，立即恢复进行。

以下9种或9类物质，即表皮系附属物、弹性纤维组织、黏蛋白、胃蛋白酶、尿素、甲壳质素、纤维素、棉花火药、叶绿素、淀粉、油和脂肪，毛毡苔分泌液对它们无作用；据现在所知，这些物质同样也不受动物胃液的消化。我所用黏蛋白、胃蛋白酶和叶绿素样品中，都含有某些可溶性物质，同样为毛毡苔分泌液和人工胃液所溶出。

分泌液完全溶解了。后来由腺体吸收了的上述几种物质，对叶片的影响各不相同，它们引起卷曲，速率不同，程度各异，触毛卷曲的时间，长短大有差异。迅速卷曲一部分决定于所给的分量，致使许多腺体同时受影响，一部分决定于它被分泌液穿透和液化的难易，一部分决定于物质本性，而更重要的则是溶液中是否已溶有某些兴奋性成分。例如唾液和生肉浸液，作用远比浓的明胶溶液迅速。又吸收了一点纯净明胶或鳔胶溶液（鳔胶比明胶更有力量）而重新伸展了的叶片，再给肉屑时，卷曲便比原来更强有力更迅速，虽然在两次卷曲之间，一般必需有一段时间的休息。明胶和球蛋白先在水中浸透之后，比仅仅沾湿一下作用要快得多，也许是结构变化的影响。搁过一段时间的熟蛋清，与用稀盐酸处理过的面筋，都比新鲜样品的作用迅速些，也许一部分是由于结构的变化，一部分是化学性质的改变。

触毛持续卷曲时间的长短，大部分决定于所给的物质分量，部分决定于它们被分泌液穿透或消化的难易，还有一部分决于它们本身的基本性质。触毛卷曲在较大的碎屑或液滴上的时间，总是比在小碎屑或小液滴上长久。在化学制备的酪蛋白硬粒上，触毛持续卷曲的时间特别长，结构可能是一个重要因素。可是在极细的沉淀磷酸石灰粉末上，触毛持续卷曲时间也同等地长；磷显然是后者中的吸引力，而酪蛋白则是由于其中所含动物性物质。叶片紧缠着昆虫尸体的时间很长，但究竟有多少是由它们甲壳质外皮的保护作用所引起，还可怀疑；因为叶片的迅速卷曲，可以证明昆虫体内动物性物质不久被吸收（可能是由外渗从体内漏到了周围的浓厚分泌液中）了。物体性质不同的影响可由肉屑、熟蛋白、新鲜面筋等，与同等大小的明胶、蜂窝组织和骨头纤维性基质颗粒在作用时间上的差别中体会到。前一类物质引起的反应不仅迅速而有力，并且持续卷曲的时间也比后一类引起的长得多。因此我以为我们不妨假定，对毛毡苔说来，明胶、蜂窝组织、骨头纤维性基质等的营养意义远不如昆虫、肉、蛋白等高。这是一个很可玩味的结论，因为已经肯定了明胶不能供给动物多少养分，蜂窝组织，骨头的纤维性基质，大概也是一样。我所用软骨胶样品，作用比明胶强得多，可是我无从保证它是纯品。更特出的是属于“原蛋白类”[①]的血纤维所引起的触毛卷曲，比明胶、蜂窝组织或骨头的纤维性基质所引起的并不大或长久多少；而“原蛋白类”中却包括着“清蛋白”这么一亚群。还不知道一个动物完全只吃血纤维究竟能生存多久，不过桑德森博士认为无疑地会比只吃明胶长久些，如从毛毡苔的效应看来，现在断定说清蛋白比血纤维的营养价值高，大概也不算太早。球蛋白同样也是属于原蛋白类的一个亚群；这种物质虽然含有能使毛毡苔强度兴奋的某些成分，分泌液对它却无作用，胃液消化它也很难很缓慢。球蛋白对动物的营养价值如何，还不知道。总之，我们可以看出，以上各类可消化的物质作用于毛毡苔时差别不小，因此也还可以推论，它们对毛毡苔和动物的营养价值，也会各自大不相同。

毛毡苔腺体能从活种子吸收物质，种子受分泌液的伤害或被杀死。毛毡苔也从花粉粒和新鲜叶中吸收物质，这些正是草食高等动物胃的情形。毛毡苔本来是食虫植物，但是风吹来的花粉乃至周围植物的种子和叶片会落在腺体上，则它在一定程度上可以植物为食。

最后，本章记述的这些实验显示着，动物胃液中胃蛋白酶与盐酸的并

① 参看迈克尔福斯特（Michael Foster）博士在沃茨（Watts）的《化学字典》附编，1872，969 页采用的分类体系。

合、毛毡苔分泌液中酶与醋酸系酸的并合，两者消化力之间，有突出的相合处。我们不用怀疑，两种酶，即使不是完全等同，一定是密切近似的。一种植物和一种动物，分泌同样或几乎同样的复杂的分泌液，进行同一种消化，是生理学上一件新奇事实。在第十五章对茅膏菜科作总结时，我还要再谈这件事。

第七章　铵盐的效应

· *The effects of salts of ammonia* ·

进行实验的方式——蒸馏水的作用与溶液对比——根吸收的碳酸铵——腺体吸收的碳酸铵蒸气——叶片中央盘上的液滴——对个别腺体加极小滴溶液——叶片浸没在淡溶液中——引起原生质聚集的剂量之微小——用硝酸铵作类似实验——用磷酸铵作类似实验——其他铵盐——铵盐作用的摘要及结束语

这一章的主要目的是说明铵盐对毛毡苔叶片的作用有多强烈，尤其着重于说明怎样异常微小的分量已够引起兴奋。因此，我不得不作详细的陈述。所用蒸馏水都是重蒸馏的；在一些更精密的试验中，只用弗兰克兰教授供给我的、极细心制备的水。所有刻度量器都经过检定，都达到了它们能有的精确度。盐类都细心称过，在所有较精密的实验中，用了波大式复衡法（Borda's double method），可是，极端精密实在是多余的，因为叶片的年龄、环境和健康不同时，感应性上有很大差别。同一叶片上的触毛，感应性也有显著不同。我的实验，依如下几种方式进行。

第一，经过多次反复尝试，水滴确定到平均分量约为半量滴，即$\frac{1}{960}$盎司（0.0296 毫升），用同一有尖的器械，滴在叶片的中央盘上，于相继时距观察靠外缘触毛的卷曲程度。先以 30～40 次的尝试，确定了像这样滴下的蒸馏水不起作用，只偶然而极稀罕地见到两三条触毛起过弯曲。事实上，凡用稀薄到无效应的溶液尝试时，也得到同样证明水不生效应的结论。

第二，将一镶柄小针的针头探入供试液体中。针头上沾住小到不会掉下来的液滴，借放大镜之助，轻轻与同一叶片上 1 条、2 条、3 条或 4 条外缘触毛腺体周围的分泌液珠接触。要特别留心，防止腺体本身受到触动。我以为这样的液滴，大小可以彼此相近似；可是验证之后，发现这个假定大错。我先量出一些水，从中取出 300 滴，每次取水时让针头和吸水纸接触一下，再量剩下的水，算出这样的一滴，平均约相当于$\frac{1}{60}$量滴。在一个容器中盛上水，称过（这是更准确的方法），如上方式取去 300 滴；再称，算出来每滴平均大约等于$\frac{1}{89}$量滴。我重复操作，不过这回每次倾斜而较速地取出针头，让取去的水滴尽可能大些；结果成功了，每滴平均达到了$\frac{1}{19.4}$液滴。我用完全同一的方式再重复一回，这一回，每滴平均是$\frac{1}{23.5}$液滴。记住这两例中，我以最大努力获得尽可能大的水滴，则我试验中所用的滴，至少约等于$\frac{1}{20}$量滴，即 0.0029 毫升。每滴这么大小的水珠，可以分给 3 个乃至 4

◀用圆叶毛毡苔做实验。

个腺体，如果触毛开始卷曲，则它们一定都吸收了一些溶液，因为同一方式加的纯水，从不发生任何效应。我的手只能使水滴与分泌液珠作10秒至15秒钟稳定的接触；这个时间不够让溶液中的盐全部扩散，因为相继用同一滴溶液处理的三或四条触毛，常都卷曲。即使这时，溶液里的物质可能还没有完全用尽。

第三，量出供试溶液，把叶片切下浸入；同时，量出配制这种溶液所用的同量蒸馏水，浸入片数相同的叶。两组叶，24小时(有时48小时)内，每隔一短段时间比较一次。浸入方式是，尽可能地轻轻将叶放在编号表玻璃中，然后加入30量滴(1.775毫升)的溶液或水。

有些溶液，如碳酸铵，迅速使腺体褪色；因为同一叶片上所有腺体同时都发生褪色，可以推知在同一短时间内，所有腺体都已吸收了一些盐类。外缘触毛有几行同时发生卷曲，也证明这一点。如果我们没有像这样的证据，很可以假定只有外缘已起卷曲的触毛吸收了盐类；或者只有中央盘的触毛吸收了，然后向外缘触毛传导出一个冲动；可是如后一种解释是正确的，则外缘触毛非经过一段短暂时间的延滞不会运动，而现在则是半小时甚至在几分钟内便出现卷曲。叶片上所有腺体，大小相差不多，切一窄横条叶片，侧放观察，就可以知道，因此它们的吸收面积几乎是相等的。极边缘的长形腺体，比其余腺体长得多，应当例外；可是它们却只有上侧能吸收。腺体以外，叶片上下表面和触毛毛柄上有许多小形乳突，它们能吸收碳酸铵、生肉浸汁，金属盐，可能还能吸收许多其他物质；不过这些乳突吸收后并不导致卷曲。我们必须记住，每条触毛，除了从中央盘腺体接受了运动冲动，在它自己的腺体兴奋后才会运动，这种运动，像刚才说过的，必须过了一段时间才发生。我之所以要提出这些细节，为的是让我们较正确地体会到，一片叶浸没在溶液中，触毛卷曲时，每一个腺体大致究竟吸收了多少盐类。例如一片叶上，有212个腺体，浸入量过容积的、含某种盐类$\frac{1}{10}$格令的溶液后，只有12条外缘触毛未卷曲，则我们可以心安理得地假定，这200条腺毛，最多每条平均大致吸收了$\frac{1}{2000}$格令的这种盐。我说“最多”，是因为小乳突也会吸收一些，而那12条未卷曲被除外的触毛，它们的腺体或者也有些吸收。应用这一个原则，就导向引起卷曲所需剂量极小极小的结论。

蒸馏水引起卷曲的作用

往下全部较重要的实验中，同时浸在几种溶液和纯水中的叶片所起反应的差别，都将有记述，可是还有必要先将纯水的效应作一个总结。纯水对腺体的作用也值得注意。共用过141片叶在纯水中浸没，和同数浸在溶液里的叶片作比较；它们的情况，曾作了短时距的继续观察记载。另外还分别专用了32片叶片浸于水中，作过观察，总计起来共有173次这种实验。还有其他机会观察过浸入水中的叶片，每次都在20片左右，虽没有详确记录，但是这些随时看到的结果，也可以印证本章所述结论。长腺体的外缘触毛，有时有少数几条，即1～6条，浸没后半小时，会起卷曲；偶尔有些圆腺体外缘触毛也是这样，很少有相当数量。浸没5～8小时后，围绕中央盘较外部分的短腺毛，一般也会卷曲，因而在中央盘上，出现一个由它们的腺体构成的一个暗色圈；外缘触毛却不参加这种运动。因此，除去少数另外详述的特例以外，某种溶液是否产生效应，都以浸后前3～4小时外缘触毛的情形判断。

现在来总结在纯水中浸没了3～4小时后这173片叶的情形。有一片叶，几乎所有触毛都卷曲了；有3片大多数带些卷曲；有13片平均有36.5条触毛卷曲。这就是说，在173片中，有17片有显著反应。有18片有7～19条触毛卷曲，平均每片叶9.3条。44片有1～6条卷曲，一般都是那些长头的。这样，173片仔细观察过的叶片中，共有79片受到水的影响，可是一般都极轻微；另有94片完全未见任何效应。这点儿卷曲和某几种铵盐极稀薄溶液所生效应比较起来，可以说是完全不显著。

在颇高温度中经过一些时间的植株，比户外生长的或新近才移入温室的植株，对水的作用敏感得多。上面所说的17片叶，浸没水中后有相当多的触毛卷曲的，得自冬天在极暖花房中的植株；它们初春长出了特别好看的新叶，颜色鲜红。要是我事先知道这些植株已经由此获得了增大的敏感性，我也许不该用它们来试验极稀的硝酸铵溶液的；可是我的实验并不因此就失效，因为每次实验时，我总是无例外地从同一植株上取些叶片，同时浸入水里作对比。也常遇见同一植株上的叶片，敏感程度不同，有时同一叶片上有几条触毛比其余的更敏感；但是为什么这样，我不知道。

浸在水里面与浸在铵盐稀薄溶液里面的叶片，除了刚才所说的差异外，浸入盐液中的触毛在大多数例中都卷曲得更紧。用1格令磷酸铵兑200盎司水（即1∶87500）的溶液几滴浸着的一片叶，外观如图9。这样强有力的卷曲，单用水处理绝不能引起。浸在稀薄溶液中的叶片常常也卷曲；水浸的叶片，这却很稀罕，我只见过两次，而且卷曲都很微弱。还有，稀薄溶液浸的叶片，触毛和叶片的卷曲都是虽迟缓却平稳地增进许多小时的；纯水浸没也很少有这种情形，在开始8～12小时后继续增进着的，只有3例；这3个例中，最外面的两行触毛都没有感应。这样，有时水浸和稀溶液浸的叶片，在8～24小时这一段中，表现得比开始后3小时还大些；不过一般说来，最好还是信赖较短时距（即3小时内）观察的结果。

图9　圆叶毛毡苔叶片

（放大）图上所有触毛都紧紧卷曲，曾浸在磷酸铵溶液中（1∶87 500份水）。

水浸和稀薄溶液浸着的叶片，重新恢复伸展所需时间，变异很大。6～8小时后，两者外缘触毛开始重新伸展的例子，并不稀罕；这正是叶中央盘周围短触毛开始卷曲所需的时间。另一方面，两种处理中触毛整天甚至两整天持续卷曲的也都有；虽则一般情形是，很稀薄溶液中浸的，卷曲持续时间也还是比水浸的长些。如溶液不是极端稀薄，则很少会在6～8小时这样短时距中重新伸展的。由这些事实出发，也许会认为水与稀薄溶液效果之间，差异很难辨别；不过事实上并没有多大困难，除非所用溶液过分稀薄；用过分稀薄的溶液时，差别常成为可疑的而逐渐趋于消失。往下，对同时在水里和溶液里浸了相同时距的叶，我们记述它们相对比的情形，读者可以自己判断。

碳　酸　铵

这种盐由根吸收时，不引起触毛卷曲。将一棵植株搁在1份碳酸铵兑

146 份水的溶液中，使它的未受伤害的根便于观察。根尖细胞原来是粉红色的，立即变成无色；它们清澈的内含物变成云雾状，像一幅雕刻铜版图一样，这就是说，几乎立刻就引起了原生质聚集；此后却再无其他变化，吸收毛也看不出受到任何影响。触毛没有弯曲。用湿藓围绕了另外两个植株的根，浸入半盎司(14.198 毫升)1 份盐兑 218 份水的溶液中，观察了 24 小时，始终未见过一条触毛卷曲。碳酸盐要引起触毛运动，必须由腺体吸收。

碳酸铵溶液蒸气对腺体产生极强有力的效应，引起卷曲。让 3 棵植株的根留在瓶中，以免周围空气过分潮湿，和搁在表玻璃中的 4 格令碳酸铵，一同罩在一个钟罩(容量为 122 盎司)下。6 小时 15 分钟后，叶片似乎未受影响；第二天早上，即 20 小时后，变黑了的腺体正在大量分泌，大多数触毛已经卷曲。3 棵不久都死了。另用两棵植株和半格令碳酸铵搁在同一钟罩下，空气保持尽量潮湿；2 小时后，多数叶片受了影响，许多腺体变黑了，触毛卷曲了。可是出现了稀奇事实：同一片叶上紧紧相邻的触毛，边缘上和中央盘上同样都有，有的受了很深影响，有的却丝毫不动。这两株植物在钟罩下搁了 24 小时，没有发生进一步的变化。有一片健康的叶片，看不出有任何变化，但同一株上其他叶片，却受了很大影响。有些叶片，一侧的触毛都卷曲了，另一侧却不动。以某些更活跃的腺体能将发生出来的蒸气随时立刻吸收，因此其余腺体就没有吸收机会，来解释这种极端不相等的作用，我觉得可疑；因为下面我们要谈到，彻底弥漫了氯仿和乙醚蒸气的空气，也有相似事例。

试着向几个腺体周围的分泌液加几块碳酸盐固体小颗粒，它们立即变黑，而且分泌大量增加；可是除了两个搁下极小颗粒的例证之外，都没有卷曲。这种结果，和将叶片浸入 1 份碳酸盐，109 份或 146 份水，乃至 218 份水的浓溶液里所生影响相似，这时叶片瘫痪了，不能卷曲，腺体变黑，触毛细胞原生质发生了强烈聚集。

现在我们来叙述碳酸铵溶液的效应。将 1 份盐兑 437 份水的溶液半量滴，分别搁在 12 片叶的中心盘上；每片所接受的是 $\frac{1}{960}$ 格令或 0.0675 毫克的盐。其中 10 片叶外缘触毛卷曲了；有几片叶片也大量向内卷缩。有两个例，35 分钟后外缘触毛已有几条卷曲；但一般情形，运动较迟缓。前 10 片叶，从 21 小时到 45 小时开始重新伸展，有一片延长到 67 小时；它们重新伸展比捕虫后的叶片快得多。

取1份盐兑875份水的溶液的同样大小的液滴滴在11片叶的中央盘上；6片完全未受影响，其余5片，有3条到6～8条外缘触毛卷曲了；但是这种程度的运动，不能认为可靠。每一片叶接受了$\frac{1}{1920}$格令(0.0337毫克)的盐，分配给中央盘各腺体，对本身并未承受任何盐类的外缘触毛腺体，这个过小的分量不会产生任何确切影响。

将1份盐兑218份水的溶液，以(本章开头处)所记方式，用针头沾小滴来作尝试。这样的一滴，平均大小等于$\frac{1}{20}$量滴，因此应含有$\frac{1}{4800}$格令(0.0135毫克)的碳酸盐。我用一滴接触了3个腺体上的黏稠分泌液珠，则每个腺体承受的，只有$\frac{1}{14\,400}$格令(0.00445毫克)。可是，两次这样的尝试中，所有试过的腺体都明显地变黑了；有一次在2小时40分后，3条触毛都很好地卷曲了；另一次，3条触毛中两条起了卷曲。我再用更淡的1份兑292份水的溶液，试验了24个腺体，每次都是用同一小滴溶液，轻触3个腺体外面黏稠的分泌液珠。每个腺体所接受的，只有$\frac{1}{19200}$格令(0.00337毫克)的盐，可是仍有些腺体颜色变暗了一点；不过在继续12小时观察中，没有一次有过触毛弯曲的情形。用再淡的溶液(如1份兑437份水)试过六个腺体，没有见到什么效应。这样，我们学到了，一个腺体，如果吸收了$\frac{1}{14400}$格令(0.00445毫克)的碳酸铵，就足够引起它所附触毛的基部发生卷曲；可是，上面我已说过，我使液滴与腺体外面分泌液珠接触而手保持稳定的时间，仅仅是几秒钟；如果能有更长的时间供扩散和吸收，也许更稀薄的溶液就能发生作用。

割下叶片来浸入不同浓度溶液中，这类试验也曾作过。将4片叶分别搁在1打兰(3.549毫升)的1份碳酸铵兑5250份水的溶液中3小时，其中两片几乎每条触毛都卷曲了，第3片卷曲了近一半，第4片大约有$\frac{1}{3}$卷曲；所有腺体都变成黑色。另一片，搁在同容积的1份盐兑7000份水的溶液里，1小时16分钟后，每条触毛都卷曲了，所有腺体都变黑了。将6片叶片浸在30量滴(1.77毫升)1份盐兑4375份水的溶液中，31分钟后，腺体都变成黑色。6片叶都显得有些卷曲，其中一片卷曲得很强。将4片叶浸入30量滴1份盐兑8750份水的溶液中，每片叶承受着$\frac{1}{320}$格令(0.2025毫克)的盐。只有一片叶强烈卷曲，但所有叶上所有腺体，在1小时以后都变成了暗红色，暗到完全应称为黑的程度，而同时浸在水里面的叶片，却没有发生相同变化；任何时候纯水处理的叶片，也从没有在 1 小时这么短的时距中产生过这样的效应。稀薄溶液能使所有腺体同时发暗(或变黑)的这些例证，非常重要，因为它们指明所有腺体在同一时距内吸收了碳酸铵，这个事实，也实在无可怀疑。同样，我们前面说过，如所有触毛在同一时距内都卷曲了，也就是同时吸收的证据。这 4 片叶上的腺体总数，我没有数过；不过它们都是健壮的，我们知道 31 片叶上腺体的平均数是 192，我们可以有把握地假定它们每片上的腺体数平均至少是 170；如果是这样，每一个变黑了的腺体可能吸收的碳酸盐只能是 $\frac{1}{54400}$ 格令(0.00119 毫克)。

以前曾用 1 份硝酸铵或磷酸铵兑 43750 份水的溶液(即 1 格令兑 100 盎司)作过大量尝试，表明这样的溶液非常有效。因此，用 14 片叶浸入 30 量滴同样浓度的碳酸铵溶液中试验；这样，每片叶承受的盐是 $\frac{1}{1600}$ 格令(0.0405毫克)。腺体没有变得很暗。有 10 片叶没有反应，至少反应微弱。有 4 片却显有强大效应：第 1 片 47 分钟后只有 40 条触毛未卷曲；6 小时 30 分后只有 8 条未卷；4 小时内，叶片也卷缩了。第 2 片在 9 分钟后，只有 9 条触毛未卷，6 小时 30 分钟后这 9 条也略有卷曲；叶片则在 4 小时内强烈卷缩。第 3 片在 1 小时 6 分后，剩有 40 条触毛未卷。第 4 片在 2 小时 5 分钟后，半数触毛已卷曲，4 小时后，剩有 45 条未卷。同时浸在水里面的叶片，除了一片在 8 小时后有反应外，其余无影响。这就说明，一片高度敏感的叶，如果浸没在溶液中，使所有腺体都能吸收，则 0.0405 毫克的碳酸铵已够起作用。这片叶是大形的，除去 8 条之外所有触毛都卷曲了，假定它生有 170 个腺体，则每个腺体所能吸收的，不过 $\frac{1}{68800}$ 格令(0.00024 毫克)；可是这一点分量已足够使 162 条卷曲了的触毛中每条都受到作用。不过，14 片叶中只有 4 片明显地受到影响，这个剂量已经接近于最低的有效量。

由碳酸铵的作用使原生质聚集　在第三章中我已经详细说明，中等剂量的碳酸铵引起触毛及腺体细胞中原生质聚集的特别效应；这里，我只想指出怎样小的剂量就足够有效。将一片叶浸入 20 量滴(1.183 毫升)1 份盐兑 1750 份水的溶液中，另一片浸入同容积的 1 份盐兑 3062 的溶液；前者 4 分钟后，后者 11 分钟后，都有聚集出现。再搁 1 片在 20 量滴 1 份盐兑 9375 份水的溶液中，它所承受的盐是 $\frac{1}{240}$ 格令(0.27 毫克)；5 分钟后，腺体颜色略有改变，15 分钟后，所有触毛腺体直下的细胞内，原生质都已形成小球。在这些例证中，溶液起了作用，这没有丝毫可怀疑的地方。

用 1 份盐兑 5250 份水配成溶液，试验了 14 片叶；这里只谈几例。选 8 片嫩叶，作了仔细观察，它们没有聚集的痕迹。将 4 片叶搁在 1 打兰(3.549 毫升)蒸馏水中，另 4 片叶用相似的容器盛 1 打兰溶液处理。过一段时间，更换着从水和溶液中取出一片用高倍镜检视。第 1 片检视的是溶液中浸过 2 小时 40 分钟的，最后 1 片是水里浸过 3 小时 50 分钟的；镜检共用去 1 小时 40 分钟。水浸的 4 片，只有一个标本，圆腺体直下某些细胞中，发现有少数极小的原生质球，其余都无聚集痕迹。所有腺体都是半透明而显红色。溶液浸的 4 片叶，除了已起卷曲外，外观大不相同；所有 4 片叶的每条触毛，细胞内含物都有明显聚集，球形和长团块的原生质，一直下延到许多触毛中段。所有腺体，中央的和外缘的，都不透明，呈黑色；这表示它们已经吸收了一些碳酸盐。这 4 片叶的大小彼此很相近；数过一片叶上的腺体为 167 个。依此计算，4 片叶共浸在 1 打兰溶液中，每个腺体所能承受的盐，平均不过$\frac{1}{64128}$格令(0.001009 毫克)；这点分量已足够使所有腺体下面的细胞内，在短时距内起明显聚集。

将一片活力旺盛而颇小的红叶搁在 6 量滴同浓度(即 1 份盐兑 5250 份水)的溶液中，它所承受的盐是$\frac{1}{960}$格令(0.0675 毫克)。40 分钟后腺体已颇发暗；1 小时后，所有触毛腺体直下细胞中，都有 4～6 个原生质小球。我没有数触毛总数；我们假定它至少具有 140 条触毛是不大会错的；这样，每个腺体所承受的只能是$\frac{1}{134400}$格令或 0.00048 毫克。

再制备更淡的、1 份盐兑 7000 份水的溶液，浸下 4 片叶；我只举一个例：将一片叶用 10 量滴这种淡液浸泡，1 小时 37 分钟后，腺体略略变暗色，所有腺体直下的细胞，都含有许多原生质聚集小球。这片叶承受了$\frac{1}{768}$格令的盐，长有 166 个腺体。每个腺体所承受的碳酸盐，只能是$\frac{1}{127488}$格令(0.000507毫克)。

还有两个实验值得谈谈：让一片叶在蒸馏水里面浸了 4 小时 15 分钟，没有聚集；然后将它在少许 1 份盐兑 5250 份水的溶液中浸 1 小时 15 分钟，这引起了明显的聚集与卷曲。将另一片叶在蒸馏水里浸了 21 小时 15 分钟，腺体变黑了，但腺体直下的细胞未起聚集；将它移到 6 液滴淡溶液中，1 小时后，许多触毛有大量聚集；2 小时后，所有触毛(146 条)全部都受了影响，聚集向下延长到半个至一个腺体的长度。这两片叶即使留在水里面再过一些时候，即1小时和1小时15分钟，也很不可能发生聚集，这段时间它们是浸在溶液中；因为聚集过程在水里面的增进总是缓慢而渐加的。

用碳酸铵所得结果总结 根吸收溶液，可由它们变色及细胞内含物的聚集表明。腺体吸收蒸气；吸收后，颜色变黑，触毛卷曲。中央盘腺体由半量滴(0.0296毫升)含$\frac{1}{960}$格令(0.0675毫克)固体的溶液兴奋后，传导运动冲动给外缘触毛，使它们向内卷曲。让一小滴含$\frac{1}{4400}$格令(0.00445毫克)的溶液接触腺体几秒钟，使所在触毛不久便起卷曲。叶片浸在溶液中几小时，一个腺体吸收了$\frac{1}{134400}$格令(0.00048毫克)后，颜色变暗，还不至于黑；腺体直下细胞内含物起明显聚集。最后，同样处理，腺体吸收$\frac{1}{268800}$格令(0.00024毫克)，足够使腺体所在触毛起运动。

硝 酸 铵

这种盐在引起聚集方面，不如碳酸盐有效，而引起卷曲的能力则强得多，因此我只注意了叶片的卷曲。我曾用半量滴(0.0296毫升)溶液，对52片叶作过实验，这里只谈一部分事例。1份盐兑109份水的溶液太浓，不引起卷曲，24小时后，杀死或几乎杀死了6片供试叶中的4片；每片约承受了$\frac{1}{240}$格令(0.27毫克)。1份盐兑218份水的溶液作用最强，不仅所有叶片的触毛，有些叶片也起了强度卷曲。用14片叶来试1份盐兑875份水的溶液，每片在叶中央盘上承受了$\frac{1}{1920}$格令(0.0337毫克)。其中7片受了强大作用，叶缘起了卷曲；2片受到中等影响，其余5片，没有丝毫反应。后来我就这5片再用尿、唾液、黏液等尝试，它们只有轻微反应，可见它们不是处于活跃的情况中。我提出这一点，为的是指明用几片叶作试验的必要。卷曲得颇好的叶片中，有两片在51小时后重新伸展了。

在另一回试验中，我碰巧选用了很敏感的叶片。将半量滴1份盐兑1094份水的(即1格令兑2.5盎司)淡溶液加在9片叶的叶盘中心，每片叶承受量是$\frac{1}{2400}$格令(0.027毫克)。3片的触毛强度卷曲，叶缘也向内屈曲;5 片轻微乃至可疑地反应了,外缘触毛有 3～8 条卷曲了;一片全无反应,可是随后用唾液尝试,却有作用。9 片叶中,6 片在 7 小时后开始有反应迹象,但 24 至 30 小时后,反应才达到完满。只有轻微卷曲的两片叶,此后 19 小时就开始重新伸展。

将半量滴 1 份盐兑对 1312 份水(1 格令兑 3 盎司)的更淡些的溶液滴在 14 片叶上,即每片叶承受了$\frac{1}{2880}$格令(0.0225 毫克)而不是上一试验中的$\frac{1}{2400}$格令。1 片的叶身和它的 6 条外缘触毛起了明显卷曲;第 2 片叶身轻微卷曲,2 条外缘触毛卷曲得很好,其余触毛,向内弯曲到与叶身成直角;另 3 片叶有 5～8 条触毛卷曲了;另 5 片,只有两三条,用纯水滴有时(虽然只是稀有地)也能引起这样的反应;其余 4 片看不出任何影响,可是其中 3 片后来用尿尝试时,卷曲很大。在这些例中,大多数在 6 小时至 7 小时后才有轻微效应可见,过了 24～30 小时后,反应才达到完满。这就是说,我们已经非常接近最小量,这点分量分散到中央盘的每个腺体,然后由它们向外缘触毛发生作用;外缘触毛本身没有承受任何溶液。

随着,用极小滴($\frac{1}{20}$量滴)的 1 份盐兑 437 份水的溶液和 3 条外缘触毛腺体上黏稠分泌液珠面接触;2 小时 50 分钟后,3 条触毛都卷曲了。这 3 个腺体,每个所承受的只能是$\frac{1}{28800}$格令,或 0.00225 毫克。将同样大小和浓度的一滴,加在另外 4 个腺体上,1 小时后,两条卷曲了,其余两条始终未移动过。从这里,和滴在叶中央盘上的半液滴溶液情况一样,我们也可以看出硝酸铵引起卷曲的力量比碳酸铵强些。这样浓度的碳酸铵溶液小滴不产生效应。我用更稀的 1 份硝酸铵 875 份水的溶液微滴,试过 21 个腺体,除了一次可疑之外,其余都没有任何效应。

用不同浓度溶液浸没 63 片叶,同时将用来配制溶液的纯水浸没另一批叶片作为对比。结果虽不如硝酸铵那么奇特,但也很不平凡,因此我要详细陈述,不过只谈其中的一部分。以下所说发生卷曲时的相连续的各个时距,都从浸入时算起。

先作了一些探索性尝试。量出 30 量滴 1 份硝酸铵兑 7875 份水(1 格令兑 18 盎司)的溶液,在同一个小容器中浸下 5 片叶,溶液刚够浸没它们。2 小时 10 分钟后,3 片强烈地、其余 2 片也中等地卷曲了。腺体都变成极暗的红色,应当说是黑了。8 小时后,4 片的全部触毛多少都起了卷曲;第 5 片现在发现它是 1 片老叶,只卷了 30 条。第二天早上,即 23 小时 40 分钟后，所有叶片都维持原状，除去那一片老叶多卷曲了几条。同时浸在纯水中的5片叶，在同样的时距中观察过；2小时10分钟后，2片上卷曲了4条外缘长头触毛，一片卷了7条，另一片10条，第5片有4条圆头触毛卷曲了。8小时后，没有变化；24小时后，所有外缘触毛重新伸展了，但一片叶上有12条内缘触毛发生了卷曲，第2片也有6条。所有浸在溶液中5片叶的腺体，都同时变了色，它们无疑地都已经吸收了几乎同量的盐：给予5片叶的总盐量是$\frac{1}{288}$格令，则每片叶所得应是$\frac{1}{1440}$格令（0.045毫克）。我没有数这些叶片上的触毛数目；但由31片得来的平均触毛数是192，而这次所用的叉都是中等健康的样品，假定它们平均每片至少有160条触毛，应不会错。这样，每个变色了的腺体只能承受$\frac{1}{230400}$格令的硝酸铵；这个分量已够使大多数触毛卷曲。

几片叶在同一个容器中浸没是一种不好的主意，因为这样无从确定较健壮的叶片没有剥夺掉较弱叶片所应得的盐配给量。此外，腺体与容器以及腺体彼此间，一定会经常有触动，因此导致兴奋而起运动；可是作为对比浸在纯水中的一组叶，也冒着同一来源的各种误差，虽然比正常稍微多卷曲了一点，但程度仍很小。所以虽然我尝试了不少次，所得结果可以与上述及下述相印证，仍只准备提到另外的一个用这一方式所作试验。将4片叶片搁进40量滴1份盐兑10500份水的溶液中，假定它们相等地吸收了这一份盐，则每片承受的是$\frac{1}{1152}$格令（0.0562毫克）。1小时20分钟后，4片叶上的触毛都有些卷曲。5小时30分钟后，两片上所有触毛都已卷曲，第3片除了边缘上几条老而麻木的之外，也都卷了，第4片卷了多数。21小时后，4片叶所有触毛都已卷曲。同时浸在纯水中的4片叶，有一片在5小时45分钟后，有5条外缘触毛卷了；第2片有10条；第3片的外缘内缘共卷了9条；第4片有12条，主要是内缘触毛。21小时后，这些外缘触毛都已重新伸展，只有2片的少数内缘触毛还保持向内轻微弯曲。浸在溶液中和水中的，对比非常鲜明，溶液中的每个触毛一直紧卷着。有保留地假定每片有160条触毛，则每个腺体止吸收了$\frac{1}{184320}$格令（0.000351毫克）。另外用3片叶重复了这个试验，用着同样比例的溶液；6小时15分钟后，3片叶一共只剩有9条未卷曲的触毛，其余都已紧卷。这次数过3片叶上的触毛总数，平均每片162条。

下述试验是1873年夏天重作的。将每片叶搁在一个表玻璃中，然后注加 30 量滴(1.775 毫升)溶液;另用制备溶液的重蒸馏水,依同一方式处理了另一些叶片。因为上面所记实验是几年前作的,我重读当时记录,自己也不信任,所以决心用中等浓度的溶液从头再来一回。第一次用 6 片叶,每片叶给了 30 量滴 1 比 8750 份水的溶液,每片承受量是$\frac{1}{320}$格令(0.2025毫克)。不到 30 分钟,4 片已经大量卷曲,其余 2 片也中等地卷曲了。腺体变成暗红色。泡在水里相应的 4 片叶,则直到 6 小时后,有些中心盘边上的短触毛才略有卷曲;这些短触毛的反应前面已说过,不足为凭。

将 4 片叶中的每片浸在 30 量滴 1 份盐兑 17500(1 格令兑 40 盎司)的溶液中,每片承受的量是$\frac{1}{640}$格令(0.101 毫克);不到 45 分钟,其中 3 片所有触毛除 4～10 条外都卷曲;一片的叶身在 6 小时后卷曲;另一片叶身在 21 小时后卷曲;第四片毫无反应。所有 4 片叶的腺体颜色都未变暗。浸在水里对照的叶片,只有一片的 5 条外缘触毛发生过卷曲;6 小时后有一片,21 小时后另两片的叶中央盘边缘上的短触毛,以常见的方式形成一个环。

将 4 片叶的每片浸在 30 量滴的 1 份盐兑 43750 份水(1 格令兑 100 盎司)的溶液中,每片承受$\frac{1}{1600}$格令或 0.0405 毫克。其中一片在 8 分钟后就卷曲得很大,2 小时 7 分钟后,只剩有 13 条触毛未卷。另一片在 10 分钟后,只有 3 条未卷。第 3、4 片几乎看不出反应,和浸在水中的对照叶片差不了多少。水里的叶片只有一片有反应,有两条触毛卷曲,此外,中央盘边缘上的触毛,形成了一个环。那片 10 分钟后只剩 3 条触毛未卷的叶片(假定它有 160 条触毛),每个腺体吸收的不过$\frac{1}{251200}$格令或 0.000258 毫克。

将 4 片叶片分别浸在 30 量滴 1 份盐兑 131250 份水的(1 格令兑 300 盎司)的溶液中,每片承受$\frac{1}{4800}$格令或 0.0135 毫克。50 分钟后,1 片只剩 16 条触毛未卷曲,8 小时 20 分钟后,只剩 14 条。第 2 片在 40 分钟后剩 20 条未卷曲,8 小时 10 分钟后,开始重新伸展。第 3 片在 3 小时后卷了一半,8 小时 15 分钟开始重新伸展。第 4 片在 3 小时 7 分钟后只有 29 条多少有些卷曲。这就是说,4 片中有 3 片受了强烈作用。显然是偶然选用了很敏感的叶片。另外,当天天气又很热。水里浸着的 4 片对照叶,所受的影响也比平常大;3 小时后,一片有 9 条触毛卷了,第 2 片有 4 条,第 3 片有 2 条，第 4 片没有。溶液浸的那一片 50 分钟后只有 16 条触毛未卷的，全数都卷了，每个腺体（假定那片叶有 160 条触毛）承受的只是$\frac{1}{691200}$格令（0.0000937毫克），这似乎是硝酸铵够引起一条触毛卷曲的最低剂量。

反面结果对证实上述正面结果也很重要，用 8 片叶各自浸入 30 量滴 1 份盐兑 175 000 份水（1 格令兑 400 盎司）的溶液中，每片承受$\frac{1}{6400}$格令（0.0101毫克）。这个极微分量，只在 8 片叶中的 4 片上有轻微影响。第 1 片在 2 小时 13 分钟后，有 56 条触毛卷曲；第 2 片在 38 分钟后 26 条卷曲或微卷；第 3 片在 1 小时后有 18 条卷曲；第 4 片在 35 分钟后有 10 条卷曲。其余 4 片没有任何反应。浸在纯水中的 8 片对照叶片，在 2 小时 10 分钟后，一片有 9 条触毛，4 片有 1～4 条长头触毛有卷曲；其余 3 片无反应。这就是说，暖天给一片敏感叶片以$\frac{1}{6400}$格令的硝酸铵，或许能产生轻微效应；不过我们得记住，纯水偶然也能引起与这个试验同等的卷曲。

用硝酸铵所得结果总结 叶片中央盘上腺体，由半液滴（0.0296 毫升）含$\frac{1}{2400}$格令（0.027 毫克）硝酸铵的溶液兴奋后，向外缘触毛传导运动冲动，使它们向内弯转。让含$\frac{1}{28800}$格令（0.00225 毫克）盐的一微滴，与腺体接触几秒钟，使腺体所属触毛卷曲。叶片浸在溶液中，其浓度仅能供每个腺体吸收$\frac{1}{691200}$格令（0.0000937 毫克）的，几小时有时甚至几分钟，就足够引起兴奋，使每个触毛发生运动，紧紧卷曲。

磷 酸 铵

磷酸铵比硝酸铵更强有力，其差别比硝酸铵之大于碳酸铵还大。把更淡的磷酸铵溶液滴在叶中央盘上，或加在外缘触毛腺体上，或浸没叶片，所起的作用都可表明这一点。用三种不同方法试验这 3 种盐能力之间的差别，证明了下述各种结果实在令人惊讶，因此必须由各个方面给以证明。1872 年，我曾以每种浓度溶液 10 液滴浸没叶片作实验；这个方法不好，因为溶液分量过少，不能淹没叶片。这些实验虽然指明极微小的剂量也足够有效，但是不值得叙述。1873 年，我重读以前的记载，我完全不信它们，决心特别小心地重作一套实验，依使用硝酸盐的方式，即将叶片搁在表玻璃里，在上面注加30液滴溶液，同时以同数叶片，以同样方式用制备溶液的纯水浸没作为对照。在1873年，我用不同浓度的溶液试验了71片叶，同时用了同数量的叶片在水里浸着试验。尽管我周密注意，而且尝试数量也颇多，第二年我只看当时的结果，不读详细观察记录时，我又觉得其中必有误差，因此又重新用最稀的溶液作了35次新尝试；但是结果仍和从前一样明显。这样，磷酸铵溶液和纯水两方面都总共用106片精选的叶片作过试验，因此，经过最不放心的考虑后，我对这些结果的真实精确性不再抱疑惑了。

叙述各个实验之前，该先交待：我所用的结晶的磷酸铵含有35.33%结晶水；因此，以下所有试验中，盐的实际有效分量，只是所用分量的64.67%。

用针尖将固体磷酸铵的极微小颗粒挑到几个腺体外围黏稠分泌液珠上。腺液倾注了大量分泌液，颜色变黑了，最后死亡，可是触毛的运动却很轻微。这个剂量尽管极小，显然还是过大，结果和用碳酸铵颗粒一样。

将1份盐兑437份水的溶液半量滴滴到3片叶的中央盘上，作用最强大，一片叶的触毛在15分钟内卷曲了，所有3片叶的叶片在2小时15分钟后也都卷曲着。将同样分量的1份盐兑1312份水(1格令兑3盎司)的溶液滴到5片叶中央盘上，每片承受着$\frac{1}{2880}$格令(0.0225毫克)。8小时后，4片的触毛大量卷曲，24小时后，3片的叶片也卷曲。48小时后，5片都几乎完全重新伸展了。我该说明一下，5片中的一片在24小时以前曾滴过一滴水，未产生效应；滴加盐液时，水还没有干。

将同样小滴1份盐兑1750份水(1格令兑4盎司)的溶液滴到6片叶的中央盘上，每片承受量是$\frac{1}{3840}$格令(0.0169毫克)；8小时后，3片叶的多数触毛与叶片本身都发生卷曲；其他2片只有少数触毛卷了，第六片无影响。24小时后，多数叶都多卷曲了几条触毛，但有一片已开始重新伸展。这样可以看出，对较敏感的叶片，中央腺体吸收了$\frac{1}{3840}$格令后，已足够引起外缘触毛和叶片本身弯曲，而同样给的$\frac{1}{1920}$格令碳酸铵，不产生效应，$\frac{1}{2880}$格令硝酸铵刚够产生明显效果。

将极小一滴(约等于$\frac{1}{20}$量滴)1份磷酸盐兑875份水的溶液加到3个腺体分泌液珠外面，每个腺体承受$\frac{1}{57600}$格令(0.00112毫克)，3条触毛全数卷曲了。用1份盐兑1312份水(1格令兑3盎司)的溶液的同样大小的极小滴，再试 3 片叶；一滴分给同在一片叶上的 4 个腺体。6 分钟后，一片上的 3 条触毛轻微卷曲了，8 小时 45 分钟后重新伸直。第 2 片有两条触毛在 12 分钟后微卷。第 2 片有 4 条触毛全在 12 分钟内卷曲了，8 小时 30 分钟未改变，第二天早上，则都全部平直。后一例中，每个腺体承受的仅是$\frac{1}{115200}$格令（0.000563 毫克）。最后，用同样极小滴的 1 份盐兑 1750 份水（1 格令兑 4 盎司）的溶液在 5 片叶上试验；每一滴分给同一叶片上的 4 个腺体。3 片不见任何反应；第 4 片有 2 条触毛卷了；第 5 片碰巧是很敏感的一片，6 小时 15 分钟内，4 条触毛都卷曲了。但在 24 小时后，只一条持续卷曲着。我应当说，沾在针头上的这一滴溶液，是异乎寻常地大。但每个腺体承受的不会大于$\frac{1}{153600}$格令（0.000423 毫克），已够引起卷曲。还得记住，这些小滴都是加在腺体外分泌液珠表面，而且只有 10—15 秒钟，我们相信溶液中的全部磷酸盐决来不及全部扩散而被吸收。我们谈过，一个腺体吸收$\frac{1}{19200}$格令碳酸铵或$\frac{1}{57600}$格令硝酸铵，不能使它所在的触毛卷曲；这就再度证明磷酸铵确实比其他两种盐更强有力。

现在来谈 106 个用浸没叶片作的实验。在反复试验中，知道了中等浓度的溶液效力已经很高，我就从 1 份盐兑 43750 份水（1 格令兑 100 盎司）的溶液开始，用 30 量滴溶液作为一份来浸没，每片叶承受量是$\frac{1}{1600}$格令或 0.04058 毫克；共试了 16 片叶。其中 11 片，大多数乃至全部触毛在 1 小时内卷曲了；第 12 片在 3 小时后卷曲。11 片中有一片在 50 分钟内每条触毛都紧卷着。16 片中的 2 片仅有中等卷曲，但已比同时浸在水里的任何对照强些；还有两片颜色原来很淡的，未见反应。浸水的 16 片，5 小时内，有一片卷了 9 条触毛。另一片有 6 条，2 片各 2 条。这样，两批之间外观的对比极为鲜明。

将 18 片叶的每片用 30 量滴 1 份盐兑 87 500 份水（1 格令兑 200 盎司）的溶液浸没，每片承受量是$\frac{1}{3200}$格令（0.0202 毫克）。2 小时内，有 14 片强度卷曲，其中有些在 15 分钟内；18 片中的 3 片反应轻微：分别只有 21、19、12 条触毛卷了；还有一片看不见效应。由于失误，同时浸水的叶片只有 15 而不是 18 片；一共观察了 24 小时；一片有 6 条外缘触毛卷曲，另一片有 4 条，第 3 片有 2 条，其余毫无效应。

下一个试验遇到了特别好的条件：天气（7 月 8 日）很暖，我又得到了异乎寻常的健壮叶片。浸了 5 片在 1 份盐兑 131 250 份水（1 格令兑 300

盎司)的溶液中，每片承受量是$\frac{1}{4800}$格令，或0.0135毫克。25分钟的浸没，5片叶已都有颇大卷曲。1小时25分钟后，1片叶只剩下8条未卷的触毛，第2片只剩3条，第3片差5条，第4片差23条，第5片则最多只有24条发生了弯曲。水浸作为对照的5片，第1片卷了7条，第2片2条，第3片10条，第4片1条，第5片没有反应。看，水浸的和溶液浸的，对比多鲜明。我数了一下溶液浸的第2片叶，它共有217条触毛；假定未卷曲的3条一点盐也没有吸收，则其余214个腺体，每个所能吸收的，只有$\frac{1}{1027200}$格令或0.0000631毫克。第3片有236条腺体，减去5条未卷的，其余231个腺体每个只能吸收$\frac{1}{1108800}$格令(0.0000584毫克)，这点分量，已够引起触毛弯屈。

再用1份盐兑175000份水(1格令兑400盎司)的溶液同样试验了12片叶，每片承受量是$\frac{1}{6400}$格令(0.0101毫克)。我所用植株这时不很良好，不少叶片幼嫩，颜色很淡。可是处理之后不到1小时，已有两片叶全数触毛只各欠3条和4条，都紧卷了；另外7片，有的1小时之内，有的3小时，4小时30分，多的到8小时，也都有显著卷曲；反应迟缓，可能是由于叶子幼小、颜色淡的缘故。这9片叶中，有4片叶片也有明显卷曲，第5片卷曲较轻微。其余3片看不出作用。水浸的12片对照叶片没有起卷曲的；1—2小时后，一片有13条外缘触毛卷曲了，另一片有6条，还有4片有1条或2条。8小时后，水浸的叶片外缘触毛的卷曲并无增进，而溶液浸的却有更多外缘触毛卷曲。我作的记录指明8小时后两组叶不可能比较，曾一度怀疑溶液的能力。

溶液里的上述叶片，有两片在1小时内全数触毛几乎都卷曲了，只差3条、4条。我数了它们的腺体总数，按前面的原则计算，一片上每个腺体承受的磷酸盐分量是$\frac{1}{1164800}$格令，另一片是$\frac{1}{1472000}$格令。

用1份盐兑218750份水(1格令兑500盎司)的溶液30量滴浸每片叶，共浸了20片。由于我有着一个不正确的印象，以为再稀的溶液不能产生任何效应，所以采用了这么多片叶。每片承受了$\frac{1}{8000}$格令或0.0081毫克。最初在水里和溶液里浸着供试验用的8片叶，都太嫩而颜色淡或太老；天气也不热。它们几乎毫无反应；可是如果排除它们不算，就不公正。随后我等待些时候，找到了8对很健壮的叶片，天气也很合适，作浸没实验的房间，温度是 75～80℉(23.8～27.2℃)。尝试另一组 4 对叶(即 20 对中的另外 4 对)时，我房间的温度转低，只有 60℉(15.5℃)；可是那些植物已在很暖的温室里搁了几天，因此仍极敏感。这一组实验的准备非常周到；1 格令的药品是请一位药剂师在一架最高级天平上称出的；新鲜蒸馏水由弗兰克兰教授供给，并量得极精确。从大量植株上选用叶片的方式是这样：第一批最好的 4 片，用水浸；另 4 片最好的，浸到溶液里。这样更替，一直到 20 对都取足。水浸的 20 片，比较后更好一些；可是以溶液中的作基础来相比，它们并没有比以前各批卷曲得更多。

浸在溶液的 20 片叶，有 11 片在 40 分钟内就已卷曲，有 8 片很明显，3 片较可疑；但每片至少都有 20 条外缘触毛弯曲了。由于溶液稀薄，除了第一号叶片之外，其余各片卷曲出现都比以前的试验缓慢得多。现在将这 11 片卷曲明显的叶片经过情形，按时间进度记出，时间都从初浸入时算起。

(1) 8 分钟后，多数触毛卷曲了；17 分钟后，只有 15 条未卷；2 小时后，除了 8 条之外，都卷了，或至少是半卷曲。4 小时后，触毛开始重新伸展，这样快的重伸，从来少见；7 小时 30 分钟后，几乎完全伸直了。

(2) 39 分钟后，多数触毛卷了；2 小时 18 分钟，只有 25 条未弯曲；4 小时 17 分钟，只剩 16 条。它们持续了好几小时未变。

(3) 12 分钟后，有大量卷曲；4 小时后，除最外面两行，其余都卷了；叶片保持这种情形好几小时。23 小时后，开始重新伸展。

(4) 40 分钟后大量卷曲；4 小时 13 分钟后，半数触毛卷曲；23 小时后，还有轻微卷曲。

(5) 40 分钟后，大量卷曲；4 小时 22 分钟后，半数触毛卷了；23 小时后，仍有轻微卷曲。

(6) 40 分钟后，有些卷曲；2 小时 18 分钟后，约有 28 条外缘触毛卷了；5 小时 20 分钟后，$\frac{1}{3}$的触毛卷了；8 小时后，大量重新伸展。

(7) 20 分钟后，有些卷曲；2 小时后，许多触毛卷了；7 小时 45 分钟后，开始重新伸展。

(8) 38 分钟后，卷了 28 条触毛；3 小时 45 分钟后，33 条卷曲，大多数内缘触毛有轻微卷曲；保持了 2 天，然后部分地重新伸展。

(9) 38 分钟后，42 条触毛卷曲；3 小时 12 分钟，66 条卷或微卷；6 小时 40 分钟，除了 24 条之外，其余全数卷或微卷；9 小时 40 分钟，只有 17 条未卷;24 小时后,除 4 条外,全数卷或微卷,但紧卷的很少;27 小时 40 分钟,叶片卷缩。叶片这样保持了 2 天,开始重新伸展。

(10) 38 分钟后,卷了 21 条触毛;3 小时 12 分钟后,46 条卷或微卷;6 小时 40 分钟后,只有 17 条未卷,但也没有紧卷的;24 小时后,条条都向内弯曲;27 小时 40 分钟,叶片强度卷曲,并且一直持续了 2 天;此后,触毛和叶片缓缓伸直。

(11) 一片健壮、暗红色颇老的叶,虽不大,却长了很多(252 条)触毛,尤为特殊。6 小时 40 分钟后,只有中央盘外围的一些短触毛卷曲成为一个环,像水和稀溶液浸过的叶片在 8～24 小时后才会出现的那种情形。但在 9 小时 40 分钟后,所有外缘触毛,除去 25 条之外,都卷曲了,叶片本身也有强度卷曲。24 小时后,除了一条之外,所有触毛都已紧卷,叶片更卷到两半相对重合。叶片这样保持 2 天后,开始重新伸展。这里,我还得交待,第 9、10、11 三片,直到 3 天后还有些微卷曲。这 11 片叶中,只有极少数叶片上的触毛,曾像以上所述在较浓溶液中那样,在这样短时距内紧卷的。

现在淡水浸的 20 片对照叶。其中 9 片没有卷过一条外缘触毛;另 9 片只有 1～3 条卷过,但 8 小时后,又都重新伸直了。其余 2 片中等程度地受了影响;一片的 6 条触毛在 34 分钟后卷曲;另一片在 2 小时 12 分钟后卷了 23 条;两者都持续了 24 小时。没有一片叶片曾起卷曲,这样,水浸的 20 片和溶液浸的 20 片,从开始的 1 小时到 8～12 小时后,对比差别一直很大。

溶液浸的 20 片中,第 1 片,即 2 小时后只剩 8 条触毛未卷的,腺体总数曾经数过,共有 202。减除 8 条,每条腺体承受的磷酸盐是$\frac{1}{1552000}$格令(0.0000411 毫克)。第 9 片叶有 213 条触毛,24 小时后,其中 4 条未卷,但卷得都不紧,叶身也卷了;每个腺体的承受量是$\frac{1}{1682000}$格令,或 0.0000387 毫克。最后,第 11 片除 1 条之外,其余全数触毛和叶片一齐紧卷的,共有 252 条触毛;依同一原则计算,每个腺体承受$\frac{1}{2008000}$格令,或 0.0000322 毫克。

下面的一些实验得先作点说明:供试验用的叶,无论是水浸或溶液处理的,都从在很暖的温室中过了一个冬季的植株上采得。因此,它们敏感度极高,乃至于水浸时也引起了比以上各个实验都大得多的效应。在叙述试验之前，值得向读者关照一下，由 31 片健壮叶的观察，我们知道一片叶上的平均触毛数是 192；其中只有外缘长触毛的运动有意义，外缘触毛与中央盘短触毛的数量比约为 16∶9。

将 4 片叶浸在 1 份盐兑 328 125 份水(1 格令兑 750 盎司)的溶液 30 量滴中。每片叶承受量是$\frac{1}{12000}$格令(0.0054 毫克)；4 片叶都显著卷曲了。

(1) 1 小时后，外缘触毛只有 1 条未卷；叶片也卷曲了；7 小时后开始重新伸展。

(2) 1 小时后，外缘触毛只有 8 条未卷；12 小时后，全数重新伸展。

(3) 1 小时后，大量卷曲；2 小时 30 分钟后，只有 36 条未卷；6 小时后，只剩 22 条；12 小时后，部分地重新伸长。

(4) 1 小时后，只有 32 条未卷；2 小时 30 分钟后，剩有 21 条；6 小时后，几乎伸直了。

水浸的 4 片：

(1) 1 小时后，45 条卷了；7 小时后，许多都已重新伸展，只有 10 条还弯曲着。

(2) 1 小时后，卷了 7 条；6 小时后，几乎都已伸直。

(3)、(4) 未受影响；11 小时后，中央盘边缘短触毛形成一个环。

因此，上述溶液的作用有效，无可怀疑；第 1 片叶，每个腺体仅吸收了$\frac{1}{2412000}$格令(0.0000268 毫克)。第 2 片，$\frac{1}{2460000}$格令(0.0000263 毫克)的磷酸盐。

将 7 片叶用 1 份盐兑 437500 份水的溶液 30 量滴浸没。每片叶承受$\frac{1}{16000}$格令(0.00405 毫克)。天气暖和，叶片很健壮，因此一切条件都顺利。

(1) 30 分钟后，所有外缘触毛，除 5 条外，全卷了，而且大多数卷得紧密；1 小时后，叶片也微卷了；9 小时 30 分钟后，开始重新伸展。

(2) 33 分钟后，所有外缘触毛，只有 25 条未卷，叶片也微卷；1 小时 30 分钟后，叶片强度卷曲，保持了 24 小时；但这时已有少数触毛伸直。

(3) 1 小时后，只有 12 条触毛未卷；2 小时 30 分钟，只剩 9 条；已卷的，除 4 条外，都卷得紧密；叶片微卷。8 小时后，叶片两侧迭合；除 8 条外，所有触毛都卷紧了。以后这样保持了 2 天。

(4) 2 小时 30 分钟后，只有 59 条触毛卷了；5 小时后，除 2 条未动和 11 条微卷的以外，其余全数紧卷；7 小时后，叶片大幅度卷曲；12 小时后，大量重新伸展。

(5) 4 小时后，只 14 条触毛未卷；9 小时 30 分钟后，开始重新伸展。

(6) 1 小时后，36 条卷了；5 小时后，剩 56 条未卷；12 小时后，大多数伸直。

(7) 4 小时 30 分钟后，只有 35 条卷或微卷，以后再无增进。

7 片水浸的对照：

(1) 4 小时后，38 条卷了；7 小时后，除其中 6 条外，都已伸直。

(2) 4 小时 20 分钟后，20 条卷了；9 小时后，部分地重新伸展。

(3) 4 小时后，5 条卷了，7 小时后，它们重新伸展。

(4) 24 小时后，卷曲了 1 条。

(5)、(6)、(7) 24 小时内无反应，只中央盘边缘短触毛像寻常一样成为环状。

比较水浸与溶液浸的叶片，尤其是前五六片，1 小时及 4 小时后，7～8 小时后更明显，不容怀疑溶液已产生了巨大效应。不仅触毛卷曲的数目大得多，而且卷曲比较紧，还有叶片本身加入卷曲。可是，第一叶(共有 255 条触毛，其中只有 5 条未在 30 分钟内卷曲)，每个腺体所承受的盐量不能多于$\frac{1}{4000000}$格令(0.0000162 毫克)。第三叶(有 233 条触毛，2 小时 30 分钟后，只有 9 条未卷)，每个腺体承受的最多也不过$\frac{1}{3584000}$格令，或 0.0000181毫克。

用上述方式，在 1 份盐兑 656 250 份水(1 格令兑 1500 盎司)的溶液中浸 4 片叶；这一次，我选用的叶碰上是很不敏感的，而其他各次则选用了非常敏感的。12 小时后，4 片叶都比水浸的表现出更大影响；24 小时后，它们略多卷了一些。这样的结果，完全不足为凭。

在 1 份兑 1312500 份水(1 格令兑 3000 盎司)的溶液中浸 12 片叶，每片用溶液 30 量滴，即每片叶承受$\frac{1}{48000}$格令(0.00135 毫克)。这些叶不都是最好的：其中 4 片太老，颜色已经暗红；另 4 片太嫩，颜色还很淡；只有其余 4 片，从外表上看，似乎情况良好。结果如下：

(1) 这是一片淡色叶，40 分钟后，约有 38 条触毛卷曲；3 小时 30 分钟后，叶片本身和多数外缘触毛卷了；10 小时 15 分钟后，全部触毛除去 17

条，都已卷曲；叶片两侧相对迭合；24 小时后，除去 10 条，其余触毛都已多少卷曲。大多数紧卷，有 25 条微卷。

(2) 1 小时 40 分钟后，25 条触毛卷了；6 小时后，除 21 条外其余全卷曲；10 小时后，16 条未卷之外，其余多少都已弯曲；24 小时后，重新伸展。

(3) 1 小时 40 分钟后，35 条卷了；6 小时后，“一大串”(我的原记载)卷了，由于时间来不及，没有数；24 小时后，重新伸展。

(4) 1 小时 40 分钟后，大约卷了 30 条触毛；6 小时后，“整个叶面上一大串”卷曲了，由于时间匆促没有细数；24 小时后，重新伸展。

5～12 这几片，卷曲程度不比水浸叶片通常的情形大，各自卷了 16、8、10、8、4、9、14 和 0 条。其中有 2 片叶片在 6 小时后显有轻微卷曲，值得提出。

相应的 12 片水浸叶，(1) 在 1 小时 35 分后，卷了 50 条触毛，但 11 小时后，只有 22 条持续卷曲，它们组成一串，所在处叶片微有卷曲。看来，这片叶似乎由于意外情形(例如一颗动物性物质在水中溶解)而兴奋过的；(2) 1 小时 45 分钟后，32 条触毛卷了，但只有 25 条保持到 5 小时 30 分钟；10 小时后，全部重新伸展；(3) 1 小时后，卷了 25 条，10 小时 20 分钟后，全部伸直了；(4)、(5)1 小时 35 分钟后，卷了 6 条 7 条；11 小时后伸直；(6)、(7)、(8)卷了 1～3 条，不久伸直；(9)、(10)、(11)、(12)在 24 小时观察中，没有卷曲。

比较水浸的和溶液浸的两组 12 片，溶液浸的卷曲的触毛数量更多，而且程度更大，无可怀疑；不过情况不如较浓溶液那么明显。值得指出，溶液中的 4 片，在最初 6 小时中，卷曲程度一直在增加，有些增进卷曲的时间比这还要久；而水浸的，效果最显著的 3 片以及所有其他叶片，在 6 小时后卷曲却在减少。另一个可注意的情形，溶液浸的叶片，有 3 片叶片本身也起了轻微卷曲；这种现象，在水浸的叶片中，最稀罕，可是这次试验中水浸的第一片叶片也有卷曲，似乎是意外地兴奋了的。这些，总括起来，表明溶液确实产生了一些效应，不过比以前各次(实验)程度较小，进行也缓慢得多。效应较低，还可能主要因为大部分叶片情况不好。

这些在溶液中的叶片，第一片共有 200 条触毛，承受了 $\frac{1}{4800}$ 格令(0.0135 毫米)的盐。减除 17 条未卷曲的触毛，则每个腺体所吸收的，只能是 $\frac{1}{8784000}$ 格令(0.00000738毫克)。这点分量，已引起每个腺体所在触毛的强卷曲。叶片本身，也起了卷曲。

最后，将8片叶分别浸在30量滴的1份磷酸铵兑21875000份水（1格令兑5000盎司）的溶液中。每片所承受的盐是$\frac{1}{80000}$格令或0.00081毫克。我特别细心地在温室里选取了最健壮的叶浸在纯水及溶液里面。仍像以前一样，从溶液浸的谈起：

（1）2小时30分钟后，除了22条，其余触毛都卷曲了，不过有些只是微卷；叶片卷曲很大；6小时30分钟后，只有13条未卷，叶片卷曲极大；48小时中保持未变。

（2）最初12小时无变化，24小时后，除外缘触毛只有11条未卷外，其余全卷曲了。卷曲还在增进；48小时后，除去3条，其余都卷曲了，多数很紧，只有4条或5条是微卷。

（3）最初12小时无变化；24小时后，除最外一行只微卷外，其余都卷曲了。36小时后，叶片强卷，所有触毛，除3条外，卷或微卷。48小时后，保持原状。

（4）至（8），这些叶在2小时30分钟后，分别卷了32、17、7、4、0条，这些已卷的触毛大部分在48小时后重新伸展了，可是第四片的32条，这时仍卷着。

水浸的8片是：

（1）2小时40分钟后，外缘触毛卷了20条，其中5条在6小时30分钟后伸直。10小时15分钟后，发生了一个最异常的情形：整个叶片向叶柄微弯，并且持续了48小时。外缘触毛，除了最外三、四圈，也都异常地卷曲了。

（2）至（8）这些叶片在2小时40分钟后，分别有42、12、9、8、1、0条触毛卷曲，它们在24小时内，全部重新伸展，大多数都远在这以前复伸。

这两批水浸和溶液浸的各8片叶，在浸入后24小时作比较，在外观上无疑地大有不同。水浸各叶片上卷了的触毛，除一片以外，这时全部都已重新伸展；而那一片正是叶片也异常地起了卷曲的，虽然卷曲程度与溶液浸着的两片相比，差得颇远。溶液浸的，第一片在浸没后2小时30分钟，叶片和几乎全数的触毛，都已卷曲。第2、第3两片，反应较缓慢；可是24小时后，一直到48小时，几乎所有触毛都卷曲得很紧密，有一片的叶片也对折了起来。因此，尽管看上去事实很难置信，我们只得承认，这样稀的溶液对较敏感的叶片仍有作用；这些叶每片所承受的磷酸铵只有$\frac{1}{80000}$格令（0.00081毫克）。第三叶有178条触毛，减除3条未卷曲的之后，每个腺体吸收了的只有$\frac{1}{14000000}$格令或0.00000463 毫克。2 小时 30 分钟后就受了强度影响的第一片叶，所有外缘触毛在 6 小时 30 分钟后只有 13 条未卷；它共有 260 条触毛，照上述原则计算，每个腺体所吸收的只有$\frac{1}{19760000}$格令或 0.00000328 毫克；这点分量，已足够叫每个腺体所在的触毛大为卷曲，叶片也跟着卷了。

用磷酸铵所得结果总结 叶中央盘的腺体，由半液滴(0.0296 毫升)含有$\frac{1}{3840}$格令(0.0169 毫克)这种盐的溶液兴奋后，向外缘触毛传导运动冲动，使它们向内弯曲。让极小滴(含$\frac{1}{153600}$格令或 0.000423 毫克)的溶液和腺体保持几秒钟接触，便使这腺体所在的触毛卷曲。叶片浸在淡溶液中几小时，甚至更短的时间，溶液稀到只能供每个腺体吸收$\frac{1}{19760000}$格令(0.00000328毫克)的盐，也足够使触毛兴奋而运动，以至紧密卷曲，甚至连叶片也参加。本章末了的总结还要叙述另几点，来表明这么小的微小剂量仍具有看上去不可置信的效应。

硫酸铵 这些实验和用以下 5 种铵盐所作尝试，目的只是为了确定它们能否引起卷曲。将 1 份硫酸铵兑 437 份水的溶液的半液滴滴在 7 片叶的中央盘上，每片叶承受量是 0.0675 毫克。1 小时后，7 片中有 5 片的触毛，还有一片叶片，都强度卷曲了。这些叶片以后未继续观察。

柠檬酸铵 将 1 份盐兑 437 份水的溶液，每片半液滴，加到 6 片叶的中央盘上。1 小时后，中央盘边上的短触毛略起卷曲，盘心腺体变成黑色。3 小时 25 分钟后，1 片叶叶身卷了，但外缘触毛没有动。整个白天，6 片叶都再没有什么变化，只有内缘触毛逐渐增加卷曲程度。23 小时后，3 片的叶身有些卷曲，所有叶片的内缘触毛，卷曲很大，可是外缘最外的 2、3、4 圈，没有一条弯曲。这种情形，我很少遇到，只在草叶汤发生的作用中见过。上述叶中央盘的腺体，在最初 1 小时几乎变成黑色了的，现在 23 小时后，颜色很淡。接着，我在另外 4 片叶上试用半液滴更稀的 1 份盐兑 1312 份水的溶液；每片叶约承受 0.0225 毫克。2 小时 18 分钟后，中心盘腺体颜色变得很暗，24 小时后，2 片叶略有反应，另 2 片无变化。

醋酸铵 将约 1 份盐兑 109 份水的溶液半液滴滴在 2 片叶的中央盘上，5 小时 30 分钟后都有了反应，23 小时后，全部触毛紧卷。

草酸铵 将半液滴 1 份盐兑 218 份水的溶液滴到两片叶上，7 小时后，中等卷曲，23 小时后强烈卷曲。另 2 片叶用 1 份盐兑 437 份水的较稀的溶液尝试;7小时后,1片强卷曲了;另1片直到30小时后才卷曲。

酒石酸铵 将半液滴1份盐兑437份水的溶液滴在5片叶的中央盘上。31分钟后,有几片叶的外缘触毛已有卷曲痕迹,1小时后,所有叶片的卷曲都加大了,但没有紧卷的触毛。8小时30分钟后,开始重新伸展。第二天早上23小时后,除了一个还轻微地卷着之外,其余全数伸直。这一个与下一个试验中所遇见的卷曲时间之短,值得注意。

氯化铵 将半液滴1份盐兑437份水的溶液滴在6片叶中央盘上。25分钟后,外缘内缘触毛已有卷曲可见;以后3～4小时内,卷曲继续加大,但都没有达到强力卷曲。8小时30分钟后,触毛已开始重新伸展,第二天早上,24小时后,4片的已完全伸直,另两片还有轻微卷曲。

铵盐作用的全面摘要及结束语 以上我们谈了试过的9种铵盐,都能使触毛卷曲,有时还连带着叶片本身。由后6种盐浮泛的尝试看来,柠檬酸盐作用能力最弱,磷酸盐却无疑地最强。酒石酸盐与氯化物的作用时间特短,值得注意。碳酸、硝酸、磷酸3种盐的相对效率,可由下表中它们引起触毛卷曲所需最低分量上看出。

溶液使用方式	碳酸铵		硝酸铵		磷酸铵	
	格令数	毫克数	格令数	毫克数	格令数	毫克数
滴在中央盘上的腺体,由此间接地作用于外缘触毛	$\frac{1}{960}$	0.0675	$\frac{1}{2400}$	0.027	$\frac{1}{3840}$	0.0169
直接与外缘触毛接触几秒钟	$\frac{1}{14400}$	0.00445	$\frac{1}{28800}$	0.0025	$\frac{1}{153600}$	0.000423
浸没叶片时间足够使每个腺体都尽量吸收	$\frac{1}{268800}$	0.00024	$\frac{1}{691200}$	0.0000437	$\frac{1}{19760000}$	0.00000328
一个腺体吸收后,足够使触毛中邻近细胞的原生质聚集	$\frac{1}{134400}$	0.00048				

由以上所说3种不同方法所作实验看来,含氮量为23.7%的碳酸铵,效率不如含氮量为35%的硝酸铵大。磷酸铵含氮量只有21.2%,但是它远比另两种的效率高;显然氮之外,磷也决定着它的力量。我们还可以由小块骨头和过磷酸石灰对叶片的强烈作用,推论得到这一结果。其他铵

盐所以能引起卷曲兴奋，则可能仅仅由于所含的氮，原理正和含氮有机液体能有强烈作用，而不含氮的有机液体无此能力一样。因为剂量如此小的铵盐，能影响到叶片，我们几乎可以确定，毛毡苔叶一定能靠叶片吸收溶解在雨水中的微量铵盐，正像其他植物靠根吸收铵盐一样。

能引起浸没叶片触毛卷曲的硝酸铵和特别是磷酸铵剂量之小，可能是本书记载各事实中最特殊的。我们看到远小于$\frac{1}{1000000}$[①]格令的磷酸铵，由一条外缘触毛的腺体吸收后，能使它弯曲，似乎我们忽略了中央盘腺体所受液体的作用，即可以由它们向外缘触毛传导运动冲动。外缘触毛的运动，无疑由这种作用得到补充，但这种补充却不会真有巨大意义，因为我们知道一滴含有$\frac{1}{3840}$格令（0.0169毫克）的溶液滴在中央盘上，仅能够使极敏感的叶的外缘触毛卷曲。而$\frac{1}{19760000}$格令，或凑成整数为$\frac{1}{20000000}$格令（0.0000033毫克）的磷酸铵能影响任一个植物体乃至一个动物体，确实值得惊讶；而且，这种盐还含有35.33%的结晶水，则有效的原素还得降低到$\frac{1}{30555129}$格令，或凑成整数为$\frac{1}{30000000}$格令（0.00000216毫克）。此外，这些实验中所用溶液是以1份盐兑2187500份水的比例，或1格令兑5000盎司水稀释的。这样的稀释程度，读者或许最好这么体会；5000盎司的水可以装满一个容量为31加仑的酒桶而有余，向这么多的水中加入1格令的磷酸铵；再从中取出半打兰或30量滴，来浸没一片叶。而这个分量，却足够使几乎每一条触毛乃至其上叶片卷曲。

我深知道，这样说，任何人都会觉得不可信。毛毡苔的能力，远远赶不上一个光谱仪，可是它的叶片的运动，表明了它所能够检查出来的磷酸铵分量，已比技术最高的化学家能检查任何物质的量小得多[②]。我的试验结果，自己也曾长期认为不能置信，我曾不懈地寻找各种可能有的错误来

① 很难体会100万意味着什么。我得到的最好说明是克罗尔（Croll）先生提供的，他说，取一长83英尺4英寸的窄纸条，将它沿着一间大厅的墙壁拉直；然后在一端划分出$\frac{1}{10}$英寸。这段长度将代表100，整个纸条代表100万。

② 14年前，我用硝酸铵做第一次实验时，光谱仪的能力还没有发现；因此，我对于毛毡苔具有当时无与比拟的辨别能力，特别感兴趣。现在，光谱仪确实已经击败了毛毡苔，因为按本森（Bunsen）和基希霍夫（Kirchhoff）的工作，它已经能够检测出2亿分之一格令的钠[鲍尔弗·斯图尔特（Balfour Stewart）的《热学专论》（*Treatise on Heat*），第二版，1871，228页]。至于寻常化学试验，据我从阿尔弗雷德·泰勒（Alfred Taylor）博士关于《毒物》的文章中见到的，可以检测出$\frac{1}{4000}$格令的砷，$\frac{1}{4400}$格令的氢氰酸，$\frac{1}{1400}$格令的碘，$\frac{1}{2000}$格令的酒石酸锑；但是检测能力则视供试溶液不过稀释而定。

源。这种盐，有好几次是请化学家在最精密的天平上称出的；新鲜蒸馏水也多次重复量准。几年来，重复观察过多次。我的两个儿子和我一样怀疑这些结果，也就几批同时浸没在水和溶液里面的叶片作过比较，还是宣告它们外观上有无可怀疑的差别。我希望以后能有人重复我的实验；他应当选用壮年健壮的叶片，腺体周围有大量分泌液包着的。叶片要小心地剪下，轻轻放在表玻璃里面，然后注加量过的水或溶液。所用的水，必须尽可能地制备得"绝对纯净"。还有，用特别稀的溶液作试验时，必须在连续好几天的暖天后动手。用最稀的溶液，则必须将植物先在暖的花房里或不太热的温室中搁一段长时间；但用中等浓度的溶液时，这就不必要了。

我请求读者注意，触毛的敏感度或感应性是由 3 种不同方法确定的：间接的，在中央盘上滴加溶液，直接的，溶液滴加在外缘触毛腺体上和将整片叶浸没在溶液中；这 3 种方法都指明硝酸铵比碳酸铵的作用能力大，而磷酸铵的作用又远大于硝酸铵的；前两者间的差异，原因在于含氮量，第三种盐的力量则由于含有磷。读者再回顾一下用 1000 盎司水中含 1 格令磷酸盐所作的那些试验，可以加深体会；那些试验提供了确凿证据，证明$\frac{1}{4000000}$格令的盐，足够使 1 条触毛卷曲。那么，这个分量的$\frac{1}{5}$，即一格令的$\frac{1}{20000000}$，能作用于一片高度敏感的叶片的触毛，也没有什么不可能。另外，在 3000 盎司水中有 1 格令盐的溶液中的两片叶，5000 盎司水中有 1 格令盐的溶液中的 3 片叶，都有反应，而且反应不仅大于同时用水浸着的叶，也无可比拟地大于我在不同时期在水里试过的 173 片中挑出的任何 5 片。

$\frac{1}{20000000}$格令的磷酸铵溶解于它本身重量约 200 万倍的水中，被一个腺体吸收了，这件事，没有什么特别。所有生理学者都承认植物根能吸收雨水送给它们的铵盐；14 加仑雨水含有 1 格令氨[①]，只比我们所用最稀的溶液的 2 倍多一点儿。真正稀奇的事实似乎是一个腺体吸收了$\frac{1}{20000000}$格令的磷酸铵（实际有效物质还不到$\frac{1}{30000000}$格令），能引起腺体中的一些变化，而从它传导出运动冲动，沿触毛全长下延，使毛柄茎部弯曲，而且通常是 180°的弯转。

---

① 米勒的《化学初步》，第二部分，107 页，第三版，1864。

尽管这些结果看来非常惊人，却没有充分的理由认为不可置信而摒弃它们。据丹得尔斯(Donders)教授见告，他和得鲁伊特(de Ruyter)博士过去所做的实验，少于$\frac{1}{1000000}$格令的阿托品硫酸盐，配成极稀溶液，如直接加到狗的虹彩膜上，可使这个器官的肌肉瘫痪。已经证明，我们每次察觉到一种气味时，总有更加微量的某种物质，对我们的神经发生作用。一只狗在一只鹿或其他动物下风处$\frac{1}{4}$英里附近站着，可以觉察到这个动物的存在，这种气味物质的颗粒使嗅觉神经发生了某些变化；这些颗粒也必定比$\frac{1}{20000000}$格令的磷酸铵小得多[①]。神经因此向脑传导了某种影响，从而导致狗的肢体发生动作。毛毡苔的真正神奇的事实是这种植物并无任何特化了的神经系统，却能由那么小的颗粒引起兴奋。不过，我们没有理由假定其他组织就绝不能变得像高等动物的神经系统那样敏锐地感受外来影响，如果这对机体有利。

---

① 我的儿子乔治(George)曾替我计算过，重量为$\frac{1}{20000000}$格令的磷酸铵（比重 1.678）小球，直径是$\frac{1}{1654}$英寸。克莱因博士告诉我，最小的细菌小球菌(micrococci)，可以在显微镜下放大800倍时清楚看到的直径为0.0002到0.0005毫米，即$\frac{1}{50800}$到$\frac{1}{127000}$英寸。这就是说，一个直径等于上述重量的磷酸铵小球的$\frac{1}{31}$到$\frac{1}{71}$之间的物体，在高倍镜下可以看见；可是谁也不会想到上述例中鹿身体上所发出的气味颗粒，可以在显微镜下的任何放大下看得见。

第八章　各种盐和酸对叶的效应

· The effects of various other salts, and acids, in the leaves ·

钠、钾盐以及其他碱性、碱土、金属盐类——这些盐的作用摘要——各种酸——它们的作用摘要

发现铵盐有这样大的效应后，我就想研究其他几种盐类的作用。为方便起见，先列出试过的物质（包括49种盐和两种金属酸），将它们分列两行，表示出引起卷曲的和不引起卷曲的，或只是效应可疑的盐类。我的试验是将半液滴放在叶片的中央盘上，但更多的是将叶浸于溶液中；有时两种方法都用。随后提出结果的摘要，并附些结束语。以后再叙述各种酸的作用。

[按沃茨(Watts)的《化学字典》中化学分类法排列]

引起卷曲的盐类	不引起卷曲的盐类
碳酸钠，迅速卷曲	碳酸钾：慢性致毒
硝酸钠，迅速卷曲	硝酸钾：有轻微毒性
硫酸钠，中等迅速卷曲	硫酸钾
磷酸钠，很快卷曲	磷酸钾
柠檬酸钠，迅速卷曲	柠檬酸钾
草酸钠，迅速卷曲	草酸钠
氯化钠，中等迅速卷曲	氯化钾
碘化钠，卷曲颇慢	碘化钾，卷曲微弱可疑
溴化钠，中等迅速卷曲	溴化钾
草酸钾，缓慢和可疑卷曲	
硝酸锂，中等迅速卷曲	醋酸锂
氯化铯，颇慢卷曲	氯化铷
硝酸银，迅速卷曲：速效毒物	
氯化镉，缓慢卷曲	醋酸钙
过氯化汞，迅速卷曲：速效毒物	硝酸钙
	醋酸镁
	硝酸镁
	氯化镁
	硫酸镁
	醋酸钡
	硝酸钡
	醋酸锶
	硝酸锶
	氯化锌

◀毛毡苔的叶子像圆盘一样平铺在地面上，像个莲花座。

氯化铝,缓慢和可疑卷曲　　硝酸铝,微量卷曲
氯化金,迅速卷曲:速效毒物　　硫酸铝和硫酸钾
氯化锡,缓慢卷曲:有毒　　氯化铅
酒石酸锑,缓慢卷曲:可能有毒
亚砷酸,迅速卷曲:有毒
氯化铁,缓慢卷曲:可能有毒　　氯化镁
铬酸,迅速卷曲:剧毒
氯化铜,相当缓慢的卷曲:有毒　　氯化钴
氯化镍,迅速卷曲:可能有毒
氯化铂,迅速卷曲:有毒

碳酸钠[霍夫曼教授给我的纯盐]　在12片叶的中央盘上各滴加1份碳酸钠兑218份水(2格令兑1盎司)的溶液半量滴(0.0296毫升)。其中7片变得充分卷曲;3片只有两三个外缘触毛卷曲,其余2片完全不受影响。但是所加剂量,虽然只有$\frac{1}{480}$格令(0.135毫克)显然是太强了,因为7片充分卷曲的叶片中有3片被杀死。另一方面,7片里的1片,只有少数几个触毛卷曲,在48小时后又重新伸展并显得十分健康。使用较稀的溶液(即1份盐兑437份水,或1格令兑1盎司)给6片叶各滴加$\frac{1}{960}$格令(0.0675毫克)的剂量。有几片在37分钟内便受到影响;在8小时内,所有叶片的外缘触毛以及2片叶片都卷曲很大。23小时15分钟后,触毛几乎重新展开,但是两片叶片仍稍向内弯曲。48小时后,所有6片叶片都充分重新展开,表现完全健康。

把3叶片各浸入30量滴一份盐兑875份水(1格令兑2盎司)的溶液内,使每片叶承受$\frac{1}{32}$格令(2.02毫克);40分钟后3片叶都受到很大影响,6小时45分钟后所有的触毛和一片叶卷得很紧。

硝酸钠(纯)　1份盐加437份水的溶液半量滴,含有$\frac{1}{960}$格令(0.0675毫克),滴放在5片叶的叶盘上。1小时25分钟后,几乎所有叶片的触毛和一片叶都有些卷曲。卷曲程度继续增加,在21小时15分钟后触毛和4片叶都卷曲得很厉害,第5片叶稍有卷曲。再过24小时后,4片叶仍紧卷,而第5片叶开始重新伸展。滴加溶液后4天,2片叶已经完全展开,一片叶部分展开;而其余2片叶仍旧紧卷,像是受了伤害。

将3片叶各浸在30量滴的1份盐兑875份水的溶液中;1小时内有很大卷曲,8小时15分钟后每条触毛和所有3片叶的叶片都卷曲很厉害。

硫酸钠 在 6 片叶的叶盘上各滴加半量滴 1 份硫酸纳兑 437 份水的溶液。5 小时 30 分钟后，3 片叶的触毛（和 1 片叶）卷曲较大，另 3 片叶的触毛只轻微卷曲。21 小时后，卷曲减少一些，45 小时后叶片充分展开，表现很健康。

将 3 片叶各浸在 30 量滴的 1 份硫酸钠兑 875 份水的溶液里；1 小时 30 分钟后，有些卷曲，卷曲程度增加很大，以致在 8 小时 10 分钟内所有触毛和所有三片叶片都紧卷。

磷酸钠 在 6 片叶的叶盘上各滴加半量滴 1 份磷酸纳兑 437 份水的溶液。溶液起作用极快，因此 8 分钟内其中几片叶的外缘触毛便弯曲很大。6 小时后，所有 6 片叶的触毛和 2 片叶片都紧卷。这种状态继续 24 小时，只第 3 片叶片又变得向内弯曲。48 小时后，所有叶子都重新展开。显然，$\frac{1}{960}$格令的磷酸钠引起卷曲的力量很大。

柠檬酸钠 在 6 片叶的叶盘上各滴加半量滴 1 份柠檬酸纳兑 437 份水的溶液，但是这些叶片直到过了 22 小时后才观察。这时 5 片叶的内缘触毛和 4 片叶片已经卷曲，但是外缘触毛没有受到影响。有一片叶显得比其他叶老些，受到的影响很小。46 小时后，4 片叶几乎重新展开，包括它们的叶片。3 片叶也各浸在 30 量滴的 1 份柠檬酸钠兑 875 份水的溶液里；在 25 分钟内它们受到的影响很大；6 小时 35 分钟后几乎所有触毛，包括外缘触毛，都已卷曲，但是叶片未卷。

草酸钠 在 7 片叶的叶盘上各滴加半量滴的 1 份草酸纳兑 437 份水的溶液；5 小时 30 分钟后，所有叶片的触毛，大部分叶片，都受到很大影响。22 小时内，除去触毛卷曲外，所有 7 片叶的叶片折叠得很厉害以致它们的顶端和基部几乎接触。叶片受到这样强烈的影响，在其他情况下我还没有见到过。3 片叶也各浸在 30 量滴的 1 份草酸纳兑 875 份水的溶液内；30 分钟后，卷曲很厉害，6 小时 35 分钟后 2 片叶片和所有的触毛都紧卷。

氯化钠（最好的烹饪用盐） 在 4 片叶的叶盘上各滴放半量滴 1 份盐兑 218 份水的溶液。2 片叶显然在 48 小时内没有受到任何影响；第 3 片叶的触毛稍有卷曲；而第 4 叶几乎全部触毛在 24 小时内卷曲。这些触毛直到第 4 天才开始重新展开，在第 7 天还没有完全展开。我推测这片叶片受到盐的伤害。在 6 片叶的叶盘上滴加半量滴的较淡溶液（1 份盐兑 437 份水的溶液），每片叶承受量为$\frac{1}{960}$格令。1 小时 33 分钟内，有轻微卷曲；5 小时 30 分钟后全部 6 片叶的触毛都弯曲很大，但是没有紧卷。23 小时 15

分钟后，全部都已完全展开；没有受到一点伤害。

把3片叶各浸在30量滴1份氯化纳兑875份水的溶液里，每片叶承受1/32格令或2.02毫克。1小时后卷曲很大；8小时30分钟后，所有触毛和全部3片叶片都紧卷。另外4片叶也浸在这个溶液内，每片叶承受盐量同前，即2.02毫克。它们都不久就卷曲；48小时后，它们开始重新展开，看来没有受伤，虽然溶液很浓，都有咸味了。

碘化钠　在6片叶的叶盘上各滴加半量滴的1份碘化纳兑437份水的溶液。24小时后，4片叶的叶片和许多触毛卷曲。另2片叶只有内缘触毛卷曲；大部分叶片的外缘触毛只受到很少的影响。46小时后，叶几乎重新展开。另3片叶也各浸在30量滴的1份碘化纳兑875份水的溶液里。6小时30分钟后，几乎所有触毛和1片叶的叶片紧卷。

溴化钠　在6片叶上各滴加半量滴的1份溴化纳兑437份水的溶液。7小时后，有些卷曲；22小时后，3片叶的叶片和它们的大部分触毛卷曲；第4叶受到的影响很弱，第5、第6片叶简直没有受到什么影响。有3片叶也各浸在30量滴的1份溴化纳兑875份水的溶液内；40分钟后有些卷曲；4小时后所有3片叶的触毛和2片叶片卷曲。然后将这些叶片放在水内，17小时30分钟后其中2片叶几乎完全重新展开，第3片叶部分重新展开；显然它们没有受害。

碳酸钾(纯)　在6片叶上各滴放半量滴1份碳酸钾兑437份水的溶液。24小时内没有发生影响；但在48小时后，有几片叶片的触毛，1片叶的叶片已相当卷曲。然而，这像是受伤的结果，因为在加溶液后的第3天上，3片叶死去，1片叶很不健康；另外2片叶正在恢复，但是有几根触毛显然受害，这几根永久保持卷曲。显然，1/960格令的这种盐便有毒性。另3片叶也各浸在30量滴1份碳酸钾兑875份水的溶液内，只浸9小时；与钠盐的影响很不相同，没有发生卷曲。

硝酸钾　在4片叶的叶盘上滴放半量滴的强溶液，1份硝酸钾兑109份水(4格令兑1盎司)，2片叶受到很大伤害，但是没有发生卷曲。另8片叶也受到同样处理，只是所用的溶液更淡些(1份硝酸钾兑218份水)。50小时后没有卷曲，但是有2片叶像受到伤害。其中5片叶随后用乳滴和明胶液滴在叶盘上，只有1片叶卷曲；因而上述浓度的硝酸钾溶液作用50小时后，显然已使叶片受害或将其麻醉。随后用一更淡的溶液处理6片叶(1份硝酸钾兑437份水)，在48小时后根本没有发生影响，可能仅有1片叶是例外。将3片叶再各浸入30量滴的1份盐兑875份水的溶液内25小时，这个溶液没有发生明显影响。随后再将这些叶片浸入 1 份碳酸铵兑 218 份水的溶液内，腺体立即变黑，1 小时后有些卷曲，细胞的原生质内含物变得明显聚集起来。这证明叶片浸在这种硝酸盐溶液内，没有受到多大伤害。

硫酸钾 在 6 片叶的叶盘上滴加半量滴的 1 份硫酸钾兑 437 份水的溶液内。20 小时 30 分钟后，没有作用；再等 24 小时，有 3 片叶仍未受到影响，2 片叶像是受害，第 6 片叶几乎死去，其触毛卷曲。然而，再过 2 天，所有 6 片叶都恢复过来。将 3 片叶各浸入 30 量滴的 1 份盐对 875 份水的溶液内 24 小时，没有发生明显影响。它们随后再用同样碳酸铵溶液处理，结果和硝酸钾的情况相同。

磷酸钾 在 6 片叶的叶盘上各滴放半量滴 1 份磷酸钾兑 437 份水的溶液，观察 3 天；没有产生效应。叶盘上液体部分干燥，将其上的触毛稍稍拉在一起，就像常在这类试验里发生的那样。叶片在第 3 天显得很健康。

柠檬酸钾 将半量滴 1 份盐兑 437 份水的溶液留在 6 片叶的叶盘上 3 天，3 片叶各浸在 30 量滴 1 份兑 875 份水的溶液里 9 小时，没有任何效应。

草酸钾 将半量滴在不同场合滴加到 17 片叶的叶盘上；所得结果很使我困惑，现在仍是如此。卷曲陆续增加得很慢。24 小时后，17 片叶中有 4 片叶卷曲很好，2 片叶片也是这样；6 片叶稍受影响，7 片叶无反应。对一组的 3 片叶观察了 5 天，全部死去；但是另一组的 6 片叶在 4 天后除去一片以外都很健康。把 3 片叶各浸在 30 量滴的一份草酸钾兑 875 份水的溶液中 9 小时，没有受到丝毫影响；但是应当观察较长的时间。

氯化钾 将半量滴的 1 份盐兑 437 份水的溶液留在 6 片叶盘上 3 天，把 3 片叶各浸在 30 量滴的 1 份兑 875 份水的溶液中 25 小时，都没有任何效应。随后将沉浸的叶片用碳酸铵处理，如在硝酸钾项下叙述的一样，得到同样结果。

碘化钾 将半量滴的 1 份盐兑 437 份水的溶液放在 7 片叶的叶盘上。30 分钟内，1 片叶的叶片卷曲；数小时后 3 片叶的大多数内缘触毛中等卷曲；余下的 3 片叶受轻微影响。这些叶片的外缘触毛几乎没有卷曲的。21 小时后全部叶片都重新展开，除去 2 片叶仍有少数内缘触毛卷曲。3 片叶随即各浸在 30 量滴的 1 份盐兑 875 份水的溶液中 8 小时 40 分钟，没有受到任何影响。从这个矛盾的证据中我不知道要总结什么，但是清楚的是碘化钾一般不产生明显效应。

溴化钾 将半量滴的1份盐兑437份水的溶液滴放在6片叶的叶盘上;22小时后,1片叶的叶片和许多触毛卷曲,但是我怀疑可能有一只昆虫落在叶上,然后又逃掉;其他5片叶没有受到任何影响。我用碎肉屑试验其中3片叶,24小时后它们都卷曲得非常好。还将3片叶各浸在30量滴的1份盐兑875份水的溶液中21小时,但是它们都没有受到影响,除去腺体看来稍淡以外。

醋酸锂 在一容器中盛120量滴的1份盐兑437份水的溶液,将4片叶一同浸在其中;如果叶片吸收的量一样,那么每片承受1/16格令。24小时后没有卷曲。为了试验叶片,我随即加些浓的磷酸铵溶液(即1格令兑20盎司,或1份盐兑8750份水),所有4片叶都在30分钟内紧卷。

硝酸锂 和上述情况一样,将4片叶浸在120量滴1份盐兑437份水的溶液内;1小时30分钟后,所有4片叶稍微卷曲,24小时后卷曲很大。我然后用些水稀释此溶液,但是它们在第3天仍然有些卷曲。

氯化铯 把4片叶一同浸在120量滴的1份盐兑437份水的溶液中,和上述一样。1小时5分钟后,腺体变黑;4小时20分钟后有微弱卷曲;6小时40分钟后2片叶卷曲很大,但不是紧卷,另2片叶相当大地卷曲了。22小时后卷曲非常大,2片叶的叶片也卷曲。我于是将叶子移到水中,从它们第一次浸沉时间开始计算,在46小时内便重新展开。

氯化铷 像上面所记方式,把4片叶浸入120量滴1份盐兑437份水的溶液中,22小时后,未见作用。我随即加了一些浓磷酸铵溶液(1格令兑20盎司)下去,30分钟后,所有叶都卷曲很厉害。

硝酸银 把3片叶一同浸入90量滴的1份盐兑437份水的溶液中,每片承受量仍是$\frac{1}{16}$格令。5分钟后,有轻微卷曲,11分钟后强烈卷曲,腺体变得特别黑;40分钟后,所有触毛都紧卷。6小时后,将叶片取出,洗过再用水浸;第二天早晨显然都死了。

醋酸钙 将4片叶同浸在120量滴1份醋酸钙兑437份水的溶液中;24小时后,触毛没有卷曲,只有叶片与叶柄交界处几条有些弯曲;这似乎是叶柄切口吸收了盐引起的。我加了一些(1格令兑20盎司)磷酸铵溶液下去,可是奇怪得很,直到24小时后,还只引起了轻微卷曲。这样,似乎表明醋酸钙使叶变迟钝了。

硝酸钙 把4片叶一同浸在120量滴1份硝酸钙兑437份水的溶液中;24小时后,还未见影响。我再加一些磷酸铵溶液(1格令兑20盎司),

24 小时后，仍只有轻微卷曲。将上述浓度的硝酸钙溶液和磷酸铵溶液混和，浸入 1 片新鲜叶，5 分钟至 10 分钟之间，已起紧密卷曲。用 1 份对 218 份水的硝酸钙溶液半量滴，滴在 3 片叶中央盘上，未产生效应。

醋酸镁，硝酸镁，氯化镁　每种盐的 1 份兑 437 份水的溶液，各用 120 量滴同时浸入 4 片叶；6 小时后无卷曲；22 小时后，醋酸镁溶液中的 1 片叶比一般在水里浸了同一时距的叶片，稍微多卷了一点。在 3 种溶液中，各加少量磷酸铵（1 格令兑 20 盎司）溶液。原在醋酸镁溶液中的，加铵盐后略有卷曲；再过 24 小时，卷曲已很显著，在硝酸镁混合液中的，4 小时 30 分钟后，确实卷曲了，但卷曲程度以后并未增加。在氯化镁混合液中的，几分钟后就见到大量卷曲；4 小时后，几乎每条触毛都弯了。这样，可以看出，镁的醋酸盐硝酸盐，伤害了叶片，或至少阻止了后来磷酸铵的作用；而氯化镁则没有这种倾向。

硫酸镁　在 10 片叶的中央盘上各滴加 1 份硫酸镁兑 218 份水的溶液半量滴，未产生效应。

醋酸钡　在 120 量滴 1 份醋酸钡兑 437 份水的溶液中浸入 4 片叶，22 小时后无卷曲，但腺体变成黑色。把它们移到（1 格令兑 20 盎司）磷酸铵溶液中，26 小时后，只有 2 片有极少卷曲。

硝酸钡　在 120 量滴 1 份硝酸钡兑 437 份水的溶液中共浸入 4 片叶；22 小时后，所起的卷曲和在水里面浸了同等时间的叶片没有什么不同。再加同浓度磷酸铵溶液，30 分钟后，有 1 片大卷曲，有 2 片中等卷曲，一片未动。24 小时，4 片都保持这样。

醋酸锶　把 4 片叶同浸在 120 量滴 1 份醋酸锶兑 437 份水的溶液中，22 小时后无效应。再移到同浓度磷酸铵溶液里面，25 分钟内有两片大量卷曲；8 小时后，第 3 片也显著地卷曲，第 4 片也有卷曲迹象。第二天早上，仍保持同样状态。

硝酸锶　将 5 片叶一同浸在 120 量滴 1 份硝酸锶兑 437 份的溶液中；22 小时后，有些卷曲，但并不比水浸了同样时距的叶片有时表现的多。再移到同浓度磷酸铵溶液里面，8 小时后，有 3 片叶中等卷曲了，24 小时后，5 片叶都中等卷曲了；但是没有 1 片叶是紧紧卷曲的。硝酸锶似乎使这些变成了半呆钝。

氯化镉　把 3 片叶浸在 90 量滴 1 份氯化镉兑 437 份水的溶液中；5 小时 20 分钟后，有轻微卷曲；此后 3 小时，又有些增加。24 小时后，3 片叶的触毛全卷曲得很好，并且这样再保持了 24 小时；腺体未变色。

过氯化汞 把3片叶同浸在90量滴1份过氯化汞兑437份水的溶液中;22分钟后,有些轻微卷曲;48分钟后,增进到十分显著;腺体现在也变黑了。5小时35分钟后,所有触毛都紧卷了;24小时后,仍旧紧卷变黑。取出在纯水中浸了两天,并未重新伸展,显然都已死亡。

氯化锌 在90量滴1份氯化锌兑437份水的溶液中浸入3片叶;25小时30分钟后,无效应。

氯化铝 把4片叶一同浸在120量滴1份氯化铝兑437份水的溶液中;7小时45分钟后,无卷曲;24小时后,1片颇紧地卷了,第2片中等卷曲;另2片简直看不出。证据可疑,但我以为这种盐必定有使触毛缓慢卷曲的能力。现在移到磷酸铵(1格令兑20盎司)的溶液里面,7小时30分钟后,氯化铝没有产生多大影响的3片叶,都颇紧地卷曲起来。

硝酸铝 把4片叶一同浸在120量滴1份硝酸铝兑437份水的溶液里面;7小时45分钟后,只有微弱的卷曲迹象;24小时后,有1片叶有中等卷曲。这些证据,正和氯化铝处理所得结果一样可疑。现在将这些叶移入硝酸铵溶液中,7小时30分钟后,还未产生什么效应;25小时后,有1片卷曲得颇紧密了,其余3片,略有迹象,不过也许并不比水浸的情形显著多少。

硫酸钾铝(普通明矾) 在9片叶的中心各滴加常用浓度的溶液,半量滴,未产生效应。

氯化金 把7片叶同时浸在1份氯化金兑437份水的溶液中,用量可使每片叶承受30量滴即$\frac{1}{16}$格令的氯化金。8分钟后,有些卷曲,45分钟后,已到极限。3小时后,周围溶液成为紫色,腺体全变黑了。6小时后,移到纯水中;第二天早上,它们都已褪色,显然已经死亡。分泌液迅速地分解了氯化金;腺体上包了一层极薄的金,周围液体中也悬浮有金粉。

氯化铅 把3片叶同时浸在90量滴1份氯化铅兑437份水的溶液里面。23小时后,没有丝毫卷曲迹象;腺体不变黑,叶也不像受了伤害。移入硝酸铵(1格令兑20盎司)溶液中,24小时以后,有2片有些卷曲,第3片轻微;这样再保持了24小时无变化。

氯化锡 把4片叶同时浸在120量滴大约(因为没有完全溶解)1份氯化锡兑437份水的溶液里面。4小时后,无效应;6小时30分钟后,4片叶的内缘触毛都卷曲了;22小时后,所有触毛和所有叶片都卷曲得很紧。周围液体现在现出粉红色。把叶片取出洗过,改用纯水浸,第二天早上都死了。氯化锡是致死毒物,不过作用缓慢。

酒石酸锑 把3片叶同时浸在90量滴1份酒石酸锑兑437份水的溶液中。8小时30分钟后，有轻微卷曲；24小时后，2片卷曲很紧，1片中等；腺体变黑程度不大。把叶片洗过浸入纯水，但保持原状又过了48小时。这种盐可能有毒，但作用缓慢。

亚砷酸 作成1份亚砷酸兑437份水的溶液；将3片叶一同浸在90量滴中；25分钟内，显著卷曲；1小时内大量卷曲；腺体未变色。6小时后，移入纯水中；第二天早上，看上去还很新鲜，4天之后，颜色淡了，一直没有重新伸展，显然已经死亡。

氯化铁 把3片叶一同浸在90量滴1份氯化铁兑437份水的溶液中；8小时内，无卷曲；24小时后卷曲显著，腺体变黑；液体变成黄色，有絮状的氧化铁颗粒在里面浮着。把叶移到纯水中，48小时后，有极轻微的重新伸展，不过我认为它们已被杀死；腺体过分地黑。

铬酸 将3片叶，浸入1份铬酸兑437份水的90量滴的溶液中；在30分钟内已有些卷曲；1小时后显著地卷曲；2小时后，所有触毛都紧卷，腺体变黑。移入纯水后的第二天，完全褪色，显然死亡了。

氯化锰 把3片叶浸在90量滴的1份氯化锰兑437份水的溶液中；22小时后，不比水浸的卷曲的更多；腺体未变黑。移到常用的硝酸铵溶液中，24小时后仍未引起卷曲。

氯化铜 把3片叶同时浸在90量滴1份氯化铜兑437份水的溶液中；24小时后，有些卷曲；3小时45分钟后，触毛紧卷，腺体变黑。22小时后，卷曲仍很紧，叶变萎软。移入纯水后，第二天死去。这是一种作用快速毒物。

氯化镍 把3片叶同时浸在90量滴1份氯化镍兑437份水的溶液里面；25分钟内，显著卷曲；3小时内，所有触毛紧卷。22小时后，还是紧卷着，大多数(但不是全部)腺体变黑。叶片取出来浸入纯水；24小时还保持卷曲；略有褪色，腺体和触毛带污红色，可能已死。

氯化钴 把3片叶浸在90量滴1份氯化钴兑437份水的溶液中；23小时后，还没有任何卷曲迹象，腺体变黑程度也不比水浸了同样时间的情形高。

氯化铂 把3片叶浸在90量滴1份氯化铂兑437份水的溶液中；6分钟内，已有些卷曲，48分钟后，已经传遍。3小时后，腺体颜色颇淡。24小时后，所有触毛仍旧紧卷，腺体无色；这种情形持续了4天；叶片显然已被杀死。

上述各种盐类的作用的总结 以上所谈51种试验过的盐类和金属酸,有25种引起触毛卷曲,26种不能引起;两组中,各有可疑的两种。在这段讨论的前面的表中,这些盐类是按它们的化学亲和力排列的;可是它们对毛毡苔的作用似乎不由这个标准决定。由所述少数实验的结果判断,盐类中碱基部分的本质远较酸基部分为重要:(动物)生理学家们对动物的情形所作的结论也正相同。我们见到的9种钠盐引起卷曲的情形,以及如所给剂量不过大时都无毒这两点,与7种相应的钾盐都不能引起卷曲,而且有些有毒,都可证明这个事实。在钾盐中,草酸盐与碘化物缓慢地引起轻微而可疑的卷曲。两系列盐类之间的这种差异,极可寻味,桑德森博士告诉我,大量钠盐可导入哺乳类的循环中,不会有伤害效应;而导入少量钾盐,可由心脏运动的突然停顿而引起死亡。两系列盐类间作用之差,最妙的例子是磷酸钠迅速地引起激烈卷曲,而磷酸钾完全无效。磷酸钠的强大力量可能来自所含的磷,像磷酸钙与磷酸铵一样。由此,我们可以推知,毛毡苔不能从磷酸钾中吸收磷。这是非常值得注意的,因为我听见桑德森博士说过,磷酸钾在动物体内肯定可以分解。大多数钠盐作用非常迅速,碘化钠最缓慢。草酸盐、硝酸盐和柠檬酸盐似乎具有特殊倾向,能使叶片卷缩。中央盘腺体吸收柠檬酸盐后,似乎不向外缘触毛传导运动冲动;这一点,钠盐和铵盐及草叶汤相似;这3种液体主要作用在叶片上。

锂的硝酸盐能引起中等迅速的卷曲,而醋酸盐则无作用,这一点,似乎和碱基部分具有压倒影响这一个原则相违背;但是这种金属与钠及钾极相近[①],而钠与钾的作用却相差很远,因此我们可以预期,锂的作用是处于过渡地位。我们还见到,铯能引起卷曲,而铷则不能;这两种金属也是与钠和钾相近的。大多数碱土金属盐没有作用。2种钙盐、4种镁盐和2种锶盐都不能引起卷曲,这正是服从碱基部分具压倒优势的原则。3种铝盐中,1种无作用,1种略有迹象,1种缓慢而可疑,因而它们的效应十分近似。

普通金属的盐和酸,共试了17种,只有4种,即锌、铅、锰、钴不引起卷曲。镉、锡、锑、铁的盐,作用缓慢;后3种似乎多少有毒。银、汞、金、铜、镍、铂盐和铬酸、亚砷酸,极迅速地引起强大卷曲,都是致死的毒物。与动物界的情形比较,铅盐和钡盐的无毒是值得惊讶的。大多数有毒盐类使腺体变黑,可是氯化铂却使腺体颜色变淡。在下一章我还要再谈磷酸铵对曾经浸在其他溶液中的叶片所产生的不同效应。

---

① 米勒(Miller)的《化学初步》,第三版,337、448页。

酸 类

我先将所试过的24种酸像所试盐类一样，列作一个表，依它们能不能引起卷曲，分作两组。然后，叙述实验情形，最后再作几句总结。

稀释后能引起卷曲的酸类

1. 硝酸，强度卷曲：有毒
2. 盐酸，中等而缓慢卷曲：无毒
3. 氢碘酸，强度卷曲：有毒
4. 碘酸，强度卷曲：有毒
5. 硫酸，强度卷曲：颇有毒
6. 磷酸，强度卷曲：有毒
7. 硼酸，中等而颇缓慢的卷曲：无毒
8. 甲酸，很轻微卷曲：无毒
9. 醋酸，强度而迅速卷曲：有毒
10. 丙酸，强度但不迅速卷曲：有毒
11. 油酸，迅速卷曲：大毒
12. 石炭酸，很缓慢的卷曲：有毒
13. 乳酸，缓慢的中等卷曲：有毒
14. 草酸，中等迅速卷曲：大毒
15. 苹果酸，很缓慢但显著的卷曲：无毒
16. 苯甲酸，迅速卷曲：大毒
17. 琥珀酸，中等迅速卷曲：中等毒
18. 马尿酸，颇缓慢的卷曲：有毒
19. 氢氰酸，颇迅速的卷曲：大毒

同样稀释后不引起卷曲的酸类

1. 没食子酸：无毒
2. 鞣酸：无毒
3. 酒石酸：无毒
4. 柠檬酸：无毒
5. 尿酸：(?)无毒

硝酸 把4片叶分别浸在30量滴1份酸兑437份水的溶液中，每片叶的承受量仍是$\frac{1}{16}$格令，或4.048毫克。这个试验和如下大多数试验所以要选用这种浓度，是因为与前面盐类溶液相同(便于比较)。2小时30分钟内，有些叶片显著地卷曲了，6小时30分钟内，全数触毛带上叶片普遍地卷曲了。周围液体轻微地染成粉红，这是叶片受了伤害的表示。把它们移到纯水里面过了3天，它们还是卷的，显然都已被杀死。腺体大多数变成无色。2片叶各用30液滴1份酸兑1000份水的溶液浸没；几小时后，有些卷曲；24小时后，2片的叶片和所有触毛都卷了；移入纯水3天，有一片部分地重新伸展，恢复原状。再用2片叶各浸入30量滴1份酸兑

2000 份水的溶液里面;这样处理,效果很小,只有接近叶柄顶部的触毛,大多数发生了卷曲,似乎是从切口吸收了酸所引起。

盐酸 把 4 片叶分别浸在 30 量滴的 1 份酸兑 437 份水的溶液中,如上所述。6 小时后,只有 1 片叶显著卷曲。8 小时 15 分钟后,1 片的叶片和所有触毛都充分卷曲;另 3 片中等卷曲,有一片叶片也轻微地卷缩。周围液体并没有染成粉红色。25 小时后,有 3 片叶开始重新伸展,但腺体已不是红色而是粉红;再过 2 天,它们全部伸直了;可是第 4 片还保持卷曲,似乎大受伤害或已死亡,腺体都是白色。另 4 片分别浸入 30 量滴 1 份酸兑 875 份水的溶液中;21 小时后,中等卷曲;移入水中后,2 天就完全重新伸展,似乎很健康。

氢碘酸 1 份酸兑 437 份水;把 3 片叶如前各浸在 30 量滴中。45 分钟后,腺体褪色,周围液体呈粉红色,但无卷曲。5 小时后,所有触毛都已紧卷,并且分泌了巨量的黏液,以至于可以将分泌液拉成长丝。移入纯水,但绝无重新伸展,显然都已被杀死。再把 4 片叶浸入 1 份酸兑 875 份水的溶液里;作用现在较缓慢,可是 22 小时后,4 片叶都紧紧卷缩,其他影响,也和上面的情形一样。这些叶移入纯水后 4 天,都没有恢复伸展。氢碘酸的作用远比盐酸强,而且有毒。

碘酸 1 份酸兑 437 份水;3 片叶,每 30 量滴浸一片;3 小时后,强卷曲;4 小时后,腺体变深褐色;8 小时 30 分钟后,紧卷曲;叶萎软了;周围液体并未染成粉红色。移入纯水中,第二天早上看,都死了。

硫酸 1 份酸兑 437 份水;把 4 片叶每片用 30 量滴浸;4 小时后,大量卷曲;6 小时后,周围液体有粉红晕;移到纯水中,46 小时后,还有 2 片紧卷;另 2 片开始伸展;腺体大多数褪色。这种酸的毒性不如氢碘酸或碘酸大。

磷酸 1 份酸兑 437 份水;把 3 片叶共浸在 90 量滴溶液中;5 小时 30 分钟后,有些卷曲,有些腺体失色;8 小时后,所有触毛紧卷,许多腺体失色;周围液体粉红色。移入纯水中两天半,保持原状,看来已死。

硼酸 1 份酸兑 437 份水;把 4 片叶一同浸在 120 量滴中。6 小时后,很轻微的卷曲,8 小时 15 分钟后,2 片已显著地卷曲;另 2 片还轻微。24 小时后,1 片卷得颇紧。第 2 片较次,另 2 片中等。将叶洗过,移入纯水中;24 小时后,几乎完全伸展,看来健康。这种酸,在引起卷曲的力量和无毒性两方面都和同浓度的盐酸近似。

甲酸 把 4 片叶一同浸在 120 量滴 1 份酸兑 437 份水的溶液里面。40 分钟后,轻微卷曲;6 小时 30 分钟,很中等;22 小时后,比水浸了同一时距的多一点儿。洗净2片，移入磷酸铵(1格令兑20盎司)溶液；24小时后，显著卷曲，细胞内含物起了聚集，表明磷酸铵已发生作用，虽则不像平常那么完美。

醋酸 把4片叶共同浸在120量滴1份酸兑437份水的溶液中。1小时20分钟后，4片叶的所有触毛和2片叶的叶片，大大卷曲了。8小时后，叶萎软，但还是紧卷着，周围液体变成粉红色。洗过，移入纯水；第二天早上，还是卷曲的，显暗红色，但腺体已经失色。再过1天，变成污色，显然已死亡。这种酸比甲酸更有力，非常有毒。把半量滴较浓的(容积1份兑320份水)溶液滴在5片叶的中心盘上；外缘触毛无反应，只有盘周围那些真正吸收了酸的触毛卷曲了。这个剂量可能太大，已使叶瘫痪，因为用更淡的滴尝试时，卷曲大些；但这些叶片2天后都死了。

丙酸 1份酸与437份水的混和物，用90量滴浸着3片叶；1小时50分钟后，没有卷曲；3小时40分钟后，1片充分卷曲，另2片轻微。卷曲继续增进，到8小时后，3片都紧卷了。第二天早上，即20小时后，腺体大多数颜色变淡，但有少数却几乎成了黑色。没有分泌黏液，周围液体刚可看到略带一点粉红色调。46小时后，叶微显萎软，显然已被杀死；后来移到水里面，证明确已死亡。紧卷触毛的细胞原生质并无聚集，但在基部附近细胞的原生质已集合成褐色的小团块，沉在细胞底面。这样(变了)的原生质，已经死亡；因为把叶移到碳酸铵溶液里面浸着，也不再发生聚集。丙酸和它相近的醋酸一样，也是剧毒的，不过所引起的卷曲缓慢得多。

油酸(弗兰克兰教授给我的) 在酸里浸了3片叶，立刻引起了一些卷曲，随着略有增加，但很快就停止，叶片似乎已经死了。第二天早上，看来有些萎缩，不少腺体已从触毛上断裂下来。再用这种酸，小滴地滴在4片叶的中央盘上；40分钟内，除了极边缘上的以外，所有触毛都大量卷曲；3小时后，极边缘上的也卷了。橄榄油的作用极为奇特，我相信油酸必定在橄榄油中存在(事实显然不是这样)[1]，所以才用它来试验。将橄榄油滴在叶片的中央盘上，也不引起外缘触毛卷曲；可是如将极小滴的油加到外缘触毛腺体上分泌液珠外面，偶然也引起它们的卷曲，但不能经常。又在这种油里面浸了2片叶，12小时未见卷曲；但23小时后，几乎所有触毛都卷了。另将3片叶浸在未煮过的亚麻仁油里面，不久就见到一些卷曲，3小时后，大大地卷曲了。1小时后，腺体外面的分泌液，也变成粉红色。由这

① 参看沃茨的《化学字典》中有关甘油和油酸的各节。

个事实，我推想亚麻仁油所引起的卷曲不能归之于一般假定中它所含的蛋白质。

石炭酸 在60量滴1份酸兑437份水的溶液中浸了2片叶；7小时后，1片略有卷曲，24小时后，2片都卷紧了，分泌了分量惊人的黏液。将叶洗过，在纯水中浸了2天，保持着卷曲；大多数腺体脱色，似乎已死。这种酸有毒，但作用远不如由它对微生物的摧毁作用而预计的那么迅速有力。有3片叶的中央盘上滴加半液滴同样浓度的溶液；24小时后，外缘触毛不起卷曲，再搁上肉屑时，它们都能如常地卷曲起来。把再浓些的1份酸兑218份水的溶液半液滴滴到另3片叶的中央盘上；外缘触毛仍无反应；再给些肉屑，其中1片卷曲如常，另2片的中央腺体似乎大受伤害变干了。可以看出，中央盘腺体吸收这种酸后，很少向外缘触毛传导运动冲动的；只有外缘触毛自己吸收后，才有强大的作用。

乳酸 把3片叶同浸在90量滴1份乳酸兑437份水的溶液中。48分钟后，无卷曲，但周围液体染成了粉红色；8小时30分钟后，只有1片叶有些卷曲，所有3片叶的腺体颜色几乎都变得极淡。经过洗涤，移到磷酸铵（1格令兑20盎司）溶液中；16小时后，还只有迹象式的卷曲。再浸48小时，仍无改变，不过所有腺体几乎都已脱色。细胞中原生质，除了几条腺体未十分变色的触毛之外，其余不起聚集。因此我设想几乎所有腺体和触毛都已骤然地被这种酸杀死，所以引不起卷曲。再用4片叶浸在120量滴较淡的、1份酸兑875份水的溶液里面；2小时30分钟后，周围液体粉红色很明显，腺体颜色变淡了，但仍没有卷曲；7小时30分钟后，1片略显卷曲，腺体简直成了白色；21小时后，2片叶有了显著卷曲，第3片轻微；大多数腺体白色，也还有一部分暗红色。45小时后，1片几乎所有触毛全卷了；第2片，卷了大多数；第3、4片只有很少几条卷曲；几乎所有腺体都变白了，只有2片的中央盘上有不少深红的，叶看来已死亡。乳酸的作用方式很特殊，引起卷曲极慢，而毒性很高。用更淡的1份酸兑1312份及1750份水的溶液浸没，也显然把叶杀死（触毛过些时向外反弯曲），使腺体变白而不引起卷曲运动。

没食子酸、鞣酸（单宁酸）、酒石酸、柠檬酸 1份酸兑437份水。4种溶液中每种浸3片到4片叶，每片都给30量滴，即每片的承受量为$\frac{1}{16}$格令，或4.0499毫克。24小时内无卷曲，叶片也不像受过任何伤害。鞣酸和酒石酸浸过的，再移到磷酸铵（1格令兑20盎司）溶液里面，24小时仍不见卷曲。可是柠檬酸浸过的 4 片,用磷酸铵处理时,50 分钟已有确凿的卷曲,5 小时后强卷,并保持了另外 24 小时。

苹果酸 把 3 片叶同浸在 90 量滴 1 份酸兑 437 份水的溶液中;8 小时 20 分钟内未引起卷曲,24 小时后,两片显著地卷曲了,另一片也轻微地卷着,超过了水所能引起的程度。没有分泌大量黏液,移入水中,两天后,重新伸展了一部分。表明这种酸无毒。

草酸 把 3 片叶同浸在 90 量滴 1 份酸兑 437 份水的溶液里面;2 小时 10 分钟后,有不少卷曲;腺体颜色变淡;周围液体变成暗粉红色。8 小时后,过度的卷曲。移入纯水中;16 小时后,腺体变成暗红色,和醋酸处理过一样。再过 24 小时,3 片都死了,腺体褪色。

苯甲酸 把 5 片叶各浸在 30 量滴 1 份酸兑 437 份水的溶液中。溶液很淡,刚有点酸味,可是,往下我们可以看到,对毛毡苔的毒性却很强。52 分钟后,内缘触毛已略有卷曲,所有腺体则都失色;周围液体染成了粉红。有一个例子只有 12 分钟液体就染红了,而腺体却像沸水烫过一样地白。4 小时后,多卷曲,但没有一条触毛是卷紧了的,我认为这是它们还没有来得及完成运动就已经瘫痪了。分泌黏液量出奇地多。让几片继续留在溶液中,另几片则在浸 36 小时 30 分钟后,移入纯水。第二天早上,两批都已死亡;留在溶液中的已经萎软,在水(现在变成黄色)里的,淡褐色,腺体全白。

琥珀酸 把 3 片叶同浸在 90 液滴 1 份酸兑 437 份水的溶液里面;4 小时 15 分钟后,显著地卷曲,23 小时后大大地卷曲了;多数腺体变白;液体染成粉红。将叶洗过,浸入纯水;2 天后,略有伸展,但多数腺体还是白色。这种酸不像草酸和苯甲酸那么毒。

尿酸 1 格令尿酸在 875 倍的温水中没有完全溶解;3 片叶共浸在 180 量滴里面,每片承受量近于$\frac{1}{16}$格令。25 分钟后,略有卷曲;以后再也没有增进;9 小时后,腺体未褪色;液体也没有染成粉红;可是分泌的黏液很多。移入纯水,第二天早上,完全重新伸展了。我怀疑这种酸是否真正引起卷曲,因为最初出现的轻微弯曲,可能来自存在的蛋白性物质痕迹,可是它引起了这么大量的黏液分泌,显然还是有作用。

马尿酸 1 份酸兑 437 份水的溶液 120 量滴中共浸下 4 片叶。2 小时后,液体染成粉红,腺体失色,但无卷曲。6 小时后,略有些卷;9 小时后,4 片全有强卷曲;分泌了大量黏液;所有腺体无色。叶子随后留在水里 2 天;

它们保持紧卷，腺体仍无色，我不怀疑它们已被杀死。

氢氰酸 把4片叶用30量滴1份酸兑437份水的溶液浸着；2小时45分钟内；所有触毛都显著地卷曲了，不少腺体已褪色；3小时45分钟后，全部强卷曲，液体染成粉红色；6小时后，触毛全部紧卷。浸到8小时20分钟后，将叶取出洗过，移入纯水；第二天早上，即大约16小时后，还是卷着而且失色的；第三天，确实都已死亡。另2片浸在更浓的1份酸兑50份水的溶液中；1小时15分钟内，腺体白到像瓷釉，正像开水烫过的情形；只有极少几条有卷曲；但4小时后，所有触毛都卷了。洗过，换纯水浸，第二天早上，都已死亡。同浓度(1份兑50份)溶液半量滴，滴在5片叶的中央盘上；21小时后，所有外缘触毛都卷了，叶似乎颇受伤害。我还用席勒混液(Scheele's mixture；其中含无水氢氰酸4%)的极小滴$\left(\text{约}\frac{1}{20}\text{量滴或}0.00296\text{毫升}\right)$和一批腺体外的分泌液珠接触；这些腺体先变成鲜红，3小时15分钟后，它们所在的触毛约有$\frac{2}{3}$发生了卷曲；并且保持了2天，这时，它们似乎死了。

酸类作用的总结 酸类显然有强烈引起触毛卷曲的倾向[①]；因为试过的24种酸中，就有19种有迅速或强有力的作用，至少也是缓慢和轻微。这是很可注意的，因为凭味觉判断，多数植物的汁液比实验中所用的酸还酸得多。这许多酸对毛毡苔都有强大效应，就让我们推想，毛毡苔及其他植物组织天然含有的某些酸，在它们的生活调度中，必定有某些重要作用。在5种不引起触毛卷曲的酸中，有一种是可疑的，因为尿酸确实有轻微作用，并且导致了大量黏液的分泌。单是味觉上感到酸，并不成为它对毛毡苔作用的判别标准，例如酒石酸和柠檬酸都很酸，但它们不引起卷曲。酸类能力间的差别很大，值得考虑。例如盐酸，远比同浓度的氢碘酸等为弱，而且无毒。这是很可寻味的，盐酸在动物的消化过程中，占有极重要地位。甲酸引起轻微卷曲，而且无毒，醋酸的作用则迅速而强大，并且有毒。苹果酸作用轻微，柠檬酸、酒石酸无效应。乳酸有毒，突出的是它在很长的时距后才导致卷曲。最使我惊讶的，莫过于苯甲酸，溶液淡到仅仅刚有微弱酸味，作用却如此迅速而且毒性如此高；我听说它对动物没有什么显著效应。看一看这段讨论前面的表，可以发现多数酸都有毒，而

---

① 据富尼埃(Fournier)在所著《显花植物的受精》(*De la Fécondation dans les phané rogames*，1863，61页)中说，把醋酸、氢氰酸、硫酸，滴在小檗(*Berberis*)雄蕊上，立即引起闭合，但水滴没有这种能力；我可以证实后一事实。

且毒性往往很强。稀酸常引起外渗[①]，这许多酸对毛毡苔的有毒作用，可能与这种能力有关，看到浸叶的各种溶液常常变成粉红，而腺体则常褪色或变白，就可以知道。多种有毒酸，如氢碘酸、苯甲酸、马尿酸、石炭酸（可惜我忽略了，没有把所有各种酸的情况都记下）引起大量黏液的分泌，以至于把它们从溶液中取出时，会有黏稠物质像长丝一样从叶上拖下来。另一些酸，如盐酸和苹果酸，没有这种倾向；这两种酸也不使溶液染成粉红，叶也不显中毒现象。另一方面，丙酸虽有毒，却不引起分泌黏液，但周围液体变得微红。最后，像多种盐液一样，叶在有些酸液中浸过再移入磷酸铵溶液时，还会受磷酸铵的作用；但另一些酸处理过的叶片，没有这种表现。这一点，我要另外谈。

---

① 见米勒的《化学初步》第一册，1867，87页。

▲ 捕获猎物的毛毡苔

第九章 某些生物碱毒物、其他物质及蒸气的效应

The effects of certain alkaloid poisons, other substances and vapous

马钱子碱的盐类——硫酸奎宁不能迅速地停止原生质运动——其他奎宁盐类——毛地黄苷——烟碱——阿托品——藜芦碱——秋水仙碱——茶碱——箭毒——吗啡——天仙子——眼镜蛇毒，显然催促原生质运动——樟脑是强烈刺激剂，其蒸气有麻醉性——某些芳香油激起运动——甘油——水和某些溶液延缓或制止后来磷酸铵的效应——酒精无毒，其蒸气有麻醉性和毒性——氯仿、硫酸乙醚、硝酸乙醚，它们的刺激作用、毒性和麻醉性——碳酸有麻醉性，不很有毒——结束语

像上一章一样，我先叙述我的实验，再对所得结果作一个总结，带上几句结束语。

醋酸马钱子碱　把 1 份碱兑 437 份水的溶液滴在 6 片叶的叶盘上，每片半量滴，即每片叶承受$\frac{1}{960}$格令或 0.0675 毫克。2 小时 30 分钟后，有些叶的外缘触毛已有些卷曲，不过方式很不规则，有时只在叶的一侧。第二天早上，即 22 小时 30 分钟后，卷曲没有增强。中央盘上的腺体变成黑色，并已停止分泌。再过 24 小时，所在中央盘腺体似乎都已死亡，但卷曲过的触毛重新伸展了，并且看上去都十分健康。这样，马钱子碱的有毒作用似乎只限于吸收了它的那些腺体；但是这些腺体仍然向外缘触毛传导了运动冲动。把同一溶液的极小滴$\left(\frac{1}{20}\text{量滴}\right)$加在外缘触毛的腺体上，有时也能引起弯曲。马钱子碱的毒力作用似乎不急速，因为用颇浓的 1 份碱兑 292 份水（2 格令兑 1 盎司）溶液的同样液滴加到几条触毛上，过了 15 分钟至 45 分钟后，再以摩擦或肉屑等使之兴奋时，并没有防止它们所在触毛弯转。用 1 份碱兑 218 份水溶液的同样极小滴，可迅速地使腺体变黑；有少数触毛还因此而发生运动，但也有不动的。不动的那些，后来用唾液润湿或给肉屑时，仍会向内弯转，虽然动作极慢；这就表明它们确已受到伤害。再浓的（浓度未经确定）溶液，有时能急剧地制止一切运动能力。例如在几条外缘触毛的腺体上搁些肉屑，等它们开始运动时，加极小滴的浓溶液。它们继续向内弯曲一段短时间，但骤然停顿了下来；而同一些叶片上的其他触毛，其腺体上带有肉屑，而没有加马钱子碱，则继续向内弯曲，不久就达到了叶中心。

柠檬酸马钱子碱　将 1 份碱兑 437 份水的溶液在 6 片叶中央盘上各滴半量滴；24 小时后；外缘触毛只有痕迹式卷曲。在其中 3 片上搁了些肉屑，但是 24 小时后，仍只有轻微而不规则的卷曲，证明叶已经大受伤害。没有给肉屑的 2 片叶，其中央腺体发干，受伤很厉害。把 1 份碱兑 109 份水（4 格令兑 1 盎司）的浓溶液极小滴加在腺体外分泌液珠表面，所生效应，还不如淡得多的醋酸盐溶液引起的那么明显。再用干的柠檬酸马钱子碱小颗粒直接加到 6 条腺体上；两条触毛朝向中心移动着，弯了不多远

◀阿帝露茅膏菜。

就停顿下来，无疑已被杀死；另 3 条弯得稍微远一些，随即也停住；一条却达到了中心。把 5 片叶各浸在 30 量滴 1 份碱兑 437 份水的溶液里面，即每片叶承受$\frac{1}{16}$格令；约 1 小时后，外缘触毛有几条卷了，腺体奇怪地出现了黑白斑点。这些腺体在 4 小时至 5 小时内变成微白而不透明，触毛细胞中原生质也聚集起来。这时，2 片叶已经强度卷曲，其余 3 片卷曲程度没有增进。各自在这种溶液中浸 2 小时和 4 小时的另 2 片新鲜叶，却没有被杀死；因为把它们移入 1 份碱兑 218 份水的碳酸铵溶液中。过了 1 小时 30 分钟，它们的触毛卷曲加强了些，而且有多量原生质聚集。另 2 片在较浓(1 份碱兑 218 份水)溶液中浸过 2 小时的叶，它们的腺体成为不透明淡粉红色，颜色不久完全消失，腺体就变成白色。这 2 片中的 1 片，叶片和触毛都强度卷曲了；另 1 片几乎没有卷；可是 2 片叶向下一直到触毛基部为止，细胞原生质都有聚集，直接在腺体下面的细胞，其球形的原生质团块显出黑色。24 小时后，一片褪色了，显然已死亡。

硫酸奎宁 在水里溶解了一些这种盐，据说它可溶解其重量的$\frac{1}{1000}$，溶液有苦味。取 5 片叶，每片用 30 量滴这种溶液浸着。不到 1 小时，有几片已有少量触毛卷曲。3 小时后，大多数腺体泛白，其余有些深色的，也有些出现了斑点。6 小时后，其中 2 片有多数触毛卷曲了，但程度不大，而且一直没有增进。将其中 1 片浸过 4 小时后取出，移入纯水中；第二天早上，已卷的触毛有些已重新伸展，表明它们并未死亡；但腺体褪色仍未恢复。另有 1 片不在这 5 片数内的，浸过 3 小时 15 分钟，经过镜检，外缘触毛和中央盘上绿色短触毛直到毛基的细胞，原生质都有强聚集；我确切见到，聚集团块颇迅速地改变着形状和位置；有些还在汇合与再分离着。我对此现象觉得诧异，因为据说奎宁能使血液中白血球失去运动能力；但据宾兹(Binz)[①]说，这是红血球不再向它们供氧的后果，故此不能期望毛毡苔发生这种停止运动的现象。腺体变了色，可以证明它们已经吸收了一些盐类；不过我最初还以为奎宁盐溶液未必会通过原生质正在活泼运动之中的触毛细胞往下传送的。后来我发现这个看法无疑是错误的，因为在奎宁溶液中浸过 3 小时的一片叶，再移入少量 1 份碳酸铵兑 218 份水的碳酸铵溶液，30 分钟内，腺体和触毛顶部细胞都变成深黑色，原生质显出一种极不寻常的外观；聚集成网状的污色团块，中间留下圆形和带角的间隙。单独

① 见《显微镜科学季刊》，1874，4 月号，185 页。

用碳酸铵处理过的材料中，我从未见过这种情况，这只能归之于先前奎宁所生作用。这种网状团块，经过一段时间观察，未发现形状继续有变化；原生质虽然受两种盐的作用时间不长，但无疑还是由它们的联合作用杀死了。

另1片叶在奎宁溶液中浸过24小时后，有些萎软，所有细胞中原生质都已聚集。聚集的团块多数已经失色，呈现颗粒状；有些是球形，有些是长条，更多的则是由小球联成的弯曲链状。没有一个团块有任何运动可见，表明它们都已死亡。

在6片叶的中央盘上滴加半量滴溶液；23小时后，有1片叶的全部触毛、有2片叶的几条触毛卷了，其余叶片无反应；这就是说，中央盘腺体受这种盐的兴奋时，不向外缘触毛传导任何强的运动冲动。48小时后，所有6片叶中心盘上的腺体都已大受伤害或简直死了。显然，这种盐很毒①。

醋酸奎宁　将4片叶各浸在30量滴的1份醋酸奎宁兑437份水的溶液中。用石蕊试纸检试，溶液不呈酸性反应。仅10分钟后，4片叶都大量卷曲，6小时后，普遍地卷了。移入水中60小时，从未重新伸展，腺体变白，叶片显然都死了。这种盐引起卷曲的效率比硫酸盐强；同样有剧毒。

硝酸奎宁　将4片叶各浸在30量滴1份硝酸奎宁兑437份水的溶液中。6小时后，简直很难找出卷曲的迹象；22小时后，有3片叶中等地卷曲，第4片微卷；这样，这种盐能引起颇慢但仍明显的卷曲。叶片移到水里浸48小时，几乎完全重新伸展，可是腺体褪色程度很大。所以，这种盐毒性并不很高。奎宁的上述三种盐，其作用这样不同，很特别。

毛地黄苷　在5片叶的中央盘上各滴1份毛地黄苷兑437份水的溶液半量液。3小时45分钟内，有几片的触毛和1片的叶片中等地卷曲了。8小时后，3片正规地卷了，第4片卷了少数触毛，第5片（1片老叶）毫无反应。它们保持这样过了2天，不过中央盘腺体颜色变淡了。第3天，叶似乎受了很大伤害。可是在2片叶上搁下肉屑，外缘触毛仍然起卷曲。将极小滴（约$\frac{1}{20}$量滴）溶液加在3条腺体上，6小时后，3条触毛全卷了，但第

---

① 宾兹在几年前[见《解剖生理杂志》(*The Journel of Anatomy and Phys.*)，1872，11月号，195页]已发现奎宁对低等植物及动物体有剧毒。在4000份血中有1份奎宁便使白血球运动停顿，白血球变成“圆形并呈颗粒状”。受奎宁毒杀的毛毡苔触毛中原生质的聚集团块，同样也呈颗粒状。很热的水也导致同一外观。

2天早上又几乎伸直了；这就表明$\frac{1}{28800}$格令（0.00225毫克）对一条触毛有作用而无毒。这些事实，总起来说明毛地黄苷能引起卷曲，能使吸收了较大分量的腺体中毒。

烟碱 用极小滴的纯液接触几个腺体外的分泌液珠，腺体立即变黑，几分钟后，触毛也跟着卷了。把2片叶浸在两滴兑1盎司水的淡溶液中。3小时20分后检视，只有1片叶上的21条触毛紧卷着，另1片有6条微卷；但所有腺体都变黑了或颜色极深；所有触毛细胞的原生质都大量聚集，变成暗色。叶片并没有完全被杀死，因为移到少量（2格令兑1盎司）碳酸铵溶液里面后，另有几条触毛卷曲了，此后24时，别无变化。

将更浓的$\left(\text{两滴兑}\frac{1}{2}\text{盎司水}\right)$溶液半液滴，分别滴加在6片叶的中央盘上，30分钟内，所有真正与溶液接触过因而变黑了的腺体的触毛都卷曲了；但却没有向外缘触毛传导运动冲动。22小时后，中央盘上腺体，大多像是死亡了，但实际却不然，因为在3条腺体上搁了些肉屑时，24小时后，外缘触毛仍有好几条发生了卷曲。这样，烟碱使腺体发黑及原生质发生聚集的倾向虽大，但除非纯用（不加水的），则引起卷曲的能力不高，引起由中央盘腺体向外缘触毛传导运动冲动的能力更小。不很毒。

阿托品 把1格令加到437倍的水中，没有完全溶解；另把1格令加到437倍的1份酒精7份水的混和物中；第3种溶液是将1份阿托品戊酸盐溶在437份水里面。将3种溶液中的每一种都滴半量滴在6片叶的中央盘上；可是除用戊酸盐处理过的中央盘腺体稍有褪色之外，毫无其他反应。用阿托品淡酒精溶液处理过的6片，过21小时后，给了些肉屑，24小时后，都颇正常地卷曲了。这样，阿托品不能引起卷曲，也无毒性。我还以同一方式试验过商品名称为曼陀罗碱而认为与阿托品无异的物质，没有见到任何反应。滴过曼陀罗碱过了24小时的3片叶，再给肉屑时，有不少内缘触毛卷曲了。

黎芦碱、秋水仙碱、茶碱 将这3种生物碱都作成1份碱兑437份水的溶液。每种都至少用6片叶，在中央盘上滴加半量滴，但除了茶碱似乎有极微弱的影响外，未见到卷曲。前面谈过，滴加冷浸茶叶浓汁半液滴，不产生反应。我也试过用药房出售的秋水仙膏浸液1份加水218份的小滴试过，观察叶子48小时，不见任何影响。7片叶滴了黎芦碱溶液，经过26小时给肉屑，21小时后正常地卷了。因此，可以说这3种生物碱都完全无毒。

箭毒 取这种著名的毒物1份，加水218份，取得滤过的溶液，用90

量滴浸着3片叶。3小时30分钟内，某些触毛有微弱卷曲；4小时后，1片叶片也微卷了。7小时后，所有腺体出奇地变黑了，表明它们吸收了某种物质。9小时后，2片的大多数触毛有小卷曲；但再过24小时，并无增进。将1片在此溶液里浸过9小时的叶子移入纯水，第二天早上，大致已伸直；另2片一直浸过24小时，移入纯水，过24小时，也都显著地重新伸展了，不过腺体仍旧很黑。在6片叶的中央盘上滴半量滴溶液，没有发生卷曲；过了3天，中央盘腺体有些发干，但料不到却并未变黑。另一回，液滴滴在6片叶中央盘上，不久就引起了显著卷曲；可是我没有把溶液过滤，浮游颗粒可能对腺体发生了作用。24小时后，我在其中3片的中央盘上搁了肉屑，第二天，它们强烈卷曲了。最初我以为这种毒物可能不溶于纯水，曾用1份箭毒溶在437份的1份酒精7份水的混合液中，在6片叶中央盘上各有半量滴。它们都没有反应，过了1天，给它们肉屑，5小时内轻微地卷了，24小时后，卷得很紧。由这些事实归结起来，箭毒溶液能引起中等卷曲。但这可能来自它所含极少量蛋白性杂质。它肯定无毒。1片浸过24小时的叶片有轻微卷曲，其细胞原生质有极轻微聚集，不比通常用水浸没同一时距所产生的多。

醋酸吗啡　我用这种物质试验了许许多多次，没有可以肯定的结果。大量叶片在1份醋酸吗啡兑218份水的溶液中浸没2～6小时，没有卷曲，它们也未中毒，因为将它们洗过再移入淡磷酸铵或碳酸铵溶液里面，不久就强度卷了，细胞原生质也如常聚集。可是如叶片浸在吗啡液中，加入磷酸铵，卷曲的发生就不那么迅速。按习惯方式将极小液滴加到腺体分泌的液珠外面，试作了30～40条触毛；6分钟后，再给肉屑、唾液或玻璃粉时，触毛的运动也大大减缓了。可是另外一些实验中，却又未见到这样的减缓。同样给的极小水滴，从不会有减缓能力。极小滴的同浓度(1份兑218份水)蔗糖溶液，有时可以减缓后来肉屑或玻璃粉的作用，有时却也没有。有一段时间我相信吗啡对毛毡苔是麻醉剂；可是当发现用某些无毒盐液及酸类浸过的叶片阻止后来磷酸铵应产生的作用，另一些溶液又无此能力时，我原来的信念似乎很可疑。

天仙子浸液　将药房出售的浸液3格令稀释在1盎司水中，再把几片叶各用30量滴的稀释液浸没。其中一片浸过5小时15分钟后，未发生卷曲，移入1格令兑1盎司的碳酸铵溶液里面，2小时40分钟后，显著地卷曲之外，腺体也变得很黑。把4片叶在稀释液中浸过2小时40分钟后，由于像以前说过，天仙子浸液中可能有某些蛋白性杂质，已略有卷曲，再移入 120 量滴 1 格令兑 20 盎司磷酸铵的溶液里面，卷曲立即增进了，1 小时后，卷曲非常明显。这就表示天仙子（对毛毡苔）并无麻醉力，也无毒害。

活蝮蛇毒牙的毒液 将极小滴毒液加到多数触毛的腺体上；它们急速地卷曲了，正像唾液所发生的作用。第二天早上，即 17 小时 30 分钟后，都开始重新伸展，看来未受伤害。

眼镜蛇毒 费雷尔(Fayrer)博士以研究这种致死毒蛇的毒素闻名，承他很愿意给了我一些干燥物，是蛋白性固体；认为它代替着唾液中的唾液素[①]。用极小滴$\left(约\frac{1}{20}量滴\right)$1 份眼镜蛇毒兑 437 份水的溶液加到 4 条腺体外分泌液珠上，每条腺体的承受量只是$\frac{1}{38400}$格令(0.0016 毫克)。重复作了另 4 条腺体。15 分钟内，8 个腺体所在的触毛，有几条如常地卷曲了，2 小时后，全部卷曲。第二天早上，即 24 小时后，还是卷着，腺体呈很淡很淡的粉红色。再过 24 小时，它们已近乎重新伸展，后一天，完全直了；但大多数腺体保持着几乎白色。

在 3 片叶的中央盘上滴了半量滴同样溶液，即每片承受$\frac{1}{960}$格令(0.0675 毫克)；4 小时 15 分钟内，外缘触毛颇多卷曲；6 小时 30 分钟后，2 片上的外缘触毛和 1 片的叶片，都已紧卷；第三片反应轻微。第二天，还保持这种状态；48 小时后，重新伸展了。

将 3 片叶各浸入 30 量滴的溶液中。每片的承受量是$\frac{1}{16}$格令或4.048 毫克。6 分钟后，已有些卷曲，卷曲继续增进着，到 2 小时 30 分钟后，3 片叶都紧卷了；腺体颜色最初略为变深，后来转而变淡；触毛细胞中的原生质部分地聚集。3 小时后，观察原生质小团块，7 小时后再观察一次，我还未在其他情况下见过它们变形有这么迅速的。8 小时 30 分钟后，腺体完全变成白色；它们没有分泌什么大量的黏液。叶子现在移入纯水中，4 小时后，重新伸展了，表明它们所受伤害不大，或者全未受伤。浸水过程中，曾观察过触毛的细胞原生质，它们总是在强烈运动中。

随后，再用 2 片叶各浸在 30 量滴浓度大得多的、1 份眼镜蛇毒兑 109 份水的溶液中，每片叶的承受量是$\frac{1}{4}$格令或 16.2 毫克。1 小时 45 分钟后，内缘触毛强卷曲了，腺体稍有褪色；3 小时 30 分钟后，2 片叶的触毛全

---

① 费雷尔博士著《印度的致死毒蛇》(*Thanatophidia of India*)，1872，150 页。

数紧卷，腺体也都白了。这样，正像许多其他的例一样，较淡溶液引起比浓溶液更迅速的卷曲，但浓溶液使腺体变色更快。浸过24小时后，检视了某些触毛，原生质还是紫色，聚集成了小球形团块的链。它们变形快得非常。共浸过48小时后，再检视，它们的运动很清楚，可以在低倍镜下看出。现在将叶移入纯水，24小时后(即开始浸没后72小时)，原生质聚集小块，成了污紫色，仍在强力运动中，不断变形，汇合，又分离。

这2片叶浸水后8小时(即开始浸没后56小时)，它们开始重新伸展，第二天早上，伸直得更多。再过1天(即开始浸没后的第四天)，大部分已伸直，但还没有完全。检视触毛，聚集了的原生质团块几乎完全解散，细胞中充满了均匀的紫色液体，只偶尔有个别的一个球形团块散在。这样，我们可以见到原生质已经完全逃出了毒素的伤害。腺体不久褪色到全白，使我想到它们的质地可能发生过改变，阻止了毒素透到下面细胞中，所以下面细胞的原生质就丝毫没有受到影响。因此，我将另1片在毒液中浸过48小时随后又用水浸过24小时的叶，移到少量1份碳酸铵兑218份水的碳酸铵溶液里面；30分钟内，腺体下面的细胞中的原生质已变成深色，24小时中，触毛从头到基部，都充满了暗色球形团块。这样，可以证明腺体还没有失去它们吸收碳酸铵的能力。

这些事实宣示了对动物致死的眼镜蛇毒，对毛毡苔毫无毒性；不过它能引起触毛迅速而强烈地卷曲，而且很快地使腺体放出色素。它似乎还是原生质的一种刺激剂，因为我积累了观察毛毡苔运动的相当经验，没有在另外任何事例中见到过有这么活泼的状态。因此我急于想知道这种毒素对动物原生质的影响；费雷尔博士愿意为我们作一些观察，后来他发表了[①]。把蛙口腔中的纤毛表皮细胞搁在0.03克干物兑4.6毫升水的溶液中，用清水浸的作为对照。溶液中细胞纤毛的运动初时有些加强，随即弛缓下来，在15～20分钟之间，完全停止；水浸的却还在活泼运动。蛙血的白血球，两条纤毛虫的纤毛，一只草履虫、一个团藻(*Volvox*)，都有相似的中毒现象。费雷尔博士还发现，蛙的肌肉在溶液中浸20分钟后，失去感应力，这时对强电流无反应。另一方面，对珠蚌(*Unio*)外套膜上纤毛的运动，尽管在溶液中浸过较长时间，也还并不是经常有抑制作用。总的说来，眼镜蛇毒对高等动物原生质的伤害作用远远大于对毛毡苔。

---

① 见《皇家学会会报》，1875，2月18日。

还有一点值得记住。我偶尔见到过，腺体周围的分泌液珠，会由某些溶液尤其是某些酸类的作用变混浊。液珠表面生成一层膜；但从未见过有像眼镜蛇毒所引致的那么明显。用较浓溶液时，10 分钟内液珠变成像小颗圆形白云。48 小时后，液珠变成了膜状物质的丝条与片幅，夹杂着大小不等的一些小颗粒。

樟脑 把一些刮下来的樟脑屑在一瓶蒸馏水里存放 1 天，然后过滤。这样制备出来的溶液，认为含有其重量$\frac{1}{1000}$的樟脑，也确有樟脑的味道和气味。在这样的溶液中浸了 10 片叶；15 分钟后，5 片已有常态卷曲，2 片在 11 分钟和 12 分钟内表现了运动的初步迹象；第 6 片直到 15 分钟才开始，但 17 分钟后，已约略达到常态卷曲，24 分钟后卷紧了；第 7 片，17 分钟时开始动，26 分钟后，全部关闭。第 8、第 9、第 10 这 3 片是暗红色的老叶，浸了 24 小时尚无反应；可见用樟脑作实验时，必须排除这类老叶。留在液中 4 小时后的几片叶，变成了颇污的粉红色，分泌了大量黏液；虽然它们的触毛紧卷，细胞内原生质却没有任何聚集。另一例，在浸过 24 小时后，出现了明显聚集现象。用 1 盎司水加两滴樟脑酒精所制备的溶液，对 1 片叶未发生作用；而 1 盎司水加 30 量滴樟脑酒精制备的，使 2 片同浸着的叶有反应。

沃格尔(Vogel)先生曾经指出[①]，多种植物的花，插在樟脑溶液中比在水中凋谢得慢些；如已经微有萎谢，也可以较快恢复。某些种子的萌发可以由樟脑溶液促进。这就表明樟脑对植物有刺激剂的作用，而且是唯一的已知植物刺激剂。因此，我希望确定樟脑能否使毛毡苔变得对机械刺激比天然状态更敏感。将 6 片叶在蒸馏水里浸了 5～6 分钟，在它们仍在水下时，用一枝软的骆驼毛笔轻刷两三下，没有引起运动。将 9 片叶在上述樟脑溶液中浸了表中所记时距后，用同一枝笔轻刷一下，结果见下表。我第一次的尝试是叶还在溶液中留着时刷的，后来我想到，这样会把腺体周围黏液珠刷掉，可以增大樟脑作用的效果。因此，表中所记都是先把每片叶从溶液中取出，在水里摆动约 15 秒钟后，另换水浸，然后再刷，所以刷动不会使樟脑有更容易浸入的机会；可是这样处理对结果并未产生差异。

---

① 见《园艺学者记事》，1874，671 页。1798 年巴顿(B. S Barton)有过近似的观察。

叶号码	在樟脑溶液中浸没的时间	由受刷到触毛卷曲中间经历的时间	从浸入溶液到触毛发生初步卷曲表征之间的时距
1	5 分	3 分，显著卷曲；4 分，除三、四条外全部卷曲	8 分
2	5 分	6 分，有卷曲的初步表征	11 分
3	5 分	6 分 30 秒，卷曲迹象；7 分 30 秒，明显卷曲	11 分 30 秒
4	4 分 30 秒	2 分 30 秒，迹象；3 分，明显；4 分，强卷曲	7 分
5	4 分	2 分 30 秒，迹象；3 分，明显	6 分 30 秒
6	4 分	2 分 30 秒，确凿卷曲；3 分 30 秒，非常显著	6 分 30 秒
7	4 分	2 分 30 秒，轻微卷曲；3 分，明显；4 分，突出	6 分 30 秒
8	3 分	2 分，轻微；3 分，显著；6 分，强度	5 分
9	3 分	2 分，迹象；3 分，显著；6 分，强度	5 分

另外一些叶片留在溶液中不刷动；其中之一，11 分钟后显出卷曲迹象；第 2 片，12 分钟；另 5 片，直到 15 分钟后，还有两片，更迟几分钟。另一方面，从上表右边的一纵行，可以看出，再经过刷动的，大多数叶子在更短的时距内卷曲。有几片触毛的运动，迅速到可以用低倍放大镜清楚地看见。

还有两三个实验值得提出：用一大片老叶在溶液里浸过 10 分钟，似乎不会很快就起卷曲；我刷它一下，2 分钟开始动，3 分钟闭紧了。另一片浸了 15 分钟，没有运动表征，刷一下，4 分钟内，大大卷曲。第三片，浸了 17 分钟，不显示卷曲表征，刷一下，1 小时后还不动；这是不动的了。再刷一下，9 分钟之后，几条触毛卷了；因而也还不是完全不动。

可以作这样的结论：在溶液中的小剂量樟脑，对毛毡苔是一种强力刺激剂。它不仅激发触毛卷曲，并且还使腺体变得对不能单独引起运动的小触动更敏感。或者说，不够引起卷曲但能产生运动倾向的轻微机械刺激，可以助长樟脑的作用。在我看，如果不是沃格尔先生先指出樟脑是多种植物和种子在其他方面的刺激剂，后一种假定更可能。

两个长有 4～5 片叶的植株根搁在一小杯水里面，与一颗樟脑（大约像一颗榛子那么大）同放在一个容量为 10 盎司的罩里面，使植物受樟脑蒸气的作用。10 小时后，未见卷曲，但腺体分泌量似乎加大了。叶已麻醉，因为在 2 片叶上搁上肉屑，3 小时 15 分钟后尚无卷曲；过了 13 小时 15 分钟，仍只有几条外缘触毛有轻微卷曲；不过，这一点点运动，毕竟证明了叶受樟脑蒸气熏 10 小时还是未被杀死。

页蒿子油　据说水能溶解其重量千分之一的页蒿子油。将一滴油加到 1 盎司水中，搁在瓶子里过了 1 天，中间摇动多次；但还有许多小滴没有溶解。在这样的混合液中浸了 5 片叶；4～5 分钟后，有些卷曲；再过 2、3 分钟，有中等显著的卷曲。14 分钟后，所有 5 片叶都常态地卷了，有些还卷得紧密。6 小时后，腺体全白，分泌了许多黏液。叶现在萎软了，颜色特别纯红，显然已经死亡。其中 1 片叶浸过 4 分钟后，像用樟脑处理的方式刷了一下，没有产生效应。一颗根在水中的植株，罩在容量为 10 盎司的容器中用页蒿子油蒸气熏过，1 小时 20 分钟后，1 片叶有卷曲迹象。5 小时 20 分钟后，除掉罩，检视叶片；1 片的触毛紧卷了，第 2 片一半紧卷，第 3 片都半卷了。在大气中搁了 42 小时，没有一条触毛伸直，所有腺体似乎都死了，只有几个散在的，还在继续分泌。显然这种油对毛毡苔有高度激发作用，也有毒。

丁香油　像页蒿子油一样制成溶液，浸了 3 片叶。30 分钟后，只有一点卷曲痕迹，但是不再增进。1 小时 30 分钟后，腺体失色，6 小时，全白。叶无疑已受严重伤害或已死。

松节油　在叶中央盘上滴加小滴，叶被杀死；小滴杂酚油的作用也一样，把一棵植株罩在内壁涂有 12 滴松节油的 340.8 毫升容器中 15 分钟，触毛不显运动。24 小时后，植株死亡。

甘油　在 3 片叶的中央盘上，每片滴半液滴；2 小时后，有些外缘触毛不规则地卷了，19 小时内，叶萎软了，显然已死；碰上了甘油的腺体，都变成无色。极小滴（约$\frac{1}{20}$量滴）加到几条触毛的腺体外面，几分钟后，它们运动着，不久达到了叶心。将 4 滴甘油滴入 1 盎司水中，作成混合液，把同样的极小滴加到腺体上；但是只有少数几个触毛运动，并且很缓慢和轻微。将半液滴同一混合液滴加到几片叶的叶盘上，48 小时后仍无卷曲，出乎我意料之外。给它们肉屑，第二天，尽管中央盘腺体有些几乎完全失掉颜色，但都常态地卷了。在同一溶液中浸了 2 片叶，只浸 4 小时，它们没有卷曲；此后，移到 1 格令兑 1 盎司水的碳酸铵溶液中，2 小时 30 分钟后，腺体都变黑，触毛卷曲，细胞中原生质起了聚集。从这些事实看来，1 盎司水中加 4 滴甘油的混合液无毒，只能激起小卷曲；但纯甘油有毒；只用极小滴加在外缘触毛腺体上，可以引起卷曲。

在水及各种溶液中浸没，对后来磷酸铵或碳酸铵所起作用的效应

在第三章和第七章我们谈过，用蒸馏水浸没一些时间，尤其是对曾在较高温度中经过一段时间的植株，能引起原生质聚集与少量卷曲。水不能激发大量分泌黏液。现在，我们要考虑浸在各种液体里对后来铵盐及其他刺激剂所起作用发生的效应。把4片叶水浸24小时后，给肉屑，它们并不起捕捉运动。把10片叶同样浸水后，在强力的磷酸铵溶液（1格令磷酸铵兑20盎司水）再浸24小时，只有1片有微弱卷曲迹象。其中3片继续在磷酸铵溶液里过1天，还是不起反应。可是，最初曾用水浸过24小时，又在磷酸铵溶液里浸了24小时的叶，再移到碳酸铵（1份碳酸铵兑218份水）溶液里，几小时后，触毛细胞原生质聚集很厉害，表明碳酸铵已被吸收并发生了效应。

水浸20分钟没有阻滞后来磷酸铵或玻璃碴对腺体的作用；但是有两例，50分钟的水浸制止了樟脑溶液所能发生的效应。把几片叶在1份白糖兑218份水的溶液中浸没20分钟，随后将叶片浸在磷酸铵溶液里，后一溶液的作用延缓了；但白糖与磷酸铵混和溶液对后者的效应却无丝毫干扰影响。3片在糖液中浸了20分钟的叶，再移入碳酸铵（1份碳酸铵兑218份水）溶液；2～3分钟内，腺体立即变黑，7分钟后，触毛卷曲显著；这样，糖液虽能延缓磷酸铵的作用，却不影响碳酸铵的效应。在阿拉伯胶液浸20分钟，不减缓磷酸铵的作用。将3片叶在1份酒精兑7份水的混合液中浸20分钟，再移到磷酸铵溶液里面；2小时15分钟内，1片有卷曲迹象，5小时30分钟后，第2片有轻微卷曲；以后都有缓慢的增强。这样，淡酒精几乎是无毒的（下面我们还要另外谈及），但也分明延缓了后来磷酸盐的作用。

在前一章中我们说过，在各种盐类和酸类浸液中浸了1天而不起卷曲的叶，移到磷酸铵溶液中后所起反应，彼此大有不同。现在把那些结果总结如下表。

溶液中的盐类或酸类名称	在1份盐（酸）兑437份水的溶液中浸没过的时距	后来再在1份磷酸铵兑8750份水（1格令兑20盎司）的溶液中浸没至所述时间后对叶片所产生的效应
氯化铷	22小时	30分钟后，触毛强烈卷曲
碳酸钾	20小时	5小时以前几乎无卷曲可见
醋酸钙	24小时	24小时后，极轻微卷曲
硝酸钙	24小时	同上
醋酸镁	22小时	有些轻微卷曲；24小时变得明显
硝酸镁	22小时	4小时20分钟后，颇有些卷曲，以后再未增加
氯化镁	22小时	几分钟后，大量卷曲；4小时后，所有四片叶的几乎每条触毛都紧卷
醋酸钡	22小时	24小时后，四片叶中有两片轻微卷曲

续表

溶液中的盐类或酸类名称	在1份盐(酸)兑437份水的溶液中浸没过的时距	后来再在1份磷酸铵兑8750份水(1格令兑20盎司)的溶液中浸没至所述时间后对叶片所产生的效应
硝酸钡	22小时	30分钟后,一片大量卷曲;另两片中等卷曲;这样保持了24小时
醋酸锶	22小时	25分钟后,两片大量卷曲;8小时后第三片中等卷曲,第四片微卷,四片都保持这样24小时
硝酸锶	22小时	8小时后,五片中有三片中等卷曲;24小时后,五片都是这种状态,但无紧卷的
氯化铝	24小时	在氯化铝溶液里受轻微影响或未受影响的三片叶,7小时30分钟后颇紧地卷曲了
硝酸铝	24小时	25小时后,轻微而可疑的效应
氯化铅	23小时	24小时后,两片稍有些卷曲;第三片极少;以后继续保持这样
氯化锰	22小时	48小时后,无任何卷曲
乳酸	48小时	24小时后,少数几条触毛有卷曲迹象;它们的腺体未被杀死
鞣酸	24小时	2小时后,无卷曲
酒石酸	24小时	同上
柠檬酸	24小时	50分钟后,触毛确凿地卷了;5小时后,强度卷曲;这样保持24小时
甲酸	22小时	直到24小时后才观察;触毛显著卷曲,原生质聚集

在这20个例中,大多数情形是磷酸铵能缓慢地引起程度不同的卷曲。但也有4个例卷曲很迅速,在少于半小时乃至至多50分钟就出现了。还有3个例,磷酸铵根本无作用。我们从这些事实里面,能作出什么推论?从10次尝试,我们知道,蒸馏水浸24小时阻止后来磷酸铵的作用。因此,氯化锰、鞣酸和酒石酸这几种无毒物质的溶液,作用似乎也只有和蒸馏水一样,因为磷酸铵后来对用这3种溶液浸过的叶片也无影响。其他溶液大多数在一定程度上和水的作用相同,因为磷酸铵后来再作用颇长一段时距,仍只能产生很轻微的影响。另一方面,在氯化铷、氯化镁、醋酸锶、硝酸钡和柠檬酸的溶液中浸过的叶片,很快就受到了磷酸铵的作用。那么,是不是叶片仍从这些淡溶液中吸收了水,但是由于这些盐的存在,却不能

阻止磷酸铵后来发生影响？或者，我们可不可以假定[①]，腺体细胞壁上的小间隙被这 5 种物质的分子堵塞了，因此水也没有透进去？因为我们由 10 次尝试知道，水如透入后，磷酸铵就不会产生什么作用。此外，碳酸铵分子似乎容易很快地进到腺体中去。这些腺体由于在糖液中浸过 20 分钟，吸收磷酸铵或受它的作用很缓慢。可是，另一方面，不管用什么方式处理过的腺体，对后来遇到的碳酸铵分子，都似乎容易让它们透入。例如在 1 份硝酸钾兑 437 份水的硝酸钾溶液中浸过 48 小时、硫酸钾中浸过 24 小时，氯化钾中浸过 25 小时的叶片，再移到 1 份碳酸铵兑 218 份水的碳酸铵溶液里面，腺体会立即变黑，1 小时后，触毛有些卷曲，原生质也起聚集。要确定各种溶液对毛毡苔所产生的极其多种多样的影响，将是一种无穷尽的工作。

酒精　(1 份酒精兑 7 份水)曾经谈过，把这样浓度的混合液加半量滴到叶中央盘上，不引起什么卷曲；2 天后，给肉屑时，它们会强力卷曲。在这种混合液中浸 4 片叶，30 分钟后，像在樟脑溶液中的叶一样，用骆驼毛笔刷动其中 2 片，未产生效应。4 片持续在淡酒精中浸 24 小时，也没有任何卷曲。取出来后把 1 片浸在生肉浸液里，另 3 片的叶柄插在水中，中央盘上搁了肉屑。第二天，3 片中的 1 片似乎受了伤害，另 2 片也只有轻微卷曲。可是我们应记住，用水浸过 24 小时的叶片，也不会捕捉肉屑的。这样，这种浓度的淡酒精并无毒性，也不会像樟脑那样刺激叶片。

酒精蒸气的作用大不相同。将一棵有 3 片好叶的植株和盛在表玻璃中的 60 量滴酒精一同罩在一个容量为 19 盎司的容器里，没有发生运动；但少数腺体变黑了，皱缩了，其他多数腺体褪了色。这些变化了的腺体，分布毫无规律，使我想到碳酸铵蒸气熏蒸后腺体受影响的情况。去掉罩，主要选择保持原来颜色的那些腺体，立即在腺体上给它肉屑。可是此后 4 小时内没有一条触毛卷曲。2 小时后，所有触毛上的腺体都开始发干；第二天早上，即 22 小时后，3 片叶看来都似乎已死，腺体干燥；只有 1 片叶上的触毛发生部分卷曲。

---

①　特劳卜(M. Traube)博士关于人造细胞(模型)及其对各种盐类透性的奇妙实验。见他所发表的《为细胞结构及内渗学理所作实验》(*Experimente zur Theorie der Zellenbildung und Endosmose*，Breslau，1866)及《为细胞质膜结构及其内嵌生长的物理学解释所作实验》(*Experimente zur physicalischen Erklarung der Bildung der Zellhaut，ihres Wachsthums durch Intuss usception*，Breslau，1874)。这些研究也许可以解释我的结果。特劳卜博士常用的膜，是明胶溶液遇到鞣酸时所发生的一层沉浮。让硫酸钡在膜生成时并合沉淀，则膜为这种盐所“渗入”；结果在明胶沉淀物中，夹杂有硫酸钡分子，原有膜的分子间隙，(由填充)而变小了。发生了这样变化的膜不再让硫酸铵或硝酸钡通过，但水和氯化铷的透性仍旧保存。

第2棵植株和盛有酒精的表玻璃一同罩在12盎司的容器里只5分钟就在多条触毛的腺体上搁些肉屑。10分钟后，有一些已开始向内弯曲，55分钟后，几乎所有（处理过的）都显著地卷了，但也有少数不动。可能有些麻醉效应，不过不能肯定。第3棵植株也用同一容器罩了5分钟，罩的内壁先用大约10多滴酒精润湿过。向多条触毛的腺体加肉屑，其中有些在25分钟内开始运动；40分钟后，大多数都有些卷曲；1小时10分钟后，几乎全部显著地卷了。运动的缓慢无疑表明这些触毛的腺体已经由于被酒精蒸气熏5分钟而失去感觉一段时间。

氯仿蒸气　氯仿蒸气对毛毡苔的作用变化不定，我猜想它随植株的健康、年龄或其他未知条件而不同。有时引起触毛作极迅速的卷曲，有时不能产生这种效应。腺体有时变得对生肉的作用无感觉，有时无这种效果，或虽有而很轻微。一个植株承受小剂量时可以恢复，遇着大剂量容易死亡。

将一棵植株和8滴氯仿一同罩在容量为19盎司(539.9毫升)的钟罩下，过了30分钟，在除掉罩之前，大部分触毛已经卷曲很大，不过没有达到叶中心。除去钟罩后，向已经向内弯曲的触毛上的腺体搁些肉屑；6小时30分钟后，这些腺体变黑颇深，不过运动没有增进。24小时后，叶看来已经死亡。

改用容量12盎司(340.8毫升)的较小钟罩，只给两滴氯仿，一棵植株搁了90秒钟。移去钟罩时，所有触毛都向内弯曲到直立起来，其中有些简直可以看到在以极大的速度运动，一下一下往内倾倒，方式非常不自然；可是都没有达到叶中心。22小时后，它们完全重新伸展了，腺体上搁肉屑或用针粗暴触动时，立即卷曲；这些叶，并未受任何伤害。

另一植株仍用同样较小钟罩罩着，氯仿分量（增加到）3滴，不到2分钟，触毛都向内急速地一颠一颠弯曲。除去钟罩，再过2—3分钟，所有触毛几乎都达到了叶中心。还有几回试验，蒸气都没有激起这种运动。

氯仿使腺体后来对肉屑的作用不敏感，其程度和方式变化都极大。刚提到用3滴氯仿气熏2分钟的植株，有几条触毛只弯曲到刚刚直立；在这些触毛的腺体上搁下肉粒，5分钟后引起它们再开始运动，可是动得很慢，直到1小时30分钟后，才达到叶心。另一同样受3滴氯仿熏2分钟的植株，它们刚动到直立的触毛的腺体接受肉屑后，有1条在8分钟内开始向内弯，以后却动得很慢；另一些触毛，则一直保持40分钟未起运动。可是，从给肉屑时算起，过了1小时30分钟，所有触毛都达到了叶心。在这个例子中，显然已有轻微的麻醉效应。第二天，植株完美地恢复了。

另1株有2片叶的植株和两滴氯仿在19盎司的容器中罩了2分钟，移出来检视；又让它和另两滴氯仿同罩了2分钟；取出来，再和3滴共罩了3分钟；这样，它间歇地在空气与7滴氯仿蒸气中过了7分钟。在2片叶的13条腺体上搁上肉屑。1片叶的一条触毛在40分钟内开始运动，另两条在54分钟内动了。另1片有几条在1小时11分钟内开始动。2小时后，2片叶的多数触毛都卷了，但这段时间内都未达到叶心。在这个例中，氯仿无疑地已对叶片发挥了麻醉影响。

另一方面，另一植株在同一容器中受两倍量的氯仿作用了长得多的时间，即20分钟。在许多触毛腺体上搁了肉屑，除去一条之外，所有这些触毛都在13分钟至14分钟之间达到了叶心。在这个例中，麻醉作用极小或者竟未产生。如何调和这样不和谐的结果，我不知道。

硫酸乙醚蒸气 使一植株在19盎司的容器中受30量滴的硫酸乙醚的熏蒸30分钟；随后在许多已褪色的腺体上搁生肉屑，没有一条触毛动过。6小时30分钟后，看上去叶很不正常，中央盘腺体几乎干燥。第二天早上，许多触毛，连所有搁过肉屑的在内，都已死亡，这就表明，腺体从肉屑里吸收的物质，增大了蒸气的有害作用。4天后，这棵植株死了。另一植株在同一容器中，受40液滴作用15分钟。1片幼小的嫩叶上所有触毛都卷了，看来受了颇大伤害。在其余2片老些的叶片上的一些腺体上，搁了肉屑。6小时后，这些腺体干了，似乎已受伤；触毛除了一条后来略有卷曲外，都未运动。其余触毛的腺体还在继续分泌，似乎未受伤；但3天之后，整个植株变得极弱。

上面两个试验，剂量显然太大，到了有毒的程度。小些的剂量也和氯仿一样，麻醉效果不定。一棵植株，在12盎司的容器中，受10滴作用5分钟后，向多数腺体给了肉屑，直到40分钟，还没有一条处理过的触毛开始动；40分钟后，好几条很快地运动起来，再过10分钟，已有2条达到了叶心。从给肉时起，2小时12分钟后，所有触毛都到达叶中心上。另一有2片叶的植株，在同一容器让更多的醚作用了5分钟，在好几个腺体上放上肉屑。每片叶上都有一条触毛在5分钟内开始弯曲，12分钟内，一片叶有两条，第二叶有一条触毛到达叶心。给肉后30分钟，给肉和没有给的全部触毛都已紧卷；硫酸乙醚显然刺激了这些叶，使它们的触毛全都弯曲。

硝酸乙醚蒸气 这种蒸气似乎比硫酸乙醚蒸气更有害。在12盎司容器中的表玻璃内用8滴液体熏一植株，过了5分钟，我明白地见到有些触毛在揭去罩以前就开始向内弯了。除掉玻璃罩后，立即在3条腺体上放上肉屑，但18分钟内未见运动。把这植株再罩上，用10滴醚熏了16分钟。所有触毛都未动，第二天早上，给了肉的还保持原位置。48小时后，1片叶似乎还健康，另一片则受到很大的伤害。

另一棵长有2片叶子的植株在19盎司的罩中受10液滴醚熏6分钟；随即在2片叶的多数触毛腺体上搁下肉屑。36分钟后，1片上的几条卷了，1小时后，给过肉的和未给的几乎全数都达到了叶心。另一片叶的腺体，1小时40分钟后开始发干，几小时后，连一条触毛都未动；但第二天早上，即21小时后，许多触毛卷了，可是似乎都受伤很厉害。在这个试验和前一个试验中，由于叶都受了伤，究竟已否产生麻醉效应，还可怀疑。

第3棵植株长有2片好叶子，在19盎司的罩中受6滴蒸气作用了4分钟。在1片叶7条触毛的腺体上给了肉屑；1小时23分钟后，有一条触毛动了；2小时3分钟后，几条卷了；3小时3分钟后，所有7条给了肉的都如常地卷了。这些运动缓慢，说明叶片在一段时间内已变得对肉的作用不敏感。第2片叶受到的影响颇为不同；向5条触毛的腺体给了肉屑，28分钟内，3条略有卷曲；1小时21分钟后，1条达到了叶心，其余两条仍是略卷；3小时后，这两条卷多了一些；但是一直到5小时16分钟后，5条都还没有达到叶心上。虽然有几条运动开始得较早，但是后来进度很慢。第二天早上，20小时后，2片叶上大多数触毛都已紧卷，可是不完全有规律。48小时后，两片看上去都未受伤害，触毛则仍旧卷曲着；72小时后，1片几乎已死，另一片则正在重新伸展与恢复。

碳酸　在一个容量为122盎司的钟罩里充满了碳酸气，罩着一个植株，搁在水面以上；我事先没有考虑到水吸收这种气体，所以实验后期，不得不输入一些空气。作用2小时后，把植株取出，向3片叶的腺体上搁了些生肉屑。其中1片有一些下垂，最初稍微有点浸在水里，后来水吸收了碳酸气而在钟罩内上升时，就完全把它淹没了。这片叶上给了肉屑的腺体，2分30秒钟内已如常卷曲，也就是说，是正常情况中的速率；因此我没有记起这片叶由于（水的）保护没有受到碳酸气作用，而且还可能由继续抽进的水里面吸收一些氧，就错误地下结论，以为碳酸气不会产生什么效果。另外2片叶上，载有肉屑的触毛，表现就和第一片大不相同。其中2条，在1小时50分钟（都从肉屑搁在腺体上的时候算起）内略有运动，2小时22分钟内，已明显卷曲，在3小时22分钟达到叶中心。另3条在2小时20分钟过后才开始动，但在同一时距即3小时22分钟内，也达到了叶心。

这个实验重复过多次，结果近乎全同，只是（由搁下肉屑到）触毛开始运动之间的时距，有些变化。我只再举一个例：一株植株在同一容器内受45分钟的碳酸气作用，随后在4条腺体上搁下肉屑。可是这些触毛，一直过了1小时40分钟还没有动；2小时30分钟后，4条都如常卷了；3小时后，都达到了叶心。

下面所述的一个奇特现象，曾偶尔（但不是经常）出现过。1棵植株浸没了2小时，在一些腺体上搁了肉屑。13分钟后，1片叶上的全部内缘触毛都显著地卷了；载肉屑的并不比没载的多卷一点。第二片较老的叶，载肉的和少数不载的触毛，中等地卷曲着。第三片根本没有给肉屑，可是全部触毛都卷得紧紧的。这种运动，我认为可以归之于吸收了氧而引起的兴奋。最后1片没给肉的叶，24小时后完全重新伸展了；其他2片，则全数触毛都紧卷到这时已送到叶心的肉屑上。这就是说，这3片叶所受碳酸气的影响，到24小时以后，已完全解除。

另有一回，几株健壮植株在碳酸气中停留2小时后，立刻给些肉屑。它们回到正常空气中12分钟后，大多数触毛弯曲到直立或近直立的位置，但方式极不规律，有些只在叶的一侧，有的在另一侧。它们这样保持了一段时间；载肉屑的那些触毛，最初并不比未载的动得快也不更近于叶心。可是2小时20分钟后，载有肉屑的开始动作，并且一步步继续向内弯曲，直到达到叶心。第二天早上，即22小时后，所有这些叶上的触毛都紧紧地缠在已达到叶心的肉屑上；那些没有给过肉的叶上，直立和近乎直立的触毛则已经完全重新展开。可是后来再用淡碳酸铵溶液来检证其中1片叶时，就发现它们并没有在22小时中完全恢复兴奋力和运动能力；不过另外1片叶，再过24小时后，在叶中央盘上放一只蝇子时，从它缠绕的方式判断已经完全恢复。

我还要再谈一个试验。1株植株在受碳酸气作用2小时后，取下1片叶，再从另一植株上取下1片新鲜叶，同时浸入颇浓的碳酸铵溶液中。新鲜叶的触毛，大多数在30分钟内卷曲了；而碳酸气作用过的，在溶液中停留了24小时未起大变化，只有两条触毛卷了。显然这片叶几乎完全瘫痪，制备溶液的蒸馏水，可能含氧极少，所以在溶液中停留这么久也还未能恢复。

以上各种药剂作用效果的总结 腺体兴奋后，既能向周围触毛传出某些影响，引起它们卷曲，并且它们的腺体分泌出增大了分量、改变了性质的分泌液，我就急于想确定叶中是否包含带有神经组织性质的某些成分，尽管不连续，却能作为传导的通路。这种想法引起我尝试一些对动物神经系有强力影响的生物碱及其他物质。我最初试用马钱子碱、毛地黄苷和烟碱对神经系中有作用的这 3 种，发现它们对毛毡苔有毒，并且引起了一定量的卷曲，得到了鼓励。另外，对动物致死的毒药氢氰酸，也引起了触毛的急速卷曲。可是一些无害的酸，如苯甲酸、醋酸等和一些挥发油、尽管稀释程度很高，对毛毡苔却极有毒，而且能引起急剧强烈卷曲，而马钱子碱、毛地黄苷、烟碱乃至于氢氰酸所以引起卷曲，似乎作用并不在于兴奋了在任何方面和动物神经细胞相类似的成分。如果叶中有这样的成分，则吗啡、天仙子、阿托品、黎芦碱、秋水仙碱、箭毒素和淡酒精也应当产生某些显著效应；可是这些物质既无毒性，也无能力（或至多仅有微弱能力）引起卷曲。还得提出，箭毒素、秋水仙碱、黎芦碱都是肌肉毒物，它们只作用于与肌肉有特殊联系的神经，因此预料中也不会对毛毡苔有效应。眼镜蛇毒对动物是最强的致死毒物，使神经中枢瘫痪[①]，可是它对毛毡苔毫无毒性，只能急速引起强烈卷曲。

上述这些事实，尽管说明着某些物质对动物及毛毡苔的健康或生命上所生效应有多么大的差异，但是另一些物质的作用却有一定程度的平行。我们谈过，钠盐和钾盐之间的区别，两方面相似得惊人。再有，多种金属盐和酸类，像银、汞、金、锡、砷、铬、铜、铂等的化合物，对动物有大毒的，对毛毡苔也一样。可是一个特殊的事实是氯化铅和两种钡盐，对这植物无毒。同样奇怪的是醋酸和丙酸很毒，而相近的甲酸却不毒；另外，某些植物酸，如草酸和苯甲酸，虽然毒性颇强，而没食子酸、鞣酸、酒石酸、苹果酸（和上面那些酸同等浓度）等又无毒性。苹果酸诱起卷曲，而其他 3 种植物酸没有同样能力。看来，毛毡苔需要专有一个药典来记述不同物质的这些多种多样的效应[②]。

试用过的生物碱和它们的盐中，有几种没有任何引起卷曲的能力；还有一些虽然由腺体的变色可以证明已被吸收，但诱致卷曲的能力却很低，还有一些，如醋酸奎宁和毛地黄苷等，则能引起强度卷曲。

---

① 见费雷尔博士的《印度的致死毒蛇》，1872，4 页。

② 醋酸、氢氰酸、铬酸、醋酸马钱子碱、乙醚蒸气对毛毡苔有毒，兰塞姆（Ransom）博士[见皇家学会《哲学讨论》（*Philosoph. Transact*），1867，480 页]用浓度高得多的这些物质溶液时，所得结果很值得注意，即梭子鱼卵“卵黄的节律性收缩，不受任何一种这些毒物的深重影响，除了氯仿和碳酸气之外，它们都不起直接化学作用”。有几位作家说箭毒素对“内肉质（sarcode）或原生质无影响，我们上面谈过，箭毒素虽然可引起某些卷曲，但只引起很少的原生质聚集。

本章所述各种物质对腺体颜色的影响。彼此大不相同。腺体(受它们作用时)，一般是先变暗，然后变得很淡很淡，以至于白色，例如眼镜蛇毒和柠檬酸马钱子碱，这种过程非常明显。另一些例则一开始就变成白色，就像把叶子搁在开水和某几种酸里面的情形一样；我认为这是蛋白质凝固的结果。有时同一片叶上有些变白了，另一些暗色，例如硫酸奎宁和酒精蒸气处理后的情形。长久浸在烟碱、箭毒素，甚至于水里面，都使腺体变黑；我认为这是细胞内原生质聚集的结果。可是箭毒素只引起触毛细胞中原生质极少的聚集，而烟碱和硫酸奎宁所引起的强聚集，则一直下延到毛柄基部，用饱和硫酸奎宁溶液浸过 3 小时 45 分钟的叶片，细胞中原生质团块不断地变形，24 小时后，变动完全停止，叶萎软而死亡。另一方面，眼镜蛇毒浓液处理过 48 小时的叶片，原生质团块却异常活跃；在高等动物，颤动纤毛和白血球遇到这种物质似乎瘫痪得极快。

碱金属和碱土金属盐对毛毡苔所起生理作用，决定于碱基部分而不决定于酸基；正如对动物的情形一样；可是这个原则，对奎宁和马钱子碱的盐类，却不适用；醋酸奎宁所引起的卷曲比硫酸奎宁大，两种都有毒；硝酸奎宁无毒，所引起的卷曲比醋酸盐慢得多。柠檬酸马钱子碱的作用也和硫酸盐不大一样。

水浸过 24 小时或用淡酒精淡糖液浸 20 分钟的叶，后来再用硝酸铵溶液处理，作用就很缓慢，甚至根本无影响；但碳酸铵作用还是迅速的。在阿拉伯胶溶液中浸 20 分钟，看不见这种抑制能力。某些盐类和酸类溶液对叶片的效用，在对后来用磷酸铵的作用上，和水完全相同；另一些则容许磷酸铵后来迅速而有力地起作用。后一种情形可能是细胞壁间隙被先用的盐类分子填塞了，所以水以后不能进去，但是磷酸铵分子还能够进去，而碳酸铵分子就更容易。

溶解在水里面的樟脑，作用很特别，它不仅颇快地引起卷曲，而且显然地使腺体对机械刺激极敏感；只要在樟脑水里浸过一段短时间，再用软笔刷动一下，2 分钟内触毛就会卷曲。可能是刷动的力量，虽然本身还不够作为一个刺激，但可以加强樟脑的直接作用，引起运动。另一方面，樟脑蒸气有麻醉剂效能。

有些挥发油，以溶液和蒸气状态，都能引起卷曲；另一些则没有。我所试过的芳香油都有毒性。

淡(1 份酒精兑 7 份水)酒精无毒，不引起卷曲，也不增进腺体对机械刺激的敏感。这种蒸气是麻醉剂，较长的熏蒸使叶死亡。

氯仿、硫酸乙醚和硝酸乙醚的蒸气，对不同的叶片及同一叶片上不同触毛发生独特的多样的作用。我认为这与叶在年龄和健康状态上的差别、触毛最近曾否起过运动等情况有关系。腺体能吸收它们的蒸气，可由变色证明；可是其他没有腺毛的植物，一样能受这些蒸气的影响，则毛毡苔的气孔，可能也同样能吸收蒸气。这些（麻醉剂）有时引起极迅速的卷曲，但是却不是恒定不变的。如作用时间稍长，它们就杀死了叶片；只有小剂量短时距的处理，才可有麻醉效应，这时，触毛不管已否卷曲，都不因搁在它们腺体上的肉屑而兴奋起运动，而必须经过颇长时距。一般相信这些蒸气对动物或植物的作用，在于制止了氧化。

用碳酸盐熏 2 小时（1 个例只有 45 分钟）也能使腺体对生肉的强大刺激失去敏感一段时间。可是这样处理过的叶片，留在空气中 24—48 小时后，都恢复了全部的反应能力，而毫无受伤的迹象。在第三章里，我们曾谈过，碳酸气熏了 2 小时的叶片，再浸在碳酸铵溶液里，则原生质聚集大受抑制，毛柄基部细胞中原生质必须长时间才能聚集。有时，叶片从碳酸里面取出到空气中时，触毛会自然运动；我认为这是由于氧气的进入所引起的兴奋。这些卷曲了的触毛，此后即使刺激它们的腺体，也有颇长一段时间不再兴奋到引起进一步的运动。其他易受刺激的植物，断氧后运动受抑制，细胞内原生质运动也停止，是已知事实①；但这些停止与刚才说的原生质聚集的停顿现象不同。聚集的停顿是缺氧的结果还是碳酸的直接作用，我不知道。

① 见萨克斯的《植物学评论》，1874，846，1037 页。

关于食虫植物的起源，一直存在着较大的争议。达尔文曾说过：“与世界上所有物种的起源相比，我更关心茅膏菜的起源。”

事实上，对食虫植物的认识和研究，经历了较长的历史阶段。林奈（Carl von Linné，1707—1778）认为：植物不可能具有猎食昆虫的能力，因为这显然完全违背了依上帝意志建立的自然秩序；而捕蝇草捕猎昆虫的行为，则只是意外而已，只是“一个倒霉的拥抱”，在昆虫的一番挣扎后，捕蝇草会将其释放掉。

林奈

华莱士

斯莱克《食肉植物》封面

近些年来，许多报刊杂志不断刊登了有关吃人植物的报导，但在所有这些报导中，谁也没有拿出直接证据，比如照片或标本，也没有确切地指出它是哪一个科，或哪一个属的植物。英国一位毕生研究食肉植物的权威，艾德里安·斯莱克（1889—1977）在其专著《食肉植物》中写道：“到目前为止，在学术界尚未发现有关吃人植物的正式记载和报导，就连著名的植物学巨著，德国人恩格勒主编的《植物自然分科志》，以及世界性的《有花植物与蕨类植物辞典》中，也没有任何关于吃人树的描写。”除此以外，英国著名生物学家华莱士，在他走遍南洋群岛后所撰写的名著《马来群岛游记》中，记述了许多罕见的南洋热带植物，但也未曾提到过有吃人植物。所以，绝大多数植物学家倾向于认为，世界上也许不存在这样一类能够吃人的植物。

在漫长的学习和研究生涯中，达尔文一直与多个学科的学者保持着积极的学术交流，持续获得新知识与启发，并获赠了大量宝贵的实验材料，彼此间也建立了持久的友谊。这种兴趣广泛、严谨敏锐的治学态度，热情诚恳、豁达宽容的为人处事方式，是达尔文建立伟大功业的重要保证。

阿萨·格雷

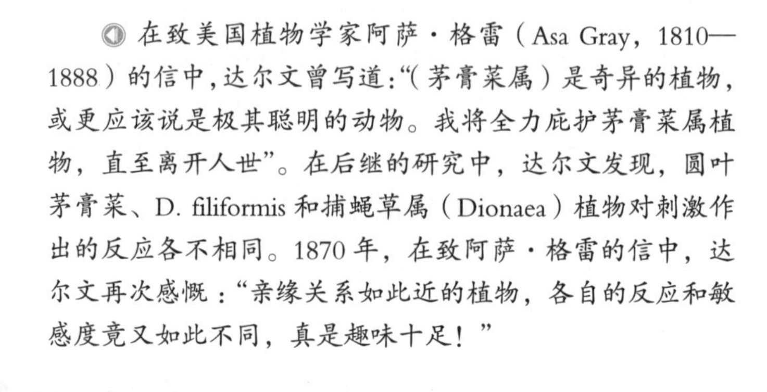

在致美国植物学家阿萨·格雷（Asa Gray，1810—1888）的信中，达尔文曾写道：“（茅膏菜属）是奇异的植物，或更应该说是极其聪明的动物。我将全力庇护茅膏菜属植物，直至离开人世”。在后继的研究中，达尔文发现，圆叶茅膏菜、D. filiformis和捕蝇草属（Dionaea）植物对刺激作出的反应各不相同。1870年，在致阿萨·格雷的信中，达尔文再次感慨：“亲缘关系如此近的植物，各自的反应和敏感度竟又如此不同，真是趣味十足！”

胡克

在致胡克的信中，达尔文曾提到这一点：圆叶茅膏菜具有某些物质，“至少在一定程度上，在构造和机能方面同神经系统有类似之处。”然而，在采用多种实验方案、长时间研究圆叶茅膏菜捕虫器的信号传递之后，达尔文又发现，不同物质对捕虫器的刺激，和对动物神经系统所起的作用迥异。最终，达尔文又彻底摒弃了这一假设。这也是达尔文取得伟大学术成就的重要保证——不在错误的理论假设上浪费过多时间和精力。

在致地质学家查尔斯·莱伊尔（Charles Lyell，1797—1875）的信中，达尔文提到了茅膏菜属植物腺毛的高度灵敏性，极其微小的触动就能引发捕虫器的一系列反应。

左起：胡克，莱伊尔，达尔文。

在阅读了罗特（Albrecht Wilhelm Roth，1757—1834）、尼奇克（Theodor Rudolph Joseph Nitschke，1834—1883）等学者发表的论文后，达尔文作出了一个非常大胆的假设，即植物和动物都需要含氮类的营养物质。达尔文随即开始设计实验来检验这一假设，并利用撰写其他著作的空闲时间，一丝不苟、坚持不懈的开展研究，进行细致记录和分析。他是最早对捕蝇草和其他食虫植物进行深入研究的科学家之一，捕蝇草令人惊异的特性让他把这种植物视为“世界上最神奇的植物之一”。

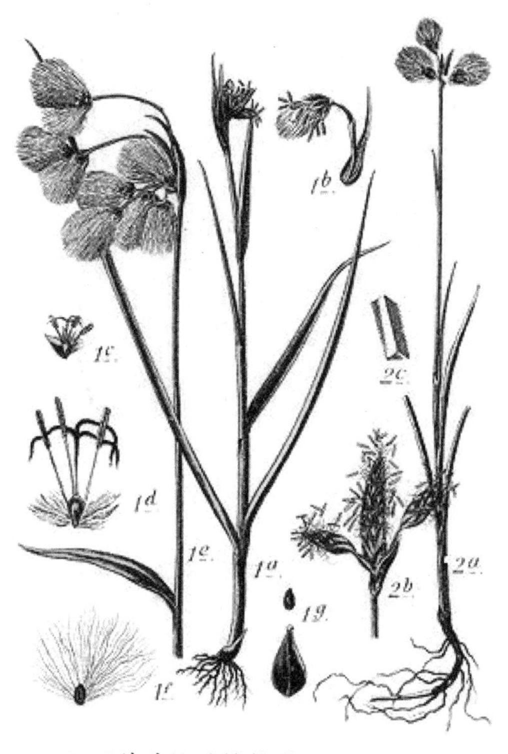

◎ 罗特手绘的植物图

◎ 这个方尖碑纪念四个博物学家：林奈（Carl von Linné），罗特（Albrecht Wilhelm Roth），哈勒（Albrecht von Haller），尼奇克（Nikolaus Joseph von Jacquin）。

《食虫植物》的手稿于1875年3月全部完成，同年7月正式出版发行。达尔文与两个儿子——乔治·达尔文（George Howard Darwin，1845—1912，天文学家、数学家）和弗朗西斯·达尔文（Francis Darwin，1848—1925）一起绘制了书中的插图。达尔文去世后，弗朗西斯·达尔文又对本书进行了补充和脚注，并于1888年再次出版。

乔治·达尔文

弗朗西斯·达尔文

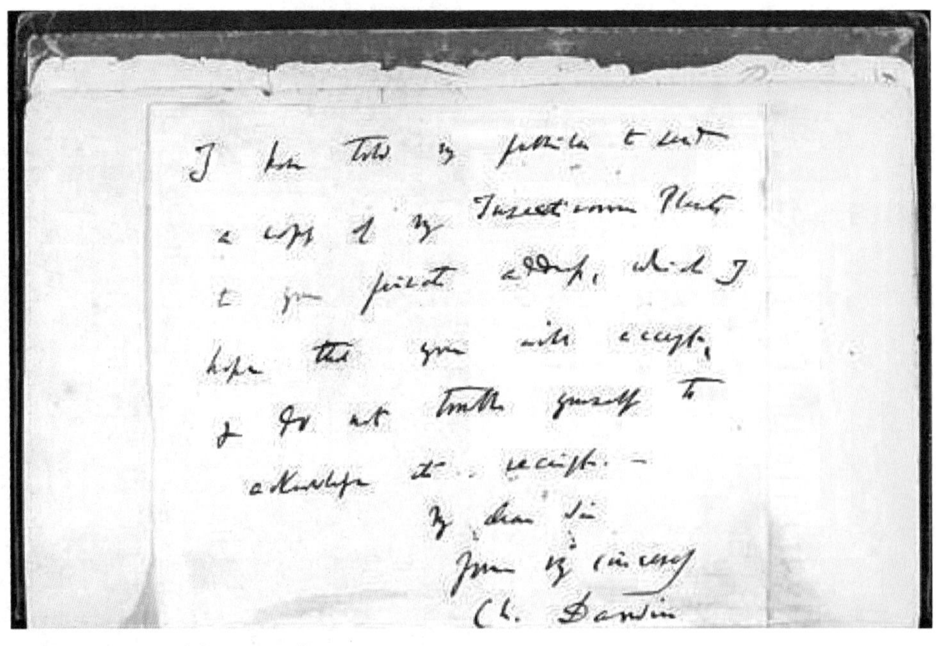

达尔文《食虫植物》的手稿

达尔文在《食虫植物》中极为详细地描述了引发捕虫器闭合的一连串事件，以及动物单位为捕蝇草提供的营养优势，他却并没有发现能够区别雨滴和苍蝇、能够导致后者被迅速囚禁的信号机制。达尔文相信叶子在从其瓣片上的猎物那里尝到肉味之后才闭合，于是他在叶子上试着放置了所有类型的蛋白质和其他物质。可惜这些实验都不能触发捕虫器闭合。

捕虫草属（Roridula）只有两个物种，即齿叶捕蝇幌和蛇发捕蝇幌，只分布在南非。两者形态上与茅膏菜属植物非常相似，叶片上遍布腺毛，依靠黏液来捕捉小昆虫。但与茅膏菜属植物不同，捕虫草属植物自身并不分泌消化液来直接消化猎物，而是与刺蝽属（Pameridea）的P.marlothii和P.roridulae形成了极为独特的共生关系。刺蝽属的这两个物种，体型娇小，身体表面覆盖着一层不惧怕黏稠分泌物的蜡质，能在植株上自由活动，以捕虫草捕捉到的猎物为食，而刺蝽的粪便落在植株周围，为捕虫草提供了丰富的营养物质。由于捕虫草本身并不直接消化或吸收猎物，因此，又称为亚食虫植物（subcarnivorous plant，protocarnivorous plant）。这说明，食虫植物的营养方式非常特殊，远比我们想象的要丰富和复杂，这为食虫植物研究扩展了新的视野和空间。

◎达尔文认为，食虫植物的吸收原理类似于非食虫植物的叶面施肥。

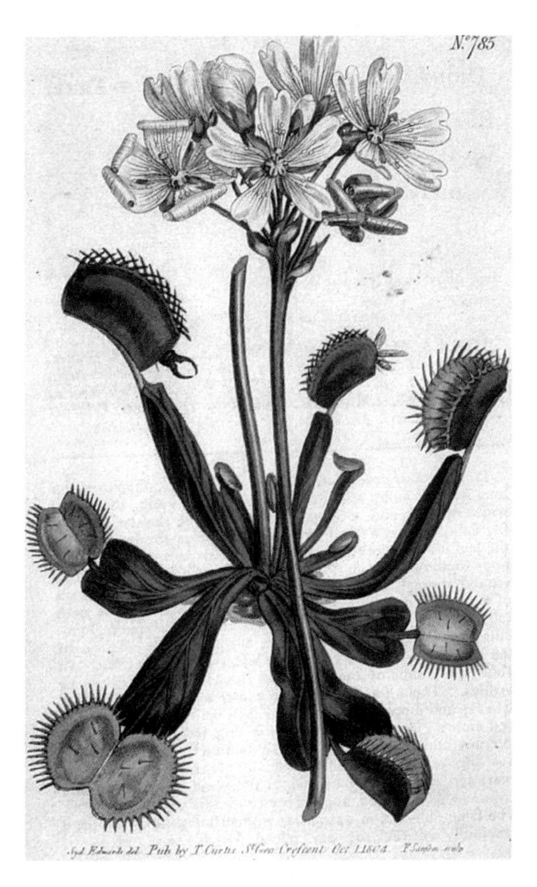

◎英国植物学家、昆虫学家 威廉·柯蒂斯（William Curtis，1746—1799）画的捕蝇草。

在采用多种实验方案、长时间研究圆叶茅膏菜捕虫器的信号传递之后，达尔文又发现，不同物质对捕虫器的刺激，和对动物神经系统所起的作用迥异。最终，达尔文又彻底摒弃了这一假设。这也是达尔文取得伟大学术成就的重要保证——不在错误的理论假设上浪费过多时间和精力。

伦敦大学

获得关键性发现的，是与达尔文同时代的约翰·伯顿－桑德逊（John Burdon –Sanderson），他的发现一劳永逸地解释了捕虫器的触发机制。

伯顿－桑德逊是伦敦大学的应用生理学教授，也是一位训练有素的医生。他的研究对象本来是从蛙类到哺乳动物的一切动物体内发现的电脉冲，但和达尔文通信后，捕蝇草却让他一见钟情。一次他不小心把一个电极放在捕蝇草叶子上，发现触动两根毛可以产生一个动作电位，很像他在动物肌肉收缩时观察到的电位。他发现电流被激发后，要过几秒钟才能恢复到静息状态。当昆虫扫过捕虫器内侧的多根毛时，会诱发去极化过程，这个过程在两个瓣片上都可以检测到。

达尔文在花房

伯顿－桑德逊发现对两根毛的压力能引发导致捕虫器闭合的电信号，这是他职业生涯中最重要的发现之一，也是电活动调控植物发育的第一个实证。但当时他只能猜测电信号是捕虫器关闭的直接原因。一百多年后，美国奥克伍德大学（Oakwood University）的亚历山大·沃尔科夫（Alexander Volkov）及其同事证明，电刺激本身的确是捕虫器关闭的引发信号。

奥克伍德大学

◎ 马克斯·普朗克研究所

◎ 现代研究表明，捕虫囊内的分泌液一直保持无菌状态；马克斯·普朗克研究所（Max Planck Institute，MPI）的学者首次对分泌液中的矿质元素、次生代谢产物和蛋白酶等成分进行分析。结果表明，分泌液中不但缺乏微生物生长必需的磷、无机氮等基本元素，还含有抗微生物的次生代谢产物和防御蛋白。捕虫囊的无菌状态在一定程度上避免了与微生物竞争养分，这是长期演化的结果。

◎ 戈泰利

◎ 科学家给猪笼草多喂食小虫，它就长得更大。显然，吃肉帮助食虫植物完成与所有植物一样的使命——从阳光中直接获取生长的能量。但是，它们在把阳光转化为组织的过程中效率极低，这是因为它们要利用大量能量生成捕捉猎物的装备——酶、泵结构、黏性触手等等。猪笼草或者捕蝇草无法进行大量光合作用，是因为它们与其他植物不同，没有平坦的叶面充当太阳能板，来大量吸收阳光。埃利森 (A. M. Ellison) 和戈泰利 (N. J. Gotelli) 猜测，只有在特殊环境下，食肉的益处才会高于为其付出的代价。比如，在贫瘠的沼泽地区，土壤中氮和磷含量极低，食虫植物便比那些采取常规手段获取这些养分的植物更占优势。同时，沼泽地区阳光如瀑，即便是效率极低的食虫植物所进行的光合作用也足以生存。“它们处境困窘，却物尽其用。”埃利森说。

人类同时还以其他方式威胁食虫植物的生存。如今贩卖奇异食虫植物的黑市极为猖獗，美国北卡罗来纳州成千上万株捕蝇草被非法采集，在路边摊出售。人工繁育的食虫植物成为当下流行的观赏植物，各种“食虫植物生态缸”成为都市人们的新宠。

第十章　叶的敏感性和运动冲动的传导途径

On the sensitiveness of the leaves, and on the lines of transmission of the motor impulse

腺体和触毛顶部才是敏感的——运动冲动沿触毛毛柄向下传送，并横过叶片传导——原生质聚集是反射作用——运动冲动初发出时是骤然的——触毛运动的方向——运动冲动由细胞状组织传递——运动机理——运动冲动的性质——触毛的重新伸展

在前几章中我们谈过了许许多多相差很大的刺激来源，机械的和化学的都可使触毛乃至于叶片兴奋而起运动。现在我们必须考虑：第一，易受刺激的或敏感的点是哪些；第二，运动冲动怎样由一点传到另一点。腺体几乎是专门的感应性部位，可是它这种感应性还应当向下延展一段小距离，因为用利剪剪去腺体而不触动它时，触毛常常卷曲。这种去顶触毛往往重新伸展；不过往后再用已知为最强有力的刺激剂滴加在断口上时，不再产生效应。可是这种去了顶的触毛，以后仍旧能由于中央盘送来的运动冲动兴奋而卷曲。我曾用尖镊子夹碎过腺体，这样并不引起任何运动；将生肉和铵盐加在这样夹碎了的腺体上，也不引起反应。可能它们被杀死得过快，来不及（向下）传导任何运动冲动。我作过 6 次观察（其中两次腺体已完全夹断离开），触毛细胞中全无原生质聚集现象。可是有几条邻近触毛，由于镊子的粗暴触动反而卷曲的，有如常的原生质聚集。一片叶骤然浸入开水里面，立即被杀死时，原生质同样也没有聚集。另一方面，用利剪剪掉腺体的触毛，剪后触毛卷曲了的，原生质也有明显的聚集，而且逐渐增进，虽然聚集程度不很大。

外缘触毛毛柄，大力频繁触动；在近基部的上表面或其他部分搁上生肉或其他刺激物质，都没有明显的运动发生。有些肉屑在毛柄上搁了很久之后，再向上（轻）推，使之刚和腺体接触，1 分钟内触毛就开始弯曲。我认为叶片本身对任何刺激物都不敏感。我用柳叶刀刃尖穿透过几片叶，又用针在 19 片叶上穿刺三四处；前一种穿刺不引起任何运动；但针刺三四次时，约 10 片叶各有几条触毛不规则地卷曲了。由于针刺时必须用物体垫着叶背，外缘和中央盘触毛都有可能遭受触动；也许这样就足够引起观察到的轻微运动。尼奇克[1]说切割和针刺叶时，都不引起运动。叶柄确实是很不敏感的。

叶背面有无数小乳突，它们不分泌，但有吸收能力。我认为这些乳突是原来存在过的触毛及其腺体的残余。曾经作过许多实验，想确定叶背是否也可以受到刺激，共试验了 37 片叶。有些用钝针反复摩擦很久，有些

◀瓶子草。

① 《植物学报》，1860，234 页。

用牛乳或其他兴奋性液体、生肉、压碎的蝇子尸体等诸如此类的东西放在上面。这些液体往往不久就干了，表明没有激起分泌。我因而用唾液、铵盐溶液、稀盐酸，也常用其他叶片的腺体分泌液湿润。我还把某些物质搁在叶背面，用潮湿玻璃钟罩罩住，可是我所卖的这些劲，都没有看出任何真正的运动。我所以作这许多尝试，是因为和我以前的经验相反，尼奇克说过[①]，用黏稠分泌液把物体黏在叶背面时，他反复地见到过触毛（有时还有叶片）的反卷。这种运动如果真出现过，确实是极异常；因为这样就意味着触毛从一个不自然的来源接受了运动冲动，而且具有与它习惯恰恰相反的方向弯曲的能力。这种运动能力对植物无丝毫利益，因为昆虫不会黏在光滑的叶背上。

我曾说过在以上的事例中，从没有产生效应，但也还不完全准确：有3次，我加了糖浆在叶背搁着的肉屑上，让肉屑保持润湿。36小时后，1片叶的触毛有些反卷迹象，另一片叶也有明显的反卷。再过12小时，腺体开始发干，3片叶似乎都大受伤害。另把4片叶的叶柄插在水中，糖浆滴在叶背，再罩在玻璃钟罩里，没有搁肉屑。1天之后，2片叶反卷了几条触毛。由于吸收了水分，糖浆滴现在变大了许多，沿触毛和叶柄下滴。第二天，有1片叶片大大地反卷了；第三天，有2片的触毛反卷了，4片叶的叶片本身也有大的或稍小的反卷。叶片上面不是像最初那样微向下凹，而是强烈向上凸出。第五天，叶片还没有死。我们知道，糖并不激发毛毡苔，上述4片叶的触毛和叶片所起的反卷，只能是由于与糖浆接触的细胞发生了外渗，随之收缩的缘故。根还长在潮湿泥土中的植株，在叶面上滴加糖浆，不发生卷曲，因为根可以在外渗失水后立即吸水补充。把剪下的叶片浸在糖浆或其他稠厚液体中，触毛会大量但不规则地卷曲，有时会卷成螺旋状，叶片也很快就萎软了。这时如果把它们再浸在比重小的水液中，触毛重新伸直。由这些事实我们可以归结说，叶背面糖浆滴所起作用，不是靠激发一个运动冲动传到触毛，而是由于引起了外渗导致反卷。尼奇克博士用分泌液来在叶背面黏虫体，我设想他用量颇大，由于黏稠，可能就引起了外渗。也许他用的是剪下的叶，或者所用植株的根部没有足够的水分供应。

因此，就我们现有知识所及，可以归结说，腺体和紧接在下面的触毛细胞，是叶片所赋有的感应性或敏感性的专门部位。一个腺体兴奋的程

---

① 同上书，377页。

度，只可由周围卷曲了的触毛条数及它们的运动量与运动速度来衡量。同样活跃的叶片，在同样温度（这是一个重要条件）下，可由下列情况兴奋到不同程度。极小量的稀溶液不引起兴奋；多给一些分量，或换浓度较大的，触毛会弯曲。触毛腺体一次两次不动，触动三次或四次，触毛会卷。但所给物质的性质是一个很重要的因素：将同等大小的玻璃碴（只有机械作用）、明胶和生肉搁在几片叶的中央盘上，生肉引起的运动远较前两者所引起的迅速、有力，而且范围大。受刺激的腺体数量也会使结果有很大不同：在中央盘一个或两个腺体上搁肉屑，只有周围极近的少数短触毛卷曲；搁在好几个腺体上，就有更多触毛受到作用；搁在 30～40 条上，则所有触毛，包括外缘的在内，都卷曲。可以看出，由多数腺体传出的冲动，彼此相互增强，比一个单独腺体所发出的冲动扩散得更远，向更多数触毛发生作用。

运动冲动的传导　每次，来自一腺体的冲动都至少需通过一小段距离达到触毛基部，触毛上段和腺体本身，则只由下部的卷曲给带动的。这样，冲动就总得向下传递近于毛柄的全长。当中央盘腺体受到刺激，到极边缘的触毛卷曲，冲动就传过叶盘直径的一半；当叶盘一侧腺体受刺激时，则冲动须传过叶盘的几乎全部宽度。腺体将其运动冲动，通过自身所在触毛下传，达到弯曲地点，比通过叶盘达到邻近触毛更容易也更迅速。例如极小剂量铵盐的很稀溶液，如加给外缘触毛的一个腺体就引起该触毛弯曲，达到叶心；同一溶液一大滴，滴向中央盘上 20 多个腺体，它们联合起来的影响，却不能引起外缘触毛的任何卷曲。又像向外缘触毛的腺体上搁一点肉屑，我曾见过在 10 秒钟内兴起运动；在 1 分钟内运动的更多；可是向中央盘几个腺体上放一大颗肉屑，则过半小时乃至几小时以后，才会使外缘触毛卷曲。

由一个或多个兴奋了的腺体传出的运动冲动，逐渐向各个方面展开，最接近的触毛总是最先受到影响。因此，当中央盘中心的腺体兴奋时，最外面的外缘触毛总是最后才卷曲。但叶面各处的腺体传导运动能力时，方式略有不同。向外缘的长头触毛腺体上给点肉屑，它急速向自己能弯曲的基部传出冲动；以我所观察过的例子说来，却绝不向邻近触毛传去；只有在肉屑送到盘心的中央腺体后，由中央腺体再向外辐射地传出它们共同冲动时，邻近触毛才受到影响。有 4 次准备了一些叶：早几天，把中央腺体全部除掉，这样外缘触毛卷曲后送到叶心的肉屑，不再能兴奋中央腺体；卷曲了的外缘触毛，过一段时间，自己重新伸展了，其他触毛则没有受到影响。其他同样准备过的叶片,向从外数起第 3 圈与第 5 圈的各 2 条触毛的腺体上搁下肉屑。这 4 种情况下,都先向侧面(即向同一圈的触毛)传出冲动,然后再向中心传;但没有离心地向外围各触毛传递。其中 1 例,只有载了肉屑的触毛两侧各一条受到影响。其他 3 例,大约有 6～12 条侧面的和内面的触毛,都如常卷曲或小卷了。最后,在另外 10 个实验中,向中央盘中心的一个或两个腺体上搁极小颗肉屑。为了避免其他腺体由紧邻的短触毛卷曲面和肉屑接触,事先曾把选定腺体周围的五六个腺体摘除掉。10 片叶中的 8 片,有 16～25 条邻近的短触毛,在 1～2 天内卷曲了;这就是从一个或两个中央盘腺体辐射地传出的运动冲动所能产生的效应。这些数目还包括了事先已摘除的那几条在内,因为它们位置这么贴近,一定要受到影响。其余 2 片(同样处理过的)叶片,所有中央盘短触毛,几乎全部都卷曲了。用比肉更强的刺激,即唾液润湿了的磷酸石灰颗粒,我曾见过冲动从一个这样处理过的腺体发出传导得更远些;但是最外面的三四圈,仍未受到影响。由这些实验看来,似乎一个中央盘腺体传出的冲动,作用的触毛数,比一条外缘长触毛的腺体所影响的要多些;这里面,冲动只须通过中央触毛毛柄的很短距离,因此向周围扩散的范围可以较大,至少是一部分原因。

观察这些叶片时,我忽然发觉其中 6 片或许 7 片,远体端和近体端(即向叶尖和叶基的部分)的触毛,比两侧面的卷曲得多些,尽管两侧面的触毛位置与载有肉屑的腺体比两端触毛更近。这就似乎暗示,运动冲动纵向经过叶盘的传导比横向传导更容易。这个事实,在植物生理学方面似乎是新而有意味的,因此就再作了 35 个新的实验来检查它的真实性。搁了些极小颗肉屑,在 18 片叶片的叶盘的左或右侧面一个或少数腺体上,另向 17 片的近体端或远体端,搁下了同等大小的肉屑。如果运动冲动是以同等力量或同等速度向叶片各个方面传导的,则搁在中心盘一侧面或一端的肉屑,应当对位于相等距离的所有触毛,发生同样影响;可是结果不然。在叙述一般结果之前,我们先记载三四个比较不寻常的例子。

(1) 将一极小块蝇体搁在中央盘的一侧面,32 分钟后,靠近这小块的 7 条外缘触毛卷了;10 小时后,增加了几条;23 小时后,更多;现在,叶片的这一侧面也向内弯曲到直立起来,和对面一侧成为直角。对面一侧,叶片和任一条触毛都没有动;两片之间的分界线,由叶柄一直达到叶尖。这片叶像这样保持了 3 天,第四天开始重新伸展;对面一侧上,始终没有一条触毛卷曲过。

(2) 另一个例,不在刚才所说35个实验数内。发现有一只小蝇,脚黏在叶中央盘左侧。这一侧面的触毛,不久都卷了过来,把蝇杀死了;可能由于蝇还活着时的挣扎,使叶片大大兴奋,所以大致在24小时内,连对面一侧的触毛也都全数卷曲了;可是由于它们的腺体没有达到蝇体,它们未遇到食物,在15小时内又重新伸直;左侧的触毛则一直缠裹了好几天。

(3) 将一颗肉屑(较常用的稍大一些)搁在叶盘中心线的近体端上,靠近叶柄的地方。2小时30分钟后,邻近几条触毛,已经卷曲;6小时后,叶柄两侧和沿两侧向上的触毛,都中等地卷了;8小时后,远体端的触毛比两侧面卷的还多;23小时后,肉屑已被全部的触毛缠裹,两边边缘上的那些条除外。

(4) 将另一颗肉屑搁在另1片叶正相对的叶尖端上,有完全相对应的结果。

(5) 将一颗极小的肉屑搁在叶中央盘的一侧面,第二天,邻近的短触毛都卷了,对面侧叶柄附近也有三四条有轻微卷曲。再过一天,后几条有重新伸展的表征,因此我就在几乎同一位置另外搁下了一颗,两天后,中央盘对面侧一些短触毛卷了起来。到它们再开始重新伸直时,我又另加一颗肉屑,第二天,中央盘对面一侧所有触毛都向这颗新加肉屑弯了过来;而原来这侧面的触毛,则都在给第一颗肉屑时受到影响。

现在来谈一般性结果。在18片在叶中央盘右侧或左侧搁了肉屑的叶中,有8片在同侧面有多数触毛卷曲,4片的半片叶身也同样卷了;可是对面一侧的叶片和任何一条触毛都没有动。这些叶的外观很特别,好像只有卷曲的这一侧是活泼的,另一侧则像是瘫痪了。其余10个例,中线以外,搁肉处对面的地方,也有少数触毛发生了卷曲,但也有几例只限于远体端或近体端上。对面侧触毛卷曲的出现,都远迟于同侧,有1个例,直迟到第四天。在上面的(5)中我们谈过,在一侧加肉到3次,才能使中央盘对面一侧的短触毛全数卷曲。

沿中线在远体端或近体端搁肉屑的,结果大不相同:在17个实验中,有3片叶由于叶片本身情况或由于肉屑过小,只有附近少数几条触毛出现了反应;在其余14个例中,相对端的触毛都卷曲了,虽然它们和肉屑相距,都和一侧面触毛与对面侧搁肉屑的地方之间的距离大约同样大小。在现在的有些实验中,两侧触毛中有许多根本无反应,或虽有而程度较两端触毛小,或时间较迟。有一组实验值得把详情记下:在4片叶的一侧搁上了比常用略大些的小方颗肉屑,在另外4片叶的近体端或远体端又搁了同等大小的方粒。24小时后，比较这两组叶，它们的差异非常触目：搁在一侧的，对面侧触毛卷曲很轻微，而搁在端上的，相对端的触毛，连边缘上的在内，几乎全部紧卷着。48小时后，两组的对比还是很明显；不过由于所用肉颗较大，所以搁在一侧的，对面侧的中央盘触毛和内缘触毛，都有些弯转。最后，由这35个实验(且不谈六七次事先尝试的)，可以归结说，由一个或一小组(邻近)腺体发出的运动冲动，通过叶片而传向其他触毛时，纵向比横向更快更有效。

只要腺体还在兴奋中——兴奋可以持续好几天，甚至长到11天，像与磷酸石灰接触时的情形那样——它们总是继续向自己的毛柄基部和弯曲部位传出运动冲动，否则毛柄就会重新伸展。触毛卷曲在无机物体与卷曲在同等大小但含有可溶性氮的物体上的时距长短，大有差别，也说明这一个事实。但是兴奋过而在倾出酸性分泌液同时在吸收中的腺体，所发出的冲动强度，和最初受到兴奋时相比，似乎很小。例如将中等大颗粒的肉屑，搁在中央盘的一侧，对面一侧的中央盘触毛和内缘触毛卷曲过来，最后它们的腺体接触了肉屑并且从肉屑中吸收了物质，它们并不再向其同侧的外围触毛传出冲动，因为后者从不卷曲。如果在这批腺体开始大量分泌与吸收之前，先给它们肉屑，它们无疑就会影响外围的触毛。可是我用最强的刺激剂磷酸石灰，给予业已显著卷曲、但尚未与以前在盘中心两个腺体上放置的磷酸石灰接触过的几条内缘触毛，则它们同侧的外围触毛，也受到作用。

腺体最初受兴奋时，只在几秒钟内就有运动冲动发出，可由触毛的弯转察知；最初发出的力量似乎比后来大。如上面所举的一个例，在一侧面几个腺体上自然逮住了一只小蝇子的一片叶，从这几个腺体发出了冲动，缓慢地通过叶片的整个横柄，使对面侧触毛暂时卷曲了。可是这些保持着与蝇体接触的腺体，尽管在持续的几天之内，还在沿本身毛柄向下传导着冲动，达到弯曲部位，但不能阻止对面侧触毛的重新展直；因此，最初传出的运动冲动，必定比后来的大。

在中央盘上搁下任何物体而周围触毛卷曲了之后，这些触毛的腺体分泌量加大，分泌液变为酸性，这就表明，中央盘腺体已向它们传出了某些影响。分泌液性质和分量的改变并不依赖触毛的卷曲，因为中央短触毛承受物体后也分泌酸液，可并不卷曲。因此，我推想中央盘腺体向周围触毛传出某些影响，这些影响沿触毛向上达到它们的腺体上，然后后者再向下反射回来一个运动冲动，达到基部；可是这个想法随后就看出是错误的。在多次尝试中，用利剪紧贴着剪掉了腺体的触毛，常常起卷曲而且随后又重新伸直，看来完全健康。有一片在手术后曾经继续观察过10天，仍旧保持健壮。因此，我从不同叶片上，在不同时间，剪去了25条触毛的腺体；其中17条不久就卷曲了，以后又重新伸直。伸直大约在卷曲后8～9小时之间开始，需要22～30小时完成。此后再过1～2天，在这17片叶的中央盘上搁上沾有唾液的生肉；第二天早上检视，有7条去头的触毛也和叶片上未受伤的触毛一起，紧卷在肉上；还有第8条去头触毛过了3天之后跟着也卷了。从这些叶片中的一片上，取去肉屑，并且用少量流水冲洗叶面，去头的触毛在3天后作第二次的重新伸直。这些无腺体的触毛和具有腺体而且吸收了肉中某些物质的相比，状态不同，前者细胞内原生质聚集程度小得多。这些用去头触毛作的实验，可以确定腺体至少在有关运动冲动方面和动物神经结不同，不是反射式的。

可是有另一种作用，即原生质聚集作用，有时也可称为反射，它是植物界仅有的例子。我们得记住，聚集过程并不以触毛的弯曲为先行条件，例如浸在某些浓溶液中的叶片就是这样。它也与腺体的增强分泌无关，几件事实都可以证明，尤其是并不分泌的乳突，受碳酸铵或生肉浸汁处理时，一样也有聚集。以任何方式直接刺激一个腺体，例如借一小颗玻璃碴的压力，腺体细胞中的原生质先起聚集，跟着，腺体直下的细胞，接着，沿触毛往下，再往下，一步步向触毛基部扩展，只要刺激够强却又不引起伤害。中央盘腺体受兴奋时，外缘触毛也以同一方式受到影响。聚集总是从腺体细胞开始，这可由它们增加了的酸性分泌表明。尽管它们并未直接受到刺激，而只是从中央盘接受了某些影响。接着，直接在腺体下面的细胞原生质也受到影响，跟着，往下一个细胞接一个地传到触毛基部。这种过程，显然值得称为反射作用，正像一条感觉神经受刺激后，就向神经结发出一种效应，神经结向肌肉或腺体送回某种影响，引起运动或增强的分泌；但这两种作用之间也许有着很大的本质上的差异。一条触毛的原生质起了聚集之后，解散总是从（毛柄）基部开始，沿毛柄向上达到腺体，也就是说，最后聚集的原生质最先解散。这种情形可能只是由于毛柄细胞原生质的聚集程度，愈向下就愈小，当兴奋比较轻微时，我们可以看出确有这样的现象。因此，当聚集的作用完全停止后，解散自然会从触毛最底下的部位，原生质聚集程度最低的地方开始，是在这里最先完成。

卷曲触毛的方向　任何颗粒搁在一条外缘触毛的腺体上后，这条触毛总是向叶心卷曲；一片叶浸在任何有刺激性的溶液里面，所有触毛也都是卷向叶心。随后，所有外缘触毛的腺体形成一个环围绕着叶中央盘中部，如前面图4所示。这个环以内的短触毛则仍保持直立位置，正像向它们腺体上搁上一件较大的物件或它们逮住一只昆虫时的情形。由后一种情况我们可以看出，中央盘触毛的卷曲是无益的，因为它们的腺体早已和食物接触了。

中央盘一侧面的一个或一丛几个邻近腺体受到刺激时，结果就大不相同：腺体向周围触毛送出冲动，周围触毛现在不弯向叶心，而是向兴奋点弯曲。这一个重要的观察，是尼奇克博士[①]的贡献；几年前，我读过他的论文，随后反复地证实过多次。用针把极小的一颗肉屑搁在一个（或三四个一丛）正位于叶盘中心和周边之间的腺体上，周围触毛便会表现定向卷曲。图10是1片叶，在这个位置上搁有肉屑的准确图像，我们可以看出，包括外缘触毛在内的多数触毛准确地屈向肉屑所在之点。还有一个更妙的设计，是在1片大叶中央盘一侧面单独的一个腺体上搁下一小粒用唾液润湿过的磷酸石灰，在相对一侧另外一个单独腺体上也搁一粒。在4次这样的尝试中，兴奋不够使外缘触毛起运动，但两个点附近的所有触毛都向这两点集中卷曲，结果，一片叶的中央盘上形成了一对轮盘；触毛毛柄作为它们的辐，腺体在磷酸石灰粒上凑成两个轴。每条触毛指向颗粒的准确程度实在可惊；在一些例中，我简直找不出对完美的准确性有任何偏差。虽然盘中心的短触毛直接承受刺激时并不弯曲，可是在从叶片的一侧面某点传来冲动而兴奋后，它们仍和盘圈的触毛一样，自身也向着那一点倾侧过去。

如果叶片浸在兴奋性溶液里面，中央盘上的一些短触毛就会向叶心弯曲，在这些实验中却取了恰恰相反的方向，弯向边缘。这就是说，如果以它们自己的腺体受刺激时倾向的方向为正常，现在却偏差了180°。在这个离正常方向最大的偏差度与无偏差之间，各种程度的变化都可以在这几片叶上找到。尽管触毛一般在弯曲定向中有这么高的准确度，可是有一片叶近边缘的（长）触毛，向叶盘相对侧颇远的一颗磷酸石灰粒弯曲时，却不是这么准确。看来，如果运动冲动横向地穿过叶中央盘宽幅的全长时，似乎已经有些脱离了正规。这一点正和我们前面所见到的冲动横向传导不如纵向容易的事实相符。还有另一些例，外缘触毛的运动定向也不如短些的更近中心的那些触毛准确。

---

① 《植物学报》，1860，240页。

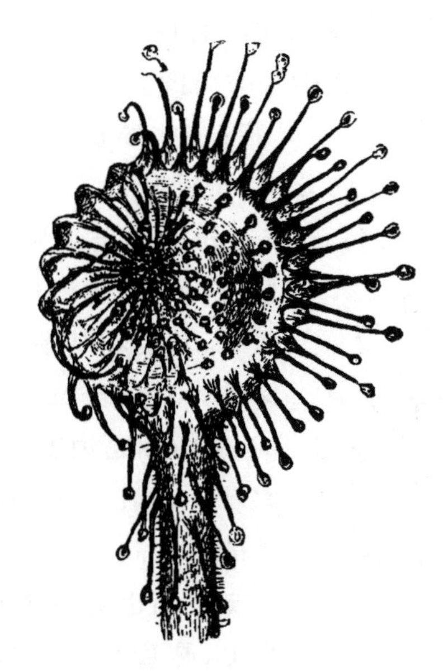

图 10　圆叶毛毡苔

叶片(放大)上触毛卷缠在叶盘一侧的一粒肉屑上。

上面记的 4 片叶，每片在叶盘上的两颗磷酸石灰粒上，卷着两团定向十分正确的触毛，外观确是再引人注目不过的。我们可以把它们想象成一个组织较低的动物，用两臂捉住食饵。在毛毡苔，这种准确运动能力的解释，无疑地应为运动冲动向所有方向的辐射传导；触毛某一侧面先受到了冲动，那一侧就收缩，结果触毛也就向兴奋点弯曲过去。触毛毛柄都是扁的，或横切面呈椭圆形。近中央盘短触毛基部处，扁面或阔面约由五排纵列细胞组成；盘边缘触毛则有 6～7 排，极外缘触毛多到 12 排以上。扁平的基部只有这么几排细胞组成，所以触毛运动的准确性就更可惊讶；运动冲动传到毛基时，如果方向对扁平面是极倾斜的，则最初能受到影响的只有靠一端的一两个细胞，这一两个细胞的收缩必须将整个触毛牵引到合适的方向。也许外缘触毛毛柄过于扁平，所以它们朝向兴奋点的弯曲不如更中心的触毛那么准确。在植物界触毛这种准确的定向运动并不是唯一的现象，许多植物的卷须都向受到接触的一侧弯曲；不过毛毡苔这种情形却更有意味，因为触毛并不是直接受刺激的，而是由远处一点接受冲动，可是它们仍准确地弯向这一点。

运动冲动传导时所通过的组织[①]的性质 先得简单地叙述一下主要维管束的布局。图 11 是 1 片小叶的简图。叶面分布的多条触毛，每条都由有邻近维管束分过来的小形导管；这些导管图中没有画出。沿叶柄上来的中干，在叶片中附近双向分叉，按叶片的大小，每个支脉一而再地双向分叉。中干在叶片基部每侧都先分出一条细脉，我们暂时称为“低侧脉”。另外，每侧还有 1 条主要侧支或维管束，它们和其他维管束一样，都双向分叉着。双向分叉，不是说 1 条导管分叉成 2 支，而是说整个维管束分成 2 支。观察叶片的任一侧，可以看到大的中央双叉的 1 支和侧脉的 1 支接合，侧脉的 2 个大支之间也有一个较小的接合。在大接合上，脉管布局很复杂；这里，保持着同样直径的脉管，往往由两条脉管的钝尖汇合而成；两个钝尖之间的接触面是否相通，我不知道。由于有这两个接合，叶片一侧面所有脉管便有某种共同的连通关系。较大的叶片双叉管束在叶缘附近还有连通，连通后又再分开，沿整个叶缘形成一条锯齿形的连续脉管线。在锯齿形线上，脉管的联合不像主要接合那么密切。必须指出，叶脉布局，各片叶并不完全相同；同一片叶的两侧面，也不完全一样；不过主要接合总是存在。

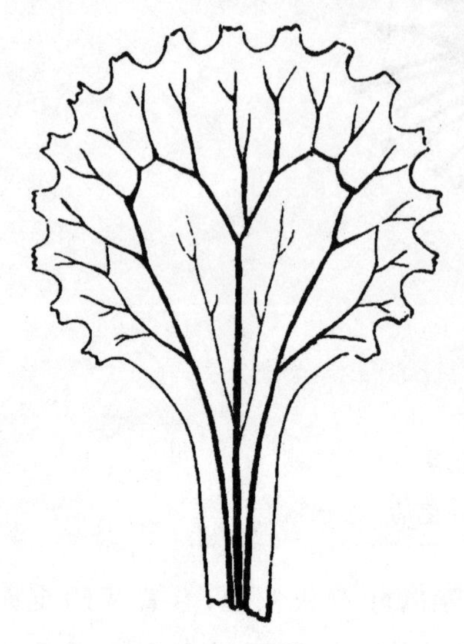

图 11 圆叶毛毡苔表示一片小形叶片中维管组织的分布。

我作第一个在叶一侧面搁肉屑的实验时，对面侧没有一条触毛卷曲过；我检查这片叶，看出它一侧面所有脉管都由两个接合连通着，而相对两侧之间，却没有相连的脉，看来运动冲动可能就是完全通过它们传导的。

为了验证这个假定，我用柳叶刀将 4 片叶的干脉紧接在主要接合点之下切断；2 天之后，向叶中央盘左近切口之上，即较近叶尖的一端，搁了颇

---

① 在《达尔文的自传及其书信集》(*Life and Letters of Charles Darwin*)，下册，321 页，有一封 1862 年致约瑟夫·胡克(Joseph Hooker)爵士的信，作者在信中谈到毛毡苔中有“弥散式神经物质”存在，与动物神经物质在构成和功能上有些相似。现在，加德纳等人的研究(见《哲学讨论》，1883)证实了植物细胞之间，有“胞间原生质”作为联系，我们便可以将运动冲动的传导了解为一种由一细胞到另一细胞间的分子变化。——F. D.

大的一颗生肉(最强力的刺激物之一),得到如下结果。

(1) 后来证明这片叶颇为迟钝:4小时40分钟后(以下都是从给肉时计算起),只有远体端的触毛略有卷曲,其他地方没有;它们持续了3天,到第四天重新伸展。这时把叶片解剖了,发现中干和两条低侧脉都切断了。

(2) 4小时30分钟后,远体端许多触毛都已如常卷曲。第二天,叶片和这一端所有触毛都强卷了,与叶基部的半段有一条明确的横线分隔着,那半段没有受到丝毫影响。第三天,靠近叶基的几条中央盘短触毛,也有些轻微卷曲。解剖后,发现切断情况和上一例相同。

(3) 4小时30分钟后,远体端触毛全部强卷,持续了2天,绝未延展到叶基段。切断情形如上。

(4) 这片叶,直到15小时后才观察,这时发现除极外缘的触毛之外,所有其余整片叶上的,都均匀地如常卷了。仔细检视,发现中干脉的螺纹导管虽然都已切断,但一侧的切口没有通过螺纹导管周围的纤维组织,虽然另一侧的切口通过了这种组织①。

(2)、(3)两片叶的外观很奇异,可以设想和一个脊椎已断下肢瘫痪的人相比。这两片叶和前面所记实验中在一侧面搁下肉屑的情形完全相似,不过将那些结果中的纵分隔线换成横线而已。实验(4)证明,中干脉螺纹导管切断而不妨碍运动冲动由远体端向近体端的传导;这一点,使我最初设想,运动能力应由周围紧贴的纤维组织传送;因此如果纤维组织能保全一半不断,就足够完成传递的需要。不过事实却和这个设想相对立:叶片的两侧面之间并没有直接连通的导管,但如果向叶片的一侧面搁下稍大些的一颗肉屑,运动冲动却还是通过叶片的整个宽度横向地送了过去,尽管慢些而且不很完美。这一个事实也并不能作如下解释,即传导是靠通过两个接合点,或通过叶缘上锯齿形的联络线,因为要是这样的话,则叶盘对面侧的外缘触毛会比更中心的触毛先受到影响,这种现象却从未出现过。我们还知道,极边缘的触毛看起来没有向邻近触毛传出冲动的能力;可是进入每个外缘触毛的小管束支,都有一个极小分支送人两边邻近触毛中,而其他触毛,我还没有见到过有这种分支;这就是说,外缘触毛之间的螺纹导管联系比任何其他触毛之间要密切,但是它的相互间交换运动冲动的能力反而较小。

---

① 齐格勒先生作过同样实验,将中间型毛毡苔(*Drosera intermedia*)的螺纹导管切断,但却得到和我大不相同的结论[见《法国科学院学报》(*Comptes Rendus*),1874,1417页]。

除了这些事实和推论之外，我们还有肯定的证据，证明运动冲动至少不是专由螺纹导管或包围它们的纤维组织传送。我们知道，如果向中央盘任何一个腺体（其周围紧接的腺体事先都已除去的）搁一颗肉屑，所有周围短触毛都几乎同时以极高准确度向这颗肉屑弯曲过来。中央盘上还有一些触毛，例如位在低侧脉（图 11）终点附近，它们所含脉管，与进入周围腺毛的管束支无直接接触，而只有通过很长很弯曲的路线相连。但是如果我们向这种触毛的腺体上搁肉屑，周围所有触毛仍旧以极大准确度向它卷曲过来。冲动当然也可以通过长而弯曲的路线传导，不过要使周围触毛都准确地弯向兴奋点，则运动的方向，恐怕显然不可能这样传递。无疑地，冲动是循辐射直线从兴奋了的腺体传到周围触毛的；因此，它不可能由维管束传送。上面所说，切断中干脉，阻止了冲动由远体端传到近体端，可以归之于细胞性组织有显著范围被分割了。往下我们讨论捕蝇草时，也有肯定地证明运动冲动不由维管束传导这个结论的事例；科恩教授研究貉藻（*Aldrovanda*），也得到同一结论——两种都和毛毡苔同属于茅膏菜科①。

运动冲动既不循维管束传送，则只有通过细胞性组织这唯一的途径；这种组织的结构也在一定范围内说明了冲动由长的外缘触毛向下传导很快，而通过叶片则慢得多。我们还要解释，为什么纵向通过叶面，比横向快些，虽然如果有充分时间，仍可向各方向通行。我们知道，一种刺激能同时引起触毛的运动与原生质聚集，这两种影响，都在同一短时距内从腺体内开始，并由腺体传出。看来，似乎运动冲动是原生质内部一种分子变化的开端，发展之后，就可以明显看出，并称为聚集；对这一点，我们下面还要另外谈。我们也还知道，聚集的传递主要的阻滞在于通过横隔的细胞壁；聚集沿触毛向下推进时，一个细胞接在一个细胞之后，都似乎在一闪中变成云雾状团块。因此我们也可以推想，运动在通过细胞壁时，也受到同样的阻滞。

---

① 巴特林[见《植物志》(*Flora*)，1877]就运动冲动的传导作了实验研究，证实了齐格勒(《法国研究院纪要》，1874)的观察，齐格勒由自己的观察所作结论是维管束为传导冲动的途径。巴特林(Batalin)的结论则是冲动循导管传导时，远比通过薄壁组织容易，正常情况中，刺激几乎无例外地循导管传送。

如果我们相信运动冲动是以原生质中分子变化的方式推进的，我们就不能认为它在管胞内传导。奥利弗(Oliver)[见《植物学记事》，1888，2 月号]提出，在 *Masdevallia mucosa*（一种兰科着生植物），冲动循木质部外面一层薄壁组织鞘传导。如果我们对毛毡苔作同样假定，则可以越过一重困难，即不管冲动是循维管束布局传送或横过叶面传导，都必须通过薄壁组织，两种情况下唯一的差别，是伴随导管的薄壁组织，已经特化到更适于迅速的定向传导，而普通薄壁组织不得不以多种方向传导冲动。——F. D.

冲动沿长形外缘触毛向下传递的速度，大于横过叶盘，可能由于下传只限于狭小的毛柄，而在盘中则向周围辐射分散。除去这种密闭之外，触毛的外层细胞一般都足有中央盘细胞的两倍长；因此在一条触毛中通过一定距离，和盘中同等距离相比，只须要越过半数的横隔壁；冲动所受延缓，也就成比例地少(一半)。另外，据沃明博士所作外缘触毛切片的观察[①]，薄壁细胞更长；它们就可在腺体与弯曲部位之间作为最直接的联系线。如冲动通过外层细胞传递，它必须越过20—30个横隔壁，如果通过内层薄壁组织，数目要少些。但是不管怎样，冲动能够通过这么多阻隔，传经触毛毛柄全长，在10秒钟内作用于弯曲部分，总是可惊的。冲动以这么高的速度通过了一条最外缘的长触毛$\left(约长\frac{1}{20}英寸\right)$之后，而就我所曾见过的情形说，却从不影响相邻的触毛，对这一点我不了解。在迅速传递中所消耗的能量很大，或许是一部分理由。

中央盘的大部分细胞，连表面与下面五六层较大的细胞在内，长度都约为宽度的4倍。它们几乎都是纵行排列，由叶柄向叶缘辐射。运动冲动通过叶盘横向传递时，便必须越过纵向传导时4倍的细胞壁，结果受到的阻滞便远较纵向传递为多。中央盘细胞向触毛基部汇聚着，这样便适于从各方面向它们送达运动冲动。总的说来，中央盘和触毛两者细胞的排列和形状，对运动冲动的扩散方式和速率，都有所启示。可是为什么冲动由外圈触毛腺体推进时，倾向于向侧面与向叶中心传送，而不作离心的传出，却不明白。

运动机理与运动冲动的本质 不管运动的方式如何，从外缘触毛的脆弱看来，它们的卷曲是强有力的。我用一条从柄上露出1英寸长的鬃毛来挑起一条比鬃毛还细的、已卷曲的触毛，鬃毛的力量不够。运动的量或范围也很大。完全伸直了的外缘触毛，卷曲时扫过180°空间；如果它们原来是反卷的(反卷很常见)，则角度还要大些。在弯曲部位可能主要或完全由表皮细胞收缩；因为内部细胞胞壁很薄，数量又这么少，它们很难使触毛准确地弯向一个定点。我曾仔细观察，可是从未发现弯曲部位表面有任何收缩，就是下面要谈的特殊情形中，它们异常地弯成一个整圆圈时，也没有皱纹。

运动冲动通过时，不是所有细胞都受到作用。长形外缘触毛的腺体

---

① 见《哥本哈根博物学会科学报告》(*Videnskabelige Meddeleser de la Soc. d Hist. nat de Copenhague*)，1872，第10至12号，木刻图iv及v。

受到刺激时,上部细胞未受任何影响;到腰上,才有少许弯曲,主要的运动限于近毛柄基部的一小段;内部触毛,则除了毛柄基部外,其余都不动。在叶片,运动冲动可以由中心起传到边缘,通过许多细胞,它们都不起任何可见的反应;也可以大受影响而整个叶片都卷曲起来。后一种情形,运动似乎部分地与刺激的强度有关,部分地决定于刺激的性质,如浸没在某些液体中之类。

根据高权威者的说法,各种植物具有的刺激后起运动的能力,是某些原来处于紧张状况的细胞,骤然排出液体而立即收缩[①]。不管这是不是那种运动的基本原因,收缩或在一个方向被压时,除非同时在另一方向膨胀,总得排出水分。例如一条柔嫩健壮的枝条,如果缓缓地弯成半圆,就可以看见它表面有液体渗出[②]。毛毡苔触毛卷曲时,整条毛中肯定有液体的大量运动。触毛上下两侧细胞中,紫色液体为同等深暗色调,这种颜色并且在毛基两侧面各作相等外延的,这样的叶片数量很多。这种叶片的触毛,兴奋而运动后几小时,就可以看出凹人侧细胞,颜色比原来淡得多,甚至变成完全无色,而凸出面细胞则颜色变成更深暗。有 2 次,用短发屑搁在腺体上,1 小时 10 分钟内,触毛向叶心弯曲达到了一半时,毛两侧这种颜色变化就已鲜明可见。另有一次,向腺体上搁肉屑,间歇观察,发现紫色沿弯曲了的触毛凸出的一侧,由上部向基部移动。可是还不能由这些观察推定说,凸出一侧的细胞,在卷曲过程中,注入了比原来所含更多的液体;因为液体随时可以流向叶盘,也还可以流向当时正在大量分泌着的腺体。

浸没在浓液中的叶片,触毛卷曲,再移到淡液中,又重新伸展,这表明细胞中水液的排出或吸入,可以引起像正常情况的运动。不过这样引起的卷曲,常常不规则;外缘触毛有时卷成螺旋状。使用浓稠液体时,如向叶背或触毛滴加糖浆,同样也引起不自然的运动。这种运动,可以和多种植物性组织遭到外渗时所起的扭曲相比。因此,它们能否有助于说明自然的运动,很可怀疑。

如果我们承认排出水液是引起触毛弯曲的原因,则我们必须先假定细胞发生卷曲以前,处于高度紧张状态,而且它们具有极高的弹性,否则它们收缩时不能使触毛在空间扫过大于 180°的角。科恩博士在他关于菊

① 见萨克斯,《植物学评论》,第三版,1874,1038 页。我认为这种看法最初是拉马克提出的。

② 萨克斯,同上,919 页。

科植物雄蕊运动的饶有意味的文章中说过[①]，这些器官，死亡之后，和橡皮筋一样富于弹性，而长度则仅有生活时的一半。他认为这些细胞中的原生质，平常以伸展状态存在，刺激后就瘫痪，或者可以说暂时死亡；这时细胞壁弹性发挥作用，引起雄蕊收缩。毛毡苔触毛弯曲部位的上部或凹入侧的细胞，似乎平常并不在紧张状态，弹性不很大；因为1片叶骤然被杀死，或自己缓缓死亡时，由弹性而收缩的，不是触毛上部而是下部，因此，我们可以归结说，毛毡苔触毛的运动不能归因于某部分细胞的内在弹性，在生存而未受刺激时，这种内在弹性为内含物的伸张状态所对抗。

另一些生理学家提出了稍有不同的一种看法：原生质受刺激时，像动物的柔软肌肉一样收缩。毛毡苔触毛弯曲部位细胞中的液体在显微镜下是稀薄均匀的，起聚集后，则成为柔软团块，不断改变形状，浮游在几乎无色的液体中。触毛伸直，团块就完全解散了。这样的物质，看来似乎不大可能有什么直接的机械能力；可是如果起了某种分子变化，占用更小的空间时，则细胞壁可以挤紧而收缩。但是可以预料这时细胞壁表面有收缩痕迹，而这种痕迹却没有见到过。而且，所有细胞聚集之前与聚集之后的内含物，看来似乎仍是同一性质；另外，只有触毛基部有少数细胞收缩，触毛其余细胞都保持平直。

某些生理学家所持第三种看法（虽然大多数人不同意）则认为包括胞壁在内的整个细胞都自动地收缩。如果胞壁纯由不含氮的纤维素构成，则这个看法是非常不可能的；可是很难否定胞壁尤其在生长中的胞壁，有蛋白性物质浸透着。毛毡苔腺体有能力吸收、分泌，而且极端敏感，对最小的颗粒所生压力也能发生反应，可以表明毛毡苔细胞壁具有很高级的组织化；没有什么理由断定它先天地就不可能有收缩能力。毛柄细胞的胞壁也可以容许引起运动、增加分泌、发生聚集的各种冲动，通过它们而传导。总的说来，某些细胞，胞壁能收缩，同时把所含水液排挤一些出去，这种看法似乎最与观察所得许多事实符合。如果放弃这种看法，下一个最可能的解释便是，细胞的液体内含物由于其分子状态的变化而收缩起来，胞壁随之缩入。无论如何，运动总不能以胞壁先在紧张状况中及具有

---

① 见《西里西亚祖国文化协会会报》(*Abhand der Schles. Gesell. für Vaterl. Cultur*)1861，第一册。《博物学纪事及杂录》(*Annals and Mag. of Nat. Hist.*)第三集，1863，第九卷，188—197页有这篇文章很好的摘要。

弹性来解释[①]。

由腺体向下传送到毛柄并横过叶盘的运动冲动，其本质似乎与引起腺体及触毛细胞原生质聚集的影响有密切关系。我们见到，这两种力量都由同样的因素引起，都在几秒钟内同时发源于腺体并从中传出。原生质聚集的时间几乎同触毛卷曲的时间一样长，可以长到1周以上，只是弯曲部位原生质团块的解散，却是在触毛快要重新伸展之前，表示引起聚集过程的原因已经完全停止。碳酸气熏蒸引起聚集过程和运动冲动，都很缓慢地沿触毛向下传送。我们知道原生质聚集过程在越过横隔的胞壁时，受到阻滞。我们也有很好的理由说明运动冲动的传送也是一样，因为只有这样才能理解为什么通过叶盘的纵向和横向传导，速度上有差异。用高倍显微镜检视时，聚集的最初迹象是细胞内紫色均匀的液体中出现云雾状（混浊），接着是极细的颗粒；这显然是由于原生质内的分子起了结合。这样，如果同一倾向，即分子相互接近，传达到与原生质接近的细胞壁内表面上，从而使细胞壁的分子彼此接近，细胞壁由此发生收缩，也就不是绝无可能成立的一个解释。

对这个假定还可以提出一个反对理由，即叶片经过各种浓溶液处理，或加热到54.4℃的温度时，原生质起聚集而并无运动。另外，各种酸类和许多其他液体引起迅速运动时，没有聚集或只有非正常的聚集，或虽有而只在很久之后才出现；可是这些液体大多数多少具有伤害力，它们因伤害或杀死原生质可以阻滞或阻止聚集过程。此外，在聚集与运动两个过程之间还有一个更重要的差异，即中央盘腺体兴奋时，它们向周围触毛发出向上传导的冲动，先作用于弯曲部位的细胞，但在冲动到达腺体之前并未引起原生质聚集；直到冲动达到腺体，腺体再往下送回某些其他影响，才使原生质先在上部后在下部逐渐出现聚集。

触毛的重新伸展 这种运动总是缓慢渐进的。叶心受刺激，或叶片浸在适当的溶液中，所有触毛都直接向中心卷曲，后来又直接从中心退回。如果刺激点偏在中央盘的一侧，周围触毛向它卷曲，因此就与正常方向成斜交，后来重新伸展时，又倾斜地弯回，恢复原来位置。不管兴奋点

① 参看加德纳的文章《植物细胞原生质的收缩力》（见《皇家学会会报》(Proc. R. Soc.)，1887，11月24日，第六十三卷）；文中举有证据，证明毛毡苔触毛的屈曲，起于原生质收缩。

巴特林（见《植物界》，1877）就触毛及叶片的弯曲作了实验。他在叶背面作记号，发现弯曲后，成为叶片及触毛凸出面的地方，记号间的距离增加。叶片展开或触毛伸直后，记号间距离却不回到原有长度，这种增加了的长度继续存在，表明弯曲与实际生长有关。——F. D.

在哪里，凡距兴奋点最远的触毛，总是最后而且受到最小的影响，也许因此就最先开始重新伸展。紧卷了的触毛，弯曲部位在主动收缩中，可以由下述实验证明。向一片叶上搁下肉屑，到触毛紧卷不再运动时，切下一绺带上几条外缘触毛的叶盘，侧面向上，放在显微镜下。经过几次失败，最后我作到了将一条触毛弯曲部位的凸出面切去。运动立即重新开始，原来已很弯曲的弯曲段，继续再弯，最后成为一个完成的环；触毛离体端直立部分，扫过这绺叶的一侧。凸出面，显然原来已因为和凹入面平衡而达到紧张状况；凹面一到可以自由运动时，便继续弯曲，成为一个完整的环形了。

在未兴奋而伸展着的叶片上，触毛相当刚直而有弹性；用针压弯时，上端比能单独变弯的较粗基部更容易屈服。基部刚直性的来源似乎在于外表面的张力，这种张力在平衡着内表面细胞的主动而持续的收缩状态。我所以这样假定，是因为将叶片猛投入开水中时，触毛会骤然反卷；这似乎指明外表面的紧张是机械性的，而内表面的紧张则是生活的，开水一烫，立即被破坏了。我们可以由此了解为什么触毛变老而衰弱时，会慢慢出现很厉害的反卷。如将触毛已紧卷的一片叶猛投入开水，触毛会稍微举起来一些，但绝不会完全伸直。这可能是凸出侧细胞受热后张力和弹力遭受了破坏；可是我不信它们的张力在任一时刻就足够使触毛恢复到原来位置，这常需扫过 180°角。更可能是卷曲中凸出侧细胞重新缓缓吸收了沿触毛流动的液体，因此逐渐而持续地增大了它们的张力。

本章中的主要事实和讨论，在下一章末了还将作一次扼要重述。

▲ 土瓶草

第十一章 关于圆叶毛毡苔重要观察的重点复述[①]

· *Recapitulation of tile chief observation on derosera rotundifolia* ·

在本章中，达尔文将前10章的重点内容进行了总结概括，将其观察到的关于圆叶毛毡苔的构造，运动组织状况及习性，作了一个重点复述。

① 读者如只读本章而没有细阅前面各章的，请参看本版书前面表中所列新增各点。

以上各章大多数都已有总结，现在只须要对几个重点扼要重述一下。

在第一章我们对叶的构造以及它们捕捉昆虫的方式，作了简明记载。由触毛的向内卷曲和围绕腺体的黏稠分泌液珠两方面合起来捕虫。由于植株靠这种方法获得它们大部分的营养，根的发育很不良；它们常常长在除了藓类以外其他植物不能生存的地方。腺体能分泌之外，还能吸收。对许多刺激如反复触动、小颗粒的压力、吸收动物性物质或其他液体、热、和电作用等，它们都非常敏感。在1条触毛的腺体上搁了1小颗生肉屑之后，10秒钟内就开始弯曲，5分钟内已经强烈向内卷紧，半小时内达到叶心。叶片有时卷曲成杯形，把落在上面的物体包裹着。腺体兴奋后，不仅向自己所在的触毛发出冲动，使它弯曲，还可以引起周围触毛向内弯；因此，触毛的弯曲部位可以受到从相反方向接受的冲动的作用，即从本身顶端腺体和从一条或多条邻近触毛腺体传来的冲动。触毛卷曲之后，过一段时间，又会重新伸展，伸展过程中，腺体分泌量减少而发干。只要腺体开始重新分泌，它们所在的触毛便准备再起反应，这样至少可以反复3次，可能更多。

在第二章中说明叶中央盘承受了动物性物体时所起卷曲，比承受同样大小的无机物体及机械刺激时更迅速有力；而触毛卷曲在能给出可溶性营养物质上时，持续的时间比不能给出这种物质的长久得更为显著。将极小颗的玻璃碴、煤灰、头发、线、沉淀石灰等等搁在外缘触毛的腺体上，能使这些触毛卷曲。颗粒未沉入分泌液珠底，达到与腺体表面真正接触之前，则不产生任何效应。柔细的人发$\frac{8}{1000}$英寸(0.203毫米)长，$\frac{1}{78740}$格令(0.000822毫克)重的，虽然大体上还被稠密的分泌液珠支撑着，但已足够引起运动。这个事例中的压力不可能达到$\frac{1}{1000000}$格令。比这再小的颗粒，也会引起轻微运动，可以在放大镜下看出。将比上述计量大的颗粒搁在人类最灵敏的部分——舌头上，不引起感觉。

腺体反复短时触动三四次，有运动出现；但触动一次或两次，即使用坚硬的物体与颇大的力量，触毛仍不弯曲。由于这样，植物便免除了许多无益的运动，例如大风吹动时，腺体很难逃避受邻近植物叶片刷过。对于

◀孔雀茅膏菜(上)，迷你茅膏菜(下)。

单独的触动，它们虽不敏感，可是最轻微的压力如果持续几秒钟，它们却无限敏锐；这种本领对它们捕捉小形昆虫显然大有益处。甚至蚊蚋，如果用它们纤小的脚落在腺体上休息时，便被很快而牢固地缠裹住。对于雨点的重量和继续打击，腺体也无感觉，这也同样地省去了许多无益的动作。

在第三章中，暂时停止关于触毛运动的叙述，插入关于原生聚集过程的叙述。这种过程，总是从腺体细胞中开始，细胞内含物首先变成云雾状；腺体兴奋后10秒钟，就曾见到过。接着，不久，有时只在1分钟之内，在腺体下方的细胞内出现了很多高倍镜下才可以分辨的颗粒；然后再聚成极小圆球。往后，变化沿触毛下传，每遇到一个横细胞壁，就暂时停顿。小球形的原生质团块后来汇合为较大的卵圆形、棍头形、线条形、珠串形或其他形状，悬垂在几乎无色的液体中，不息地改变形状。团块时而汇合，时而分裂。腺体如遭到强烈刺激，整条触毛各细胞都受影响。在原来充满暗红色液体的细胞内，过程的第一步常是形成暗红色袋状原生质团块。随后再分开而起各种形状的重复变化。聚集未起之前，有一层无色原生质，即莫尔（Mohl）所谓“原囊”（primordial utricle）带着些颗粒沿胞壁流动；细胞内含物部分地聚成小球或袋状块后，这层环流层分外明显。再过些时，颗粒要拉向中央团块与之汇合，这时环流层就看不出了，不过细胞里面仍然有透明液体的流动。

凡能够引起运动的各种刺激，几乎都能激发起聚集。例如触动腺体两三次、小形无机物体的压力、吸收了某些溶液、甚至长期浸没在蒸馏水里面、外渗和加热等。经我试过的各种刺激物中，以碳酸铵为最强有力并且作用最迅速；将$\frac{1}{134400}$格令（0.00048毫克）的小剂量加给一个腺体，1小时内就足够引起触毛上段细胞中明显的聚集。只有原生质生活着，健康而有氧供应时，聚集才会继续进行。

不管腺体是直接受到刺激或间接地由其他远离的腺体传来影响，聚集过程都是完全相同的。只有一种差别：中央腺体受刺激后，它们离心地向外缘触毛传出的影响沿毛柄向上升到腺体，但实际聚集过程则是向心地传递，即从外缘触毛的腺体沿毛柄下行。因此，由叶片的一点送向另一部分的兴奋影响，与实际引起聚集的影响，必有不同。聚集现象与腺体分泌量是否比以前加大没有关系；也不依靠触毛的卷曲。触毛卷曲时，原生质总是处于聚集状态，触毛刚刚充分重新伸展，所有原生质团块都已解散；细胞内又充满着仍和叶片未兴奋以前一样的均匀紫色液体。

聚集可以由触动两三次或不溶性小颗粒的压力兴起，则它显然不是因为吸收了任何物质所致，而只能是一种分子性变化。就是由吸收了碳酸铵或其他铵盐乃至生肉浸液而引起的，过程似乎仍是一样。因此，原生质汁液必定是处于一种特别不安定的情况中，所以可以由这类轻微而多样的原因起作用。生理学家们认为一条神经受触动，而向神经系其他部位传导某种影响时，它内部引起了一种分子变化，不过我们看不见。因此守候着观察一个腺体中细胞，在只承受重量为$\frac{1}{78700}$格令的极小段头发，并且其重量大部分还是由腺体外围分泌液珠担负着，所受到的影响实在很有意思，因为这一点小小的压力，不久就在原生质内引起了可见的变化，而且这变化随即沿触毛向下传递，最后整条触毛现出斑点来，以至于肉眼都能见到。

第四章中谈到叶片在110℉(43.3℃)的水里泡一小会，会略起卷曲，而且它们这时对肉的作用比以前更加敏感了。如浸在115°～125℉(46.1～51.7℃)的热水中，它们卷曲很快，原生质也起了聚集；随后再浸到冷水中，不久又重新伸展。在130℉(54.4℃)的温度下，叶片不立即卷曲，只是起了暂时性瘫痪；因再移到冷水里面，它们常先卷曲然后重新伸展。在一片这样处理的叶片中，我曾确切地见到原生质在运动。另几片同样处理过而移到碳酸铵溶液里面的，发生了强卷曲。先在145℉(62.7℃)热水中浸过再移进冷水的叶片，有时轻微卷曲，但很缓慢；随后，细胞内含物也受碳酸铵溶液的影响而发生聚集。但是热水浸没时距的长短是一个重要因素，如在145℉(60℃)或只是140℉(62.8℃)的水里面一直浸到水自己冷却，它们就被杀死，腺体内含物变白而不透明。后一种结果看来是蛋白质凝固所致，在150℉(65.5℃)中浸一个短时间也能引起；不过不同的叶片，乃至同一条触毛中不同细胞，抗热的力量有显著差别。除非热到可以足够引起蛋白质凝固，则以后都可由碳酸铵引起聚集。

第五章中谈到用各种含氮及不含氮有机液体滴在叶中央盘上的结果，表明叶片对氮的存在，有从不错误的辨别能力。青豌豆或新鲜卷心菜煮出的汤，几乎与生肉浸汁有同样强的作用，但温水久浸卷心菜叶片所得浸汁，效力小得多。草叶汤作用力要比豌豆或卷心菜汤小。

这些结果引起我想试探毛毡苔是否能溶化固体动物性物质。第六章中详细举出了证明叶片能够真正消化并且腺体能够吸收消化后所得物质的一些实验。它们也许是我对毛毡苔观察中最有趣的部分,因为过去还没有在植物界明确地见到这种能力。一件同样有意味的事,是中央盘的腺体受刺激后,会向外缘触毛的腺体传出某些影响,使它们分泌量增大,分泌液也成为酸性,完全像后者直接受到物体搁在它们上面的影响而兴奋时一样。动物胃液像大家知道的,含有一种酸和一种酶,消化时两样都不能缺少;毛毡苔分泌液也是一样。动物的胃受机械刺激时,分泌一种酸;毛毡苔腺体上搁了玻璃碴之类的物体后,这个腺体和它邻近没有触动的腺体,分泌物分量也增大而且成为酸性。但是据 Schiff 说,动物的胃,在没有吸收他称为"分泌原"的某些物质之前,不会分泌真正的酶;从我的实验结果看来,毛毡苔腺体也必须先吸收某些物质,然后才真正有酶的分泌。分泌液中含的酶,只在有酸并存时才可以作用于动物性物质,可以由加入极小剂量的碱来证明,加碱立即使消化作用停顿,再用少量稀盐酸中和所加的碱,消化立刻又重新开始。用多种物质尝试后,说明毛毡苔分泌液能全部地、部分地或全不消化的东西,和受到胃液的作用方式完全一样。因此,我们可以归结说,毛毡苔的酶与动物的胃蛋白酶密切相似或者完全相同。

毛毡苔能消化的物质,对叶的作用各有不同:有些引致触毛作更强力迅速的卷曲,并且使卷曲持续更长久,有些作用较弱。由此引导我们假定,正像给与动物的食物中,肉的营养价值比明胶高一样,前一类物质,比后一类更适于营养。像软骨这么坚韧的东西,水对它无作用的,毛毡苔却能很快溶解和随后吸收它,或许是最惊人的事件之一。可是事实上胃液消化软骨与消化肉类,方式和经历过程,正是一样,也都和毛毡苔消化它们的情况完全相同,所以实际上这件事也并不希奇。毛毡苔分泌液能溶化骨头,乃至牙齿的珐琅质,但这只由于分泌液中含有大量酸类的缘故,可能是出于这种植物对磷的急迫需要。分泌液中的酶,只在骨头中所含磷酸石灰全部被酸溶掉,并且分泌液中有了游离酸时,才发挥作用;这时纤维基础物质便很快溶解。最后,分泌液还能侵袭生活种子,溶出其中的某些物质;种子有时由此被杀死或伤害,可以由后来秧苗的病态上看出。它也能从花粉粒和从叶碎片中溶解吸收某些物质。

第七章中讨论了各种铵盐的作用。试过的铵盐都能引起触毛的卷曲,有时也牵动叶片的卷曲和原生质聚集。作用能力之间有很大差异,柠檬酸铵力量最弱,磷酸铵无疑地由于兼含有磷和氮,作用最强,远远超出于其他各种铵盐之上。不过精细测定了相对效力的,只有碳酸铵、硝酸铵、磷酸铵三种铵盐。实验方法是，用半量滴(0.0296 毫升)不同浓度的溶液滴在叶盘上——用极小滴约($\frac{1}{20}$量滴，或 0.00296 毫升)与三四个腺体保持几秒钟接触——将整片叶片浸没在一定容量的溶液里面。与这些实验有关的是，需要先确定蒸馏水的效应，结果(文中已详述)发现只有较敏感的叶片可以受到极轻微的影响。

根吸收碳酸铵淡溶液后，根部细胞中有原生质聚集，但叶片没受到影响。腺体吸收蒸气后，引起卷曲和聚集。溶液滴在盘中央腺体上，使外缘触毛向内卷曲的最低剂量，是一滴中含盐$\frac{1}{960}$格令(0.0675 毫克)。极小滴溶液，保持几秒钟与腺体周围分泌液珠接触，而引起这个腺体所在触毛卷曲的，最小含量是$\frac{1}{14400}$格令(0.00445 毫克)。一片高度敏感的叶片，浸没在溶液中，并让它有足够的时间吸收，则$\frac{1}{268800}$格令(0.00024 毫克)已足于使一条触毛兴奋而运动。

硝酸铵诱起聚集，不如碳酸铵迅速，但引致卷曲的力量却大些。将 1 滴含$\frac{1}{2400}$格令(0.027 毫克)盐的溶液滴在中央盘上，对所有未承受任何溶液的外缘触毛有强力作用；含盐$\frac{1}{2800}$格令的 1 滴溶液，只能引起少数外缘触毛卷曲，但却对叶片本身有颇明显的影响。极小滴直接加于腺体的溶液，含盐$\frac{1}{28800}$格令(0.0025 毫克)，使腺体所在的触毛卷曲。浸没整个叶片时，1 条触毛承受$\frac{1}{691200}$格令(0.0000937 毫克)的盐，就够使这条触毛兴起运动。

磷酸铵远比硝酸铵强有力。将一滴含$\frac{1}{3840}$格令(0.0169 毫克)盐的溶液滴在一片敏感的叶盘中心，引起大多数外缘触毛和叶片本身卷曲。让极小滴(含$\frac{1}{153600}$格令或 0.000423 毫克)直接与腺体接触几秒钟，可由所在触毛的运动显示它已起作用。叶片浸在 30 量滴(1.7748 毫升)1 份盐兑 21875000 份水的溶液中，一个腺体吸收了$\frac{1}{19760000}$格令(0.00000328 毫克)的盐，也就是稍多于 1 格令的$\frac{1}{20000000}$，就足够引起长着这个腺体的触毛向叶心弯曲。在这个实验中，由于所用盐类含有结晶水，事实上叶片吸收了的有效成分，还不到其$\frac{1}{30000000}$。腺体吸收这样极小量的铵盐，并不希奇，因所有生理学家都承认，一场阵雨从大气中浇进土壤里面而被根吸收的铵盐，远比这个分量还小。毛毡苔吸收铵盐有益,也无足惊讶,因为酵母菌和其他菌类植物,只要其他必需元素供应不缺,可以在铵盐溶液中繁茂生长。可惊的事实(在这里我不打算再详述)是这么小到不可思议的一点分量,$\frac{1}{20000000}$格令的磷酸铵,能在毛毡苔腺体中诱发某些变化,够产生沿触毛全长下传的运动冲动,而且这冲动还能兴起一个角度大于 180°的动作。我不知道最使我诧异的是这件事实,还是极短的一段头发屑由稠厚的分泌液分担了它一部分重量后所生压力,可以迅速召致明显运动。另外,这种超过了人体最灵敏部分的极端的敏感性和由叶片的一部分将各种运动冲动传向其他部分的能力,都是没有任何神经系统介入而获得的。

因为在已知的植物中,很少几种具有专门适应于吸收的腺体,似乎很值得尝试铵盐以外的多种盐类以及多种酸类对于毛毡苔的效应。在第八章讨论的这些效应与化学上习惯用分类系统中应有的化学亲和力并不相符。碱基性质的影响比酸根大,这一点,正是动物界已知的情形。例如试用过的 9 种钠盐,都引起明显卷曲,小剂量时,没有一种有毒;而相应的 9 种钾盐,有 7 种不产生任何影响,其余两种只引起轻微卷曲。而且,有几种钾盐,连小剂量也显示毒性。将钠盐和钾盐注射到动物血管中时,作用也一样相差很远。所谓碱土金属盐类,对毛毡苔看不出有什么效应。另一方面,大多数金属盐类都引致迅速而强大的卷曲,也都有剧毒,不过有些奇怪的例外:铅和锌的氯化物和两种钡盐,都不诱起卷曲,也都无毒。

在试过的多种酸类中,尽管高度稀释(1 份酸兑 437 份水),使用小剂量,对毛毡苔都有强力作用;24 种中有 19 种引起触毛或多或少的卷曲。大多数酸类,甚至一些有机酸,都有毒,而且毒性颇强。这倒是值得注意的,因为许多植物的汁液都含有酸类。对动物无害的苯甲酸,对毛毡苔却似乎和氢氰酸一样剧毒。另一方面,盐酸对动物和毛毡苔都无毒,只能引起中等的卷曲。许多酸刺激腺体分泌大量黏液;腺体细胞内原生质似乎常被杀死,可从周围液体不久变成粉红色作为推论证据。奇怪的是相近的酸作用相差很大:甲酸只引起很轻微卷曲,无毒;而同等浓度的醋酸,作用能力最强,而且有毒性。乳酸也有毒,但所引起的卷曲要过长久时间后才表现出来。苹果酸作用微弱,柠檬酸和酒石酸全无作用。

第九章中叙述了吸收多种生物碱和另一些物质的后果。其中有些有毒,但是几种对动物神经系统有强大力量的,对毛毡苔却毫无影响,因此我们可以推论说,毛毡苔腺体的高度灵敏性,它们向叶片其他部位传出影响引起运动或改变分泌液性质、或引起聚集的能力，都不依赖于与神经组织有关的一种扩散性物质。最突出的事实之一，是把叶片长久浸在眼镜蛇毒中，不但丝毫不抑制触毛细胞中原生质的自发运动，反而有相当的刺激作用。一些盐类和酸类的溶液，在延缓或完全制止后来磷酸铵溶液的作用上，表现极不一致。樟脑水溶液是刺激剂，某些小剂量芳香油也一样，它们都引起迅速而强力的卷曲。酒精不是刺激物。樟脑、酒精、氯仿、硫酸乙醚、硝酸乙醚的蒸气，剂量略大时有毒，小剂量则有麻醉或麻痹作用，大大地延缓了后来肉屑所起的作用。但是有些种蒸气，在引起触毛迅速而多少带痉挛性的运动上，也是刺激物。碳酸气也是麻醉品，后来再给碳酸铵时，原生质聚集被推迟了。碳酸气熏蒸后，第一次接触空气，也有刺激作用，可以引起运动。可是，正像这章所说，要记述各种物质对毛毡苔叶的多方面效应，需要一部特别药典。

第十章证明叶片的敏感性似乎完全限于腺体及紧接在腺体下的细胞。也进一步证明了腺体兴奋后传出的运动冲动与其他力量或影响是通过细胞性组织传递，而不经维管束。腺体向下发送运动冲动，以大速度沿毛柄下传，达到基部，基部是唯一能弯曲的部位。冲动然后再传出去，向各个方向扩散，达到周围触毛，最近的先受影响，依次向远传递。这样扩散之后，加上叶盘细胞长度较触毛小，冲动就失去力量，传递比沿触毛下行慢得多。由于细胞走向和形状不同，冲动通过叶盘时，纵向比横向容易些也快些。外缘触毛发出的冲动，力量似乎不够影响邻近触毛；可能触毛长度是部分理由。内侧几圈触毛的冲动，主要向两侧触毛及叶心扩散；但叶盘上的短触毛所发冲动，则几乎同等地辐射式散出。

一个腺体因搁在它上面的物质之质与量而强烈兴奋后，运动冲动传导得比轻微兴奋时远些；如果好几个腺体同时受兴奋，冲动便联合为一而传得更远。腺体刚受刺激时，它所发出的冲动可以传得颇远；但后来腺体分泌和吸收时，冲动仅够使所在触毛弯曲；不过卷曲可以持续好几天。

触毛弯曲部分从自己的腺体接受冲动后，运动方向总是弯向叶心，因此，叶片浸没在适当溶液里面时，全部腺体受到刺激，全部触毛都向叶心弯曲。叶盘中心的短触毛因为它们兴奋后不能弯曲，则是例外。另一方面，如果冲动从叶盘一侧而来，则周围触毛，包括盘中央的短触毛在内，不管点在哪一部分，都准确地弯向兴奋点。这是一个极突出的现象，因为它产生一个假象，看上去叶片似乎具有与动物相似的感觉。更突出的是运动冲动如果与触毛扁阔基部的阔面斜交地传过来，细胞的收缩只能限于一端的一两排或很少数排。周围触毛一定得在不同侧面受到作用，然后它们才可以全都准确地向兴奋点弯曲。

运动冲动由一个或多个腺体经中央盘扩散时，先进到周围触毛基部，立即作用于弯曲部位。这时冲动不是首先沿触毛上行到腺体，使它们兴奋，将冲动反射回到基部。可是毕竟有些影响向上传送到了腺体，因为它们的分泌量增大了，而且还变成了酸性。腺体这样受到刺激后，才又向下传送另外一些影响（与增加分泌无关，也不由于触毛卷曲），使下面细胞原生质聚集。这可以称为一种反射作用，虽然和来自动物神经节的反射可能大不相同；这种反射是植物界已发现的唯一的例证。

关于运动机理和运动冲动的本质，我们知道得极少。卷曲动作中，触毛内部肯定有水液转移。最能与观察所得事实符合的假设，是运动冲动在本质上与聚集过程相关；这使得细胞壁分子彼此靠近，和细胞内原生质分子一样，因此细胞壁起了收缩。但也还有强有力的反对理由。触毛的重新伸展主要由于它们外侧细胞的弹性，内侧细胞停止收缩时，弹性就占优势而复原；不过我们有理由怀疑在重新伸展时水液继续缓慢地吸引到外侧细胞中，增加了它们的张力[①]。

以上，已将我观察所得的、关于圆叶毛毡苔的构造、运动、组织状况及习性，作了一个重点复述；可以看出，和未能解释的及未知的相比时，已经了解的是怎样地少。

---

① 外侧（凸出侧）细胞增加水液，只能阻止而不能帮助重新伸展。——F. D.

第十二章　毛毡苔属其他几个种的构造和运动

· *On the structure and movements of some other species of derosera* ·

英伦毛毡苔——中叶毛毡苔——好望角毛毡苔——小毛毡苔——线叶毛毡苔——叉生毛毡苔——总结

我检视了6种毛毡苔，有些来自遥远的地方，主要目的是想确定它们是否也能捕虫。有几种叶片的形状和圆叶毛毡苔的圆叶相差很远，所以似乎更值得考虑。但是，功能方面，它们却相差不大。

英伦毛毡苔[*Drosera anglica* 赫德森(Hudson)][①]　有人从爱尔兰给我送来了这种植物，它的叶片较狭长，由叶柄向叶尖渐渐加阔，叶尖钝尖。叶片几乎直立，叶片长度有时在1英寸以上，但阔度只有$\frac{1}{5}$英寸。所有触毛的腺体都具有同样构造，不像圆叶毛毡苔那样，极外缘的触毛和其余不同。腺体由粗鲁触动、由小颗无机物压力、由与动物性物质接触、由吸收碳酸铵等作用而兴奋后，触毛卷曲，运动部位主要还是在毛柄基部。切割或穿刺叶片不引起运动。它们常捕捉昆虫，卷曲了触毛的腺体分泌多量酸性液。烤肉屑搁到腺体上后，1分至1分30秒钟内，触毛开始运动，1小时10分钟内，达到叶心。将两粒煮过的软木屑，一段煮过的线，两粒从火中取出的灰渣，用一个开水浸过的器械——这种多余的审慎，是根据齐格勒先生一个说法作的——送到5个腺体上。有1颗灰渣在8小时45分钟内引起了些卷曲；另1颗灰渣、1段线和2粒软木屑，在23小时后也有同样影响。用针拨动3条腺体，各6次；1条触毛在17分钟内卷了，24小时后重新伸展；其余两条根本不动。触毛卷曲后，细胞里面均匀的紫色液体开始聚集；尤其是给过碳酸铵之后，我见到了细胞中常有的原生质团块的运动。有一回，1条触毛将1颗肉屑送到叶中心之后1小时10分钟，出现了原生质聚集。这些事实，说明英伦毛毡苔的触毛和圆叶毛毡苔的表现完全一致。

如果向中央腺体上搁1只昆虫，或叶片自然地捕获了昆虫时，叶尖向内卷曲。例如在3片叶片的叶基附近，搁了死蝇，24小时后，原来直伸的叶尖，现在完全翻卷向内，缠裹并遮盖着虫体；叶尖在这过程中，运动了180°。3天之后，1片的叶尖和触毛开始重新伸展。不过据我所见到的说

◀英伦毛毡苔。

---

① 特里特夫人在《美国博物学者》(*American Naturalist*)1873年12月号705页中，有一篇关于长叶毛毡苔(*Drosera longifolia*，其中有一部分即英伦毛毡苔)、圆叶毛毡苔和线叶毛毡苔(*D. filiformes*)的完美记载。

(我试验过多次),叶的两侧从来不卷曲,这是这一种和圆叶毛毡苔功能上不同的一点。

中间型毛毡苔[*Drosera intermedia* 海恩(Hayne)] 在英格兰某些地方,这一种和圆叶毛毡苔同样常见。它的叶片和英伦毛毡苔不同之处是叶形较小,叶尖一般有些反卷。它们能捕捉大量昆虫。以上说过的各种原因都能引起触毛卷曲;原生质也随着起聚集,并且有原生质团块的运动。我曾用放大镜守候着一条腺体上搁了肉屑的触毛,不到1分钟就开始弯曲。叶尖也像英伦毛毡苔一样卷盖着引起兴奋的物体。向逮住的昆虫体上大量倾注着酸性分泌液。所有触毛抱住一个蝇子的叶片,在近3天之后才开始重新伸展。

好望角毛毡苔(*Drosera capensis*) 原产地在好望角,是胡克博士送给我的。叶长形,沿中部略凹,向尖端渐细小,尖端钝尖形,略向下反卷。它们从一条简直近于木质的茎干发出。最大的特点是叶柄绿色呈叶片状,和长有腺体的叶片几乎等阔而长度则还要大些。这种毛毡苔可能比同属中其他各种不同,靠从空气中取得养分比依赖捕虫多。可是叶盘上却挤满了数量众多的触毛,外缘触毛比中心触毛长得多。所有腺体形状同一,分泌液极黏稠和酸性。

我得到的这个植株,正在从衰弱恢复的过程中。肉屑搁上腺体时,触毛运动很缓慢,另外,我用针反复触动它们,始终没有得到运动反应,可能就是为了这个缘故。不过所有毛毡苔的各种,针触始终是最难有效的刺激。将玻璃碴、软木、煤灰屑等颗粒搁在6条触毛的腺体上,过了2小时30分钟,只有一条动作过。但是,有两条腺体对很小剂量的硝酸铵,约$\frac{1}{20}$量滴1份盐兑5250份水的溶液,含盐量只为$\frac{1}{115200}$格令(0.000562毫克),却极端敏感。将蝇尸碎片,搁在两片叶的叶尖附近,15小时后,叶尖卷曲了进来。在叶中部搁了一只蝇,几小时后,两边的触毛都向蝇卷了过去把它抱住;8小时后,整个叶片在蝇子下面有些横弯曲。第二天早上,23小时后,叶片完全褶了过来,叶尖达到了叶柄上端。可是未见过叶片两侧卷曲。把碾碎的蝇尸放在叶片形的叶柄上,也没有产生效应。

小毛毡苔(*Drosera spathalata*) 这是胡克博士送给我的。对这种澳洲原产植物,我只作了很少几回观察。叶狭长,向尖端渐渐加宽。极边缘的触毛腺体长形,和圆叶毛毡苔相似。向一片叶上搁了一只蝇子,18小时后,邻近触毛都卷了过来把它抱住。将树胶水滴到几片叶上,没有反应。

将1片叶上的一块，浸入几滴1份碳酸铵兑146份水的溶液中，所有腺体立即变黑；可以看见聚集过程，沿触毛迅速下传；原生质颗粒很快汇合成球形和其他形状的团块，团块表现着常见的运动。将1份硝酸铵兑146份水的溶液半液滴，滴到叶中心；6小时后，两侧的一些边缘触毛都卷曲了，9小时后，在叶中间会合。叶的侧边也向内卷，整个合成半个圆筒；可是我所试过的叶片，叶尖都没有向内卷的。所用硝酸铵剂量太大（即$\frac{1}{320}$格令，或0.202毫克），23小时内，叶片已死亡。

线叶毛毡苔（*Drosera filiformis*）　这是北美洲种，在新泽西州某些地方，多到盖满了地面。据特里特夫人说[①]，它捕捉大量各种大小的昆虫，包括捕虫虻（*Asilus*）属的蝇类，蛾和蝶。胡克博士送给我的标本，我检视过，叶线形，长6～12英寸，上面凸出，下面平而略有沟。整个凸出表面，直到根部（因为看不出有叶柄）都长满了带腺体的短触毛，边缘触毛最长，向下反卷。腺体上搁着肉屑后，20分钟内触毛才有轻微卷曲；但这个植株不健康。6小时后，移动了90°；24小时，达到了叶中心。这时候周围触毛开始向内卷曲。最后，一大滴极黏稠而微酸性的分泌液由联合的腺体倾注到肉屑上。用唾液轻触另几条腺体，触毛在1小时以内弯曲了，18小时后重新伸展。将玻璃碴、软木、煤灰、线、金箔小颗粒分别搁在两片叶的很多腺体上，1小时以内，有4条触毛弯曲了，再过了2小时30分钟，另外弯了4条。我用针反复触动腺体，从未能引起任何动作；特里特夫人为我作同样尝试，也没有得到结果。在几片叶的叶尖附近搁了小蝇类，线状叶片只有一次在虫体下方略有弯曲。或许健壮植株的叶片会弯在捕得的昆虫上，坎比（Canby）博士告诉过我，有这种情形；不过这样的运动不会十分明显，特里特夫人就没有见到过。

叉生毛毡苔（*Drosera binata* 或 *dichotoma*）[②]　我很感谢内维尔（Nevill）爵士夫人送给我这种巨大澳洲种的一个好植株，它和以前各种比较，有好些值得注意的不同之点。这个植株的芦苇状的叶柄有20英寸长。叶片在与叶柄相接处分叉，双叉两三次后，以不规则的方向散卷着。叶片窄狭，只有$\frac{3}{20}$英寸宽。有一片叶长7.5英寸，整片叶，包括叶柄在内，长达27英寸以上。两表面都略有凹入。上表面有交互排列的触毛行列，中间的

---

① 见《美国博物学者》，1873，12月号，705页。

② 莫伦（E. Morren）在《比利时皇家科学院院报》（*Bull. del'Acad. Royale de Belgique*），第二集，第四十卷，1875，有一篇文章，记有一些实验，并有这植物的图。——F. D.

触毛短而密集，边缘的长些，有叶片宽度的两三倍长。边缘触毛的腺体，红色比中心的深暗。毛柄都是绿色。叶尖锐尖，长有很长的触毛。科普兰(Copland)先生说他有一棵植株，培养了好几年，未枯死以前经常黏满了昆虫的。

叶片的构造和功能，在主要方面和以上各种无大差异。肉屑或唾液放在边缘触毛的腺体上，在3分钟内引起明显运动，玻璃屑，4分钟。由玻璃屑兴奋的触毛，22小时后重新伸展了。用几滴1份碳酸铵兑437份水的溶液浸一小块叶，5分钟内，腺体都变黑了，触毛也都卷曲。向中线沟的几个腺体上搁一颗生肉屑，2小时10分钟后，两侧的触毛都弯了过来把它包着。烤肉和小蝇类的作用没有这么迅速，熟蛋白和血纤维更慢些。有一颗肉屑兴奋起来的分泌液总是酸性的，多到顺中线沟向下流，并引起了流到处两侧触毛的卷曲。将玻璃屑搁在中央沟腺体上，不能刺激它们向外侧的触毛发出冲动。叶片，包括锐形叶尖，从未见卷曲过。

叶片上下两面都有无数极小而几乎无柄的腺体，由4个、8个或12个细胞组成。叶下表面的颜色淡紫，上表面的带绿色。叶柄上也有近似的器官，不过形体较小，常呈萎缩状况。叶片上的极小腺体能迅速吸收。将1块叶浸入1份碳酸铵兑218份水的溶液中，5分钟后，腺体都已变黑，细胞内含物也起了聚集。据我见过的说来，它们从不自发地分泌；不过用生肉沾一点唾液在叶片上涂抹后，它们似乎就畅快的分泌了；后来还由其他外观变化证明了这个结论。因此，这种腺体应当认为是和捕蝇草(*Dionaea*)、黏蝇草(*Drosophyllum*)叶片上无柄腺体相同的器官，往后我们还要谈到。黏蝇草的这些腺体，也和叉生毛毡苔的小腺体一样，与能自发分泌(即不须要先经过兴奋)的腺体有关。

叉生毛毡苔还另有一个更突出的特点，即叶背面靠近叶缘的地方，有少数触毛。它们结构完备，毛柄中有螺纹导管，它们的腺体外面包有黏稠分泌液珠，它们有吸收能力。后一事实的证明是：用少量1份碳酸铵兑437份水的溶液浸1片叶，腺体随即发黑，原生质也聚集。背面触毛没有上面的边缘触毛那么长，有些更短，短到沦为极小的无柄腺体的长度中，它们的存在、数量、大小，各片叶不同，排列颇不规则。1片叶的叶背面我数过一侧共有21条。

背面触毛和上面触毛之间最重要的差异，是不管怎样刺激它们，都未见运动能力。例如从4片叶上取下的片段，不同时候，浸在碳酸铵溶液(1份碳酸铵兑437份水或218份水)里面，所有上面触毛都已紧紧卷曲，而下面的，尽管叶片在溶液里浸了好几个小时，都不曾动过，可是由它们的腺体已变黑，证明它们确实吸收了一些铵盐。这样的尝试，原应当选取较幼小的叶片作材料；因为背面触毛，当长老而快要凋谢时，常自发地向叶中间倾斜着。不过，如果这些触毛原来确有运动能力，对植物也并无多大益处，因为它们的长度不够沿叶缘反转过来达到叶上面所捕得的昆虫。即使它们弯过去达到叶背面中间，也没有什么用处，因为那里没有分泌黏液以捕虫的腺体存在。它们虽不能运动，要是极小的昆虫被它们逮住的话，它们在吸收动物性物质方面也许有利，它们也还可以从雨水中吸收氨。但是它们不定的存在、大小和它们不规则的位置，指明着它们的用途很小，而只是走向退化。下面有一章我们要谈到长着长形叶的黏蝇草，它可能是毛毡苔属的祖先；黏蝇草的叶面的和叶背的触毛，兴奋后都不能运动，虽然它们能捕捉大量昆虫，供给营养。因此，叉生毛毡苔似乎保留着某些原始的祖先特性，即叶背有一些不能运动的触毛和发育颇为正常的无柄腺体，这些特性在本属大多数或全部其他种已经消失了。

总结　从我们现在看到的，毛毡属的所有现存种，大多数甚或全部都适应于用同一方法来捕捉昆虫。除了上面所记两种澳洲种之外，据说这个国家还有两种，即淡色毛毡苔（*Drosera pallida*）和黄花毛毡苔（*Drosera sulphurea*）[①]“叶以高速度闭合在昆虫体上；同一现象，也见于印度种茅膏菜（*Drosera lunata*）和好望角产的某几种，尤其是三肋毛毡苔（*Drosera trinervis*）。”另一个澳洲种，异叶毛毡苔[*Drosera heterophylla* 林奈把它列为另一属 *Sondera*]，以叶形特别为特征，我不知道它的捕虫能力如何，因为我只见到过干标本。叶形成小扁杯状，叶柄不在边缘而在杯底。杯的内面和边缘排列着触毛；触毛里面有维管束，和我所见过的其他种不同：有些导管有阶纹，还有些穿孔的，而不全是螺旋纹。腺体能大量分泌；由它们上面黏着的干分泌液分量可以推知。

① 《园艺学者记事》，1874，209页。

▲ 捕获食物的毛毡苔

第十三章 捕蝇草

· *Dionaea muscipula* ·

叶的结构——刚毛敏感性——刚毛受刺激时引起叶瓣迅速运动——腺体及其分泌能力——吸收动物性物质后引起缓慢运动——由原生质聚集情形证明腺体有吸收作用——分泌液的消化能力——氯仿，乙醚，氢氰酸的作用——捕虫方式——边缘棘突的用处——捕获的昆虫种类——运动冲动的传送及运动机理——叶瓣重新伸展

这种草由于动作迅速有力，通常称为"爱神的蝇夹子"(Venus'fly-trap)，是世界奇异植物之一[①]。它也属于茅膏菜科(Droseraceae)这个小科，它只有美国北卡罗来纳州东部发现过，生长在潮湿地方。根很小，我所检察的一个中等健壮植株，只有从一个球茎状膨大处发出的、两条约1英寸长的分支。这样的根，可能只和毛毡苔的情况一样，仅仅供吸收水分之用；有一位栽培这种植物很成功的园艺家，只是把它像附生的兰科植物一样，栽在洗净沥清过的湿藓上，不用一点泥土[②]。它的两瓣叶片和叶片状叶柄如图12。叶片两瓣所成的角度略小于直角。每瓣上表面，都长有3条尖锐的小突起或刚毛，排成三角形。不过我也见过2片叶每瓣上有4条刚毛，还有1片，每瓣只有2条。这些刚毛最突出的特点是对触动极端敏感，不仅它们本身能运动，而且还引起叶瓣的运动。叶缘向外延长成多数尖锐刚直的突起，我想命名为棘突(spikes)。像一个鼠夹两片上的铁齿一样，相互交错。背面的叶中肋发达得很大而隆起。

叶片的上表面[③]，除了近边缘上，都密排着带红色或带紫色的腺体，叶片的其余部分为绿色。棘突和叶片状叶柄都没有腺体。腺体由20～30个多角形细胞组成，细胞中充满紫色液体。腺体上面凸出，下面有短柄，柄中没有螺纹导管，这一点和毛毡苔属的触毛不同。它们能分泌，但是只在吸收了某些物质而兴奋后；它们有吸收能力。带有8个红褐色或橙色分叉的极小突起，显微镜下很像精致的小花朵，大量散布在叶柄上，叶背和棘突上，叶瓣上面也有少数。这种8裂突起，无疑地与圆叶毛毡苔叶上的乳突是相同器官。叶片背面还有很少数极小、简单的尖毛[④]，长约$\frac{7}{12\,000}$英寸(0.0148毫米)。

◀捕蝇草。

---

① 1874年，英国科学协会在贝尔法斯特开会时，胡克博士曾有一篇报告，把过去对这种植物的习性所发表的观察，作了一个详尽的历史总结，我再重述就显得多余了。

更早的文献报告有库尔茨(Kurtz)1876年在来歇与莱蒙的《科学纪要》(*Reichert and Du Bois-Reymond's Archiv*)的总结。——F. D.

② 见《园艺学者记事》，1874，464页。

③ 弗劳斯塔特在关于捕蝇草的论文(1876年，3月，在布雷斯劳发表)中，说叶片上表面无气孔。德康多尔在《日内瓦物理及自然科学纪要》(*Archives des Seiences Phys. et. Nat.*)，1876，4月也谈到同一事实。叶片上面常浸在分泌液中，很容易了解，叶背面才是生长气孔的好地方。——F. D.

④ 库尔茨所见标本(来歇与莱蒙的《科学纪要》，1876)没有这种小毛。——F. D.

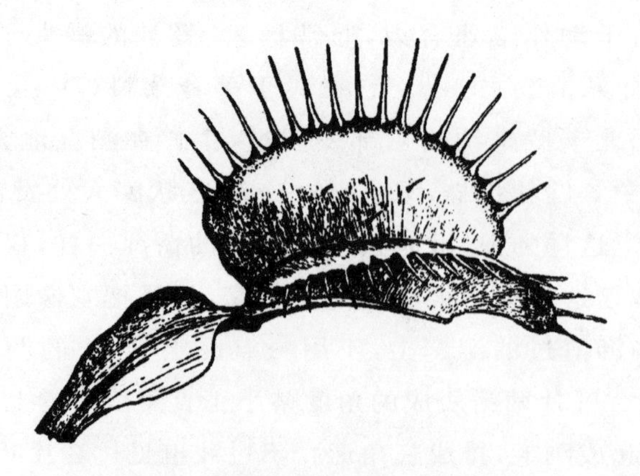

图 12　捕蝇草张开的叶，侧面观。

敏感的刚毛[1]，由几列长形而充满紫色液体的细胞构成。毛长稍大于 $\frac{1}{20}$ 英寸，细小纤弱，向顶端渐渐削尖。我检视了好几条的基部，作过切片，但是看不出有任何导管进入的痕迹。由于顶端的尖形细胞间有时稍有分离，毛尖有时两叉甚至三叉。靠基部有内缩，由较阔细胞构成，再下去，有一个关节，由一个以不同形状多角形细胞组成的膨大基底承受着。刚毛平常和叶面成直角地直立着，如果没有这个能让它们水平倒下的关节，则叶片的两瓣紧闭时，便随时都会折断。

刚毛由基到顶尖[2]，对短暂的触动都很敏感。用任何刚硬物体触动它们，不管怎样轻怎样快，都很难不使叶瓣闭合。一条 2.5 英寸长的极细人头发，在刚毛尖外飘动，摇荡着不时触动它，没有引起丝毫运动。换一段一样长而较粗的线来试，叶瓣就闭合了。由高处向下撒些细面粉，不产生效应。把刚说过的那条头发固定在柄上，截断剩 1 英寸长；这样，刚好使它水平搁着时够刚直而不至于下垂。慢慢从侧面移动，使它的末端和毛尖接触，叶片立刻闭合了。另一次，这样轻触两三次才引起运动。我们想一想细头发怎样柔软，则一条 1 英寸长的细发缓缓移动时前端接触所生刺激，应当轻到什么程度，就可以有些体会。

这些刚毛对短暂软柔的触动，虽然非常敏感，但对持续压力的感觉则

---

① 弗劳斯塔特和德康多尔都曾经描述过这些刚毛的结构，并且认为它们形态学上的序列应当是表皮“突出物”(emergencies)。——F. D.

② 巴特林[《植物界》(*Flora*)，1877]引奥德曼斯(Oudemans)[阿姆斯特丹皇家科学院(R. Acad. Science Amsterdam，1859)]的论证，说毛基比其他部位更敏感。Batalin 由自己的实验，证实确是这样。——F. D.

远不如毛毡苔腺体敏锐。我曾多次以极缓慢的移动，借针尖之助，用颇粗的人发短段，长度上已达到10倍于能引起毛毡苔触毛卷曲的之上的，搁到刚毛尖上，没有产生动作；而且，毛毡苔腺体的黏稠分泌液珠还分担了所加物体的重量。另一方面，毛毡苔腺体可以用针或其他坚硬物体大力地触动1次、2次乃至3次而不起运动。毛毡苔腺体和捕蝇草刚毛之间在敏感性上这种特出的本质差别，显然与它们的习性有关：一只小小昆虫以它纤细的脚踏在毛毡苔腺体上，它就会被黏液黏住，它轻微而持续的压力发出信号报告来临的食饵，后来就由触毛缓慢动作逮住。捕蝇草的敏感触毛不黏稠，捕捉昆虫就只能靠对短暂触动的极端敏感性，继之以叶瓣的迅速闭合①。

刚才说过刚毛不是腺性组织，不能分泌。它们也没有吸收能力，用几滴碳酸铵（1份碳酸铵兑146份水）溶液滴在刚毛上，细胞内含物没有变化，叶瓣也不闭合。但切下一块带刚毛的叶浸在同样的溶液中，则基部细胞立刻聚集成为紫色或无色团块，形状不规则。聚集作用渐渐一个细胞一个细胞地向毛尖推进，方向与毛毡苔触毛腺体受刺激时情形恰恰相反。另外齐基部切下几条刚毛，浸在1份碳酸铵兑218份水的较淡溶液里面，也引起所有细胞内含物的聚集，仍是由基部向尖端推进。

刚毛久浸在蒸馏水中，也引起聚集。少数顶端细胞内含物处于自发的聚集状态，也不稀罕。聚集团块，不断缓缓地改变形状，时而汇合，时而分离；有一部分显然围着中轴在旋转。近胞壁处，还可见到无色而多颗粒的原生质在沿壁流动。细胞内含物聚集到完成时，流动看不见了，但可能还是继续存在，不过由于流动层中的所有颗粒已和中心团块联合，所以看不见而已。捕蝇草刚毛的这些表现和毛毡苔触毛完全相同。

除了这些相似之外，有一个突出的不同：毛毡苔触毛在腺体受到频繁触动后，或上面搁有任何小颗粒物体会卷曲并有强度聚集。触动捕蝇草的刚毛却不会产生这些效应；我比较一些1小时或2小时前触动过的、未触动过的和25小时前触动过的刚毛，并没有发现它们细胞内含物有任何差异。我用夹子夹着使叶片撑开，所以刚毛没有压在对面的叶瓣上。

水滴或细的断续水流从高处落向刚毛②，不引起叶片闭合；尽管这样

---

① 芒克在来歇与莱蒙的《科学纪要》，1876，105页说，他所培养的植株，往往在移去钟罩时发生叶片的闭合。由潮湿的空气移到干燥大气中，能产生这样的效应，很特别。——F. D.

② 德康多尔《日内瓦物理及自然科学纪要》，1876年4月号发表的文章，说明水滴循刚毛纵轴落下，对叶片不构成刺激，但流向如与毛成直角，可使叶片闭合。——F. D.

试过的刚毛，后来证明还是高度敏感的。这种植物无疑地和毛毡苔一样，对最急的暴雨也还是无所感觉。半盎司（14.17克）糖溶于1（液）盎司水的溶液从高处落向刚毛，反复多次，仍无影响，只有沾在毛上才起作用。我还多次用最大的力气从一个尖管里向刚毛吹风，也不引起动作；承受这样的猛吹，也无反应，无疑地正像它们对狂风一样。因此，我们可以看出，刚毛的敏感性，有一种特化的性质，对短暂触动有反应，不响应持续的压力；并且触动必须不来自流体，如空气及水，而只来自固态物体。

虽然水滴或颇浓的糖液滴落在刚毛上不能使它们兴奋，但浸在清水中有时却引起叶片的闭合。1片叶浸了1小时10分钟，另3片浸了几分钟，水温为59～65℉（15～18.3℃），没有反应。其中1片缓慢地从水中取出，闭合得颇为迅速。其余3片触动刚毛时仍闭合了，可以证明它们是健康的。可是将另2片新鲜叶片浸入75℉和62.5℉（23.8℃及16.9℃）的温水，立即闭合。把它们的叶柄浸入清水，过23小时，部分地重新伸展；触动刚毛，1片又再闭合了。这1片过24小时又已重新伸展；再触动两片叶的刚毛，它们都又闭合。这样，可以知道水浸并没有引起伤害，不过有时能引起闭合。上面所谈运动，显然不是起于水温的作用。已证明长久浸没可以引起敏感刚毛细胞中紫色水液聚集。毛毡苔触毛长久浸没之后，也有同样效应，而且还略有卷曲。两者都可能是轻微外渗的后果。

我这个假定，由1片浸在颇浓糖液中的叶片得到了证实。这片叶先在水里面浸了1小时10分钟，没有反应；现在叶瓣闭合得颇快，边缘棘突在2分30秒钟内交叉，整片叶3分钟内完全关紧。因此，又在半盎司糖溶于1（液）盎司水的溶液中浸下3片叶，全数都迅速关闭。我不知道这是由于叶瓣上表面的细胞受外渗的结果，还是由敏感刚毛受外渗的作用，因此，先用1片叶，在两瓣叶之间中肋上的沟里面，即运动的主要部位，倾人一些糖水。糖水留在那里颇久，并无动作。再在叶片上面涂满（除了敏感的刚毛基部紧邻各处，涂抹这些地方不触动刚毛，我办不到）同样糖水，也没有产生反应。这就是说，叶片上表面细胞不受这种影响。随后，经过多次尝试，我终于使1滴溶液沾到了1条刚毛上，叶片迅速地闭合了起来。因此，我想我们可以归结说，糖水使刚毛柔薄细胞发生外渗而失去水液，这样，诱起了它们内含物中发生某种分子变化，与触动所引起的结果类似。

糖水浸没的影响比水浸或触动刚毛对叶的影响长久得多；在后两种情况下，它们都不到1天就重新伸展了。而另3片叶，在糖水里浸过短时间，随后用注射器插入叶瓣之间冲洗，1 片在 2 天后重新伸展，第 2 片过了 7 天，第 3 片过了 9 天。由于一条刚毛上沾了一滴糖水而关闭的叶片，也过了 2 天才放开。

有两回我用放大镜把太阳光集中到几条刚毛基部，热使它们灼焦变色，却未引起运动，使我甚为惊讶；可是这些叶片仍是活泼的，触动对面的一条刚毛，它们依旧关闭了，不过慢一些。第 3 次，再试一片新鲜叶，在触动同侧面未受伤的刚毛后，它还是缓缓闭合了，速度没有增大。第二天，3 片都已放开；再触动完好的刚毛，它们仍旧相当敏感。骤然将叶片投入开水，不引起闭合。和毛毡苔类比，这几个事例中的热力显然分量太大，作用太突然。叶片表面感应力极微弱，可以随便粗鲁地拨弄而不引起动作。在 1 片叶上用针颇重地刮刺，也不闭合；但用针刮到另 1 片叶刚毛中的三角形地方，叶瓣关闭。深刺或切割叶片和中肋，也引致闭合。无机物体尽管颗粒大一些，如碎石片、玻璃等，或不含可溶性氮化物的有机物如木渣、软木、藓类、乃至含可溶性氮但完全干燥的如肉、蛋白、明胶等，可以长久搁在叶瓣上（也就这么试过多次），不会引起变化。可是含氮有机物，只要稍沾潮湿，下面我们会谈到，结果就大不相同；这时叶瓣缓缓运动，逐渐闭合，和触动敏感刚毛引起的运动完全不一样。叶柄毫不敏感，可以用针穿刺，可以剪切，都不会产生动作。

前面已经谈过，叶瓣上表面长满着小形带紫色而几乎无柄的腺体[①]。它们兼有分泌和吸收两种能力；可是它们和毛毡苔的腺体不同，除非吸收一些含氮物而兴奋时才分泌。我所知道的，其他刺激都不引起分泌。像木片、软木、藓类、纸、碎石片、玻璃等，可以长久搁在叶面上，仍是干的。就是叶瓣把它关闭了进去，也是一样。例如搁几个小团吸水纸在叶面上，再触动一条刚毛；24 小时后，当叶瓣开始伸展时，用细镊子把纸团取出，仍是完全干燥的。另一方面，如果将一小点湿肉或压碎的蝇尸搁在展开的叶片上，下面的腺体不久就大量分泌。有一次是 4 小时后肉下面有些分泌液；再过 3 小时，肉颗下面和周围都有显著分量的分泌液。另一回在 3 小

---

① 加德纳曾在《皇家学会会报》，34 卷，180 页记述这种腺体。静息时，腺细胞原生质含有许多颗粒，大多数情形只有一个液泡；核在细胞底部。分泌期终了时，出现了如下的改变：核似乎减少了体积，移到细胞中心；原生质中颗粒大为减少，含有许多小液泡，因此看上去核似乎由许多放射状的原生质索悬系在细胞中央。

还有一种由摄食引起的变化，是在叶薄壁组织细胞中，现出的黄色带绿的、性质不明的结晶丛。——F. D.

时40分钟后，肉粒全湿了。但是除了直接接触肉颗粒的腺体或溶有动物性物质的分泌液到达之处以外，其余腺体都不分泌。

如果叶的两瓣被激动而在一点肉屑或一个蝇尸上闭合时，结果又不同；整个叶面的腺体同时都大量地分泌着。因为这时两侧的腺体都压在肉屑或蝇尸上，腺体的分泌量一开始就已经是将肉屑搁在一瓣上时的2倍；再因为两瓣几乎密切接触，溶解有动物性质的分泌液，由毛细吸引而扩展，使两侧都有新的腺体开始加入分泌，范围在继续扩大。分泌液几乎无色，略带黏稠，由它使石蕊纸变色的程度看来，酸性比毛毡苔分泌液大。分泌量很多，有一次，搁下一颗熟蛋白45小时后，把叶片割开，分泌液从叶片中滴滴流出。另一次，关有一小块烤肉的叶片在8天后自动伸展开来，中肋上面沟道中聚集了那么多分泌液，它一滴滴流下。割去叶瓣近基部的一小块，作成一个窦，在此叶上再搁下一只大蚊（*Tipula*）的压碎尸体；此后9天（即一直在观察的一段时间之内），分泌液不断地从窦中出来，沿叶柄往下淌。勉强打开一瓣来看，我见到两瓣之间的一些地方，所有能窥见的腺体都在尽情分泌。

我们说过，将无机的和不含氮的物体搁在叶片上，不引起动作；略带潮湿的含氮物体，使叶瓣几小时后缓缓闭合。因而在一片叶的相对两头，分别搁下干透的肉粒和明胶粒，24小时内，没有引起分泌，也没有引起运动。把这些食饵在水里浸一下，在吸水纸上吸干，再搁在原来的叶片上，用玻璃罩罩住。24小时后，湿过的肉粒引起了一些酸性分泌液，叶瓣在搁肉这一头也几乎完全闭紧了。搁明胶的一头，叶片还是敞开着，也没有引起丝毫分泌；这就表明，正像对毛毡苔的情形一样，明胶作为兴奋物质，远不如肉粒强有力。为了检查肉粒下分泌液，把一小片石蕊试纸塞到肉粒下面（并未碰到刚毛），这一个轻微刺激就引起了叶片的关闭。第十一天，叶片自己重新开展了；搁明胶的一头比搁肉的这一头早张开几小时。

第2小颗烤肉虽然没有故意弄干，看来是不湿的，在叶上搁了24小时，既无运动也无分泌。盆栽植物用玻璃钟罩罩住，肉从空气中吸收了一些潮气；这样，就够引起酸性分泌，第二天早上，叶片已经紧紧闭合。第三颗熟肉已经干到完全发脆，也放在玻璃钟罩下的一片叶上；这颗肉在24小时后也变潮了，兴奋起酸性分泌，但没有引起运动。

将一块颇大的完全干燥的熟蛋白，放在一片叶的一头，过了24小时，未见任何影响，取出来在水里面浸几分钟，在吸水纸上滚转过，再放回原来的叶片上；9小时内，有了一些微酸性分泌物，24小时后，搁蛋白的这一头半关闭了。这块蛋白已经有许多分泌液包围着；把它轻轻取出，并没有碰到刚毛，可是叶瓣闭合了。这一回，和前面所说的情况一样，似乎腺体吸收了一点动物性物质之后，叶面对触动的敏感性就比平常增大了一些，这是一个奇异的事实。2 天后，叶片没有搁过东西的那一头开始伸展，第三天，比搁过蛋白的这一头敞开得更多。

最后，我在一些叶片上滴了些 1 份碳酸铵兑 146 份水的溶液，没有立刻出现反应。那时我还不知道动物性物质引起的运动缓慢，否则，我就应当观察再长久些，也许后来它们会合上；不过，所用溶液（由对毛毡苔的作用来推测）或者还是太浓了一些。

以上的事例可以证明肉粒或熟蛋白颗粒，只要是潮润的，不但能引起腺体分泌，也还引起叶瓣的闭合。闭合运动与刚毛受触动后引起的急剧闭合大不相同。后一种运动的重要性，下面我们叙述捕捉昆虫方式时再谈。总之，毛毡苔和捕蝇草之间，在机械刺激产生的效应和吸收动物性物质后所产生的效应方面，有很明显的差别。将玻璃屑搁到毛毡苔外缘触毛的腺体上，引起运动所需的时间几乎和肉粒相同，后者是最有效的刺激物；盘中央腺体得到肉粒，则向外缘触毛传递运动冲动，这个速度比受无机物体或重复触动大得多。另一方面，捕蝇草刚毛受触动时的运动，迅速程度远不是腺体吸收动物性物质时的运动所能比拟。可是有时后一种刺激却更有力量。有三回见到几片叶不知为了什么很迟钝，怎样刺激它们的刚毛，叶瓣的闭合总是很微弱；可是在半闭的叶瓣缝里塞了些压碎昆虫尸体，一天之内就关得紧紧地。

这些事实明白地表示着腺体有吸收能力，否则叶片对不含氮和含氮而干湿情况不同的物体所起反应，差别就不可能这样明显。可诧异的是肉粒或蛋白粒潮湿的程度可以很低，就够引起分泌与随后的缓慢运动；同样可诧异的是极小极小一点分量的动物性物质，当吸收后便已经足够产生这两种效果。说起来似乎很难令人相信，但却是事实：一小块煮熟的蛋白，先干透，在水里浸几分钟，又在吸水纸上滚转过，几小时后居然就给出足够的动物性物质，引起腺体分泌，随后还引起叶瓣的闭合。叶瓣紧关着昆虫，与其他能给出及不能给出的可溶性氮化物物体的持续时间长短相差很大，可以证明腺体有吸收能力。可是还有关于吸收的直接证据，即与动物性物质直接接触些时间之后的腺体的变化。在叶面某一部分腺体上，搁上肉屑或压碎了的昆虫尸体，几小时后，和同一片叶上距离颇远的另一些腺体相比较，这样做了好几次。观察结果，后一些腺体毫无聚集现象，而与动物性物质直接接触过的都聚集得够标准。将一块叶浸入淡碳酸铵溶液里面，很迅速地就发生了聚集。将小方粒的熟蛋白或明胶搁在叶片上，过了8天，把叶片割开来检视；整个叶片上表面都泡在酸性分泌液中，检视过的许多腺体，每个细胞内含物都聚集成为完美的球形原生质团块，有的深紫色，有的淡紫，有的无色。这些团块不断地改变形状，有时分裂，有时再联合，正和毛毡苔细胞的情形一样。沸水也使腺体细胞内含物变成白色不透明，但没有毛毡苔那么纯白，也不呈瓷釉状。捕蝇草自然地逮住生活昆虫时，腺体怎样受到兴奋而迅速分泌的道理，我不知道，不过我假想昆虫所受压力可能使它们体端排出少量物质，而极少量的含氮物便足够使腺体兴奋则是我们知道的。

在讨论消化过程之前，我还想说明一下，叶面上极小的八出突起，究竟有什么功用，我曾努力探索，没有获得结果。往后关于貉藻、狸藻各章所记的一些事实，指明它们似乎可以吸收捉得的昆虫留下的腐败产物，可是它们既分布到叶背和叶柄上就不可以这么理解。不管怎样，我试用1份尿素兑437份水的溶液浸过一些叶片，24小时后，突起上横爪中橙黄色原生质层聚集程度，并不比水浸着的标本高。我也曾把一片叶悬在盛有过腐生肉浸汁的瓶子里，看它们能否吸收蒸气，也没有见到它们的细胞内含物有何变化。

分泌液的消化能力[①]叶关住任何物体时，可以说它已形成了一个暂时的胃；如果这物体多少能给出极少一点儿动物性物质，它就会产生希夫所

---

① 威尔明顿的坎比博士曾将捕蝇草原产地的许多情况告诉我，后来在费城《园艺家月刊》(*Gardener's Monthly*)1868年8月号发表了一些极有意味的观察。他确定了捕蝇草分泌液能消化昆虫体内物质和肉粒等动物性物质，并且分泌物可再吸收回去。他也熟知，叶瓣与动物性物质接触时，关闭的时间远比由触动或对不产生可溶性养料的物质闭合长得多；而且后一情况下腺体不分泌。神学博士柯蒂斯(Curtis)首先发现腺体有分泌作用(见《波士顿博物学杂志》(*Boston Journal Nat. Hist.*)第一卷，123页)。我还想说明，有一位园艺家奈特(Knight)先生[据柯比(Kirby)和斯彭斯(Spence)的《昆虫学引论》(*Introduction to Entomology*)，1818，第一册，295页]在一棵捕蝇草植株叶上"搁了一些生牛肉细丝；后来它生长得比没有这样优待过的其余植株。好得很多。"约瑟夫·胡克爵士在1874年《英国科学协会报告》(*British Association Report*)102页"对动物学及植物学部分的演说"中，有对这个课题的早期研究史；从中可摘出如下一些史实。

大约1768年，一位著名的英国博物学者埃利斯(Ellis)给林奈(Linnaeus)寄去一个捕蝇草标本和一幅图，记述说(《捕蝇草的植物学记载——致林奈爵士的信》37页)：

"关于此植物，现寄上一精确图画……表示大自然可能曾为它的营养设想，而将它的叶片上部接合处作成像捕捉食饵的工具。"

林奈不能相信这植物能由捕得的昆虫获益，他的看法是"叶子敏感性的一种极端情况，使它们在受刺激时关闭，正像敏感植物那样。所以他认为来扰乱的昆虫被捕，只是偶然，对植物无重要关系……林奈的权威对于任何怀疑有压倒力；因此，他关于叶片行为的结论，一本书接一本书地照样抄了下来……伊·达尔文博士(Dr. Erasmus Darwin)也满足于认为(1791)捕蝇草在四周布置一些蝇夹，以免伤残它的花朵。上述对这问题有贡献的柯蒂斯博士记述捕得的昆虫，"包围在一层胶黏液体中，液体似乎有溶剂的作用，昆虫多少受到它的消耗"。——F. D

谓“胃分泌原”的功效，叶面腺体倾注酸性分泌物，它的作用有如动物的胃液。对毛毡苔的消化力，我作了许多实验，捕蝇草方面，作的很少，但也充分地证明了它确能消化。另外，这种植物的整个过程在关闭的叶瓣中进行，也不像毛毡苔那么适于观察。昆虫受分泌液作用几天之后，哪怕是甲虫，也变得出人意料地软融了，不过，壳素外被却没有腐蚀。

实验 1 在叶片的一端搁上 1 小方颗熟蛋白，边长$\frac{1}{10}$英寸（2.54 毫米），另一端搁上 1 片长方形明胶片，$\frac{1}{5}$英寸（5.08 毫米）长，$\frac{1}{10}$英寸宽，随后使叶片闭合。45 小时后，割开。蛋白已变硬压扁，但棱角只略有圆转；明胶已变成卵形；两样都浸在多量酸性分泌液中，液量多到向外滴下。消化显然比毛毡苔进行得慢些；这一点，也和叶片闭合在可消化物体上时间的长度一致。

实验 2 将一小片熟蛋白和$\frac{1}{10}$英寸见方，$\frac{1}{20}$英寸厚的 1 小片明胶，和上面实验中所用一样大小，一同搁在 1 片叶上；8 天之后，割开这片叶来看。叶面已满浸着稍带黏稠而酸性很大的分泌液，腺体都在聚集状态中。蛋白和明胶已经没有一点踪迹。同一盆中的湿藓上原搁有同样大小的两片，处在相似环境中，作为对照，同样经过 8 天，它们变成了褐色，腐软了，满盖着霉丝，但并没有消失。

实验 3 将一小条$\frac{8}{20}$英寸（3.81 毫米）长，厚和阔都是$\frac{1}{20}$英寸的熟蛋白和 1 片同前大小的明胶，一同搁在 1 片叶上，7 天之后切开来看，两样都已无踪迹，只有相当分量的分泌液留在叶面上。

实验 4 将同上大小的熟蛋白和明胶搁在 1 片叶上，12 天后，自己敞开了；也不见原来物体的踪迹，只在中肋一头稍有分泌液残留。

实验 5 将同上大小的蛋白和明胶搁在另 1 片叶上，12 天后，叶片还紧闭着，但已开始枯萎；把叶切开，除了原来搁蛋白的地方稍有一点褐色物质残迹之外，什么都没有。

实验 6 将一颗边长$\frac{1}{10}$英寸的小方粒熟蛋白和 1 片上述大小的明胶，一同搁在 1 片叶上；过了 13 天，自然地开展了。蛋白颗的厚度为前几个实验的两倍，太大了，因和它接触的腺体都已受伤害，正在剥落；一层褐色蛋白膜，盖着霉丝，残留了下来。明胶已全被吸收，酸性分泌液也只剩有中肋上的一点点。

实验 7 将 1 小块半熟的烤肉（没有量出大小）和 1 片明胶分别放在

同1片叶的两端；11天后，自行敞开；肉还残留着一点儿，这里的叶面变黑了；明胶已无踪迹。

实验8 将1颗半熟烤肉（没有量出大小）搁在1片叶上，用夹子把叶片强迫撑开，让肉粒只在下面受到很酸的分泌液的润湿。可是，在22小时30分钟后，这颗肉和从同一大块上切下的而保持着潮湿的另一小颗相比，意外地变软多了。

实验9 将一小方颗紧实的烤牛肉，每边长$\frac{1}{10}$英寸，搁在1片叶上；12天后，自行敞开了；叶片上留有许多弱酸性分泌液，从叶片上滴下。肉已经完全分散，但没有全溶，也没有长霉。镜检时，发现肉颗中心肌纤维上横纹还存在，其他已不见横纹踪影；这两种极端间种种过渡形式都可见到。残留着一些小圆球（显然是脂肪）和一些未消化的弹性纤维。这颗肉和毛毡苔半消化过的肉呈同一形势。和熟蛋白的情况一样，从这里也可以看出捕蝇草的消化比毛毡苔慢些。叶片相对一端原来搁着的1小粒压紧过的面包，现在已完全解散；我认为大致是面筋已经消失了，但体积无大削减。

实验10 将1小方颗边长为$\frac{1}{20}$英寸的干酪，和另1颗同样大小的熟蛋白，搁在同一片叶的两端。9天后，搁干酪的一端，叶瓣稍微有些自己敞开，但干酪并没有多少（也许完全没有）溶解，只是变软了，浸着分泌液。再过2天，即总共11天后，搁蛋白粒的一端也自己敞开了，蛋白剩下变黑而干的一点儿痕迹。

实验11 将同样的干酪和蛋白搁在另1片较衰弱的叶上。6天后，搁干酪的一端自己稍稍开放了一点；干酪方颗软化了，但没有溶解，体积纵使有减缩，也极少。12小时后，搁蛋白的一端也开了，蛋白已成了一大滴透明，不酸的黏稠液体。

实验12 像上面两个实验一样，也是搁干酪的一端比搁蛋白的相对端先敞开，没有作其他观察。

实验13 将1小团化学制备过的直径约$\frac{1}{10}$英寸的酪蛋白，搁在1片叶上，8天后，自己敞开了。酪蛋白成了软而黏的团块，体积即使有些削减也不大，浸在酸性分泌液中。

这些实验已够说明捕蝇草腺体分泌液能溶解不太大的蛋白、明胶和肉粒。脂肪球和弹性纤维不能消化。分泌液和其中溶解的物质，如果量不太多，可以吸收回去。化学制备的酪蛋白和干酪（和毛毡苔一样）能激起大量酸性分泌，我认为是吸收了其中某些蛋白性物质的结果；但这两种物质本身不被消化，所以体积削减极少。

氯仿、硫酸乙醚和氢氰酸蒸气的效应　将1棵只有1片叶的植株搁在1个大瓶里，其中加了1打兰（3.549毫升）氯仿，瓶口用棉絮盖着，未盖严。1分钟后，蒸气已使叶瓣以不可见的小速度开始运动；3分钟后，棘突交叉，叶瓣不久也全闭合了。剂量显然太大，2—3小时后，叶像被烧灼过，不久就死了。

将两片叶放在1个2盎司的瓶中，受30量滴（1.774毫升）硫酸乙醚熏蒸。有1片叶很快闭合了，第2片在取出时未触动刚毛，也闭合了。2片都大受伤害。另1片受15液滴熏蒸20分钟，叶瓣也闭合到一定程度，敏感的刚毛现在完全失灵。24小时后，刚毛恢复了敏感性，但仍颇衰弱。另1片叶在一个大瓶中受10滴乙醚熏蒸3分钟，已失灵。52分钟后，恢复敏感性，触动一条刚毛，叶瓣关闭。20小时后，重新敞开。最后，将一片叶用4滴硫酸乙醚熏蒸4分钟，已失灵，反复触动刚毛，都未关闭，可是切断开着的叶尖，它却关闭了。这表明，或是内部还没有失灵，或是切割的刺激比反复触动刚毛更有力。较大剂量的氯仿和乙醚使叶片闭合得较缓，是作用于刚毛或是叶片本身，我不知道。

氰化钾搁在瓶中会发生氢氰酸。1片叶由这样发生的蒸气熏了1小时35分钟，腺体变成无色，并且收缩得几乎不见了，我最初以为它们都剥落掉。但叶片并未丧失敏感，因触动一条刚毛，随即闭合。但叶片显然已受损害，因为过了2天才开放，而且这时已不显丝毫敏感。再过1天，完全恢复了能力，一触动，就闭合了，后来又如常敞开。另1片叶熏蒸时间较短，表现完全一样。

捕捉昆虫的方式　现在我们来考虑昆虫碰上一条敏感的刚毛时叶片的动作。在我的花房里，我常见到虫黏在叶片上；我不知道昆虫是不是由于受了叶片的某种特殊方式吸引而来的。捕蝇草在原产地逮住很多昆虫。一只虫碰一碰任一条刚毛，两片叶瓣立即以惊人的速度闭合；由于两瓣彼此对立所成的角度，小于直角，所以逮住任何撞来昆虫的机会很多。叶片叶柄之间的角度不因叶瓣动作而有变化。动作部位主要在中肋附近，但并不限于那里，因叶瓣彼此接近时，各瓣都在全部宽度上向内弯曲；

叶缘棘突却不弯曲[①]。给它一个大蝇，叶瓣的这种运动看得最清楚；尤其是预先将一瓣的大部分切除后，对面一瓣由于没有对抗的压力存在，可以继续向内弯曲，超过中线。再将已切除过大部分叶瓣的整瓣都割掉，对面一瓣继续向内弯曲，完全反卷过来，转过 120°乃至 130°的角度，以至于和它有相对一瓣存在时原来的位置，构成直角。

两瓣都向内弯曲，彼此相向靠拢时，叶缘棘突的尖端先交叉，后来基部也相遇，叶片现在完全闭合，中间留下一个浅空腔。如果引起闭合的原因，只是一条敏感刚毛被触动，或由于关住了一个不能给出可溶性氮化物的物体，叶瓣就保持着原来内部凹入的形状，一直到再敞开。这种未关闭有机物体的叶片的重新伸展，曾观察过 10 次。所有 10 次中，在开始闭合之后 24 小时，都已经大约重新张开全量的$\frac{2}{3}$。就是那些切除了 1 个叶瓣一部分的，也在 24 小时内微有展开。有一次，1 片叶 7 小时后已开了$\frac{2}{3}$，32 小时后全部张开；可是这片叶是只用一段头发触动一条刚毛刚好引起闭合的。10 片之中，只有少数在 2 天之内全部重新张开，有两三片还须要稍长一些的时间。但是完全张开之前，只要轻触一条刚毛一下，它们已可以又迅速关闭。一片不给动物性物质的叶片，(究竟能关闭又张开多少次，我不知道；有一片，我试验过让它前后 6 天之内关上了 4 次，以后重新敞开。最后一次，它自己逮了一只蝇，随后持续关住了好几天。

在它的原产地[②]，有时由于偶然被附近草叶或风吹来的物体触动刚毛而关闭后，这种自己快速重新展开的能力，对这种植物很重要；因为关闭后当然就不能捉虫。

如果叶片因刚毛受刺激而关住一只昆虫、一粒肉屑、蛋白、明胶、酪蛋白或任何含有可溶性氮的物体时，叶片就不再保持凹形中间留下空腔，而是在整个宽度上两瓣慢慢相互贴紧。就在这时，叶缘渐渐有些向外翻转，两边的棘突，原来相互交错的，现在竖了起来，成为平行的两行。叶瓣彼此相挤压的力量很大，我曾见过一小方颗熟蛋白被它们挤得很扁，而且上面印有细小腺体的许多印痕；不过印痕也可能部分来自分泌液的腐蚀作用。它们相互压合很严密，如果逮住了大型昆虫，或者包住了体积较大的实体时，叶外面就有清晰的突起可以看见。两个叶瓣这样完全关闭着，它

---

① 芒克在来歇与莱蒙的《科学纪要》(1876，108 页)说，叶缘有一种特殊运动，将叶片拉向内弯曲。——F. D.

② 据柯蒂斯博士在《波士顿博物学杂志》第一卷，1837，123 页的记述。

们抗拒强迫打开的力量很大，例如用薄的尖劈塞进去等，一般总是破裂了而不是松开。如果没有破裂而是放开，它们立即又关闭，像 Canby 博士在通信中告诉我的，“带上很响的一声”。可是如果用拇指和食指紧紧地捏着或用夹子夹住叶尖，使叶瓣不能闭合时，它们只保持这样的位置而没有什么力量表现。

最初，我设想这种叶瓣间相互逐渐紧闭是由于被捕的昆虫爬行时不断触动刚毛的结果；后来桑德森博士告诉我，闭合之后，刚毛再受刺激，正常的电流就受到扰乱，似乎我的想法可能性更高。可是，这种继续刺激并非必要：一个死虫、一粒肉屑、一颗熟蛋白，一样有效；这也就证明，吸收动物性物质，是缓慢激起叶瓣关闭后相互压紧的原因。我们说过，完全开张的叶片吸收极少量的这些物质后，也引起缓慢关闭；这种关闭运动和凹入叶瓣的缓缓相互压紧，明显地完全相同。叶瓣相互压合的作用在功能上对植物有高度的重要性，因为这样一来，两侧腺体都和捕得的虫接触，从而引起分泌。分泌液溶解了一些动物性物质之后，由毛细作用扩散到叶片的整个上表面上，使所有腺体都分泌，同时把消化所得而弥散了的动物性物质吸收回去。这种由吸收动物性质激起的运动，虽然缓慢，但足够达到最终目的；而由触动一个敏感刚毛激起的迅速运动，在捕虫上是不可少的。由两种不同方法激起的两种不同运动，和这种植物所有其他机能一样，对于所帮助的目的，适应得很好。

叶片关上了木片、软木、纸团等物体，或仅仅由于刚毛受触动而闭合，所起作用，又和关上了能给出可溶性氮化物物体时，还有一点大不相同。前一类型的闭合，叶不到 24 小时就会重新张开，而且可以再关闭，往往不须张开到十分完满。而关了能给出可溶性氮的物体后，要紧闭好几天，重新伸展后，也很衰弱，往往不再起运动，至少也必须经过很长一段时距才会再关闭。有 4 个例子说明叶在捕捉昆虫后，再也不张开来，闭合着便开始萎缩了：一个关住一只蝇子过了 15 天；第 2 例，关住一个小蝇，24 天；第 3 例，关住 1 只鼠虱，24 天；第 4 例，一个大蚊（*Tipula*）35 天。还有两个例子，关上了蝇子后至少过了 9 天，以后还持续了多少天我不知道。可是也得说明，有另两个例子，叶片自己逮住了小虫后，又像没有捕到什么东西一样，快快地张开了；我猜想，大概是虫体过小，没有压碎，或者没有排出什么动物性物质出来，因此腺体没有受到激动。将有棱角的熟蛋白和明胶小颗搁在 3 片叶的两端，2 片闭合了 13 天，另一片 12 天。另两片关住肉屑的，闭合了 11 天；第三片，8 天；第 4 片破裂而受伤了的，只有 6 天。

将干酪或酪蛋白小块搁在一端，另一端搁上熟蛋白的 3 片叶，搁干酪等的一头，在 6、8、9 天后张开；搁蛋白的一端都迟些。这些肉屑、蛋白等颗粒，大小都不超过边长为$\frac{1}{10}$英寸(2.54 毫米)的立方颗，有些还要小；可是这些小块儿已够使叶片闭合好多天。坎比博士告诉我，叶片关住昆虫时，闭合得比关上肉屑时长久；据我见到的，也都是这样，尤其是大型昆虫。

所有以上各例，以及其余许多自己捕到了虫而不知闭合了多久的叶片，再张开时，都很衰弱。一般地说，张开后好几天，它们都迟钝到连触动刚毛也激不起丝毫动作。有一次，一片曾逮住了一只蝇以后张开的叶片，转天因为触动了一条刚毛而非常缓慢地关闭起来；虽然这一回什么也没有关住，却衰弱到一直过了 44 小时才第 2 次开始重新伸展。第 2 个例是一片关了一只蝇至少过了 9 天的叶片，张开后受到很大刺激，只动了一边叶瓣，而且保持着这个异常姿态又过了 2 天。第 3 个例我所见到的最特殊的例是关了一只蝇不知多少天的一片叶，张开后，碰碰一条刚毛，颇缓慢地关闭。坎比博士，在美国观察了大量植株，它们虽不在原产地，但可能比我所用的健壮得多，他告诉我“有几次看到健壮叶能吞食食饵几回；不过通常只两回，更普通的只一回就使它们不再有用。”特里特夫人在新泽西州栽了许多植株，也告诉我，“有几片叶片连续捕捉过 3 只虫，但大多数已不能消化第三只；而在努力中死去。有 5 片叶都已经消化了 3 只蝇，再捕住第四只，也都在第四次捕获后不久死亡。许多叶片连一只大些的昆虫也消化不完。”看来捕蝇草的消化力很有限度；确实有不少叶片总是抱住一只虫多天后，再伸展时，许多天都不能恢复闭合能力。这一点，捕蝇草比不上毛毡苔；毛毡苔能在短时距内多次捕捉昆虫，并把它们消化掉。

现在，我们有根据来了解边缘棘突的用处了。棘突，在这种植物的外观上是一个显著特点(参看图 12)，在我最初无知的看法中，似乎是无用的附属物。当叶瓣闭合后彼此向内弯曲而靠拢时，棘突的尖端首先交叉，最后基部相错。叶瓣边缘相遇以前，棘突之间留下的空隙是开放着的，空隙由$\frac{1}{15}$到$\frac{1}{10}$英寸(1.693 到 2.540 毫米)，依叶片的大小而不同。这样，一只身体不粗于这个尺码的昆虫，由渐闭的叶瓣与渐增的黑暗而受到惊扰时，还来得及从棘突间隙中逃出去；我的一个儿子就曾实际见到这么逃掉的一只小虫。相反，一只较大的虫，想要从间隙里逃走，一定会被挡回来，再掉进墙壁正在继续向内缩入的可怕的牢里面，因为叶缘相遇之前，棘突正在继续加深交错(空隙便愈来愈小)。特别强有力的虫，也还可以硬闯出去；特里特夫人在美国见到过一只蔷薇刺鳃角金龟（*Macrodactylus subspinosus*）就这么逃走了。对植物本身说来，浪费好几天来抱住一只小虫，随后还得花多少天甚至几周时间来恢复敏感性，而小虫所供给的养料才那么一点儿，显然是大不利的。一个植株，如能等待时机，捕捉较大的虫，而让小虫逃走，就更合算；边缘棘突慢慢交叉，像大网眼的鱼网让无用的仔鱼漏出去一样，正是有益的。

因为急于知道这种猜测是否正确——由我对于边缘棘突所作假定，将发展到那么完备的构造看成无用的这一个教训，可以知道在体会一件事实时，应当如何审慎——我求援于坎比博士。他专门为了这事，在生长季节早期，叶片还没有完全长大以前，到这植物的原产地去了一趟，寄给我 14 片叶，带着它们原来自然捕住的虫。其中 4 片，逮住的是小虫：有 3 片逮住的是蚂蚁，1 片是小蝇。其余 10 片逮的都是大些的虫；5 片是叩头虫，2 片是艾金花虫，1 只象鼻虫，1 只肥大扁阔的蜘蛛和 1 只马蜂。10 只虫里面，有 8 只是甲虫[①]；全部 14 只里面，只有 1 只最容易起飞的双翅类。毛毡苔则借助于黏液捕捉善飞的昆虫，尤其是双翅类为主要食饵。我们更关心的还是那 10 只较大昆虫的尺码：它们从头至尾的全长，平均为 0.256 英寸，这 10 片叶叶瓣的平均长度是 0.53 英寸；也就是说，虫体长几乎达到逮住它们的叶片之一半。因此，这些叶片中只有少数将捕捉能力浪费在捉获小食饵上；可能有好些小虫曾在它们叶面上爬行而被拘留，但是后来仍旧从槛中逃走了。

运动冲动的传导和运动的方法　只要触动 6 条刚毛中任何一条，就可以引起 2 片叶瓣的闭合；叶瓣总是同时全面地向内弯曲。因此，刺激必须从任一条刚毛向周围辐射。而且刺激的传导在整个叶片上也该是迅速传递的，因为至少用眼判断，两个叶瓣总是同时关闭的。大多数生理学家都认为敏感植物是沿维管束传送刺激的，或至少与它们有关。捕蝇草的维管束（具有螺纹和普通的维管组织）走向，初看上去，似乎和这个想法相符；因沿中肋有一股大束向上走，两侧几乎成直角地分出许多分支。分支在走向边缘途中，随处再双叉，接近叶缘时，从相邻分支来的小支脉联合而向棘突中送入。在有些联合点上，导管形成奇特的套弯，和前述毛毡苔

① 坎比博士说（见《园艺家月刊》1868，8 月号）：“一般的情况是，甲虫和类似的昆虫虽然都可被杀死，似乎外壳过厚，不能供食，所以不久又放弃掉。”我对这种说法，至少由叩头虫这类甲虫看来，感到诧异，我检视的 5 只叩头虫，都极脆薄而且全空，似乎它们的内含物已经部分地消化掉了。特里特夫人告诉我，她在新泽西所栽培的植株，主要捕捉双翅类。

的情形一样。叶缘既分布有一圈锯齿形的导管环，在中肋上，各分支又是紧密结合的；因此整个叶面都有不断的交通联络。可是，运动冲动的传导，却不全与维管束的存在重迭；因为冲动从刚毛$\left(长约\frac{1}{20}英寸\right)$尖端传出，而刚毛中并无导管送入；这决不会是观察时遗漏，因为我曾就触毛基部将叶片切作薄垂直片看过。

曾经好几次在刚毛基部附近用柳叶刀将叶片刺穿成约$\frac{1}{10}$英寸长的缝，平行于中肋，这样，导管通路已经完全切断。切口有时在刚毛外侧，有时在内侧；过几天，叶片完全重新伸展后，再重些（因为经过切割后，它们总是很衰弱）触动伤口附近的刚毛，叶瓣仍旧如常闭合，不过慢得多，有时要过很久。这些事例表明，运动冲动不是沿导管传送的，同时也表明受触动的刚毛与中肋及对面侧叶瓣，或同侧叶瓣的外部之间，并不需要有直接联络线。

在5片叶上，在一条刚毛基部两侧，依上述方式，各刺穿一条缝，平行于中肋；这样，就有那么一小窄条带有一条刚毛的叶，只有两头上和叶其余部分相连。曾经细心量过这些小窄条的面积，几乎都是同样大小：0.12英寸（3.048毫米）长，0.08英寸（2.032毫米）宽；刚毛在正中央。其中只有一条枯萎而败坏了。叶从手术恢复后，可是切口仍是开放的，重触此刚毛，两个叶瓣或一个都缓缓地关闭。两次，触动刚毛无效，用针刺进窄条中毛基下面，叶瓣才缓缓关闭。这时，冲动只能先取平行于中肋的途径传导，然后才能由窄条的一端或两端辐射送出，达到两个叶瓣的整个表面。

另外，在一条刚毛基部两侧，垂直于中肋依上述方式各穿一条小缝。作了两片叶，叶恢复后，重触动刚毛，叶瓣也还是缓缓闭合了。现在，冲动必须先依与中肋垂直的方向传送一段，然后才辐射到两个叶瓣。这几个例都表明运动冲动，通过细胞性组织间各个方向传送，而与导管走向无关。

毛毡苔的运动冲动也是以同一方式取道细胞性组织向各个方向传送的；不过传送速度，大部分由细胞的长度及其长轴方向控制。我儿子将捕蝇草叶作了薄切片观察，见到叶片中靠近表面的和位于中心的细胞，都是长形，长轴向着中肋的方向；冲动必须循这个方向由一个叶瓣向另一个叶瓣迅速传送，两个叶瓣才会同时起关闭运动。中心部分的薄壁组织，细胞较大，彼此间接触较疏松，细胞壁较表面细胞薄。中肋上表面，中心大维管束上，有很厚一团细胞性组织。

毛基两侧或一侧切有小缝，小缝和中肋平行或垂直，重触这个刚毛时，两个叶瓣或一个叶瓣会运动。有一次，触动过刚毛的这一瓣动作，另外三次，动作的却只是对面那一瓣，这就是说，够使一个叶瓣失去运动力的伤害，不会阻碍它传出冲动，激起对面一侧叶瓣的运动。从这里面我们也体会到，两瓣叶正常虽然同时起运动，却各有独立动作的能力。上面我们还谈到过一个例：一片衰弱的叶，在捕捉了一只蝇子后重新开展后，受到刺激，只有一个叶瓣关闭。另外，上面所提许多实验中，还有不少的例，同一叶瓣的一端张开或闭合，和另一端不尽相同。

颇厚的叶瓣闭合之后，上表面任何地方看不出丝毫绉缩痕迹。因此，细胞似乎必有收缩。运动的主要部位，显然位于密贴在中肋的中心维管束上面那一厚团细胞。为了确定这部分是否收缩，曾把一片叶固着在显微镜的载物台上，使两叶瓣不能完全关闭，再在中肋上记下两个小黑点，同在一条略略偏于一侧的横线上，用量微尺量出了它们之间的距离为$\frac{17}{1000}$英寸。然后触动一条刚毛，叶瓣闭合，可是它们彼此不能相遇，我仍可以看到那两个黑点；现在，它们相距是$\frac{15}{1000}$英寸；这就是说，中肋上表面的一小部分，已在横线上收缩了$\frac{2}{1000}$英寸(0.0508 毫米)。

叶瓣闭合时，我们知道它们整个表面有些向内面弯入。这种运动，看来是上表面全部表面细胞都发生了收缩所致。为了观察它们的收缩，在一个瓣上与中肋成直角切下一窄条来，这样，我就可以透过这个缝隙看到叶片闭合后对面一瓣的上表面。等这片叶从手术后恢复而重新张开时，我在对面瓣和这个小窗缝相对的地方，记下 3 个与中肋直交成一横线的小黑点。两点之间的距离是$\frac{40}{1000}$英寸，也就是说，两个极端点相距$\frac{80}{1000}$英寸。触动一条刚毛，叶片闭合了。再量各点间的距离，则靠近中肋这一头的两点，比从前靠近了$\frac{1}{1000}$～$\frac{2}{1000}$英寸；另一头，靠近了$\frac{3}{1000}$～$\frac{4}{1000}$英寸；两个极端点之间的距离，比原来短了$\frac{5}{1000}$英寸(0.127 毫米)。叶的全阔为$\frac{400}{1000}$英寸；如果我们假定整个叶上表面都按这个比例收缩，则全部收缩应当有$\frac{25}{1000}$英寸(0.635 毫米)；这个数量，是否够说明整个叶瓣的向内轻微弯曲，我还不能说定[①]。

最后，桑德森博士所发现的叶运动时一件神妙事实[②]，现在已普遍知道，即叶片与叶柄间，正常有电流存在；叶受刺激时，便像动物肋肉收缩时一样，电流受到干扰[③]。

叶的重新伸展 不管叶瓣是否关住了物体，重新伸展总是慢到不易觉察的[④]。一个片瓣可以自己单独地张开，如前面所说那片衰弱的，只关

---

① 巴特林曾在1877年《植物界》他的一篇有意味的论文中，讨论过捕蝇草闭合机理。大体上，他同意上述说法，不过他仍认为这种运动的结果，是叶片有了少量的实际生长，和毛毡苔的情形一样。他在叶背面，即外面，作了标记，发现闭合后标记之间的距离加大了。叶片再伸展时，距离并未完全复原，因此表明已有一定的永久性生长。叶片的重新张开，是由于内面细胞收缩所加于背面细胞的张力除掉后，背面细胞恢复原有大小的假说（见第258页），巴特林的观察不能证实。芒克（见前）和普费弗[见《渗透研究》(*Osmotische Untersuchungen*)，1877，196页]也提出理由，指明本书文中对运动机理的解释不恰当。巴特林进一步还说明了叶两瓣最后闭合而相互压紧，是叶外表面细胞收缩或变短所引起的。他还记载了一件其他文章中未见过的奇异事实，即叶闭合后中肋变得更弯曲。芒克来歇与莱蒙的《科学纪要》(1876，121页)则认为叶闭合时中肋的弯曲度减少了。——F. D.

② 见《皇家学会会报》第二十一卷，495页；又1874年6月5日在皇家研究所的报告，载在《自然》1874年，105—127页。

③ 对桑德森教授的工作，芒克教授在来歇与莱蒙的《科学纪要》1876及孔克尔教授在萨克斯的乌兹堡植物研究所工作报告(Arbeiten a d. Bot Institut in Wdrsburg)第二卷，第1页上，都曾提出批评。

桑德森教授继续研究了这问题，结果在1882的《哲学讨论》上发表了一篇深入的文章。现在只引出他结论中与本文提到的两点有关的。第一点是叶静止时的电流情况。桑德森反对芒克用机械图型——铜锌筒的排列——解释叶状态的方法。他所以要反对，不仅由于他承认"叶片所具有的任何生理特性，是以生活体系的本性而具有的这一个基本原则；"也还由于事例中的一些事实，与芒克教授的理论推导不符。他倾向于承认，将未激动的叶片各部分间电的差异，用水的迁移作为部分解释。因为"一方面，我们知道由于叶面有蒸发，叶内部肯定必有水分的迁移；另一方面，孔克尔教授的实验证明了水分迁移时不能不产生电的差异"。同样，他倾向于相信由反复激动所引起的逐渐电变化，与单一激动的后效，也应当用与叶动作相伴的水分迁移来解释。另一方面，他相信兴奋的即时效应中最初并迅速传播的电流干扰，则不起于水分迁移而是叶原生质中分子变化的表现。桑德森教授借这机会纠正他1874年在皇家研究所报告中某些说法所产生的印象。芒克教授似乎和许多人一样，相信桑德森教授提出捕蝇草叶的运动与动物肌肉动作完全等同。用不着说桑德森教授并没有企图作那种说法；他1874年提出的说法，现在仍在坚持，即捕蝇草叶激动时迅速传播的分子变化只可以与动物的可激动组织中相应的过程相等同。

由最近两年中某些未发表的成果，桑德森教授还想到要将上面所谈的他的想法加以扩充，而归结说，叶上下表面间的"叶电流"，与上表面刚毛所长出部位的生理状况有密切关系；这样，可能导出："叶电流"与激动性干扰，也许只是同一事物的不同表现。用他的断续器(rheotome)对从健壮植株上取下的六片叶所作测定(1887年8月)，桑德森教授见到了用感应电流刺激叶的一瓣，在另一瓣上所产生的电干扰，在第二个$\frac{1}{10}$秒钟内开始。6片叶中有5片叶，有第一个$\frac{1}{10}$秒中，看不到效应。如果我们假定干扰经过的距离为1厘米，则其传播速度为每秒100毫米。桑德森教授指出，这个速度，正是蛙心脏肌肉组织中激动性电干扰传播的速度。——F. D.

④ 纳托尔(Nuttall)在《美洲植物志属》(*Gen. American Plants*)277页(小注)中，谈到他在原产地采集这种植物时说："我有机会观察到一片离体叶，不断地努力将自己暴露于太阳的影响下；努力的方式，是边缘纤毛作波动式运动，而伴以叶片的部分张开和相继而来的倒放，最后以完全伸展与敏感性的破坏告终"。承奥利弗(Oliver)教授指出这段材料给我；不过我不了解究竟发生了什么。——F. D.

闭了一瓣的叶。从上述用干酪和蛋白颗粒所作实验中,我们已见到1个叶瓣的两端,可以在一定限度内彼此不同地重新伸展。不过在一般情形下,2片叶瓣总是同时张开。重新伸展不由敏感的刚毛决定;用3片叶齐根切去一个叶瓣上所有3条刚毛,它们都能重新伸展;第1片,24小时后部分地张开,第2片,48小时达到同等程度,第3片过去曾受过伤,过了6天才张开。这3片叶张开之后,刺激对面瓣上的刚毛时,又迅速地关闭了。再就1片叶将剩下的这3条也齐根切去,结果一条刚毛也没有了。这片伤残的叶虽然失掉了所有的刚毛,仍在2天之内常态地伸展。用糖液浸没刚毛激起闭合后,叶瓣不像单纯触动刚毛所引致的那么快重新开放;我假定这是由于它们受到强度外渗的影响,因此持续较长时间向叶上表面传送着运动冲动。

下面的一些事实,使我相信构成叶下表面的几层细胞,经常处于一种张力状态中;由于这种动力学情况,又有细胞吸引新鲜水液进来为助,所以叶上表面的收缩减少后,叶瓣就会相互分离而重新展开。切下一片叶来,垂直地急速浸入开水里面,我原来预料它会闭合,可是它反而张开了一些。我选了1片健壮的好叶试一试,两个叶瓣彼此构成约为80°的角;一沾到开水,角度骤然增大到90°。第3片,在捕获一只蝇之后新近展开,颇为衰弱,频繁触动刚毛,也不引起丝毫运动;可是一浸入开水,叶瓣也有些离开。这些叶,都垂直地浸入开水中,上下两表面和刚毛所受影响应当是同等的;因此,我对于叶瓣相互分离而展开,只能作如下假定才能理解:在叶上表面被杀死而不再收缩时,下表面的细胞由于它们的张力状态,动力学地作用着把叶瓣拉开一些。我们见过,毛毡苔触毛在浸入开水后有向后卷曲的情形;捕蝇草叶瓣的分离,正是相同的运动。

在第十五章的结束语中,我们将对茅膏菜科各属具有的不同感应性,以及它们捕捉昆虫方式的差别,作些比较。

▲ 烈焰捕蝇草

第十四章　貉　藻

· *Aldrovanda vesiculosa* ·

捕捉甲壳类——叶的结构与捕蝇草比较——腺体、四爪鳞毛及内卷叶缘上皮刺的吸收——澳洲貉藻——捕捉食饵——吸收动物性物质——轮叶貉藻——总结

这种植物可以称为缩影的水生捕蝇草。斯坦(Stein)在1873年发现它的双瓣叶,在欧洲一般虽是闭合的,但在高温中仍会张开,触动时,会猛然闭合①。闭合后24—36小时,又重新伸展;但这似乎是关住无机物体时的情形。叶片中有时含有空气小泡,过去将叶片看做是囊,所以它的种名是*vesiculosa*。斯坦观察到有时会有水生昆虫被逮在叶片中,最近科恩教授发现生在自然环境里的植株,叶片中有多种甲壳类和幼虫②。将用滤过的水养着的植株移到有很多水蚤(*Cypris*)的容器里之后,第二天早上,已有不少囚在闭合了的叶里面,活着,还在不息游泳,但是无可逃避,必死无疑。

读过科恩教授的记录后,随即承胡克博士之惠,从德国收到了生活的植株。现在,对科恩教授的完美记述,不能有所补充,在这里我只给出两个图;一个引自科恩教授文章中一丛轮生叶,一个是我儿子弗朗西斯绘的,一片叶

图13　貉藻

左图:轮生叶(引自科恩教授);右图:压平大大展开的叶片。

◀貉藻

① 斯坦发表他自己第一手的报告后,发现得萨索斯(De Sassus)早已谈到了叶片的感应性,记载见于1861年《法国植物学会公报》(*Bull. Bot. Soc. de France*). 1871年,德尔皮诺(Delpino)发表过一篇论文[见《意大利新植物学杂志》(*Nuovo Giornale Bot. Ital.*),第三卷,174页],说到"大量的*Chioccioline*和其他水生小动物"被叶片逮住,闷死。我认为*Chioccioline*是淡水软体动物。软体动物贝壳是否受消化液中酸类的腐蚀,很可追究一下。

已故卡斯帕里教授在《植物学报》1859,117页发表一篇详细论文,细述貉藻的形态、解剖、系统位置和地理分布。关于属中各个种的早期文献,也有详尽总结——F. D.

② 我特别感谢这位著名的博物学者,他关于貉藻的论文,在《植物生物学专刊》(*Beiträge zur Biologie der Pflanzen*,1875,第三卷,71页)发表之前,便先寄给了我一份抄本。

压平展开的情形。此外，我想稍微附加几句关于这种植物与捕蝇草的差异。

貉藻无根，漂浮水中。叶片在茎周围排成多轮。宽阔的叶柄末端有4～6条刚强的突起①，每个突起的尖端带一条短硬刺毛。双瓣的叶的中肋尖端也有一条短硬刺毛，长在这些突起中央，显然由它们保护着。叶瓣由极柔薄的组织构成，因而透明；据科恩教授说，开展程度和活蚬蚌相当，也就是比捕蝇草叶瓣还小；这样，捕捉水生动物应当更容易。叶和叶柄外面有许多两爪的小乳突，显然和捕蝇草的八爪乳突相当。

每个叶瓣的圆凸出度略大于半圆，由极不相同的两个同心圈构成；靠中肋的内圈较小，微凹入，据科恩教授说，由3层细胞组成。上表面排有许多无色腺体，和捕蝇草的腺体相似，但较简单；这些腺体由两排细胞构成的柄承托着。叶瓣较宽的外圈，薄而扁平，仅有2层细胞②。它的上表面没有腺体，只有小形四爪突起，4个爪同由一个小堆上升起，爪端尖削。这种小突起外壁很柔薄，里面贴着一层原生质；有时带有透明物质的球状聚集体。稍分开的两爪朝向叶缘，另两爪向中肋；共同构成一个等臂十字形。偶然也有一边不是两爪而是一爪的，这样，就成了三爪的鳞毛。将来我们在另一章中会见到这种鳞毛，和狸藻——尤其是山狸藻(*U. montana*)——叶囊里面的鳞毛特别相似，虽然狸藻属和貉藻属并无亲缘关系。

每瓣宽阔扁平的外圈有一条窄缘，向内卷入，两瓣闭合时，这条卷入的缘口也彼此相接。缘口棱上有一列圆锥形、扁平而透明的皮刺，基脚宽阔，很像悬钩子属(*Rubus*)枝条上长着的皮刺。缘口向内卷入，这些皮刺对着中肋排列；初看上去，似乎能阻止食饵逃去，可是这不会是它们的主要功能，因为它们由柔薄而软的膜组成，很容易重迭褶回而不致于破裂。可是，这卷入的缘口和上面所带的皮刺，在叶瓣闭合后，多少必定干扰已经进来的小动物后退动作。貉藻叶边缘部分的结构和捕蝇草显然大有不同，那些皮刺和捕蝇草叶缘的棘突，不会是同源器官，因为棘突是叶片的延伸部分，而貉藻的皮刺则只是表皮附属物。在功能上，它们也各适于大不相同的目的。

叶瓣长有腺体的凹入部分，尤其在中肋上，有许多长形细而尖的毛，

---

① 植物学家对这种突起的同源来历有许多讨论。尼奇克博士(《植物学报》，1861，146页)认为它们与毛毡苔叶柄基部的具毛缘的鳞片状体相当。

② 据科恩(《植物界》，1850)和卡斯帕里(《植物学报》，1859)说，这两层细胞结合到产生了等于只有一层细胞的效果。内圈的3层细胞，则是上下2层表皮和1层薄壁组织。——F. D.

科恩教授说，它们无疑地对触动敏感[①]；触动后，能引起叶瓣的闭合。它们由两列细胞组成；据科恩说，有时是 4 列，其中没有任何维管组织。它们和捕蝇草的六条刚毛不同，无色，而且中腰和毛基各有一个关节。无疑地，由于这两个关节的存在，它们尽管很长，叶片闭合时仍不会折断。

我于 10 月初从丘园得到的植株，从来没有开放过叶瓣，高温处理也无效。观察了几片叶的结构后，我只对 2 个进行了实验，因为我满希望这植株能够好好生长；现在，很后悔没有牺牲更多的叶片。

将 1 片叶沿中肋切开，用高倍镜检视腺体。把它搁进几滴生肉浸汁里面。3 小时 20 分钟后，没有变化；23 小时 30 分钟后再观察，腺体外面细胞的内含物已不是透明液体，而是多颗粒物质的球形团块，表明它已经从浸液里吸收了某些物质。腺体能分泌一种溶解或消化叶片所捕获的小动物体中动物性物质的液体，与捕蝇草相比，也极有可能。如我们可以信任这种比拟，则腺体吸收了少量原来可溶的动物性物质后，两个叶瓣的内部凹入部分，可能由缓缓动作而彼此压合。原来在那里的水会被挤出，分泌液便可以不至于过分稀释，而仍能有作用。叶瓣外围的四爪鳞毛，曾受到肉浸汁的什么作用，我不能决定；因为里面所贴原生质层，在未浸之前，已经有些紧缩。卷入缘口上的尖刺，里面所贴的原生质层也已经有同样紧缩，并含有透明物质的球形颗粒。

跟着，试用尿素溶液作实验。所以选用这种物质，部分原因是四爪鳞毛，尤其是狸藻属（往后我们还要谈到这种以腐败动物性物质为食物的植物）的腺毛，能吸收它。尿素是活动物体内化学变化的最后产物之一；它似乎应当适合于代表尸体初期的腐败。还有，科恩教授告诉我的一件奇妙小事情，也是引起我试用尿素的一个原因，他说，有些颇大的甲壳类被闭合着的叶片逮住，它们仓皇逃走时压得很紧，往往排出肠形的排泄物块才脱身而出；在多数叶片中，都有这种排泄物团块。这种团块无疑地必含有尿素。它们或者留在叶瓣外围有四爪鳞毛的地方，或者浮泛在闭合后的空腔里面。后一种情况中，如果像我所体会的，凹入的叶瓣像捕蝇草叶瓣后来能缓缓相互压合，则杂有排泄物及腐败物的水，会慢慢地被紧缩中的叶瓣挤出来，浸渍着四爪鳞毛。污水还会经常渗出，尤其在空腔中发生气泡的时候。

切开 1 片叶来检视，见到腺体外表细胞，仅仅含有透明液体。四爪鳞

① 莫里在《意大利新植物学杂志》（1876，第八卷，62 页）的一篇文章中，肯定了这一点，即刺激感应力只限于叶的中央有腺体的部分。——F. D.

毛,有些包含着几颗球形颗粒,也有少数透明而全空,把它们的位置一一记出。将这叶片浸入少量1份尿素兑146份水的溶液里面。3小时40分钟后,腺体或四爪鳞毛内部都无变化;24小时后,腺体也还是老样子。这就是说,至少在一次试验中,尿素的作用方式和生肉浸汁有些不同。四爪鳞毛的情形却大不一样:浸没24小时后贴在细胞壁上的原生质层现在已不是均匀的结构,而已略有紧缩,多处地方现出极小、浓缩过的、不规则形状的黄色小点和小条,和用尿素处理过的狸藻四爪鳞毛细胞内情形一样。另外,还有些原来中空的四爪鳞毛,现在含有中等大小或小形、聚集程度不同的黄色球形物质,也和狸藻在同样情形下发生的相似。叶瓣卷入缘口上的皮刺,也受到相似影响:胞壁所贴原生质层略有紧缩,含有黄色小斑点,原来中空的,现在含有聚集过的小球形或不规则形状的透明物质团块。这就是说,24小时内,缘口皮刺和四爪鳞毛都从溶液里面吸收了一些物质;这一点,我们往后还要讨论。另一片较老的叶片没有另外给它什么东西,只是搁在污水里面,四爪鳞毛也含有半聚集的透明小球。1份碳酸铵兑218份水的溶液对它们无作用,这一个反面结果和同一条件下观察狸藻所得的相符。

南方貉藻(*Aldrovanda vesiculosa var. australis*)　奥利弗教授从丘园植物标本室寄给我一些来自澳洲昆士兰的这种植物的干叶。究竟它是否应列为一个种或一个变种,只有由植物学者检查了花之后才可以作决定。叶柄上端伸出的突起(4～6个)比叶片长得多,也比欧洲产的尖削得多。近末端的一长段长有向上弯曲的许多刺毛,这是欧洲型所没有的。突起尖端也不只是一条而是两三条刺毛。两瓣的叶片似乎比欧洲型稍大,而颇阔。叶瓣卷入缘口上的皮刺也有差别,基部较窄小,尖端较锐利,还有长短皮刺相间的排列,也比欧洲型有规则。这两种类型的腺体和触毛则完全相似。有几片叶上未见到四爪鳞毛,不过我不怀疑它们原来确是存在的,不过因为过于细小,又干缩了,不易分辨;而且,还有一片叶上由于特殊情况很容易看出。

闭合的叶片有几片空腔里没有什么食饵,可是有一片,里面却有一个颇大的甲虫,由扁平的胫节看来,应当是水生种类,不过与切眼龙虱(*Colymbetes*)无关。这个甲虫所有柔软组织都已完全溶解掉了,甲壳质的外被干干净净,好像用烧碱煮过的一样,它一定在叶片里面关过了很长的时间。这片叶的腺体比其余没逮有虫的叶片褐色深些,也更不透明,四爪鳞毛由于半装满着褐色颗粒物质;看得很清楚;其他各片叶中,上面谈过,看不出有四爪鳞毛。卷入缘口上的皮刺也有些含有褐色颗粒物质。由此我们得到了另外一批证据，证明腺体、四爪鳞毛和缘口皮刺都有吸收物质的作用，虽则吸收性质未必相同。

在另一片叶里面有一只小动物的残骸，一个简单而强壮的不透明下颚，一个不分节的甲壳质大壳，不会是甲壳类。还有两片叶里面有黑色有机质块，可能是植物性物质；其中之一还含有一只腐败得利害的蠕虫。但是这个半消化和腐败了的物体，压扁后又长期干燥，再浸透，很难辨认清楚。所有这些叶片都含有单细胞藻乃至其他藻类，绿色还存在，显然都是撞进去停留在那里面的，科恩说，德国貉藻叶腔中，也常有这些不速之客。

轮叶貉藻（*Aldrovanda vesiculosa var. verticillata*）　丘园植物园总管理金（*King*）博士送给我一些在加尔各答附近采得的干标本。据我推想，沃利克（Wallich）曾将它当作一个独立的种，命名为 *Verticillata*（轮叶）。它和澳洲种的相近程度远大于欧洲型：叶柄上端的突起，也很尖削，常有向上钩曲的刺毛，最尖端也有两条小而直的锐刺毛。双瓣叶片比澳洲型大，而且肯定更阔些；边缘有更大的凸圆度很明显。如将展开叶片的长度作为 100，则孟加拉型叶的宽度近于 173，而澳洲型为 147，德国型的为 134。卷入缘口上的皮刺和澳洲型相同。检查过的几片叶中，有 3 片包有切甲类（Entomostraca）的甲壳动物。

总结语　以上 3 个密切相联的种或变种，都很明显地适应于捕捉生活动物。至于各部分的功能，有节长毛无疑是与捕蝇草刚毛相像的敏感器官，受触动时，能引起叶瓣关闭。腺体能分泌真正的消化液，并且随后吸收消化所得物质，可以由与捕蝇草的类比推定，由吸收生肉浸汁后细胞内透明液体聚集成球状团块，由叶片长期关住一个甲虫后它们的细胞变成不透明而多颗粒，由长期关禁后的这个甲虫及科恩所记载的甲壳类外壳之干干净净等各方面推定。另外，四爪鳞毛，由在尿素溶液中浸 24 小时后所生效果，由捕了甲虫的叶四爪鳞毛中褐色颗粒状物质的出现，由其与狸藻的类比等，可以推定它们能吸收动物排泄物及腐败产物，更奇特的是，叶瓣边上卷入缘口所长皮刺，显然也和四爪鳞毛一样，用于吸收腐败的动物性物质。只有这样，我们才能体会叶瓣卷入缘口上所以会有尖端向内的柔薄皮刺，叶瓣阔而扁平外圈上长有四爪鳞毛，有什么意义；因为叶腔里面有拘留下来死去的动物时，腐败后由腔里向外流出污水，这些表面必定经常被污水激荡着[1]。污水流出的原由，有二叶腔的渐渐收缩，有过剩的液体分泌，有气泡产生。这个课题还必需有更多的实验观察，不过如果我的想法不错，则同一叶片的各部分可有不同的服务目的，一部分为真正的消化，另外一部分则为吸收腐败了的物体，这里又是一个极突出的例子。我们可以因此体会到，植物，由于逐渐丧失了这两者中之一种能力，可以逐渐适应于发展一种功能，代替消灭的另外一种；往后，我们要谈同科的两属，即捕虫堇属（*Pinguicula*）和狸藻属（*Utricularia*），各自适应于这两种功能之一。

[1] 迪瓦尔·儒弗的观察对这点引起了怀疑。他表明（《法国植物学会公报》，第23卷，130页）貉藻的冬芽中，叶只剩下叶柄，叶片不存在。叶片兼有腺体和四爪鳞毛，本章认为腺体具有消化功能，四爪鳞毛则可吸收腐败产物。由于冬芽叶没有叶片，自然不能捕捉食饵，因此我们必须假定叶柄上的腺体只有一般的吸收作用，而未曾特化来吸收所捕动物的腐败产物。迪瓦尔·儒弗记载过水马齿（*Callitriche*）、黄花萍莲草（*Nuphar luteum*）、睡莲（*Nymphaea alba*）等的叶片上也有相似的鳞毛；已故的雷·兰克斯特（E. Ray Lankester）也有过同样的观察［见《英国科学协会报告》，1850，发表于1851年卷下113页］。既然如此，我们对貉藻叶外缘部四爪鳞毛的功能必须暂不作结论。我父亲似乎注意到了这些事实的重要性；因为在马丁（Martin）教授所译《食虫植物》印本中，译者在注文中提到迪瓦尔·儒弗（Duval-Jouve）的文章处，他曾用铅笔留下一个注记。——F. D.。

第十五章　黏虫荆——珍珠柴——紫珠柴——其他植物的腺毛——茅膏菜科的总结

Drosophyllum-Roridula-Byblis-Glandular heirs of other plants-concluding remarks on the droseraceae

黏虫荆——叶的结构——分泌液性质——捕虫方式——吸收能力——动物性固体的消化——关于黏虫荆的总结——珍珠柴——紫珠柴——其他植物的腺毛及其吸收能力——虎耳草属——樱草——天竺葵——欧石南——紫茉莉——烟草——关于腺毛的总结——关于茅膏菜科的总结

ISSN 0022-0957

Journal of Experimental Botany

Free Open Access Publication for all research papers from corresponding authors whose institutions have a full subscription to JXB.
More details at http://www.oxfordjournals.org/exbotj/openaccess.html

Vol 60 | No 1 | 2009

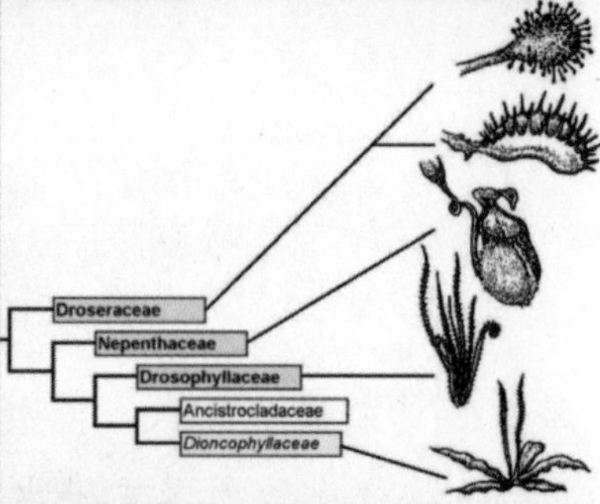

OXFORD JOURNALS
OXFORD UNIVERSITY PRESS

黏虫荆（*Drosophyllum lusitanicum*）　这一种稀罕的植物，除在葡萄牙见有之外，据胡克博士说，另外只在摩洛哥发现过。多承 Tait 先生的盛意，以及后来从 Maw 先生和 Moore 博士处，我得了生活标本。Tait 先生告诉我，这种植物大量生长在葡萄牙的波尔图（Oporto）附近干燥的小山坡四面，叶片上黏有大量蝇类。附近居民很知道这件事；他们把这种植物叫作“黏蝇草”，拿来挂在房子里黏蝇。在我暖房里的一株，在天气还凉，昆虫很少的 4 月初间，已经黏了许多虫，使我猜想它一定对昆虫有很大的吸引力。秋天，一棵幼小植株的 4 片叶上，分别黏有 8、10、14、16 只小虫，主要是双翅类。我忽略了检查它的根；但听胡克博士说，它的根和以前所记茅膏菜科各种一样，很小很小。

叶片长在一个几乎可以说是木质的茎轴上，叶呈线形，向叶尖锐削，有好几英寸长。上表面凹入，下表面凸出，中间有一条窄沟。除沟中之外，上下表面都有许多腺体，长在小柄上，排成不规则的纵行。我仍旧称这种带柄腺体为触毛，因为它和毛毡苔的触毛密切相似，虽则它们没有运动能力。同一叶片上的触毛，长短大有差别。腺体大小也有差异，颜色为粉红或深紫，上面圆而凸出，下面凹入或平，外观极像一些小香蕈。它们共由（我这么认为）两层多角形柔薄细胞组成，里面包着 8～10 个大形而具有曲折厚壁的细胞。大形细胞中，还夹杂着一些壁上具有螺旋纹的细胞，这些显然与沿绿色多细胞的毛柄而上来的螺纹导管相连。腺体分泌大滴的黏稠分泌液。花轴和萼外面，也有外形相似的腺体。

叶片的上下两表面，除去有短柄或长柄的腺体之外，还有许多小腺体，小到肉眼几乎不易见到。它们都无色，也几乎无柄，圆形或卵圆形，卵圆形的，主要在叶背面（图 14）。这些小腺体的内部构造和较大的有柄腺体完全一样，两种腺体实际上没有截然的区别，而是互相过渡的。不过，无柄腺体在很重要的方面和有柄腺体不同：在很热的某一天，我在高倍镜下检视时，有柄腺体在大量分泌着，而无柄的却从无自发分泌的情形。可是如果向这些无柄腺体上搁些润湿的熟蛋白或血纤维，过一些时候它们就开始分泌了，像捕蝇草腺体一样。仅仅用一颗生肉揉擦，我觉得它们也

◀《实验植物》杂志刊发的关于食虫植物进化的文章。

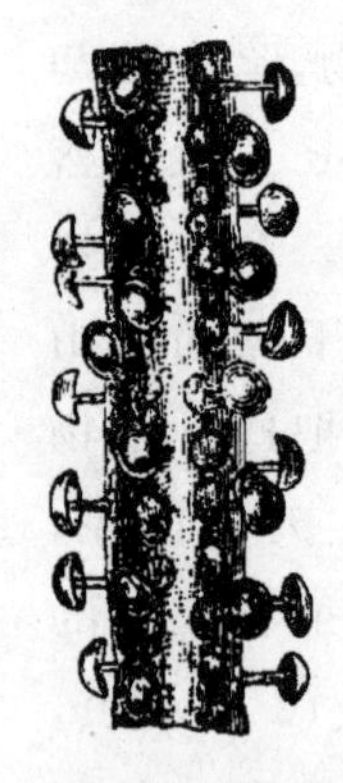
图14 黏虫荆叶背面的一部分放大七倍。

开始分泌。无柄腺体和有柄的高腺体都具有迅速吸收含氮物质的能力。

高腺体的分泌液和毛毡苔腺体的有一点不同，腺体未受任何刺激前，分泌液也是酸性的，而且，由用石蕊试纸检验结果看来，酸性比毛毡苔的分泌液强。我曾反复观察多次，结果都一样。一次，我选了一片嫩叶，还没有在大量分泌，更没有捕过任何虫，可是所有腺体上的分泌液都使石芯纸变成鲜红。另外，由它们从洗净的血纤维和软骨等能够很迅速地得到动物性物质上看，我认为腺体未受刺激以前，分泌液中就已含有少量适合的酶，因此可以迅速溶解一些动物性材料。

由于分泌液的性质或腺体形状，分泌液滴非常容易除下。用磨尖的细针先蘸上水，向分泌液珠上搁任一种小颗粒，都很困难，因为将针抽回时，液珠一般也跟着撤回了。在毛毡苔，虽然也有时可以将液珠带走，但一般很少遇见这种困难。由于这个特点，随便一个什么小飞虫在一片黏虫荆叶上歇脚时，分泌液珠就从腺体离开，黏在它的翅膀、脚或身体上；虫再向前爬动，黏的液珠也就更多；最后，浑身浸在黏稠液里面，沉下死去，躺在长满叶表面的无柄腺体顶上。在毛毡苔情况下，一个虫黏在一条或几个外缘触毛腺体上时，触毛会运动而把它递到叶心；黏虫荆则由虫自己的爬行以及翅膀被黏液滞住不能再起飞而被捕。

这两种植物腺体的功能还有另一差别：毛毡苔腺体受刺激后，分泌液大量增加。但是将小颗碳酸铵、小滴的碳酸铵或硝酸铵溶液、唾液、小虫、小颗生肉屑或烤肉屑、熟蛋白、血纤维或软骨，以及无机物颗粒搁向黏虫荆腺体上，分泌量从未见过有丝毫增多。因为昆虫通常并不黏在高腺体上，而只将它的分泌液带走，我们就能理解腺体受刺激后增加分泌量的习惯，对它本没有什么益处；对毛毡苔，这是有益的，因此习惯就养成了。可是，黏虫荆的腺体，不受刺激也还是不断分泌，这样才可以补偿蒸发的损失。因此，用一个小玻璃钟罩，其内表面及垫板都充分抹湿了的，罩着一棵植株，由于没有蒸发，累积了1天之后，分泌液就沿触毛一直往下淌，淹没了叶面大部分。

加了上述各种含氮固体或液体的腺体，上面谈过，分泌量没有增大；相反它们以惊人的迅速，把自己的分泌液吸收了回去。将小块湿的血纤维搁在5条腺体上，1小时12分钟后，血纤维几乎完全干了，所有分泌液已经全部吸收。加3粒小方颗熟蛋白，1小时19分钟后，也是一样；另外4粒，2小时15分钟后才观察，情况相同。小颗软骨和肉屑搁在几条腺体上，在1小时15分钟至1小时30分钟之内，有同样的结果。最后，将极小一滴（约$\frac{1}{20}$液滴）的1份硝酸铵兑146份水的溶液，分配给3条腺体上的分泌液珠，每颗液珠的液量应当都稍有增加，可是2小时后检查，3条腺体却都干了。另一方面，将7粒玻璃碴、3粒煤灰屑，大小和上面几种有机物体相近，分别搁在10条腺体上；有的过了18小时，有些过2—3天检查，都不曾见到分泌液吸收回去了的迹象。这样，前面所谈那些吸收回去的例子，应当是由于某些含氮物质的存在所引起的，它们或者本已可溶，或者由分泌液溶解了的。我所用的血纤维甚为纯净，在甘油里保存后又用蒸馏水很好冲洗过，所用软骨也在水里浸过，我猜想它们必定是在接触分泌液后的短时距中，受到了轻微作用，有些物质溶解了出来。

腺体不仅有迅速吸收的能力，也还可以迅速地再分泌；这个习惯可能是由于昆虫碰到腺体，一般都把分泌液珠带走之后，分泌液需要复原而获得的。再分泌的准确时间，只作过几次记录。搁过肉屑约1小时30分钟后干了的那些腺体，22小时后再观察时，正在分泌；另一个搁过熟蛋白颗粒的，24小时后也在分泌中。但分别承受了一极小滴硝酸铵溶液的3条腺体，2小时后完全干了的，则只在过了12小时后便开始重新分泌。

触毛不能运动　细心观察过黏有昆虫的许多高触毛，又曾经用虫体碎片、生肉颗粒、熟蛋白粒、两种铵盐的溶液、唾液搁在许多触毛的腺体上；这些实验的结果都不曾见到有丝毫运动迹象。用针频繁触动腺体，刮、刺叶片，叶片或触毛也从无卷曲发生。因此我们可以归结说，它们不能运动。

腺体具有的吸收能力　已经间接证明有柄腺体能吸收动物性物质；还可以用它们与含氮固体或液体接触一段时距后所发生的颜色的改变，细胞内含物的聚集进一步证明。以下各种观察对有柄和无柄的腺体同样适用。腺体未受刺激之前，外部细胞普遍只含有清澈的紫色液体；中心细胞则含有桑葚状紫色颗粒性团块。将一片叶浸入1份碳酸铵兑146份水的溶液中，腺体颜色立即加深，很快就成了黑色；这是细胞，特别是中心细胞内含物强烈聚集的结果。将另一片叶浸入同等浓度的硝酸铵溶液里,25 分钟颜色略有加深,50 分钟内更深一些;1 小时 30 分钟后,红色已经深暗到几乎全黑。将另外的叶片放在淡生肉浸汁和人唾液内,25 分钟后腺体颜色变成很深;40 分钟后暗到完全可以称为黑色。就是在蒸馏水里浸过一整天,有时也会引起腺体内的聚集以至于颜色发暗。所有这些例子中,腺体受影响的情形都和毛毡苔完全一样。不过,对毛毡苔很有力的牛乳,对黏虫荆却不这么有效,腺体在浸没 1 小时 20 分钟,只略略变暗;3 小时后,才确实深了一些。将在生肉浸汁和唾液中浸过 7 小时的叶片移到碳酸铵溶液里,腺体变绿;如直接浸入碳酸铵溶液,则会变黑。后一种情形可能是氨与分泌液中的酸结合了,所以不作用于色素;如腺体先和有机液体接触过,或者由于酸已在消化中消耗,或者由于细胞壁透过性加大了,所以未分解的碳酸盐就透入而直接与色素起作用。向腺体上搁一粒干的碳酸盐,紫色迅速地消失,可能由于盐用量过高。腺体这时也被杀死。

现在来谈有机物质的作用。搁上了生肉粒的腺体,颜色也变得深暗;18 小时内,它们的内含物有显明聚集。有几条腺体承受熟蛋白或血纤维颗粒后,2～3 小时内发暗;有一回,紫色全部消灭。将捕有虫的几个腺体和邻近未捕的相比较,颜色虽无大差别,细胞内含物的聚集程度则有显著不同。也有少数几次,看不出这种差别;可能是捕得昆虫已经很久,腺体现在恢复了它们未触动前的状态。有一回,一群黏了一只小蝇的无色的无柄腺体,出现了一个极特别的外观;由于紫色颗粒物留在细胞壁上,所以整个腺体都成了紫色。我还得提一个该留意的事:我春天从葡萄牙获得的一些植株,刚收到不久时,肉粒、昆虫和铵盐溶液都不能引起腺体的反应,原因至今不了解。

固态动物性物质的消化　我尝试着向两个高腺体上搁小方颗蛋白时,它们滑了下来,沾满了分泌液,落在一些无柄腺体上。24 小时后,一颗已完全液化,只留下几条白斑纹;另一颗,棱角已圆化,但没有完全溶解。另外在高腺体上搁了两粒小方颗,2 小时 45 分钟后,分泌液已经完全吸收了;但看不出它们受到了任何作用,虽然毫无疑问有些动物性物质已被吸收。把这两小颗拨到无柄小腺体上,它们受到这种刺激,便在 7 小时内大量地分泌着。其中一颗,这时已经液化了不少,21 小时 15 分钟后,两颗都完全液化了;不过液态团块中仍有白色条纹残留。再过 6 小时 30 分钟,白条纹也消失了;第二天早上(即搁下后 48 小时),液化了的物质全被吸收掉。另在一个高腺体上搁了一小方颗熟蛋白，它先将分泌液全吸收了回去，24小时后又新分泌了一些。这颗沾满了分泌液的蛋白，又留在这腺体上24小时，却没有受到什么作用。我们可以这样归结：要么高腺体的分泌液虽然酸性强，但消化力很低；要么一个单独腺体所分泌的液体，在这个时距中不够溶解这么大的一颗蛋白，而由一群无柄小腺体的分泌液共同作用，却可以在这个时间内把它溶解。可惜这棵植株死了，我无从确定这两种解释哪一个对。

将4条极小绺的血纤维搁向1条、2条至3条高腺体上。2小时30分钟内，原有分泌液已吸收干净，血纤维几乎全是干的。把它们拨到无柄腺体上。有一绺在2小时30分钟后似乎已完全溶解，不过也许记错。另一绺在17小时25分钟后看，已经液化；不过镜检时发现液体中还有悬浮的血纤维颗粒。其余两绺在21小时30分钟后完全液化了；但在一滴液体中还检查到极少量的颗粒。再过6小时30分钟，这些颗粒被溶解掉；叶面上周围有一块浸渍着清澈液体。看来，黏虫荆消化熟蛋白和血纤维比毛毡苔快些，这可能应归之于腺体未受刺激之前，原来的分泌液中存在的酸，也许还有少量的酶，因此消化可以立即进行。

结束语 黏虫荆的线形叶和毛毡苔属某几种的叶片差异不多，重要的不同有：第一，有极小的无柄腺体，这种腺体和捕蝇草的腺体很相像，非到吸收了含氮物质而激动后，不分泌，可是叉生毛毡苔的叶片上也有这种腺体；而圆叶毛毡苔叶上的乳突似乎也可作为这种腺体的代表。第二，叶背面有触毛；但叉生毛毡苔叶背面也有少数乱生而倾向于败育的触毛。在功能上，这两属间有较大不同。最重要的是，黏虫荆的触毛无运动能力；这种损失，已由分泌液珠很容易脱离腺体补偿一部分；一只昆虫和一滴分泌液珠接触后，可以爬着走开，可是立刻就会碰上另外的分泌液珠，最后，被黏液所困，沉向无柄腺体上面而死亡。另一差别是，高腺体的分泌液在受刺激之前已是强酸性的，而且可能含有少量适用的酶。此外，这些腺体并不因为吸收了含氮物质而激动到增加分泌量；相反，这时它们只将自己的分泌液迅速吸收回去。过一段时间，它们又开始重新分泌。这些情况可能与虫飞来后接触第一个腺体时不一定能黏住有关，虽然一下就黏住也还是有的；另一面，可能主要是无柄腺体的分泌液，这种分泌液从虫体中溶解动物性物质。

珍 珠 柴

珍珠柴(Roridula dentata)这种植物,原产地是非洲南部的好望角西部;丘植物园给了我一些干标本。它的茎和枝都几乎是木质的,显然可长到几英尺高。叶片是线形,尖端很锐削。叶的上下两表面都凹入,中间有一条隆起的脊梁;两表面都长有触毛,长短变化很大,有的尤其是叶尖上的很长,有些很短。腺体大小也很悬殊,略带长形。下面有多细胞的毛柄。

这种植物在许多方面都和黏虫荆相同,但有如下几点差别。我没有见到无柄腺体;看来长无柄腺体也没有用处,因为叶片的上表面长满着尖的单细胞毛,条条直立着。触毛毛柄中无螺纹导管;腺体里面也没有螺旋纹细胞。叶片一般丛生,羽状深裂,裂片和线形的主叶片成直角。侧出的裂片往往很短,末端只长一条触毛,两侧面有一两条短触毛。叶顶端长触毛的毛柄和叶片锐削的尖端之间,没有明显界限。我们可以武断地假定,由叶片送出的螺纹导管终止之处,就是界限,此外找不出其他分别。

腺体上黏满着许多肮脏颗粒,可以证明它们原来分泌着大量黏稠物质。不少各种昆虫也黏在叶片上。我没有发现一条卷曲在所捕昆虫体上的触毛;如果触毛能够运动,则干标本上还是可以见到那种卷曲的。由这一个否定的特征,可以说明珍珠柴和它的北方同类黏虫荆相似[①]。

紫 珠 柴

丘植物园送了一个大紫珠柴(*Byblis gigantea*)(澳洲西部)的干标本给我,高约18英寸,有坚强的茎。叶片有几英寸长,线形,略扁平,中肋背

① 按近来通行的分类系统,珍珠柴属和下面的紫珠柴属不再归茅膏菜科,而应另定为紫珠柴科,属于蔷薇目。茅膏菜科属于猪笼草目。因此,珍珠柴和黏虫荆之间的系统关系还是颇为疏远。——译者

面有一条突出小脊。叶片各面都长着有两类腺体，成排的无柄腺体和具有相当长柄的腺体。靠近狭小叶片顶处的腺体，毛柄比其余地方的长得多，而与叶片的直径相等。腺体带紫色，很扁，由一层辐射排列的细胞组成，大些的腺体中，这种细胞数为40～50。毛柄由单个长形细胞组成，胞壁无色，极柔薄，带有最精细的交叉螺旋线纹。这种螺旋纹是不是胞壁干燥中收缩而产生的，我不知道，不过整条毛柄常是螺旋式地卷曲着。这些腺式毛的结构远比前面几属的触毛简单，而和一般其他植物的腺毛相似。花梗上也长有同样的腺体。叶片最特殊的特征是叶尖扩大成为棒槌形，满长着腺毛，比尖削叶片上的邻近部位要宽三分之一，有两处见死蝇黏在腺体上。因为单细胞结构从没有具有任何运动能力[①]的例子，紫珠柴捕捉昆虫无疑地只是靠所分泌黏液的作用。由和黏虫荆的情况相类比，我们假定它们沾满黏液后，下沉到无柄腺体上，无柄腺体再分泌消化液，随后将消化所得物质吸收。

其他植物腺毛吸收能力的补充观察 在这里引入一些对这个问题的观察所得，颇为方便。因为茅膏菜科各个种的腺体，多数甚或全部都能吸收多种液体或至少是让液体容易透入[②]，所以就想确定其他不是特殊适应于捕虫的植物的腺体究竟有多大吸收能力。选来作尝试观察的植物，几乎都是信手拈来，只有虎耳草属(*Saxifraga*)两种，则由于它们属于与茅膏菜科相近的科而特别挑的。多数实验，或是将腺体浸入生肉浸汁，用得更多的是碳酸铵溶液；因为碳酸铵对原生质的作用强烈而迅速。雨水中常有少量的氨，所以也想知道氨是否可以吸收。毛毡苔科腺体外面的黏稠分泌液对于吸收并无妨碍，其他植物腺体可能排泄多余的物质，或是分泌有气味的液体，以预防昆虫的攻击或为其他目的，但仍有吸收力。我很遗憾，在下述的许多实验中，没有探索过这些分泌液能否消化动物性物体或使它们变成可溶；可是这样实验是困难的，因为这些腺体都很小，分泌液的分量更少。在下一章我们会谈到捕虫堇腺毛的分泌液确实能溶解动物性材料。

伦敦耐荫虎耳草(*Saxifraga umbrosa*) 花梗与叶柄上都满盖着短毛，毛尖长着粉红色腺体，由几个多角形细胞构成，毛柄由隔膜隔成各别

① 见萨克斯《植物学评论》第三版，1874，1026页。

② 真正的吸收与简单的透入或吸涨之间如何区别，并不是明确了解的。参看米勒的《生理学》(*Physiology*)英译本，1838，第一册，280页。

细胞,通常无色,有时粉红。腺体分泌一种带黄色的黏稠液体,有时会黏上小形双翅类,但不经常黏住[①]。腺体细胞含有鲜红色液体,散有颗粒状乃至圆球状粉红色的渣状团块。这种团块物质必定是原生质,因为将腺体封在水中镜检时,可以见到它们不息地缓缓改变形状。水浸过1、3、5、18、27小时的腺体,也有同样变形可见。浸过27小时,它们的粉红色仍保持鲜艳;它们的原生质聚集程度也无增进。腺体保持干燥时,小块原生质的不断变形仍可见到,可知变形不是吸水引起的。

将1条还留在植株上的花轴(5月29日)弯曲过来,让它浸入浓生肉浸汁里面过了23小时30分钟。腺体内含物的颜色稍有改变,比原来晦暗了一些,更紫一些。内含物聚集程度似乎也提高了,因为原生质团块之间的距离像是加宽了;不过这种效应在以后同样的实验中没有再遇到过。原生质团块变形,似乎比在水里面浸着时快一些;细胞的形状每4～5分钟便和以前不同。长形团块在1分钟或2分钟中间便变成球形;球形的自己伸长着,又与其他团块合并。小粒迅速增大,见到3粒合并成为一团。总之,这些运动和毛毡苔的情形非常相似。毛柄细胞未受到肉浸汁的影响;在下面各实验中,它们也没有什么变化。

另一枝花茎以同一方式在1份硝酸铵兑146份水或3格令兑1盎司的溶液里面浸了同样长的时间;腺体变色的情形和生肉浸汁处理的相同。

另一枝花茎和上述情形一样,浸入1份碳酸铵兑109份水的溶液里面。过了1小时30分钟,腺体还没有变色;3小时45分钟后,大多数腺体已成了晦暗紫色,还有些绿中带黑;也有极少数未受影响。可以看见细胞里面的原生质小团块在运动中。毛柄细胞没有变化。重复作了一次实验,在溶液里浸没一条新鲜花茎,过23小时后,发生了巨大影响;所有腺体都变黑了,毛柄细胞中原来透明的液体,一直到毛基为止,现在都含有球形的多颗粒团块。比较许多毛,可以知道是腺体先吸收了碳酸铵,然后所产生效应一个细胞一个细胞地逐渐向下传。第一步可见的变化是,由于形成了极细颗粒,液体中出现云雾状混浊,随后,细颗粒逐渐聚集成较大团块。从腺体变化起,和聚集过程沿毛柄细胞向下扩展,整个过程都和毛毡苔触毛浸入淡碳酸铵溶液后的情形一样。不过腺体的吸收远比毛毡苔

---

① 德律瑟(Drice)先生说[见《药物杂志》(*Pharmaceutical Journal*),1875,5月号],他仔细观察过好几十株三歧虎耳草(*Saxifraga tridactylites*),几乎每株都有死虫残骸黏在叶片上。我还听到另一位朋友说,在爱尔兰的这种植物也是一样。

腺体缓慢。除腺毛外，还是星芒状的器官，似乎无分泌作用，也不受上述两种溶液的影响。

未受伤害的花茎和叶，似乎只能由腺体吸收碳酸铵；但有切伤伤口时，铵盐从伤口进去比通过腺体更快。从花茎上撕下一条外皮，腺毛毛柄细胞中只有透明液体；腺体细胞也如常地只有些颗粒状物质。将这条外皮浸入同样浓度（即 1 份盐兑 109 份水）的溶液里面，几分钟后，颗粒状物质先在所有毛柄的基部细胞内出现。我反复实验了多次，作用总是先从毛基细胞内开始，也就是从破伤面起，然后沿毛柄上行，最后达到腺体，和正常未受伤的标本，方向恰恰相反。最后，腺体颜色也起变化，原来颗粒状物质现在聚集成较大团块。两段短花茎留在较淡的、1 份盐兑 218 份水的溶液中 2 小时 40 分钟；在两个材料内，靠近切口的腺毛毛柄中现在都含有不少颗粒性物质；腺体也完全变了色。

最后，向几个腺体上搁了些肉；23 小时后检视，同时也检视了某些显然逮到了小蝇子不久的腺体；可是看不出它们与其余腺体有什么差别。或许没有给它足够的时间进行吸收。我这样想，是因为另一些腺体上面的死蝇显然已黏了长久时间的，显现淡污紫色，有时简直无色，而细胞内部的颗粒性物质现出一种异常的很特殊的外貌。这些腺体确实从蝇体吸收了一些动物性物质（可能是虫体外渗的结果），我们不仅可以从它们颜色的变化上推断，把它们再浸入碳酸铵溶液时，有些毛柄细胞竟充满了颗粒性物质，也是证据；而其他未捕得蝇的腺毛，在用同样溶液处理同样时距后，只含有极少颗粒。不过，虎耳草腺毛尽管给了它们足够的时间，能否从它们偶然地意外地逮住的小虫体内吸收动物性物质，还须要等待更多证据，才能完全确切承认。

圆叶虎耳草（*Saxifraga rotundifolia*）（?）　这种植物花茎上的腺毛比上一种长些，腺体淡绿色。检查了很多材料，毛柄细胞都十分透明。把一条弯曲花梗浸入 1 份碳酸铵兑 109 份水的溶液中，30 分钟后，毛柄最上段的两三个细胞现在含有颗粒性即聚集了的物质；腺体变成鲜明的黄绿色，所以这种植物的腺体吸收碳酸铵，远比伦敦耐荫虎耳草迅速，毛柄上段细胞也远较迅速地受到影响。切下几段花茎，浸入同一溶液中；聚集过程依相反方面沿毛柄向上扩展，最接近切口的细胞最先受到影响。

藏报春（*Primula sinensis*）　花茎和叶片的上下表面以及叶柄都长有大量的长短两种毛。长毛毛柄由横壁隔成 8～9 个细胞。顶端膨大的细胞为球形，构成一个腺体，能分泌不同数量的浓稠的、略黏的和非酸性的褐黄色物质。

一条嫩花茎先在蒸馏水中浸了 2 小时 30 分钟，腺毛未受丝毫影响。对另一条，长有 25 条短毛，9 条长毛的，作了仔细观察。长毛腺体中无固体或半固体物质；25 条短毛中，只有两条含有少数球状物。将它浸到 1 份碳酸铵兑 109 份水的溶液里，过了 2 小时，现在 25 条短毛的腺体，除了两三个之外，都含有一个大的或者 1～5 个较小的半固体球状团块。9 条长毛中，有 3 条含有同样的团块。有几条毛，腺体直下的细胞中也有球状物。就全部 34 条毛看，无疑地腺体确实吸收了一些碳酸铵。另一条，在同样溶液中浸 1 小时，所有腺体中都出现了聚集物质。我的儿子弗朗西斯观察了未浸入任何水液的几条长毛，见到腺体中有小团块；这些团块在缓缓改变形状，可见团块无疑地由原生质组成。他用 1 份碳酸铵兑 218 份水的溶液灌注着在显微镜下的这些毛；过了 1 小时 15 分钟，它们没有什么可见的改变，预料它们也不能改变，因为原生质早已经过聚集了。可是，它们的毛柄细胞中却出现了无数几乎无色的球状团块，它们改变着形状而缓慢地合并；这些细胞的外形在相继的时距中，已经完全改变。

嫩幼花茎上的腺体，在浓的(1 份碳酸铵兑 109 份水)溶液中过了 2 小时 45 分钟后，含有大量聚集团块，不过我不知道究竟是不是盐类作用所产生。将这段组织再放回溶液里浸着，前后共浸没 6 小时 15 分钟，现在发生了巨大变化；腺体细胞中几乎所有球形团块都不见了，代替它们的是暗褐色的颗粒状物质。这个实验前后重复了三次，结果差不多完全一律。有一回，前后共浸没 8 小时 30 分钟，虽然几乎所有球形团块都变成了褐色颗粒性物质，可是仍有少数未变。如果聚集物质的球形团块原来仅仅是由某种物理性或化学性作用产生的，则在同一溶液中浸没较长时间，可以这么完全改变性质，倒很奇怪。可是凡能够缓慢自发地变形的团块，都应当是生活原生质组成，则在浓度如所用碳酸铵溶液这么高，又浸了长久时距后，原生质已受伤害甚至被杀死，所以外观出现了改变，毫不足奇。这样高的浓度可以使毛毡苔一切运动完全瘫痪，不过不会杀死原生质；浓度再高，就阻止原生质聚集成正常大尺码的球形团块，而只变成颗粒性的和不透明，虽则并不解体。热水和某些盐类(如钾、钠)溶液，最初也依同一方式，引起毛毡苔细胞中不完全的聚集；聚集小团块随后破散成颗粒性或渣状的褐色物体。所有以上实验都用花茎作材料，也还有过一次用叶片作的，一块叶在浓碳酸铵溶液（1 份碳酸铵兑 109 份水）中浸了 30 分钟，原来仅含有清澈水液的腺体中都出现了球形小团块。

我也用碳酸铵蒸气熏蒸过腺体，作过多次实验，现在只举少数例。嫩叶叶柄切口用火漆封闭，和 1 块碳酸铵一同罩在小玻璃钟罩下。10 分钟后，腺体现出显著聚集，毛柄细胞贴壁的原生质层有些和壁分离。另 1 片叶放置 50 分钟，结果全一样，只是腺毛的全长全部都呈现褐色。第 3 片叶熏了 1 小时 50 分钟，腺体里面有许多聚集物质；有些团块有解散为褐色颗粒性物质的表征。将这片叶再罩着继续熏蒸，前后一共熏了 5 小时 30 分钟；现在再检查大量腺体，除去两三个还有些聚集团块之外，其余腺体原来的球形团块都变成了褐色、不透明的颗粒性物质。我们由此可以看出，长时期氨气熏蒸所生效应与浓溶液浸没相同。两种情形中，吸收了铵盐的，主要是甚或唯一地只是腺体。

另一回，把小绺潮湿血纤维、淡的生肉浸汁滴和水滴搁在一些叶面上，过了 24 小时检查腺毛，出乎意料之外，它们竟和没有与这些液体接触过的那些腺毛没有丝毫区别。大多数细胞，含有透明，不动的小球，不像是由原生质构成的，我认为是树胶或芳香油。

马蹄纹天竺葵（*Pelargonium zonale*）（叶片有白边的变种）　叶片上满盖着无数的细胞毛，有些只是尖的，有些则头上有腺体，长短变化很大。镜检一块叶上的腺体，见到只含有清澈液体；把盖玻片下的水尽量吸掉，加一小滴 1 份碳酸铵兑 146 份水的溶液，这就是说，剂量极低。短短的 3 分钟后，短毛的腺体中已有聚集表征；5 分钟后，所有腺体中都出现了淡褐色的小球状体；长腺毛的较大腺体中，球状团块较大。样品在溶液中停留 1 小时后，较小的球状体多数改变了位置；有些较大的球状体中则出现了两三个颜色颇深暗些的空泡或小球（我不知道究竟是空泡还是小球）。毛柄最上段的细胞中，现在也可以见到小球状体，下段细胞中贴壁的原生质层和胞壁略有分离。从浸没起 2 小时 30 分钟后，长毛腺体中的大球形体变成了深褐色颗粒性团块。由藏报春的情形来看，我们可以知道团块原来是原生质构成的。

向一片叶上滴了一滴淡生肉浸汁，2 小时 30 分钟后，腺体中见到了许多球形体。再过 30 分钟，球形体形状和位置都稍有改变，有一个分裂成了两个；但变化和毛毡苔原生质的情形并不十分相像。可是浸没前没有检视这些腺毛，而且没有接触浸汁的腺体里面也有同样的球形物。

欧石南（*Erica tretralix*）　叶片上表面边缘有少数长腺毛向外伸出。

毛柄由几列细胞组成，支持着颇大的球形腺体，腺体分泌黏稠物质，有时也会捕获昆虫，但是不多。将一些叶片分别放在淡生肉浸汁和清水中23小时，再比较它们的腺体，看不出有什么差异。两者细胞内含物都似乎比原来增加了一些颗粒性；可是颗粒并不表现丝毫运动。将另一些叶片浸在1份碳酸铵兑218份水的溶液中过了28小时，颗粒性物质分量似乎略有增加；可是其中一颗，过了5小时还保留着原有位置，所以它们不会是由原生质组成的。这些腺体似乎没有吸收能力，至少确实比以前所说各种小得多。

长筒紫茉莉(*Mirabilis longiflora*)　茎和叶片的上下表面都有黏毛。我在花房里栽培的12英寸至18英寸的幼小植株，逮到了很多小形双翅类和鞘翅类成虫和一些幼虫，看来是撒满了似的。毛短而长短很参差，由一列细胞构成，顶端的一个大细胞可分泌黏稠物质。这些顶端细胞即腺体含有颗粒与球状的颗粒性物质。一个捕了虫的腺体中，这样的颗粒在不断变形，并且偶然有空泡出现。可是我不认为这是由于吸收了死虫的动物性物质后原生质中所生出的；因为比较了捕有虫的和未捕有的好几个腺体后，看不出有什么差别，它们都含有颗粒性物质。将一块叶浸入1份碳酸铵兑218份水的溶液中，可是过了24小时后，腺毛并没有受到什么影响，只是腺体似乎变得更不透明。可是，叶片本身，伤口附近的叶绿粒都有集中或聚集的现象。另一块叶，在生肉浸汁中过了24小时，腺体同样也没有丝毫反应；不过毛柄细胞贴壁的原生质层已颇显著地从壁上分离收缩。后一效应可能是外渗的结果，因为浸液相当浓厚。因此我们可以作结论说，这种植物的腺体没有吸收能力，或者，它所含的原生质不受碳酸铵的影响（这是很难设想的），也不受生肉浸汁的作用。

烟草(*Nicotiana tabacum*)　这种植物体表长满着长短不齐的无数毛，毛能捕捉许多小昆虫。毛柄由横隔隔断，能分泌的腺体部分由许多细胞组成，它们含有绿色物质与某种固体物质的小球。叶片分别停留在生肉浸汁和清水中26小时后，没有表现差别。这些叶片中的一部分，后来再移到碳酸铵溶液里面过了2小时，也无效应。我后悔这个实验没有做得更精细，因为后来施洛经(Schloesing)[①]发表过，烟草经过碳酸铵蒸气熏蒸

① 见《法国科学院学报》，1874，6月15日。这篇文章有很好的摘要，登载于《园艺学者记事》，1874，7月11日。

后，分析时，含氮分量比未经处理的高；由以上所谈的情形看，腺毛可能是吸收了些蒸气的。

对腺毛观察的总结 以上所记观察，数量虽少，但我们可以看出：两种虎耳草属，一种樱草属，一种天竺葵属的腺体，有快速吸收能力；而欧石南属、紫茉莉属、烟草属的各一种，要么它们的腺体无吸收能力，要么它们的细胞内含物不受所试液体(碳酸铵溶液和生肉浸汁)的影响。紫茉莉的腺体所含原生质经过两种液体处理后，并无聚集，而叶片细胞受碳酸铵的影响很大，我们可以推定它们的腺体不能吸收。我们也可以推定，这种植物所捕获的无数昆虫，对它们的益处，不会大于七叶树脱落性的黏滞叶芽鳞片上黏住的虫。

虎耳草属的两种对我们最有意义，因为这一属和茅膏菜科有着较疏远的亲缘关系。它们的腺体能够从生肉浸汁中，从碳酸铵、硝酸铵溶液中，乃至于从腐败虫尸中吸收一些物质。这点可由腺体细胞里面原生质的变为暗紫色，它的聚集以及它显然加速了的自发运动证明。聚集过程由腺体开始，沿毛柄向下扩展；因此，我们可以假定，任何吸收了的物质最后都达到了植株内部组织中。另一方面，表面被切开后，再受碳酸铵溶液作用，则聚集作用从伤口起沿毛柄上行。

藏报春花茎和叶片上的腺体迅速地吸收碳酸铵溶液，吸收后，腺体细胞所含原生质聚集。有时可以看见聚集过程由腺体向下面毛柄上段细胞扩展。用碳酸铵蒸气熏 10 分钟，同样也引起聚集。叶片在浓溶液中停留 6～7 小时，或蒸气长时间熏，原生质小团块就解散成褐色颗粒性，最后被杀死。生肉浸汁对腺体无作用。

马蹄纹天竺葵腺体中的清澈内含物，经过 3～5 分钟淡碳酸铵溶液浸没后，变成云雾状颗粒性；1 小时内，毛柄上段细胞也有颗粒出现。聚集团块缓缓改变形状，而且在浓溶液中停留较久，则出现解体，所以知道它们确是由原生质构成。生肉浸汁有无效应还可疑。

普通植物的腺毛，生理学者们都认为仅是分泌或排泄器官，可是我们现在知道，至少在某些例中，它们有吸收铵盐溶液及氨气的能力。雨水含有少量的氨，大气含有微量的碳酸铵，这种能力便不会毫无利益。而且这种利益也不会像最初想到时那么无关紧要，因为一棵中等健壮的藏报春便长有250万条以上的腺毛[①]，数目实在可惊，它们都能吸收雨水带给它们的氨。另外，上面所谈各种植物的腺毛，还可能从偶然缠住在它们黏稠分泌液上的虫尸中，获得一些动物性物质。

关于茅膏菜科的总结

在我力所能及的范围内，已将茅膏菜科已知的6个属，作了些有关我们主题的记述。它们都能捕虫。黏虫荆、珍珠柴和紫珠柴3属，只靠它们腺体分泌的黏稠液体；毛毡苔属除黏稠分泌液外，加上触毛的运动；捕蝇草和貉藻则靠叶片的闭合。后两属黏稠分泌液的损失由叶片的迅速运动补偿。每种情形下发生运动的都只是叶片的某一部分。貉藻似乎只由叶片基部动作，收缩时带动着阔而薄的叶瓣边缘。在捕蝇草，除去叶缘的延伸物即棘突之外，整个叶瓣向内弯曲，不过运动主要部分在中肋附近。毛毡苔的主要运动部位在触毛基部，依同源论看来，触毛是叶片的延伸部分；但整个叶片也常向内卷曲，将叶片变为一个临时的胃。

这6属的各个种，无疑地都有借自己分泌液溶出动物性物质的能力。分泌液含有酸，还含有性质与胃蛋白酶几乎相同的一种酶；消化后所得物体，它们吸收回去。这一点，在毛毡苔属、黏虫荆和捕蝇草已经证实；貉藻也几乎完全可以确定；由此类推，在珍珠柴和紫珠柴也极可能。由此我们可以理解，为什么前三属的根都很小[②]，而貉藻根本没有根；其他两属的情

---

① 我的儿子弗朗西斯用显微镜测微计量定一个小区域，数出其中腺毛数，计算得到：藏报春叶的上表面，每平方英寸中有35336条腺毛，下表面有30035条；即比例约为上表面100下表面85。1平方英寸的叶片上下表面共有65371条腺毛。选一棵长有12片叶（最大一片约2平方英寸多一点）的中等健壮的植株，把它所有叶及叶柄（花茎不计算在内）的总面积，用量面仪量过，共有39.285平方英寸；则上下表面共为78.57平方英寸。则这一棵除去花茎不计，总腺毛数应有2568099条，是一个惊人的数量。这是深秋计量的；第二年春（5月），同一批的植株中，叶有比以前加阔加长$\frac{1}{4}$到$\frac{1}{3}$的，则腺毛数必定还有增加，可能远超过300万条。

② 弗劳斯塔特（论文，布雷斯劳，1876）证明捕蝇草的根并不小，另一篇布雷斯劳的学位论文中，皮尤扎伊哥说明黏虫荆的根也颇发达。普费弗[见《农学年鉴》(*Landwirth Jahrbücher*)，1877]指出，某些肉食植物根不发达的论证没有价值，因为不少沼泽植物和水生植物并不捕虫，也不能消化昆虫，但根仍很小。——F. D.

形，我们不知道。一整群植物（往下我们可以看到，还有些与茅膏菜科无亲缘关系的植物），居然在借根吸收土壤中物质之外，一方面靠消化动物性材料，一方面靠分解碳酸气为生，而不专依赖后者，实在是令人惊讶的事。可是在动物界我们也见到一件同样异乎寻常的事：根头类的甲壳动物不像其余动物用口摄食（因为它们根本没有消化道），而只靠根状突起从它们所寄生的动物寄生体内吸收液汁[①]。

6个属中，毛毡苔属在生活的战斗中是最成功的；成功的大部分，应归于捕虫方式。它是优势种类，大家承认它包括着约100个种，分布于旧大陆的北起北冰洋、到南印度、到好望角、马达加斯加，澳洲；新大陆北起加拿大南到火地岛[②]。在这方面，它和其余5个失败中的属，对比非常鲜明。捕蝇草属只有1种，限于加罗利纳内一个小区域。貉藻属的3个变种（或极相近的3个种），和许多水生植物一样，分布较广，由中欧到孟加拉和澳洲。黏虫荆只有限于葡萄牙与摩洛哥的一个种。珍珠柴与紫珠柴两属（我听奥利弗教授说过），各有两个种；前一属限于好望角的西部地区，后者限于澳洲。奇怪的是，捕蝇草这种在植物界中适应最完美的种类之一，可是却似乎正走向绝灭的道路。想到捕蝇草的各个器官分化程度都比毛毡苔高，刚毛只作为对触动的敏感器官，叶瓣专为捕虫，腺体激动后专管分泌和吸收；而毛毡苔的腺体则兼管一切，不激动也继续分泌等现象，则更觉得奇怪。

比较这6个属中叶的结构、复杂程度以及其残存部分，引起我们推想，它们共同的祖先型，兼有黏虫荆、珍珠柴和紫珠柴3属的一些特征。这种祖先型的叶片几乎可以确定必是线形的，也许带分裂，上下表面都长着能分泌也能吸收的腺体。有些腺体生在柄上，有些无柄；无柄腺体只在吸收了含氮物质而激动后才开始分泌。在紫珠柴属中，这种腺体由单层细胞

---

① 弗里茨·米勒（Fritz Müller）的《支持达尔文的事实》（*Facts for Darwin*）英译本，1869，139页。根头甲壳动物，与蔓脚类（Cirripedia）相近。比具有能灵敏动作的节肢、发育完善的口和消化道的动物（蔓脚类）和没有这些器官只靠分支的根状突起摄取食料的动物（根头类）之间的差别，还能有再大的，实在不好想象。如果鲛寄生（*Anelasma squalicola*）这种稀有的蔓脚类绝灭了，就很难设想到这么一个大变化是怎样逐步达到的。像米勒说的，恰好有鲛寄生这么一个动物作为过渡形式，它有着根状突起，钻入所寄生的鲛皮肤里面，而它的口和能卷缠的颤毛，则退化到了极弱的程度，几乎仅仅残存（参看我在“*Ray Soc*”，1851，169页中关于茗荷儿科Lepadidae的报告）。科斯曼（R. Kossmann）博士在所著《吸盘及茗荷儿科》（*Suctoria and Lepadidae*，1873）中，详细讨论过这问题。又参看多恩（Dohrn）博士的《脊椎动物起源》（*Der Ursprung der Wirbelthiere*），1875，77页。

② 见本瑟姆（Bentham）与胡克《植物志属》（*Bentham and Hooker*：*Genera Plantarum*）。据奥利弗教授说，澳洲是这个属的首都，那里记载过的共有41种。

构成，支撑在单细胞的柄上，珍珠柴属的腺体结构就较复杂，毛柄也由多列细胞构成；到黏虫荆，里面就有了螺纹细胞，毛柄中有螺纹导管的管束。可是这 3 属的这种器官都没有运动能力，它们无疑地只是毛或"毛状体"。叶器官激动后能够运动的实例很多，但毛状体有这种能力的则不知道[①]。因此我们就想探索：毛毡苔的所谓触毛在一般性质上和以上 3 属的腺毛显然相同，怎样会获得运动的能力。多数植物学家坚持说触毛包含有维管束，所以应认为是叶片的延伸部分，可是这一点现在已不再是可靠的区别[②]。激动后有无运动能力，可能是更有把握的一个证据。可是由黏虫荆叶片的上下表面和毛毡苔叶上表面的大量触毛来看，很难相信它们最初都起自叶片的延伸。珍珠柴的情形也许可以启示我们，如何在触毛的(演化)同源论上调和这些困难。这种植物叶片的侧面裂片都以长触毛为终点；长触毛里面有只延伸一段短距离的螺纹导管，明确的叶片的延伸部分与触毛毛柄之间没有分界线。我们知道，毛毡苔外缘触毛只有毛柄基部卷曲，因此，这些与毛毡苔外缘触毛同等的触毛，怎样在基部获得运动能力，就没有什么难于理解。但是要了解毛毡苔属不仅外缘触毛有运动能力，连内缘触毛全数也都能运动，我们就得进一步假定，或是通过相关发育的定律，运动能力传给了内侧触毛毛基，或是叶表面在很多点上向上作了延伸，因此与毛联合，形成了内缘触毛的毛基部分。

似乎保留着最原始情况的黏虫荆、珍珠柴、紫珠柴 3 属，叶的上下表面都还长着腺毛，而其余演化较高的 3 个属，下表面腺毛已经不存在了，只有叉生毛毡苔例外。有些属中，小无柄腺体也已经消灭，珍珠柴代之以毛，毛毡苔大多数种则成为吸收性乳突，具有线形双叉叶的叉生毛毡苔，是过渡情况：叶的上下表面都还有些无柄腺体，下表面有些分布不规则的触毛，它们没有运动能力。这一种的线性双叉叶稍起改变，就成了英伦毛毡苔的长形叶，后者很容易过渡到有柄的圆叶，像圆叶毛毡苔的叶片。圆叶毛毡苔叶柄上的多细胞毛，我们有理由假定它们代表着退化的触毛。

捕蝇草和貉藻的祖型似乎和毛毡苔相近：具有圆形叶，有明显叶柄，叶缘有触毛，叶上面有触毛和无柄腺体。我这样体会，是因为捕蝇草叶缘

---

① 见萨克斯的《植物学评论》第三版，1874，1026 页。

② 见沃明博士的《毛状体间的差异》(*Sur la Difference entre Les Trichomes*)，哥本哈根，1873，6 页，又《哥本哈根博物学会科学报告摘要》，(*Extrait des Videnskabelige Meddelelser de la Soc. d' Hist. nat. de Copenhague*)，1872，第 10 号至 12 号。

的棘突，显然代表着毛毡苔叶极外缘的触毛，而叶的上表面的 6 条（有时 8 条）敏感刚毛，与貉藻叶上面的多数长毛一样，代表着毛毡苔叶上表面的中央触毛，不过腺体退化，仅仅保留了敏感性。这里，我们应当记得，毛毡苔触毛仅在腺体下面的顶端段是敏感的。

茅膏菜科几种植物的 3 个最突出的特征是：有些种的叶片具有在激动后发生运动的能力；它们的腺体能分泌一种可以消化动物性物质的液体；它们能吸收消化后所得物质。这 3 种突出能力如何渐渐养成，能不能找出一些中间步骤？

细胞壁必需能让液体透过，然后腺体可以分泌，这样，它们应当容易让液体透进，就不是什么意料不到的；这种向内透入，值得称为吸收，如果透入的液体与腺体内含物结合。由以前所举例证，多数其他植物的分泌腺体能吸收铵盐，它们也必定要从雨水中吸收少量的氨气。虎耳草属的两种就是这样，而且其中一种的腺体显然能吸收所捕获昆虫的物质，并且确能从生肉浸汁中吸收一些材料。因此茅膏菜科获得了一种发展得更高的吸收能力，也就不算不正常。

茅膏菜科、捕虫堇属和胡克博士最近证明的猪笼草属（*Nepenthes*）各种，怎样获得分泌一种能溶解或消化动物性物质的能力，是一个更特别的问题。茅膏菜科的 6 个属可能从一个共同的祖型遗传得到这种本领，但这点不能应用于捕虫堇和猪笼草，它们与茅膏菜科的关系谈不到什么近亲。可是这个困难并不像乍看上去那么难解。第一，许多植物液汁中含有某种酸，而任何酸显然都适于消化之用。第二，胡克博士在贝尔法斯特关于这个问题发表的一篇演说中说到过，萨克斯又反复坚持①，有些植物的胚，虽然不与胚乳相联，仅只保持着接触；但胚能分泌一种液体，将胚乳中的蛋白性物质溶解出来。所有植物又都有溶解如原生质、叶绿素、面筋、糊粉等的蛋白类物质的能力和把这些物质由身体某一处的组织送到另一处的能力。这里面就必须有一种溶剂，很可能是一种酶②和一种酸共同在作用。那些能从所捕获昆虫体中吸收某些业已可溶的物质的植物，虽然并不能进行真正消化，但是腺体中必定有时也含有刚才所谈的溶剂，这些溶

① 见《植物学评论》，1874，第三版，844 页。并参看 64、76、828、831 页所记事实。

② 写好这句之后，我收到了冯戈鲁普-贝扎内茨（von Gorup-Besanez）的一篇文章[见《德国化学会会报》（*Berichte der Deutschen Chem. Gesellschaft*），柏林，1874，1478 页]，他在威尔博士的协助下，发现巢菜种子中确实含有一种酶，用甘油浸出后，能将血纤维等蛋白性物质溶解成为真正的胨类。但，还请参看瓦因斯之《植物生理学》（*Physiology of Plants*），190 页。——F. D.

剂很可能和黏稠的分泌液同时从腺体中溢出，因为内渗同时必有外渗伴随。这种溢出出现后，溶剂就能向虫体中的动物性物质发挥作用，这就是真正的消化作用了。这种过程对于生长在极瘠薄土壤中的植物，无可怀疑地一定有益，就会通过自然选择而逐渐趋向于完善。这样，具有黏液腺、偶然间捕获昆虫的平常植物，可以在适宜环境中改变成真正能消化的种类。因此，某几属彼此间并无近亲关系的植物，各不相关地获得了这种相同能力，也不是什么很大的神秘。

还有些植物，至今所知，它们的腺体还不能消化动物性材料，但能吸收氨和动物性液体，很可能后一种能力正是形成消化能力的第一阶段。也很可能在某些情形中，原来获得了消化能力的一种植物，退化到只能吸收已溶在溶液中或腐败情况中的动物性物质，乃至于仅仅能吸收腐败的最后产物即氨。貉藻的叶很可能就是后一种情况，其叶片的外部具有吸收器官，但却没有适于分泌任何消化液的腺体；能分泌的只限于叶的内部。

茅膏菜科发展程度较高的某几个属，所具有的第3种突出特征，即激动后能运动的本领，如何逐渐获得，还没有什么线索可寻。可是我们应当记得，叶和其同源器官以及花梗，已有不少例证，获得了这种运动能力，可是绝不是得自它们任何共同祖先型的遗传；例如，属于许多相距极远的“目”的长卷须植物和叶攀缘植物(即用叶，用叶柄，用花梗等等变形为灵敏缠绕器官的各种植物)，许多叶片在夜间能睡眠的植物，许多触动后叶能运动的植物，不少种雄蕊或雌蕊易受刺激的植物。我们因而可以推定，运动能力由某些方法很容易获得。这些运动意味着感应性或敏感性，可是科恩说过[①]，有这种秉赋的植物组织，与平常植物组织比较时，并没有任何共同一律的差异；很可能所有叶片都是略具感应性的。甚至一个昆虫降落到一片叶上，可能就有一种分子式变化，通过叶组织而传导到某些距离，唯一不同的是没有产生可以见到的反应。我们有些例证有助于这种假定：毛毡苔的触毛一次轻触动不能激起卷曲，可是一次触动还是产生了某些影响，因为如果腺体先在樟脑溶液中浸过，则触动后发生卷曲的时间，比单受樟脑作用引起卷曲所需时间短。再有捕蝇草叶片，平常粗鲁触动时不会引起闭合；但这样触动也还是产生了影响而且还传递过了整片

① 请参看《博物学记录及杂录》(*Annals and Mag. of Nat. Hist.*)，第三集，第十一卷，188页中科恩所作关于植物收缩组织一文的摘要。

叶的，因为如果腺体最近曾吸收过某些动物性物质，则很轻的一触也可以引起立刻关闭。总的说来，我们可以归结说，茅膏菜科某几属获得的高度敏感性与运动能力，与大量其他植物的相同而较微弱的能力相比，难解的程度大不了多少。

毛毡苔和捕蝇草乃至于其他某些植物所具敏感性的特化性质，很值得注意。毛毡苔的一个腺体，可以用力打击1次、2次、甚至3次，不引起任何反应；可是极小极小的一颗固体继续给的压力，能激起运动。另一方面，捕蝇草的一条刚毛上可以搁上重多少倍的一颗固体物质不生效应，而一条纤柔头发缓缓移动着向它轻轻一触，叶瓣则闭合；这两种植物敏感特性上的差异，显然与它们的捕虫方式相适应。毛毡苔中央腺体吸收了动物性物质后，它们传到外缘触毛的运动冲动，远比受到机械的刺激时快；而捕蝇草吸收动物性物质所引起的叶瓣压合，进行极缓慢，而一次触动则激起迅速运动，这同样也是明显适应。我在另一书中指出的多种植物卷须的情形，也有相似的例证：有些对细软纤维的接触激动最明显，有些则对与刚毛的接触敏感，还有些则起于与扁平或有缝隙的表面接触。毛毡苔和捕蝇草的敏感器官还有另一种特化情形，即不因雨水溅滴或大风吹动而起无用的反应。这一点，可以假定起于它们的祖先早已习惯于频繁的风吹雨打，因此不会由此引起分子式变化；而自然选择却使它对于较罕有的固体颗粒的接触或压力更为敏感。毛毡苔腺体吸收多种液体后虽然都起卷曲，但相近的液体作用却大不相同，例如不同的植物酸之间，以及柠檬酸铵与磷酸铵之间等。这两种植物从没有人假想过具有神经，因此，它们敏感性的特化本质和完美程度特别惊人。我用某些对动物神经系有强有力作用的物质尝试，虽然也指明它们并没有与神经组织相似的扩散物质。

毛毡苔和捕蝇草的细胞对某些刺激剂的敏感性，虽然可以和高等动物神经末梢周围的组织相比，但是这些植物除非刺激物和敏感部分直接接触，便不受影响，这一点，就比很低等的动物都不如。它们很可能是感受辐射热的，因为热水能激起有力的运动。毛毡苔的一个腺体或捕蝇草的一条刚毛受刺激时，运动冲动向各个方向辐射传送，不像动物那样只传向特定的点或器官。对毛毡苔也是一样，甚至于将刺激物质向叶盘上两个点搁下时，而且周围触毛，以惊人的精确度分别向这两个点卷曲。捕蝇草中运动冲动的传送，已经颇为迅速，但和多数乃至全部动物的情形相比，仍是远远赶不上。这个事实，加上运动冲动的不向特定点传递，都是由于没有神经组织存在的缘故。可是，在毛毡苔中，运动冲动在触毛以内有限空间向下传送时远比其他地方迅速，与叶盘上纵向传导比横向较快这两点，也许可以看做是动物界形成神经的草图。这些植物没有反射作用，也是它们显然低于动物的地方，除了毛毡苔腺体，在远距离外刺激时，能沿毛柄下达毛基送回某种影响，使各细胞的内含物却聚集起来。但最大的劣势还在于缺乏一个中央器官，可以从各方面接受印象，也可以定向地向任何一点传出影响，以储存下来而且将之复演。

第十六章　捕虫堇属

· *Pinguicula* ·

捕虫堇——叶的结构——捕获昆虫及其他物体的数量——叶缘的运动——这种运动的用处——分泌、消化与吸收——分泌液对各种动物性和植物性物质的作用——不含可溶性氮的物质的效应——大花捕虫堇——葡萄牙捕虫堇捕捉昆虫——叶的运动、分泌及消化

纯真捕虫堇　墨兰捕虫堇　南极洲捕虫堇

细长捕虫堇　凹瓣捕虫堇　科西嘉捕虫堇

劳氏捕虫堇　纤细捕虫堇　巨大捕虫堇

山寨樱叶　丝叶捕虫堇　撒迦捕虫堇

捕虫堇(*Pinguicula vulgaris*) 这种植物生长在潮湿地方,一般在山上。它平均长有8片颇厚长椭圆形淡绿色[①]的叶片,几乎没有叶柄。完全成长的叶片约长1.5英寸,宽$\frac{3}{4}$英寸。幼嫩的心叶,中央深凹,向上直立;外面较老的叶,平或凸出,贴近地面,形成直径为3～4英寸的莲座。叶缘都向内卷入。叶片的上表面密排着两种腺毛,腺体大小和毛柄长短各自不同。大腺体从顶上看有圆形轮廓,相当肥厚;由辐射排列的隔壁分成16个细胞,内含淡绿色均匀液体。腺体下有长形单细胞毛柄(含有一个带有核仁的核),长在一个稍高的隆起上。小腺体细胞数约为一半,细胞内液体颜色更淡,毛柄短得多,此外没有什么不同。靠近中肋、接近叶基处的毛柄是多细胞的,比其他地方长些,并且腺体较小。所有这些腺体都分泌一种无色液体,非常黏稠。一次我曾见到,一个腺体上的分泌液拉出成为18英寸长的细丝;不过这个腺体是激动了的。叶边半透明,不带腺体;从中肋来的螺纹导管,末梢位于叶边上带螺旋纹的细胞,和毛毡苔腺体中的情形有些相像。

根短。6月20日在北威尔士掘过3棵植株,仔细洗净;每株长有5～6条不分叉的根,最长的不过1.2英寸。9月28日,检视过另外两棵嫩植株;它们的根数多些,一棵8条,一棵18条,都不到1英寸长,而且分支极少。

马歇尔先生告诉我,在坎伯兰山中,这种植物叶上黏有许多昆虫,引起了我研究它的兴趣。

6月23日,一位朋友从北威尔士送了39片叶给我,是根据叶上黏有的某种物体而选出的。在39片叶中,有32片叶捕有142只昆虫,也就是平均每片有44只虫,小段的昆虫残骸还未计入。除昆虫外,还有19片叶上黏有风吹来的4种植物的小形叶子(欧石南是其中最普通的)和3棵小苗。有一片叶上竟黏有10片欧石南叶。39片中有6片还黏有多数台草(*Carex*)和1棵灯心草(*Juncus*)的种子或果实,此外有些藓类及其他渣

◀捕虫堇属类食虫植物。

① 据巴特林[《植物界》(*Flora*),1877]说,淡绿色是生在强光下的植物所特有,凡生在荫处的植物,绿色都较鲜艳,它来自存在于腺体及表皮细胞中的一种均匀黄色物质。——F. D.

屑。这位朋友在6月27日又采集了9棵植株，共有74片叶；在74片之中，除3片幼叶外，其余都捕有昆虫：1片上有30只，第2片18只，第3片16只。另一位朋友于8月22日在爱尔兰的多尼戈尔观察了一些植株，157片叶中有70片上黏有昆虫；70片中的15片送来给我，每片平均捕有2.4只虫，其中9片上面黏有其他植物的小形叶子（主要仍是欧石南），但就是为了这个原因而特别挑选的。我不妨一并在这里记下。我的儿子弗朗西斯于8月初在瑞士的捕虫堇（可能是高山捕虫堇 *Pinguicula alpina*）叶上，也见到几片欧石南的叶子，一些台草果实黏在那里；叶上也黏有昆虫，但数量不多；高山捕虫堇的根远比普通捕虫堇发达。9月3日马歇尔先生在坎伯兰为我仔细检视了10棵，植株上所生80片叶，其中63片（即79%）上有昆虫，总数共143只，即每片叶平均2.27只。过了几天，他寄我几棵植株，14片叶上黏有16个种子或果实，有1棵3片叶上每片都有一颗种子。16颗种子，属于9种植物，不知道是9种什么植物，不过有一种肯定是毛茛，另外还有三种或四种台草。看来，季节晚些，捕得的虫也就少些。例如在坎伯兰，7月中旬数过好几片叶，每片叶上可以数出20～24只虫，而9月初，则平均只有2.27只。在以上各例中，所见昆虫大多数是双翅类，可是也有膜翅类（包括某些蚁），几只小鞘翅类，幼虫、蜘蛛，乃至小形蛾类。

这样，我们见到黏稠的叶片捕住无数昆虫和其他物体，但是我们无权由这个事实就推定这种习惯对这种植物，就比对前述的长花紫茉莉或七叶树更有益。不过，我们往下就会谈到，已死昆虫和其他含氮物体能激起腺体增加分泌量；而且分泌液在这时变成酸性，具有消化动物性物质如蛋白、血纤维等的能力。此外，腺体吸收了溶解后的含氮物质后，它们的清澈内含物聚集成为慢慢运动的颗粒性原生质团块。天然地捕获了昆虫之后，也有同样的这些结果，因为这种植物生长在瘠薄土壤中，根系又小，它能从这种消化力和由习惯中大量捕获的食饵里吸收物质而得到益处，应无可怀疑。为方便起见，我们先叙述叶的运动。

叶的运动 像捕虫堇这么厚而大的叶片，受激动时能向内卷曲，事先甚至没有怀疑过。作实验时，必须选用分泌旺盛而没有捕到（可以人力防止）多数昆虫的叶片；老叶，至少长在天然条件下的，叶缘早已内卷到不易觉察它有运动能力，即使能运动也极缓慢。我先详细叙述一些尝试过的较重要实验，然后再作点总结。

实验 1 选了 1 片幼嫩而几乎直立的叶片，它的两侧边缘相等地略微向内卷曲。在一侧边缘上搁了一排小蝇。第二天即 15 小时后来看，这一侧边缘像人耳壳外轮一样向内褶转了约 $\frac{1}{10}$ 英寸的宽度，把这一排蝇子盖住了一部分（图 15），但对面一侧却没有动。原来搁有蝇的腺体以及叶缘上因为褶转过去而与蝇接触的另一些腺体，都在大量分泌。

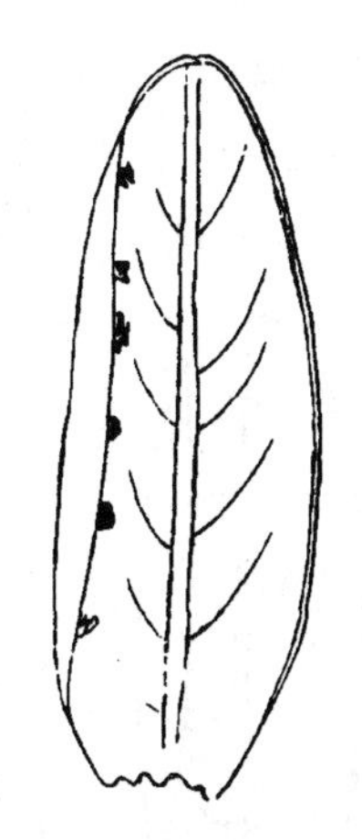

图 15 捕虫堇叶的示意图，其左侧边缘卷褶子上面。

实验 2 向一片平卧地面的颇老的叶一侧边缘上搁了一排蝇。这一次，经过同一时距 15 小时后，叶片边缘刚刚开始向内折入；但已经分泌了大量液体，把匙形的叶尖灌满了。

实验 3 向一片健壮叶片的叶尖近旁搁了一些大蝇尸体的碎片，沿一边叶缘的一半也搁了一些。4 小时 20 分钟后，已有确凿的内卷；下午增加了一些，第二天早上没有再增加。靠叶尖的两侧边缘都有些向内转折。过去我从未见过叶尖本身向叶基卷曲的情形。过了 48 小时（从搁下蝇子的时间算起，下同），叶缘各处都开始伸直。

实验 4 将一大块蝇体搁在叶尖之下不远的中线上。3 小时后，两侧面都可看出向内折了一些，4 小时 20 分钟后，已经折到从两侧将这块蝇体抱住。24 小时后，叶尖附近的两缘（叶下面各部分没有丝毫反应）已经彼此靠近，量过，相距为 0.11 英寸（2.795 毫米）。把蝇体取去，用流水冲过叶片把叶面洗净；再过 24 小时，两叶缘相距为 0.25 英寸（6.349 毫米），也就是大部分展开。又过了 24 小时，已完全开放。在原来搁过蝇体的地方再搁上另 1 只蝇，想知道这片曾放置过前一个蝇体 24 小时的叶片是否还会运动；10 小时后，有些卷曲迹象；可是在以后 24 小时内卷曲没有再增加。另 1 片叶在 4 天之前曾经强烈地弯卷在一块蝇尸体上，后来重新开展了的，在叶缘上搁了 1 小粒肉，但是肉屑没有引起丝毫卷曲。相反，叶缘倒有些反卷，好像受了伤害；而且在以后 3 天的观察中，一直保持这样。

实验 5 将一大块蝇体搁在 1 片叶上，位置在叶尖与叶基的正中，又在一侧边缘和中肋间的正中。3 小时后，正对这蝇体的一段叶缘有些内卷迹象，7 小时后，内卷很显明。24 小时后，折转的叶缘距中肋已只有 0.16 英寸（4.064 毫米）。现在叶缘开始开放，蝇体却还在叶面上；第二天早上

(即搁下蝇体后 48 小时),折入的边缘差不多已恢复原来位置,距中肋 0.3 英寸(7.62 毫米)而不是先前的 4.064 毫米了。可是叶缘多少还有点折入的情形可见。

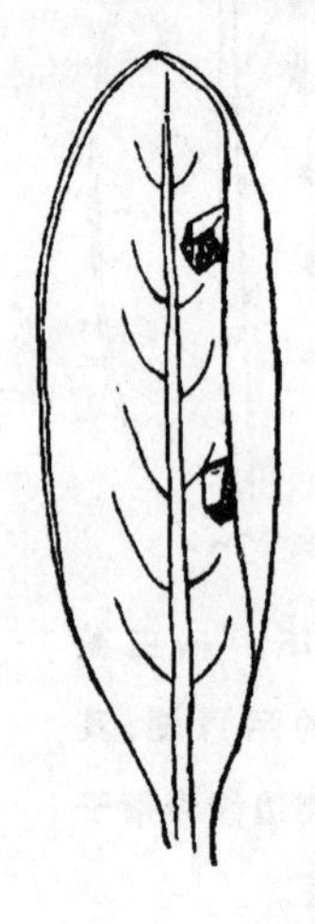

图 16 捕虫堇叶的示意图;叶右侧边缘向两方颗肉粒卷曲。

实验 6 选了一片凹入的嫩叶,边缘天然有微弱的内卷。将两小块颇大的长方形烤肉粒搁在一侧边缘,每粒都有一侧靠紧卷入的叶缘,两粒之间相距 0.46 英寸(11.68 毫米)。24 小时后,叶缘均匀地大大向内卷(见图 16),而且肉粒以上和以下 0.12 或 0.13 英寸(3.048 或 3.302 毫米)的一段也都折向内面;这样,这一侧叶缘受影响的长度已由于肉粒的联合作用,而远大于两粒之间的距离。肉粒过大,叶缘不能把它们卷进去,但已使它们翘起,一颗已经竖立着。48 小时后,叶缘几乎已伸开,肉粒也平沉了下去。再过 2 天,叶缘已完全展开,只保留了天然微卷的边线;肉粒之一,原来一侧靠近叶缘的,现在已离开叶缘 0.067 英寸(1.70 毫米);这就是说,它已被推动过叶面内移了不少。

实验 7 在靠近一颇嫩叶片的内卷边缘搁了一粒肉,到叶片重新伸展后,肉粒距叶缘已经 0.11 英寸(2.795 毫米)。这片叶完全开展时,叶缘距中肋 0.35 英寸(8.89 毫米);这样,肉粒已被向内推过叶表面,内推的距离接近叶半幅的$\frac{1}{3}$。

实验 8 将小方颗海绵饱蘸浓的生肉浸汁后,搁在两片叶(一片较老,一片较嫩)的卷入叶缘内侧,和叶缘接触着。仔细量了叶缘与中肋间的距离。1 小时 17 分钟后,看出有卷入迹象。2 小时 17 分钟,两片都明显地卷了;叶缘与中肋的距离现在只有原有的一半,此后 4 小时 30 分钟内,卷曲略有增加,再往后的 17 小时 30 分钟内,就一直保持未变。从搁下海绵算起 35 小时后,叶缘已略有开展,较嫩的一片比老的一片展开多些。老叶一直到第三天才充分展开;现在两个海绵颗粒距叶缘都已有 0.1 英寸(2.54 毫米)的距离,也就是叶缘和中肋间距离的$\frac{1}{4}$。还有第 3 颗黏在叶缘的海绵,在叶缘舒展时,被拉回到原来位置。

实验 9 将一串撕开,和鬃毛差不多粗细的烤肉纤维,用唾液沾湿后,搁向一片叶的一侧面,紧靠狭窄的天然卷曲着的叶缘。3 小时后这一侧的整条叶缘已强力向内卷入,8 小时后卷成了一个圆筒,内径约$\frac{1}{20}$英寸(1.27

毫米),把肉丝整个藏了进去。圆筒一直闭合了32小时,48小时后,展开了一半,72小时后,已和对面没有搁过肉的叶缘一样平展。因为肉纤维已经由叶缘全部裹着,所以没有跨过叶表面向内推移。

实验10 将6粒卷心菜种子在水里浸过一夜后,靠紧着一片叶向内窄窄卷入的叶缘摆成一行。往下我们要谈这些种子能向腺体给出可溶物质。2小时25分钟后,边缘确凿地卷曲了;4小时内,约盖住了种子宽度的一半;7小时,盖到了$\frac{3}{4}$,卷成一个圆筒,不过内侧没有完全卷严密。24小时后,卷曲没有增强,也许有些减弱。与种子上表面接触的腺体,现在旺盛地分泌着。从搁下种子时起36小时后,叶缘已经大部分展开;48小时后,完全展开了。因为种子已不在卷曲包围中,分泌也开始减少了,所以它们顺着叶缘的槽滚下去一些。

实验11 向两片健壮幼叶边缘搁了一些碎玻璃碴。2小时30分钟后,有一片的叶缘肯定有些微卷;但卷曲程度一直没有增加;从搁下后起,过了16小时30分钟,卷曲已完全消失。第二片在2小时15分钟时有卷曲迹象;4小时30分钟后卷曲明确;7小时后已很显著地卷着;但19小时30分钟后,又清楚地减少了。碎屑所激起的分泌量增加,最多也只能说是很轻微而可疑;另2次实验中,简直看不出。煤灰屑搁在一片叶上,不产生效应,要么灰屑过轻,要么叶片在衰弱状态中。

实验12 现在我们来看液体的作用。向两片叶的一侧边缘滴下一排浓生肉浸汁液滴;在另一侧边缘搁下蘸饱了浸汁的海绵颗粒。我原来的目的是想确定究竟液体和可以向腺体给出同样可溶性物质的固体,能否发生同样强有力的作用。结果并未看出有区别。至少卷曲程度上肯定没有差异。不过,叶缘在海绵粒上卷曲时间较长,其实,由海绵粒保持潮湿和提供含氮物质较长这一点上,也可以预料得到。接受液滴的叶缘2小时17分钟后已明显卷曲。随后,卷曲程度又有些增加。但24小时后又有显著减少。

实验13 向一片凹入颇深的幼叶上沿中肋滴下了上面所谈的浓生肉浸汁。这片叶在天然微卷的叶缘之间最阔的距离原来是0.55英寸(13.97毫米)。3小时27分钟后,距离有缩小迹象;6小时27分钟,刚好是0.45英寸(11.43毫米),即已缩小了0.1英寸(2.45毫米)。在10小时37分钟后,叶缘就已经开始重新伸展,两叶缘之间的距离现在有些加宽;24小时20分钟后,和原来未搁肉汁之前,只有毫厘之差。由这个实验我们可以知道运动冲动能由中肋横向地传送 0.22 英寸(5.590 毫米)到两侧叶缘;也许说 0.2 英寸(5.08 毫米)更稳当,因为液滴从中肋向两边有过一些扩散。但所引起卷曲时间却异乎寻常地短。

实验 14 将 3 滴 1 份碳酸铵兑 218 份水(2 格令兑 1 盎司)的溶液滴向一片叶的叶缘。它立刻引起了大量分泌,以至于 1 小时 22 分钟后,3 滴已汇合起来;可是在继续 24 小时的观察中,未见出现丝毫卷曲。我们知道,这种盐的较浓溶液,虽不损伤毛毡苔叶,但能使它瘫痪而失去运动能力,由这个和下一个实验,我认为无疑地对捕虫堇也是一样。

实验 15 向一片叶缘滴下一排 1 份碳酸铵兑 875 份水(1 格令兑 2 盎司)的溶液液滴。1 小时内,已显然有微弱内卷,3 小时 30 分钟后,就很明确了。24 小时后,叶缘几乎已经完全平展。

实验 16 沿一片叶叶缘滴下了一排大滴 1 份磷酸铵兑 4375 份水(1 格令兑 10 盎司)的溶液。没有效应。8 小时后,沿这条叶缘再滴一次,也没有丝毫反应。我们知道这样浓度的溶液对毛毡苔作用很强,很可能这溶液还是太浓。我后悔没有用更淡些的溶液尝试。

实验 17 由于玻璃碴的压力引起了内卷,我用钝针轻刮 2 片叶叶缘各几分钟,但未见效应。用一条鬃毛尖端在一滴浓生肉浸汁下面的叶面上摩擦了 10 分钟,来模拟捕获了的昆虫所作挣扎;可是这一段叶缘的弯曲,并不比滴了浸汁而未扰动的地方快。

以上的许多实验指示了我们,叶片在受到不能给出任何可溶物质的物体所生压力,受到产生可溶性物质的物体和某些液体(即生肉汁及碳酸铵淡溶液)的刺激之后,叶缘都向内卷曲。2 格令碳酸铵兑 1 盎司水的较浓溶液,虽激起大量分泌,却使叶瘫痪。水滴、糖液滴、树胶液都不引起丝毫运动。搔刮叶面几分钟,不产生什么影响。这样,就我们现在已知的说,只有两种原因,即轻微而持久的压力和吸收含氮化物,可以激起运动。只有叶缘向内卷曲,叶尖从来不会屈向叶基。腺毛毛柄没有运动能力。我见到好几回将肉粒或蝇体长久搁在叶面某点时,那儿就有下凹的情形,这可能是由于刺激过度而引起了伤害[①]。

明显运动出现最短的时间是 2 小时 17 分钟,这是含氮物体或液体搁在叶面产生的效果;我相信有时在 1 小时或 1 小时 30 分钟后就可以有运

① 巴特林(《植物界》,1877)设想,这种凹下是由于叶片的弯曲,伴随了真正的生长,叶片由此发生了永久的变形。——F. D.

动迹象。玻璃碎屑的压力引起运动几乎与吸收含氮物质同样地迅速,不过内卷的程度小得多。一片叶内卷得够标准后重新伸展时,对新来刺激不立即反应。叶缘依纵向由激动点向上向下,各有 0.13 英寸(3.302 毫米)范围的扩散,但在相距 0.46 英寸的两点同时激动后,可横向传导 0.2 英寸(5.08 毫米)。传递运动冲动时,不像毛毡苔那样有增加分泌量的影响同时传出,因为当一个腺体受到强烈刺激而大量分泌时,周围腺体不受任何影响。叶缘的内卷与增加分泌无关,因为玻璃屑引起少量分泌或不引起分泌,但能激起运动;而碳酸铵浓溶液迅速地引起大量分泌,但不引起运动。

叶的运动中最奇异的事是内卷持续时间不长,尽管引起激动的物体还停留在原处。在大多数情况下,从向叶面搁下甚至像大颗肉粒时起,24 小时后就已有明显的重新伸展,在所有情况下,也不超过 48 小时,在一例中,叶缘紧卷着细肉丝过了 32 小时;另一例,海绵粒饱蘸生肉浓浸汁加到叶片上,叶缘到 35 小时后才开始展开。玻璃碴使叶缘保持内卷的时间比含氮物体短,前者在 16 小时 30 分钟后已完全展平。含氮液体作用时间又短于含氮物体。生肉浸汁液滴滴在中肋上,内卷的叶缘只需要 10 小时 37 分钟就已开始伸展,这是我所见到的最快的重新展开动作;可能部分地由于溶液滴在中肋上,和叶缘相距远一些。

我们自然想探问,持续时间这样短暂的运动有什么用途?很小的物体,如将肉纤维、中等大小的物体如小蝇或卷心菜种子在靠近叶缘搁下,叶缘就会把它们完全或部分地卷裹起来。卷裹的叶缘上腺体便与这些物体接触,向它们倾注了分泌液,随后又将消化所得物质吸收回去。可是卷裹时间这么短暂,任何这样的利益似乎不会很重要,可是比乍看上去还是大些。这种植物生活在潮湿地区,黏在叶片上各处的昆虫,每碰到一场大雨,就会被冲洗到天然内卷叶缘构成的窄槽里面。例如我在北威尔士的朋友,在几片叶上搁了一些虫,2 天后(中间下过大雨),发现搁下的虫有些被雨淋走了,可是另外有许多昆虫却安稳地藏在现在已紧卷住的叶缘槽里面,昆虫接触的腺体无疑地正在分泌。由这点我们也可以了解为什么卷着的叶缘里面一般老是有许多昆虫或虫体片段。

由于刺激性物体的存在而卷入的叶缘,还应当可以有另外一种也许更重要的功效。我们谈过,当大些的肉粒或蘸饱了生肉浸汁的海绵颗粒搁在叶面上时,叶缘不能将它们完全裹住,但它由于向内卷曲,却会把这些物体从外面缓缓推向叶中央的距离足有 0.1 英寸(2.54 毫米),也就是叶缘与中肋间距离的$\frac{1}{4}$乃至$\frac{1}{3}$。一个中等大小的昆虫之类的物体，可以这么缓缓地和许多腺体接触，诱致比没有这样一种情形时更多的分泌与吸收。这么一来，对植物可有很大功效，可以由毛毡苔的事实推定：毛毡苔获得了高度发展的运动能力，只是为了使捕获的昆虫与它所具有的全部腺体接触。捕蝇草叶捕得昆虫后，2个叶瓣缓缓地相互紧紧压合，也只是为了使两面的腺体都与虫接触，并使带有动物性物质的分泌液由于毛管作用而扩散到整个表面上。捕虫堇在将虫体向中肋推进到一定程度后，叶缘立即重新展开也大有好处，因为叶缘不展平，就不能再捕捉新食饵。这种推移动作以及叶缘腺体只与被捕虫体上表面作短暂接触的功效，也许可能解释这种叶片的特殊动作；否则我们只有将这种运动看做是这个属的祖先原来具有的、更高级发展过的能力之残余。

英国本土所产本属的4个种，又据我听Dyer教授说的，这属的全部或大多数种，叶缘总是天然地而且固定地有些内卷。内卷可以防止昆虫被雨淋走，上面已经谈过，可是它还有另一种功效。当一些腺体受肉粒、虫体或其他刺激物强烈刺激时，分泌液常常会沿叶面淌下，随即被内卷叶缘截留，而不是流走损失。它们流入槽中后，新鲜腺体就可以再吸收所溶解的动物性物质。另外，槽里面的小洼和匙状的叶尖里，常汇聚着一些分泌液；我由实验确定，蛋白颗粒、血纤维和面筋等在这些洼里面，要比在不能贮集分泌液的叶面上溶解更迅速更彻底；对天然逮住的昆虫，自然也会一样。在不遭受雨淋的植株，多次看见过以这种方式在叶片上贮留分泌液；暴露的植株，自然就更需要有某些办法，尽可能地防止分泌液和在其中溶解的动物性物质流失。

已经注意到，天然情况下生长的植株，它们的叶缘内卷程度比盆栽而没有很多机会逮虫的显著得多。我们已看到，雨水将叶面各处黏着的虫冲洗并留到叶缘槽内；叶缘因此受到刺激，就更深地向内卷入；我们可以设想，这种动作在一棵植株的一生中，经过多次反复，便导致成为固定而显著的内卷了。遗憾的是我没有及时地这么想，因此未能考验是否真实。

顺带在这里交待一件事，虽然与我们目前的讨论似乎没有直接关系。一棵植株从地里拔出时，所有的叶片都立即向下卷曲，以至把根遮盖了起来。这种情况许多人都见过。我认为这就是外层老叶所以平贴地面生长的那种倾向所引起。另外，花轴似乎也有一定程度的感应能力；因为约翰逊(Johnson)博士说,“粗卤地摆弄它,它就向后弯曲”[①]。

分泌、吸收与消化 我先提出我的观察与实验,然后再总结所得结果。

含有可溶性氮的物体所生影响

(1) 向许多叶片上搁下苍蝇尸体,激起了腺体旺盛分泌;分泌液原来不酸,现在却总是酸性的。过一段时间,蝇体已变得非常软和,轻轻一碰,脚和身体就分散了,无疑是由于肌肉受到消化而分解。与小蝇体接触的腺体持续分泌 4 天,然后就变成几乎干燥。切下一窄条叶片,镜检比较与蝇体接触过和未接触的腺体,见到一种罕见的对比:凡与蝇体接触过的腺体都含有褐色颗粒性物质,其余则是均匀的液体。前者已从蝇体吸收了物质,无可怀疑。

(2) 将小块的烤肉屑搁到叶上,总是在几小时内就引起大量的酸性分泌液,有一次只在 40 分钟内。在几乎竖立着的叶片上沿叶缘放置细肉丝,分泌物就淌到地上。将有棱角的肉粒搁在叶缘近旁的小洼分泌液里面,2~3天中体积大大缩小,圆化,变成无色而透明,而且柔软到稍微一碰就分散了。只有一回,一小颗完全溶解了,而且发生在 48 小时内。如果刺激只引起少量分泌,分泌液在 24~48 小时就全部吸收回去,腺体这时干燥。如果在一颗颇大的肉粒或好几颗小粒周围有大量分泌液,则不经过 6~7 天,腺体不会干。我见过的最快的一次吸收,是一滴生肉浸汁滴到叶片上后,3 小时 20 分钟就几乎完全干燥了。由小颗肉粒激起分泌的腺体把自己分泌的液体吸收回去以后,在搁肉后 7~8 天又重新分泌。

(3) 将 3 小方颗极坚韧的羊腿软骨搁在 1 片叶上。10 小时 30 分钟后,激起了一些酸性分泌液,但软骨似乎没受到什么影响。24 小时后,方颗变圆了,而且变小了不少;32 小时后,已经软化到内部,一颗已经液化得

---

① 见史密斯(J. E. Smith)爵士的《英国植物学》(*Englist Botany*),附有索尔比(J. Sowerdy)所作彩色插图;1832 年版,第 24、25、26 图版。[都知道折弯或摇撼一膨胀的茎,町以导致固定屈曲,约翰逊博士所谓“卤莽摆弄”中可能有这种情形,也就说明了他所见的弯曲。——F. D.

很充分;48 小时后,只有 1 颗还能由放大镜看出有些痕迹。82 小时后,不但 3 个方颗已经完全液化完,所有分泌液也已吸收净,腺体干了。

(4) 将小颗**白蛋白**搁在叶片上,8 小时内,弱酸性分泌液已经在颗粒外铺开成$\frac{1}{10}$英寸阔的圈,一颗蛋白的确已经圆了。24 小时后,所有棱角都圆了,而且每颗都彻底软和;30 小时后,分泌开始减少,48 小时后,腺体已干,不过还有些蛋白碎屑没有溶解。

(5) 将更小的**白蛋白**[①]立方颗粒$\left(\text{约}\frac{1}{50}\text{到}\frac{1}{60}\text{英寸或 0.423 至 0.508 毫米}\right)$搁在 4 个腺体上面。18 小时后,一颗已完全溶解,其余的体积大大减小,软而透明。24 小时后,两颗已完全溶解,这两个腺体的分泌液也几乎完全吸收了回去。42 小时后,其余两颗也全溶了。8～9 天后,这 4 个腺体又已开始分泌。

(6) 将两颗大方颗**白蛋白**$\left(\text{边长够}\frac{1}{20}\text{英寸或 1.27 毫米}\right)$同搁在一片叶上,一颗接近中肋,一颗接近叶缘。6 小时内,有许多分泌液;48 小时后,接近叶缘的一颗周围,汇成了一个小洼。这一颗比在叶片中间的那颗溶解的多得多;到 3 天之后,体积已大大缩减,角也都圆化了,但究竟太大,不能全部溶解。4 天后,分泌液已吸收了一部分。在叶面中间的一颗,缩少程度小得多,它下面的腺体在 2 天后就开始发干。

(7) **血纤维**引起的分泌量不如肉及熟蛋白多。做了多次实验,现在只谈其中三次,向几个腺体上搁了两个极小的小绺,3 小时 45 分钟内,分泌量明显增加了。6 小时 15 分钟内,较小的一绺已经完全液化;24 小时内,较大的一绺也都液化了;可是甚至在 48 小时后,仍可由放大镜看见 2 个液滴中浮着少数血纤维颗粒。56 小时 30 分钟后,这些残余颗粒也都溶解。第 3 绺搁在一颗种子从前停留过的叶缘旁边分泌液小洼里面,15 小时 30 分钟后全部溶解干净。

(8) 将**面筋**极小的 5 小块搁在 1 片叶上,它们激起了这么多的分泌液,有一块滑到了叶缘槽里面。1 天之后,5 块都小了很多,可是都没有全溶。第三天,我将已开始发干的两块移到新鲜腺体上。第四天,5 块中 3 块还留有些未溶的残迹;另 2 块完全不见了;可是我不敢相信它们确实已经彻底溶解。在另 1 片叶上搁了另外两小点新鲜的,1 块在中肋附近,1 块

---

① 指煮熟的白蛋白。——译者

靠近叶缘；2 块都引起了特别多的分泌；靠叶缘的 1 块，周围聚积一小洼，体积减少也比叶片中间那 1 块多得多，可是过了 4 天还始终没有全溶。因此，面筋对腺体有很大的刺激力量，但是不容易完全溶解，正像毛毡苔的情形一样。我后悔没有拿先用盐酸浸过的面筋供试验，也许那样溶解得快些。

(9) 将明胶一小薄方片沾上水，搁在一片叶上。5 小时 30 分钟后，没有什么增加的分泌可见；可是在当天的晚些时候，却激起了较大量分泌。24 小时后，整片完全液化了；如不用水浸，不会这么快。液体很酸。

(10) **化学制备的酪蛋白**数小粒会激起酸性分泌，可是 2 天之后，还没有溶解；腺体却已开始发干。由毛毡苔的情形看来，也预料到不会完全溶解。

(11) 将小滴**牛奶**滴在叶片上，使腺体分泌旺盛。3 小时后，牛奶已变成酪块，23 小时后，酪块也都溶了。镜检所剩清液，除了一些脂肪球外什么都看不见。这就是说，分泌液能溶解新鲜酪蛋白。

(12) 将 2 小块叶分别浸在 3.5 毫升的两种浓度的**碳酸铵**溶液里，一为 1 份盐兑 437 份水，一为兑 218 份水。过了 17 小时，镜检长短两种腺毛的腺体，发现它们的内含物都已聚集成为褐绿色颗粒性物质。我的儿子看见这些颗粒性团块在缓缓变形，它们无疑地是由原生质组成。在浓溶液中浸过的腺体内聚集更明显，原生质团块运动更快。重复检验结果，仍是一样；这一回，我见到了毛柄长形细胞里面，原生质收缩了一些，已从胞壁离开了。为了观察聚集过程，切了一窄条叶片，横在载玻璃上镜检，见到腺体是透明的；在盖玻片下加了一点较浓(即 1 份兑 218 份)溶液；1 小时到 2 小时后，腺体中出现了很细的颗粒，它们逐渐加粗而略带不透明；可是 5 小时后，还没有褐色。这时，毛柄上部出现了少数颇大的透明球状体，贴壁的原生质也有些收缩。由此可以知道捕虫堇腺体确实吸收了碳酸铵；不过吸收的速度或者受影响的速度不如毛毡苔腺体那么快。

(13) 将普通豌豆的橙色**花粉粒**小团放在几片叶面上，激起了腺体的旺盛分泌。甚至少数花粉粒偶然落到一个腺体上时，23 小时后，也使这腺体的分泌液珠比周围腺体上的大得多。受到分泌液作用 48 小时后，花粉粒没有伸出花粉管，而只褪色，而且内含物似乎比原来有些耗减；剩下的成为污色，含有一些油珠。这样，就与水里面同时浸下的一批在外观上显出不同。与花粉粒接触过的腺体，显然已经从中吸收了物质，因为它们失去了固有的淡绿色，而含有聚集了的球状原生质团块。

(14) 菠菜、卷心菜、虎耳草叶小方块数个,和整片**轮生叶欧石南**(*Elica tetralix*)的叶,都能使腺体增加分泌量。菠菜叶效力最高,1 小时 40 分钟后,已使分泌液增加,最后淌了些下来到叶面上;可是腺体不久(35 小时后)就发干了。欧石南叶在 7 小时 30 分钟后开始发生作用,但分泌量始终不很高;虎耳草叶也一样,虽则分泌持续了 7 天。从北威尔士送来给我的几片捕虫堇叶,上面黏有欧石南叶和一种不知名植物的叶片,与它们接触的腺体,内含物都有显明聚集情形,好像和昆虫接触过一样;而同一些叶片上其他腺体,只含有均匀的透明液体。

(15) **种子** 随机地选用了一大批种子或果实来作尝试,有些是新鲜的,有些是去年的,有些短时泡过水,有些没有泡,是干的。以下 10 种:卷心菜、萝卜、林生银莲花(*Anemone nemorosa*)、酸模(*Rumex acetosa*)、林生薹草(*Carex sylvatica*)、欧白芥、蔓青芜菁、水芹、毛茛(*Ranunculus acris*)和柔毛野燕麦(*Avena pubescens*),都能激起大量分泌;分泌液有几例经过检查都是酸性的。前五种种子对腺体的刺激比后几种强。搁下之后 24 小时以前,分泌量很少会丰富,无疑地与种皮的不易透过有关。可是卷心菜子在 4 小时 30 分钟内已能引起一些增加;到了 18 小时,就多到沿叶面淌下。薹草种子(严格说,是果实),在天然界见到黏在捕虫堇叶上的,比其余各属都多;林地薹草果实引起的分泌量多到在 15 小时内就流到叶缘槽里面;可是腺体在 40 小时后就停止分泌了。另一方面,酸模和野燕麦种子停留的腺体上,一共分泌了 9 天。

以下 9 种植物的种子,激起的分泌量很微小:欧洲芹菜、欧防风、葛缕子、大花亚麻(*Linum grandiflorum*)、决明(*Cassia*)、中欧三叶草(*Trifolium pannonicum*)、车前、洋葱和雀麦(*Bromus*)。其中多数搁下后的 48 小时才开始激起分泌;三叶草只有 1 颗有效,而且直到第三天才表现。车前种子虽然激起的分泌量不多,但是腺体持续分泌了 6 天。最后,以下 5 种,在叶上搁了 2—3 天,还没有丝毫影响:生菜、欧石南、法国菠菜(*Atriplex hortensis*)、加那利虉草(*Phalaris canariensis*)和小麦。可是,将生菜、小麦和法国菠菜种子破开后再放到叶片上,10 小时内就激起大量分泌,而且我相信有些只要 6 小时。法国菠菜的情形,分泌液往下淌到了叶缘槽里;24 小时后,我的原记录说"大到无比,而且酸得无比"。三叶草和欧洲芹菜种子破开后,作用快而且力量强,虽然上面谈过,整粒种子只能在很久之后引起很少的分泌。一薄片豌豆(没有用整颗尝试过)在 24 小时内能引起分泌。这些事实可以让我们总结说,各种种子激起分泌的能力,在强度和速度上的许多差异，主要或完全由于它们外壳透过性不同。

将普通豌豆在水里浸过1小时，然后切成薄片，搁到叶面上，很快就激起了酸性分泌液。24小时后，这些薄片和在水中浸了同一时距的片同时镜检比较，水浸的含有那么多的豆球蛋白小颗粒，载玻片上像涂过泥似的；而分泌液作用过的，则干净透明得多，豆球蛋白显然已被溶解。将一粒在叶片上停留过2天而激起了多量酸分泌液的卷心菜子和一粒在水里面浸了相同时间的同样种子切开来镜检对比。分泌液作用过的，颜色淡得多；种壳的差异尤其显著，已经失掉了栗褐色，而成为淡污色。卷心菜子停留过以及由其周围分泌液浸泡过的腺体，与同一叶片上的其余腺体，外观上也大不相同，它们都含有褐色颗粒性物质，表明它们已经从种子吸收了某些物质。

分泌液对种子有作用，也可由种子的被杀死或幼苗被伤害证明。将14粒卷心菜子放在叶片上3天，激起了不少酸性分泌液；随后将它们放在湿沙上在适合发芽的条件下。3粒根本不发芽；和没有经过分泌液作用的同一批种子，在同样环境中处理着的相比较，死亡率高得多。发了芽的11棵秧苗，有3棵的子叶边缘发褐，像烤过一样；另1棵的子叶长成奇异的凹入形。2粒芥子发了芽，但子叶有褐斑，幼根也表现畸形。2粒萝卜子都没有发芽，同一批而没有经过分泌液作用的，许多粒中只有1粒不萌发。2粒酸模种子，有1粒死去。发芽的1粒，幼根褐色，不久就枯死了。两粒野燕麦都发了芽，1棵秧苗长得好，另1棵幼根发褐枯萎。6粒欧石南一粒也没有发芽，在湿沙上放了5个月后，切开看，只有一粒似乎还是活的。天然植株叶上所黏的22粒各种种子，在湿沙上5个月，都不萌发，有些显然已死亡。

不含溶氮的物体所生影响

(16) 已经谈过，玻璃碴搁在叶上很少激起或简直不激起分泌；渣片下的一小点分泌液，试起来也不显酸性。木头片不激起分泌，好几种外壳对分泌液不透过的种子，也和无机物体一样，没有作用。方颗脂肪在叶片上停留2天没有效应。

(17) 将**白糖**一颗搁在叶上,1 小时 10 分钟后成了一颗大液滴,再过 2 小时,增大而流入到天然内卷的叶缘槽里面。液体不是酸性;5 小时 30 分钟内,开始发干,更可能是吸收了。重复实验将糖粒搁在叶片上。同样的糖粒搁在一条沾湿过的玻璃上,都用玻璃钟罩罩着。这样做,为的是要确定叶片上增加的水液量是不是由于潮解,结果证明不是。在叶片上的那颗引起了大量分泌,4 小时内,流过了叶面的$\frac{2}{3}$。8 小时后,这一片凹入的叶片几乎就装满了很黏的液体,而且这液体正像前回那样,毫无酸性,所以特别值得注意。这种大量分泌可能要归之于外渗。被分泌液铺满 24 小时的腺体,镜检时,与同一片叶上其余未与分泌液接触的腺体并无差别。与含有动物性材料的分泌液接触过的腺体相比,那些腺体内含物都无例外地发生了聚集,是一件有意味的事实。

(18) 将两颗**阿拉伯胶**搁在一片叶上,1 小时 20 分钟内,它们引起了分泌液轻微的增加。随后 5 小时中,还继续有增加,以后没有观察。

(19) 将 6 小颗干燥商品**淀粉**搁在 1 片叶上,其中 1 颗在 1 小时 50 分钟内引起了些分泌液;其余在 8～9 小时中也有了同样效应。这样激起了分泌的腺体随即发干,一直到 6 天之后,才又开始分泌。随后,向另 1 片叶上搁了 1 块较大的淀粉,15 小时 30 分钟以前没有激起分泌;可是 8 小时后,已有相当大的供应量,24 小时内,加多到流向叶面达到$\frac{3}{4}$英寸的距离。分泌液虽多,但毫无酸性。腺体刺激后有这样大的分泌量,再加上天然生长的植株叶片上总是黏有各种种子,就引起我设想,腺体也许具有能力分泌某种唾液淀粉酶之类的酶,可以溶解淀粉;因此我继续好几天仔细观察了上述 6 小颗淀粉,可是它们的体积毫无减缩。又在 1 小片菠菜叶周围的分泌液小洼中,另搁了极小的一颗淀粉,过了 2 天,这个颗粒尽管极小,可是依然没有见到它再缩小。因此,我们可以归结说它的分泌液不消化淀粉。它所引起的大量分泌,我认为应归之于外渗。可是淀粉这样强力而迅速的作用虽然比糖差一些,究竟还是可惊的。已经知道胶体多少有些透析的能力;将一樱草叶搁在清水内,另一些放在糖浆和扩散过的淀粉里面,浸在淀粉液里面的叶片变得萎软,虽然程度和速度都比不上浸在糖浆里的高;水浸的则始终保持着鲜脆。

由以上的实验和观察,我们可以见到,不含可溶性成分的物体,没有或很少激起腺体分泌的力量。不含氮的液体,如果浓厚,使腺体分泌大量黏稠液体,可是丝毫没有酸性。另一方面,凡与含氮固体或液体接触而激起分泌的腺体,分泌液无例外地必是酸性,而且液量很大,大到常沿叶面流下而在天然内卷的叶缘里累积着。这样的分泌液具有消化能力,能够迅速溶解昆虫肌肉、肉类、软骨、熟蛋白、血纤维、明胶和奶酪中的酪蛋白①。化学制备过的酪蛋白,还有面筋,对腺体都有强大刺激力量,但是这两样物质(后者没有先用盐酸浸过)却只溶解了一部分,和在毛毡苔观察所得结果相同。分泌液如含有溶解了的动物性物质,不管它来自固体或生肉浸汁、牛乳等液体或碳酸铵溶液,都很快地吸收回去;原来清澈而带绿色的腺体内含物,吸收后变成褐色,并且含有颗粒性物质的聚集团块。这些团块有自发运动,无疑地是由原生质组成。不含氮的液体不产生这种效应。腺体被激动而旺盛分泌后,它们停止分泌一段时间,过了几天才又开始。

和花粉粒、其他植物的叶片、各种种子接触的腺体,倾注多量酸性分泌液,后来再从中把或许是蛋白质性质的物质吸收回去。这样获得的利益,不是无足轻重的,因为捕虫堇生长的环境中,必定有风带来的各种风媒花粉,如薹草、禾本科等,落到形成大莲座的厚覆着黏稠腺体的叶面上。甚至很少几粒花粉落到一个腺体上,便可以引起大量分泌。我们也经常见到捕虫堇叶面,黏有欧石南等植物的小叶片,以及各种种子和果实(尤其薹草很多)。1 片捕虫堇叶上黏有 10 片欧石南叶;同一植株的另 3 片叶,各黏有一粒种子。受分泌液作用过的种子,有时被杀死,有时出来的秧苗已受伤害。因此,我们可以归结说,根系很小的捕虫堇,不仅可以从它惯常捕获的极多昆虫受到很大益处,也可从常常黏在它们叶面的花粉、叶子、种子等得到一些营养。所以它实在应是一种既食动物也食植物的种类。

---

① 普费弗(《关于食肉植物》,见《农学年鉴》,1877)引用林奈[《拉伯兰植物志》(*Flora Lapponica*)玻璃渣 1737,10 页]的文章,说拉普兰的某些部族用捕虫堇叶来凝固牛奶。普费弗本人从一个老牧羊人那里听说,在意大利的阿尔卑斯山区,也有同样应用。这种植物的这种特性,似乎许多地区的原始人都知道。过去 30 年中,北威尔士山中农民也用它作为凝乳剂。我自己用这种植物凝乳剂做乳酪,也得到成功。——F. D.

大花捕虫堇

这个种与前一种关系极亲近，因此胡克博士把它列为一个亚种。它不同的地方，是叶形较大，中肋基部附近的腺毛较长。营养习惯上也有差异。我听 Ralfs 先生说，它生长的地方也颇不同，承他送了一些来自英国东南部康沃尔郡的植株；格拉士内文（Glasnevin）植物园的穆尔博士告诉我，它比较容易栽培，自己萌发每年开花，而捕虫堇（*P. vulgaris*）则需要年年播种。拉尔夫斯（Ralfs）先生见到几乎每片叶上都黏有多种昆虫和昆虫残体，主要的是双翅类；也有些膜翅类、同翅类、鞘翅类和蛾类；有一片叶上，黏有 9 只死虫，另外还有少数活的。他也见到叶片上黏的几个薹草果实和同一种捕虫堇的种子。我用这种植物只做了两个实验：一次在叶缘附近搁一只蝇，几小时后，叶缘卷曲了。第二次，在另一片叶沿叶缘搁下一行蝇，第二早，这边的整个叶缘卷向内面，完全和捕虫堇一样。

葡萄牙捕虫堇

拉尔夫斯先生从康沃尔为我寄来了生活植株，和前两种有明显差别：叶较小，透明得多，具有紫色分支叶脉。叶缘卷入较多，老叶卷入部分达外缘与中肋间距离的三分之一。腺毛和前两种一样，也有长短两型，构造也一样，不过腺体紫色，而且在激动之前包含有一些颗粒性物质。靠在叶片下部，两侧面上中肋与叶缘之间几乎各有一半没有腺体，而代以长而颇硬的多细胞毛，在中肋上交叉。这些毛似乎可以阻止飞虫在这个没有能捕虫的黏稠腺体的部分降落；但是很少可能是专为这种目的而发育的。由中肋来的螺纹导管，在叶缘处以螺纹细胞终结；但螺纹细胞也不如前两种发达。花梗、萼片、花瓣都排有与叶面腺毛相同的腺毛。

叶片捕有许多小虫，大多数都在卷入的叶缘下面，可能是雨水洗过去的。虫体停留时间较久的腺体，颜色都有改变，成为褐色或淡紫色，内含物聚集颗粒较粗，显然已从食饵中吸收了物质。有些叶片上黏有欧石南叶、蓬子菜(*Galium*)花、禾本科鳞片等等。用捕虫堇做过的实验，在这种上重复过好几种，现在分述如下。

(1) 将1颗中等大小的有棱角的**白蛋白**搁在叶一侧面，中肋和自然卷入的叶缘之间。2小时15分钟内，腺体倾注了大量分泌液，这一边边缘卷入程度比对面加大了。卷曲继续增进，3小时30分钟后，几乎达到了叶尖。24小时后，叶缘卷裹成筒，外侧与叶面接触，距中肋只有$\frac{1}{20}$英寸。48小时后叶缘开始舒展，72小时后完全开放。蛋白方颗已经圆化，而且小了不少；残留的呈半液体状态。

(2) 将一块中等大小的**白蛋白**在靠叶尖搁在自然卷入的叶缘槽内。2小时30分钟，激起了多量分泌液；第二天早上，这一侧的叶缘比对面一侧卷得多些，但没有上一个例子那么显著。叶缘开放情形与上一实验相同。蛋白粒大部分溶解了，还留下一部分残余。

(3) 在两片叶中肋上成排搁下大粒**蛋白**，但是24小时内未见效应；预料中也不会有反应，因为这里即使有腺体，长刚毛也挡住了蛋白粒和腺体的接触。现在把两叶上的蛋白颗粒推向一侧的叶缘，3小时30分钟内，叶缘卷曲程度加大到外表面和叶面接触了；对面叶缘毫无影响。3天之后，2片叶搁有蛋白的叶缘都和原来一样紧卷着，腺体也还在继续大量分泌。我从未见过捕虫堇持续这么久的卷曲。

(4) 将两粒**卷心菜种子**在水里面浸了1小时后，搁在一片叶叶缘附近。3小时20分钟引起了增大的分泌和卷入。24小时后，叶缘展开了一些，腺体仍在旺盛分泌中。48小时内腺体开始发干，72小时后完全干了，将这两粒种子放在湿沙上，准备了良好生长条件；可是它们绝未萌发，过些时，发现已腐烂了。无疑地种子已被分泌液杀死。

(5) 小块**菠菜叶**在1小时20分钟内引起了分泌的增加；3小时20分钟后，叶缘明显卷入。9小时15分钟后，叶缘已卷曲很好，但是24小时后却已几乎完全重新展开。与菠菜叶接触的腺体72小时后干了。在这以前一天，向这片叶对面一侧叶缘附近搁了一些蛋白屑，又在放有卷心菜子的叶片对面一侧叶缘也同样搁了蛋白质；这两条叶缘，72小时后都还紧卷着，表明蛋白的影响比菠菜叶或卷心菜子都要持久得多。

(6) 顺着一片叶的一侧叶缘，搁下一行碎玻璃碴，2小时10分钟内未见影响，3 小时 25 分钟后，似乎有卷曲迹象，6 小时后，迹象已经明显，不过还不算突出。和玻璃碴接触了的腺体，比原先分泌旺盛。看来，它们比捕虫堇的腺体更容易受无机物体压力的刺激。24 小时后，叶缘的微弱内卷没有增进，腺体则已开始发干。这时摩擦并搔刮近中肋偏基部的叶面，没有发生运动。同样处理了这个区域所长的长毛，也没有效应。后一种尝试是因为我想过这些毛也许像捕蝇草刚毛一样，对触动敏感。

（7）花梗、萼片和花瓣上长着的腺体和叶上长的外观完全一样。因此，取一段花梗，在 1 份碳酸钠兑 437 份水的溶液中浸了 1 小时，这样处理使腺体由鲜粉红色变成暗紫色；不过细胞内含物并没有表现明显聚集。8 小时 30 分钟后，它们变成无色。向花梗腺体上搁了极小极小的两颗熟蛋白，另 1 颗搁在萼片腺体上；可是没有激起这些腺体增加分泌，过了 2 天，蛋白粒丝毫没有变软。显然，这些腺体和叶片上所长的功能大不相同。

由以上对葡萄牙捕虫堇的观察，我们知道自然情况下内卷很多的叶缘，与有机及无机物体接触后，可以受到刺激而更向内卷曲；熟蛋白、卷心菜子、菠菜叶小块、玻璃碴引起腺体分泌更旺盛；分泌液能够溶解蛋白，也能杀死卷心菜子；最后，腺体可以从黏稠分泌腺所捕获的许多昆虫身体吸收物质。花梗上的腺体似乎没有这些能力。这一种和捕虫堇及大花捕虫堇不同，叶缘受有机物刺激后，向内卷曲的程度大得多，卷曲持续时间也长些。腺体似乎比那两种更容易受不产生可溶性氮的物体激活。其他各方面，由观察所知事实说来，3 个种的功能相同。

第十七章 狸藻属

· *Utricularia* ·

英国狸藻——泡囊结构——各部分的功用——关住的动物数量——捕捉方式——泡囊不能消化动物性物质，但能吸收它的腐败产物——四爪突起吸收某些液体的实验——腺体的吸收——对吸收所作观察的总结——泡囊的发育过程——水豆儿——小狸藻——美洲小狸藻

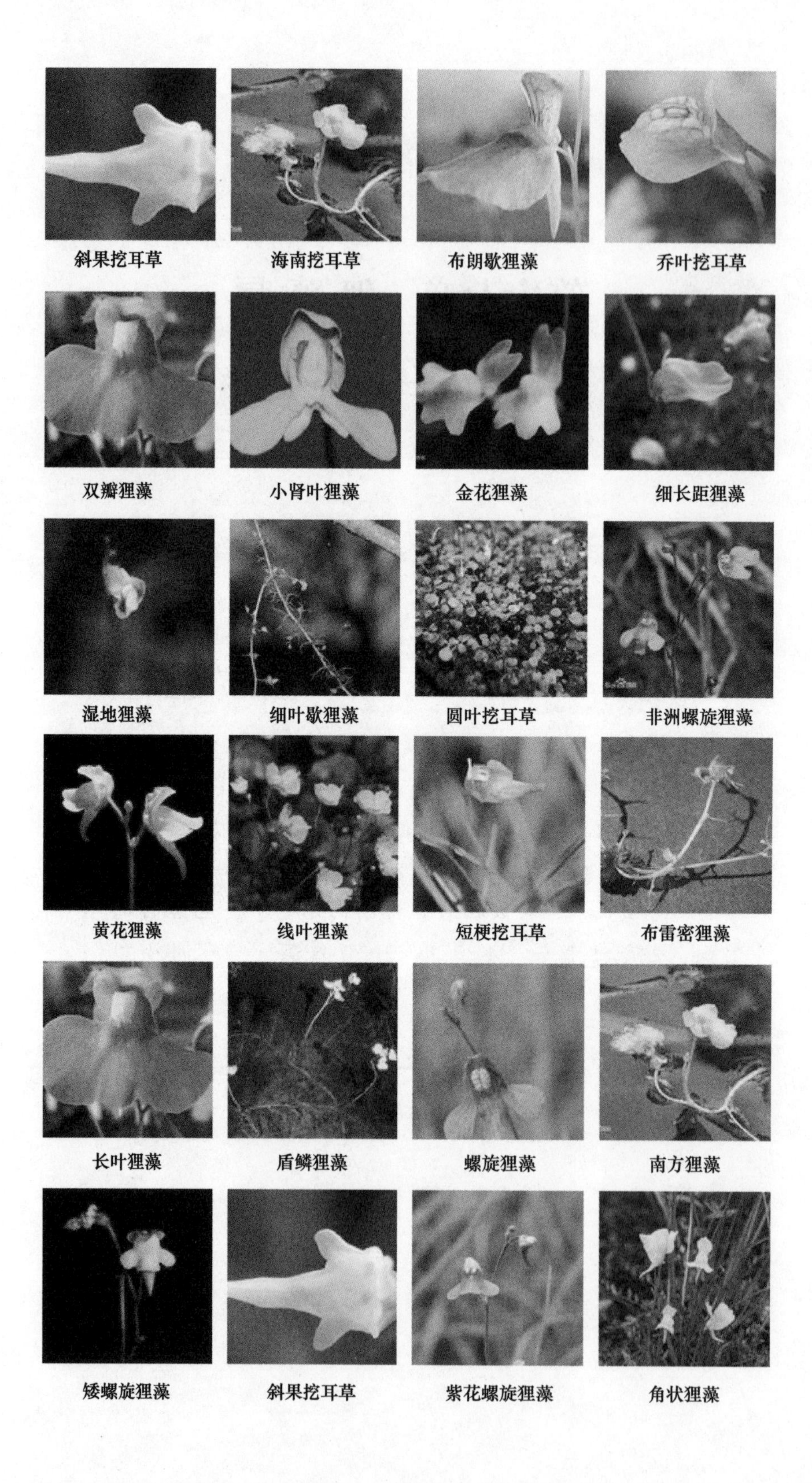

斜果挖耳草　海南挖耳草　布朗歇狸藻　乔叶挖耳草

双瓣狸藻　小肾叶狸藻　金花狸藻　细长距狸藻

湿地狸藻　细叶歇狸藻　圆叶挖耳草　非洲螺旋狸藻

黄花狸藻　线叶狸藻　短梗挖耳草　布雷密狸藻

长叶狸藻　盾鳞狸藻　螺旋狸藻　南方狸藻

矮螺旋狸藻　斜果挖耳草　紫花螺旋狸藻　角状狸藻

我所以起意研究这一属植物的习惯和结构，一部分是由于它们与捕虫堇属属于同一科，更重要的是由于霍兰(Holland)先生的叙述，泡囊里面常发现囚禁有水生昆虫，他猜想它们“命定是由植物吃掉的”[1]。我原来从汉普郡的新林(New Forest)和康沃尔郡收到[2]，当狸藻(*Utricularia vulgaris*)看待，并且作为主要材料进行实验的一些活植物，后来经胡克博士鉴定，才知道是很稀罕的不列颠三岛特有种“英国狸藻”(*Utricularia neglecta*)。随后，我又从约克郡收到了真正的狸藻。在从我自己和我儿子弗朗西斯的观察记录整理得到下述描述后，科恩教授发表了一篇关于狸藻的重要文章[3]；使我感到极大高兴的是我的叙述几乎与这位杰出观察者的完全符合。现在我还是按我阅读科恩教授大著以前所写的形式发表，只偶尔加上得到他许可的一些陈述。

英国狸藻(Utricularia neglecta)　一个枝条的一般外形(放大约两倍[4])，羽状深裂的叶和长着的泡囊，见图17。叶片频繁地分叉，一片生长完毕的叶片带有20～30个尖；每个尖的顶端是一个短而直的刚毛；叶边的小缺口上也有同样的刚毛。叶片上下表面都有多数小乳突，顶上有两个紧密并联的半球形细胞。植株漂浮在近水面处，从发生最初期起，一直没有根[5]。不只一个观察者说，它们通常生在极污浊的浅水里。

泡囊是值得注意的结构。一个深裂叶片上常有2个或3个，一般长在近叶基处；不过我也见过一个生长在茎上的。下面有一个短柄。完全长成时有$\frac{1}{10}$英寸(2.54毫米)长。半透明，绿色，囊壁由两层细胞构成。外层细胞多角形颇大；但角隅相遇的地方有些较小的圆形细胞，后一种细胞支

◀狸藻类食虫植物。

① 《海威克姆博物学会季刊》(*Quart. Mag. of the High Wyeombe Nat. Hist. Soc.*)，1868，7月，5页。德尔皮诺在《最近对Dicogamia的观察》，1868—1869，16页也引有克鲁昂(Crouan)，1858年发现狸藻泡囊里面有甲壳类。

② 我非常感谢比斯屯的威尔金森神父从新林给我寄来好几批这个种的健壮植株。拉尔夫斯先生也曾盛意地从康沃尔的彭赞斯给我寄来过生活植株。

③ 见《植物生物学专刊》，1875，第三册。

④ 从图的尺寸看来，是每边都放大约2倍，故实际上已是实物的4倍。——译者

⑤ 我根据沃明博士《狸藻科研究专报》(*Bidrag til Kundskaben om Lentibulariaceae*)(见哥本哈根《科学通报》)，1874，No. 3—7，33—18页一文中一幼苗的绘图。(参看Kamienski，《植物学报》，1877，765页。——F. D.)

承着短的圆锥形突起，突起顶端有两个半球形细胞，彼此并列得很紧密，看来似乎相联为一；可是用某些溶液浸没时，它们也会分离一些。这种乳突和叶面上长的乳突完全一样。同一泡囊上的乳突大小相差很大；有少数轮廓不是圆形而是椭圆形的，尤其在很幼小的泡囊上。末端两个细胞透明，但由长时间浸在酒精或乙醚里面后凝固物质的分量看来，必定含有不少溶解物质。

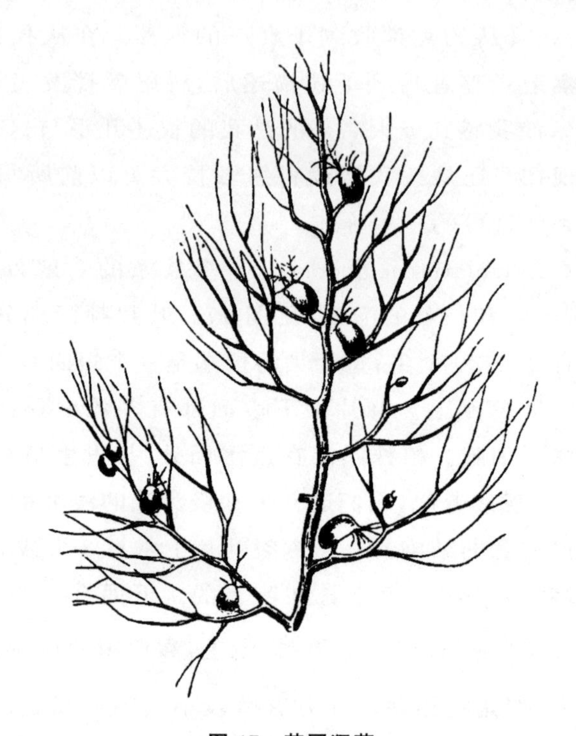

图 17　英国狸藻

枝条、深裂叶及所生泡囊。约放大 2 倍。

泡囊中满装着水。一般的但决不是经常的含有空气泡。依所含水和空气的分量，它们在厚度上大有变化，不过总是略带扁些。发生初期，囊的扁平腹面正对着主轴（即茎）；但短柄必定有些运动能力；因为我花房里的，经常都是腹面直着或倾斜地朝下。威尔金森（Wilkinson）神父曾为我观察过天然状态的植株，它们也都和我所见到的情形差不多，不过幼小泡囊的瓣盖总是朝上。

泡囊的一般侧面观和它这一侧面上的一些附属物如图 18。下面一侧，柄所在处，是平直的，我称它为腹面。背面凸出，尽头有两个由几行细胞构成的长长延伸物，含有叶绿素，有 6 条或 7 条多细胞的尖长刚毛，主要在外侧。泡囊的长延伸物，为了方便，可以借称为触须，因为整个泡囊的形状出奇地像一个切甲类甲壳动物，短柄正像尾部。图 18 中只绘出了近处的一条触须。两条触须下面的囊端，略带平截形，这里是整个结构中最重要的部分，即入口和瓣盖。入口每边有 3 条(很罕见的例中有多到 7 条的)多细胞长刚毛，向外伸出；图 18 中，也只画出了近一侧的。这些刚毛连触须上的刚毛在内，在入口周围，形成一个中空的锥形物。

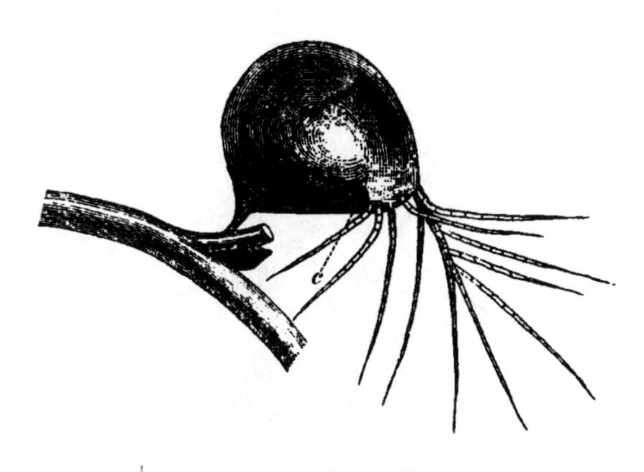

图 18 英国狸藻

泡囊；多倍放大。透过囊壁，可以看到领圈 c。

瓣盖斜插入囊腔，在图 18 中，它应当是向上的。它各壁都和囊壁相连，只有后缘(在图 19 中是下缘)不连，可以活动，成为进入泡囊内部的缝罅状孔口的一侧面。这个边缘锐薄而光滑，枕在一个缘口或领圈的边上；领圈深嵌在囊里面。图 20 是通过瓣盖和领圈的纵切面；图 18 中的 c 也是领圈。瓣盖的边缘只能向内开。由于瓣盖和领圈都沉在囊里面，这里就形成为一个空穴或凹窝，其底上是缝罅状孔口。

瓣盖无色，高度透明，柔软而有弹性。横切面凸出。图 19 所绘，是压成平片的情形，所以看起来宽度增大了。据科恩(Cohn)观察，它由两层小形细胞组成，与囊壁的两层大形细胞相连，显然是囊壁的延伸物。两对透明的锐长刚毛，与瓣盖大致等长的，从活动的后侧边缘附近长出(图 19)，向触须的方向对外斜伸。瓣盖表面有许多我将称之为腺体的东西，它们确实有吸收作用，虽然能否分泌我还怀疑。腺体共有 3 类，在一定程度上彼此互相过渡。位于瓣盖前缘(图 19 的上面边缘)的，多而密集；有一个长柄，上面支承着一个长圆形的头。柄本身是一个长形细胞，顶上有一个短细胞。活动的后缘上有一些大得多的腺体，数量少，几乎是球形，有短柄；头由两个细胞聚合而成，下面的一个，相当于长圆形腺体毛柄上端的短细胞。第三类,头横向伸长,着在很短的短柄上,因而与瓣盖表面平行而贴近,我们称它为两爪腺。3类腺体的腺细胞都有胞核,贴附胞壁有一薄层或多或少是颗粒的原生质,即莫尔所谓的"原浆壶"(primordial utricle)。它们装满了液体,根据由酒精或乙醚长久浸渍后所生凝固物的分量看来,液体中应溶有不少物质。瓣盖所在处的凹窝边缘也长满着无数腺体;靠边上的有长柄和长圆头,和相连的瓣盖部分上的腺体极相像。

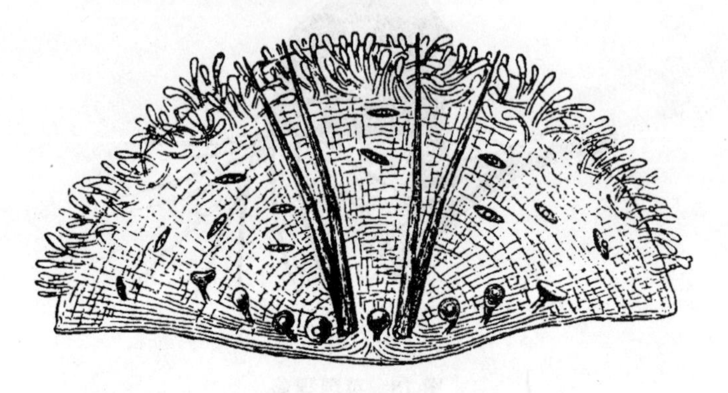

图19　英国狸藻(泡囊的瓣盖,高倍放大)。

领圈(科恩称之为"口缘")也和瓣盖一样,是由囊壁向内突出而成。形成外表面的,即面对瓣盖的细胞,胞壁较厚,颜色带褐,细小,密集而长。下面的细胞由垂直的隔壁分成两半。整个领圈有非常复杂而精致的外形。内侧的细胞则和囊壁内表面相连。内外表面之间的空间有粗大的细胞性组织(图20)。内面密长着纤细的两爪突起,下面再谈。领圈因此结

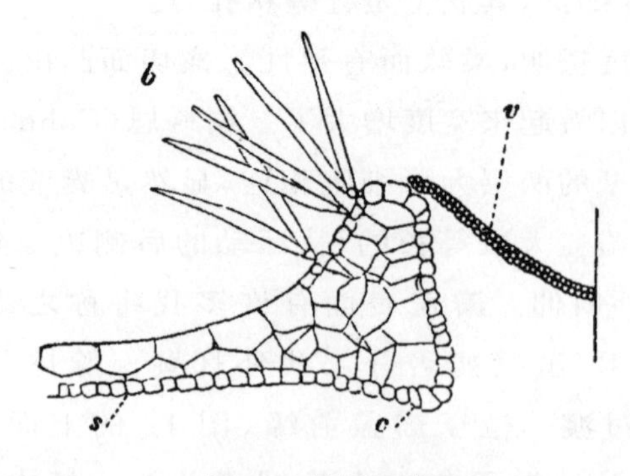

图20　英国狸藻

(泡囊腹面一部分的垂直纵切面,表明瓣盖和领圈。*v*. 瓣盖;*c* 以上的部分,全是领圈;*b*. 二爪突起;*s*. 泡囊腹面。)

构颇坚厚，而且刚硬，不管泡囊中有多少水和空气，它总保持着固定形状。这一点很重要，否则薄而柔软的瓣盖得不到支持，就容易变形而不能起正常作用。

囊的入口在镜检时看到有透明瓣盖，盖上有 4 条斜出刚毛，很多各种形状的腺体，周围有领圈围绕，内面有腺体，外面有刚毛，再加上触须上的刚毛，合起来构成异常复杂的外观。

现在我们来谈泡囊的内部结构。整个内表面，除了瓣盖以外，用中等高倍镜检，看到盖满了密集的突起(图 21)。每个突起有 4 条分叉的爪；所以我们称之为四爪突起。它们从小的多角形细胞上长出，这些小细胞位置在构成泡囊内壁的大细胞角隅连接处。小细胞上表面中央稍向外凸起，随后收缩成一个很短而窄小的柄，支承着 4 条爪(图 22)。4 条爪中 2

图 21　英国狸藻

(泡囊内面的一小部分，高度放大，表示四爪突起。)

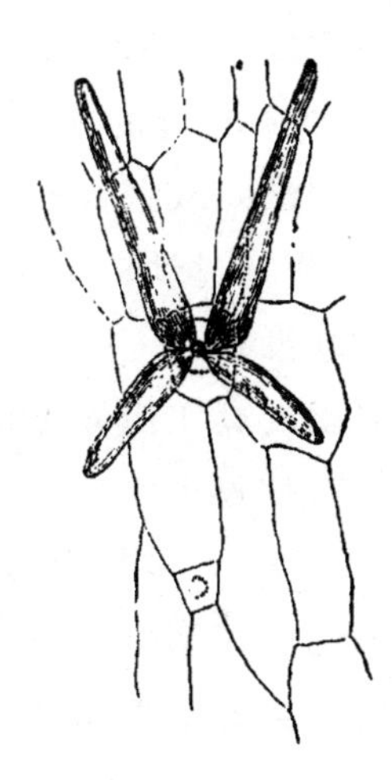

图 22　英国狸藻

(1 个四爪突起，高度放大。)

条较长，但一般不等长，向内并朝向泡囊后端斜指着。另 2 条短得多，射出角度也较小，也就是说，几乎水平地指向泡囊前端。爪的顶端钝尖；由极柔薄而透明的膜形成，可以向任何方向弯曲而不至于破裂。里面有一层很薄的原生质，长出它们的锥形突起也是一样。每个爪一般(但不是无例外)含有一个极小的淡褐色颗粒，有时圆形，长圆形的更多；有不断的布朗式运动。这些颗粒缓缓改变位置，由爪的一端向另一端转移，不过靠近基部的时候较多。幼龄泡囊只长到全大三分之一时，四爪突起中已经有它们存在。它们不像正常的细胞核；不过我们认为它们正是变形的核，因为不存在时，我还有时在它们应在的地方看见实物所成的淡光环，中间包着一个暗点。另外，美洲狸藻(*Utriculara montana*)的四爪突起含有较大而更规则的球形颗粒，其余情况却都相似，很像泡囊壁细胞的核。目前这种情况，有时一个爪中也会有两颗、三颗乃至更多几乎相似的颗粒；往后我们就要谈到，有多于一个颗粒的这种情形，似乎只在吸收了腐败物质后才出现。

领圈内侧(参看图 20)，长有好几行密集的突起，和四爪突起没有什么重大区别，只是仅仅有 2 条爪而不是 4 条；另外，稍微窄些，纤细些，我想称它们为两爪突起。它们也伸向泡囊中，指向囊后端，四爪和两爪突起无疑地与泡囊外表面的和叶片上的乳突同一起源；往下我们要说明，它们都是由极相似的乳头突起发育而成。

各部分的用处 以上各个部分的叙述冗长了一些，但还是不可少，现在我们来谈它们的用处。有些作者认为泡囊为浮子，可是原来没有以及人工除掉了泡囊的枝条，由于细胞间隙中充满着空气，同样完美地漂浮着。含有已死或刚捕获动物的泡囊常含有空气泡，可是气泡并不只由腐败生出，我见过幼龄干净中空的泡囊中有气泡，有些老年而含有多量腐败物质的却没有。

泡囊的真实用处是捕捉小形水生动物；它们确实大批地逮着。我于 7 月初从新林收到的第一批生活植株，大部分成长泡囊含有食饵；8 月初收到的第二批，大多数泡囊是空的，可是这一批是故意在特别清的水里面采集得来的。在第一批中，我的儿子检视了 17 个有某种食饵的泡囊，其中 8 个有切甲类的甲壳动物，3 只昆虫幼虫，1 只还活着，6 只动物残骸，腐败过甚，无从辨认它原来是什么。我拣了 5 个看来很饱满的泡囊，发现其中关有 4、5、8、10 只甲壳动物，第 5 个有单独一只很长的幼虫。另外拣 5 个有残骸但不十分饱满的，其中有 1、2、4、2、5 只甲壳类。某一个黄昏，科恩把一个在几乎是纯水中长着的狸藻植株搁到饱含甲壳类的水里；第二早，大多数泡囊里面已经有了这些动物，关在牢房里游来游去。它们继续活了好几天，后来都完结了，我体会是由于水里面的氧消耗完毕，窒息死了。科恩还发现过有些泡囊里有淡水蠕虫。所有关有腐败动物残骸的泡囊里，都有大量各种活藻类、浸滴虫及其他下等生物，显然都是不速之客。

动物推动瓣盖的活动后缘进入泡囊，瓣盖由于弹性强大，立即闭合。盖缘极薄，又和领圈缘边非常密合，而且两者都伸向泡囊内部(参看图 20 切面情形)，关了进去的动物，的确很难逃走，显然也就没有逃出的。我可以提出，我儿子曾见过一个水蚤(*Daphnia*)的一条触须，插到了瓣盖缝罅里面，就牢牢地被逮住，一整天没有脱身。我自己也有三四次见到长形细瘦的幼虫，身体卡牢在瓣盖和领圈的角隅上，一半在内，一半在外，有活的，也有死的。这些都可以证明盖缘怎样密合。

因为我觉得那些被捕获的小而软弱的动物，怎样能挤入泡囊很难体会，我做了很多实验来确定这个过程。当将用针或细鬃毛插到盖缝里，活动的盖缘很容易弯曲，不感觉有什么阻力。将一条细头发固着到柄上，只露出$\frac{1}{4}$英寸，插进去时有些困难；再长一些，则头发软了进不去。有三回，将极细的蓝玻璃碴（蓝的便于观察）在水面以下搁到瓣盖上；尝试着用针轻轻拨动碎屑，它们忽然不见了，我没有看出发生什么事，我以为我自己把玻璃屑拨弄掉了；可是检视泡囊，玻璃屑已经安稳地关了进去。我的儿子将几粒小方粒绿色黄杨木$\left(\text{边长约}\frac{1}{60}\text{英寸，0.423 毫米}\right)$搁在瓣盖上，也遇见了同样情形；有三回，在搁上去或轻轻把它拨到另一点时，瓣盖忽然开了，把木粒吞了进去。他另外搁了一些小木块，拨弄了些时，可是没有进去。我又在 3 个瓣盖上搁了蓝玻璃碴，另 2 个上搁了一些极小极小的铅刨屑；过了一两个小时，都没有进去，可是 2～5 小时后，5 件小东西又都被吞没了。有 1 粒玻璃碴是长条，一端斜搁在盖上，几小时后，见到它已经嵌进泡囊，一半在囊里面，一半伸出，瓣盖紧盖着，只在一个角隅留有一个小空。像上面所谈的幼虫一样，这块玻璃碴固定得真紧，把这泡囊撕下来，摇动着，也不脱出。我儿子再用小方粒绿色黄杨木$\left(\text{约}\frac{1}{65}\text{英寸，0.391 毫米见方}\right)$刚刚重到可以沉入水下的，搁在 3 个盖上。19 小时 30 分钟后再检视，还在盖上；可是 22 小时 30 分钟后，一颗已被关住，我还可以提到，我在一个泡囊中见到过 1 粒沙，另外一个有 3 粒；这些沙必定是偶然落在盖上，像玻璃碴一样被关进去的。

玻璃乃至于黄杨木粒的重量尽管有水的浮力支持，却使承重的瓣盖缓缓弯曲，我推想与胶态物质的缓缓弯曲相似。例如搁在潮润明胶窄条上的玻璃屑，胶片也会缓缓屈曲。将盖上的一个颗粒拨动到另一处能使它忽然打开，就更难于体会。为了确定瓣盖是否具有感应性，曾用针尖和鬃毛搔刮几个瓣盖，模拟小甲壳类的爬行运动，盖并未打开。又由许多事例类比，曾先把些泡囊放在 80°～130℉（26.6～54.4℃）的温水中一些时候以后再触动，想从升温加强感应力，或者由升温本身引起运动，也没有得到反应。也许我们可归结说，动物是以它们的头部作为楔子，靠用力冲过盖缝硬撞进去的。可是使我诧异的是$\frac{1}{4}$英寸长的头发所难进入的关口，某些小而软弱的甲壳类(如一种甲壳类的无节幼体(*Nauplius*)和一种缓步类(*Tardigrade*),居然强到可以冲进去。可是事实上小而软弱的水生动物,的确是进去了的;新泽西州的特里特(Treat)夫人经常见到北美小狸藻(*Utricularia clandestina*)的整个过程[①],在一个泡囊周围慢慢走动,似乎在侦察;后来,它爬到瓣盖所在的小窝上,随后很容易地便进去了。她还见过许多小甲壳类被俘。介虫(*Cypris*)"是很警惕的,可是常常被逮住。游到泡囊入口,它会停一停,然后立即跑开;有时,会游到很近,以至于冒险地进到入口一段,随后又似乎畏怯而退出。另一只更莽撞的,冲开门游了进去,可是一进去,感觉不妙,立即缩脚缩触须,把壳关起来"。幼虫(显然是螨)在入口附近找食物,很容易把头探到网里,以后就逃不脱。"一个大形幼虫,有时三四小时才被吞下,那个过程,叫我想到我见过的一条小蛇吞下一个大蛙的情形"。可是,瓣盖既然似乎毫无感应能力[②],则这种缓缓吞入必定是幼虫本身自己向前钻动的结果。

很难猜测究竟是什么吸引了这么许多生物进入泡囊,如吃动物的和吃植物的甲壳类、蠕虫、缓步类、各种幼虫等。特里特夫人说刚才所谈的昆虫幼虫是吃植物的,可能对盖缘的长刚毛有特别爱好;但这种味感不能解释吃动物的甲壳类为什么也钻进去。也许小水生动物习惯于进入很小的缝罅,像瓣盖与领圈之间那样来寻找食物或保护。异常透明的瓣盖似乎不只是一件偶然的存在,那一点光可能正是引诱。入口周围的刚毛似乎有同样效果。我相信这正是如此,因为有些附生和泽生的狸藻属植物,生活在纠缠的植被或淤泥中的,入口周围就没有刚毛,有了在这种情况下也不能作为引诱。可是这些附生或泽生的种,从瓣盖表面伸出两对刚毛,和水生种一样;它们的用处也许是防止大型生物强力撞入泡囊而把入口弄破了。

由于在有利条件中,大多数泡囊都成功地捕获到食饵,有一个例,一个泡囊里竟关住10只甲壳类;由于瓣盖的结构这么适于容许小动物进去而防止它们逃出;由于泡囊内面有这么一种特出的结构,布满了数不清的四爪与二爪突起,这些,就不再能怀疑这种植物是特别地适于获得食饵

① 《纽约论坛》(*New York Tribune*),《园艺学者记事》(*Gard. Chron.*),1875,303页曾转载。

② 特里特夫人根据她对捕虫动作的观察归结到(见 Harper's Magazine,1876,2月号)瓣盖有感应性。——F. D.

的。与同科的捕虫堇属相比，我自然预料着泡囊能够消化食饵；可是事实不然，没有适于分泌消化液的腺体。可是为了确定它们的消化能力，我还是将极小块的烤肉、3小方粒白蛋白、3小方粒软骨，通过口道推送到一些健壮植株的泡囊里面。让它们停留在里面1天到3天半，再切开泡囊来看，这些物体没有丝毫受过消化或溶解的征象；颗粒的棱角和原来一样分明。我是先对毛毡苔、捕蝇草、黏虫荆、捕虫堇等植物作过这些观察的，所以我对于这些物质消化的初期和末期外观已很熟悉。因此，我们可以归结说，狸藻不能消化它习惯捕获的动物。

大多数泡囊中，捕获的动物已经腐败得很利害，只成为一堆淡褐色渣状团块，它们的壳素外皮已经软融到极容易解体。眼点中的黑色色素保存得比其余部分都好。脚、腭等，都已四分五裂；我认为这是后来进来的动物徒劳地挣扎时弄散的。我曾觉得奇怪，为什么关住的动物，新鲜的所占比例比腐败了的低得多[①]。特里特夫人对上面所提到的那只大型幼虫曾说过："一只大些的动物被逮住后，寻常不到2天，泡囊里面的液体就开始呈现云雾状或淤泥状浑浊，常常达到这样的程度，连那个动物的轮廓也看不出了。"这些话使人怀疑，可能泡囊能分泌某种酶，促进腐败过程。这个怀疑也不是毫无根据：将肉浸在混有万寿果（番木瓜 *Carica papaya*）乳汁的水中10分钟，就变得很柔和，很快地过渡到腐败，布朗（Browne）在他的《牙买加的自然史》中就曾说过。

不管关住的动物的腐败过程是否经过催速，总之两爪和四爪突起必定从它们吸收了物质。构成这些突起的膜性质之柔薄，以及由于它们数量之多而且布满在泡囊内侧而暴露的表面之大，都是有利于吸收的条件。剖开许多完全干净而没有捕获过食饵的泡囊，用 Hartnack 8号接物镜检查，爪膜壁上贴附的柔薄无结构原生质薄层中，除了一个单独的黄色颗粒或变形核之外，再也看不出什么东西。有时一条爪里面出现2个甚至3个这样的颗粒；可是这时一般都可以找出腐败物质的痕迹。另一方面，凡含有一个大形或几个小形腐败了的动物的泡囊，这些突起的外观就大不相同，细心观察过6个这样的囊，其中1个含有1个长形卷曲的幼虫，另1个有1只大形切甲类，其余有2个到5个小切甲类，都已腐败。6个泡囊中，大量四爪突起含有一些透明、常常黄色的球形或不规则形状物质团块，彼

---

① 席姆帕尔[见《植物学报》，1882，245页]也曾在角花狸藻（*Utricularia cornuta*）为这事感到过惊异。——F. D.

此多少有些融合。另一些突起则只含有细颗粒性物质，粒子小到 Hartnack 8 号镜头还分辨不清楚。膜壁上贴附的原生质薄层，有时有些收缩[①]。有三回，曾对上述的小团块作详细观察，并且隔不久就画下一个简图，可以见到它们彼此间的相对位置和对爪壁的位置在改变。有时分离的团块融合起来，又再分离。一个小团块会伸出一个突起，后来断裂出去。总之，这些无疑地表明了它们是由原生质组成。想到我们曾对许多干净泡囊也一样细心观察过，它们从没有这些现象，我们可以放心假定，上述情况下的原生质是由于吸收了腐败动物的含氮物所产生。另外两三个泡囊，乍看上去很干净，仔细寻找，发现有很少几个突起外面黏着一小点褐色物质，表明过去曾有某些极小的动物被关住而腐败了，这里的爪里面，也就有很少的球形小聚集团块，而同泡囊中其余突起，都是空虚透明的。另一方面，还必须提到有 3 个含有死甲壳类的泡囊，突起也是空的。这事实可以这么解释：动物刚死不久，还没有完全腐败，或者经过时间还短，不够引起原生质聚集团块的生成，或者吸收了的物质已运到植株中其他部分去了。往后我们还会谈到，狸藻属其他三四种，与腐败动物接触过的四爪突起也都含有原生质聚集团块。

四爪和二爪突起吸收某些液体的情形 做了一些实验来确定某些适于这个目的的液体，是否也和腐败动物一样，对这些突起发生相似作用。这些实验颇为麻烦：仅仅将一个枝条插进供检液体是不够的，因为瓣盖盖得很紧，液体纵使能进去，也不会快。就是用鬃毛插进口道，瓣盖的活动软边缘紧紧压在鬃毛周围，液体显然不能进去；这样得来的结果，不能置信，也就无须引用。最好的办法应当是穿刺泡囊，可是我很迟才想到，只作了几次。而且，所有这两种方法，都不能十分肯定半透明的泡囊中原先没有逮住过某些极小的动物处于最后腐败阶段。所以我的实验，大多数都是将泡囊纵剖成两半；用 Hartnack 8 号镜头检查，再在盖玻片下注入几滴供试溶液，留在保湿器中，过一段时间，再用同一镜头观察。

将 4 个泡囊先依如上方式，用 1 份阿拉伯胶兑 218 份水的溶液处理，作为对照实验，同时将 2 个泡囊试放在 1 份糖兑 437 份水的溶液内。两种处理，在 21 小时后，都没有引起四爪或二爪突起的任何可见变化。将 4 个

① 席姆帕尔(引文见上，247 页)在角花狸藻捕有动物的泡囊中，见到它们的毛，有突出的差异：原生质有时比空泡囊里的颗粒性更明显，但最常见的变化是原生质聚在细胞主轴上，以辐射线条悬在贴壁的原生质薄层上。——F. D.

泡囊作同样准备后，用1份硝酸铵兑437份水的溶液处理，21小时后再检视。两个的四爪突起内，现在满是极细的颗粒性物质，它们的贴壁原生质薄层或原浆壶，收缩了一些。第3个泡囊在8小时后四爪突起中已含有明显可见的颗粒原浆壶，也有些收缩。在第4个泡囊大多数突起的原浆壶已在多处浓缩成为形状不规则的黄色小斑点；从这个例和其余例可追踪的过渡形式来看，这些斑点似乎是其他突起中较大游离颗粒的前奏。另几个很干净的泡囊，看来不曾捕过食饵的，经过穿刺浸入这种溶液中，过了17小时，它们的四爪突起已含有极细的颗粒性物质。

将一个泡囊切成两半，镜检后，用1份碳酸铵兑437份水的溶液灌注。8小时30分钟后，四爪突起已含有很多颗粒，原浆壶略有收缩；23小时后，四爪二爪突起含有透明物质的球形团块，一条爪中有24个这样中等大小的团块，数得出来。两个对开泡囊，原在阿拉伯胶(1份胶兑218份水)液中浸过21小时没有受到影响的，也用同浓度碳酸铵溶液灌注；2个的四爪突起都起了上述变化，一个在9小时后，另一个在24小时后。两个看来未捕获过食饵的泡囊，穿刺后放入溶液中；17小时后镜检一个的四爪突起，略有些不透明；另一个在45小时后检查，四爪突起的原浆壶已略有收缩，并且出现与硝酸铵作用相同的黄斑点。将另几个未经伤害的泡囊放在同一溶液中，另一些用更淡的1份盐兑1750份水(1格令兑4盎司)溶液浸；2天后，四爪突起已有些不透明，内含物也变成细颗粒性；但是溶液究竟是从口道进去的还是通过囊体从外边吸收的，却不知道。

将两个对切开的泡囊用1份尿素兑218份水的溶液灌注，但是用这溶液时，我忘了曾在温暖的屋子里放了几天，可能已经产生了一些氨；不过，无论如何，21小时后，四爪突起的确已经受到影响，和经过碳酸铵溶液浸过的一样，原浆壶已经有了浓缩的斑点，有些斑点已经过渡到分离的颗粒。另用同一浓度的尿素新鲜溶液灌注了3个对切开的泡囊；21小时后，它们四爪突起的反应比前一次实验所见的小得多，但是有些爪中的原浆壶已略有收缩，另一些爪中的已分裂成两个几乎对称的口袋形。

将3个对切开的袍囊镜检后，用一些腐败过而臭得利害的生肉浸汁灌注。23小时后，3个标本中四爪和二爪突起都已充满着透明的球状团块，有些的原浆壶已经有点收缩。另3个对切开的泡囊用新鲜生肉浸汁灌注；出乎我意料之外，23小时后，其中1个的四爪突起，已经现出细颗粒状，原浆壶有些收缩，并且有浓缩的黄斑；这就是说，它已受到了和腐败浸汁或碳酸铵溶液方式相同的作用。第2个泡囊，有些四爪突起受了同样影响，不过程度较轻微;第 3 个泡囊则根本无反应。

由这些实验可以明白知道,四爪和二爪突起都有吸收硝酸铵和碳酸铵以及腐臭的肉浸汁中某种物质的能力。之所以选用铵盐溶液作尝试,是因为知道在有空气与水存在时,它们是会从动物性物质腐败中迅速地产生出来,因此在捕获有食饵的的泡囊中,也一定会出现。这些铵盐和腐臭生肉浸汁所生效应与天然捕获食饵腐败产物不同之处,只是后者所引起的原生质聚集团块大些;可是如果时间够长,则溶液所产生的细小颗粒及小形透明球状物,也会汇合成大些的团块。我们见过,碳酸铵淡溶液对毛毡苔细胞内含物的第一步效应是产生最细颗粒,后来这些细颗粒聚集成较大的圆形团块;沿胞壁流动的原生质中颗粒,最后也和这些团块汇合。这种性质的变化,毛毡苔却比狸藻快得多。泡囊并没有消化蛋白、软骨和烤肉的能力,出乎我意料之外的,却从生肉浸汁中(至少有一次)吸收了物质。还有,由下面我们马上就要谈到的口道周围腺体的情形看来,新鲜尿素溶液对四爪突起仅仅产生不大的作用,也出乎我意料之外。

四爪突起是由与泡囊外面和叶面的乳突最初很相似的乳突发育而成,我可以在这里提一提,后两处乳突头上戴着的那两半球形细胞,在天然状态中是完全透明的,也能吸收碳酸铵和硝酸铵;在这两种浓度为 1 份铵盐兑 437 份水的铵盐溶液中浸过 23 小时后,它们的原浆壶也有些收缩,变成淡褐色,有时还现出细颗粒。把一支整枝条在 1 份碳酸盐兑 1750 份水的溶液里浸过 3 天,结果也完全一样。这个枝条叶细胞中的叶绿素粒,在很多地方也聚集小形绿色团块,通常还有极细的丝将这些团块连在一起。

瓣盖和领圈上腺体吸收某些液体的情形 幼小的或长期在较清的水里面长着的泡囊,口道周围的腺体都无色;它们的原浆壶,也仅有极轻微或甚至全无颗粒性。可是天然状态的大多数植株(我们必须记住,它们经常长在很污浊的水面)和长期长在污水缸里的,大部分腺体都带浅褐色;它们的原浆壶也多少有些收缩,有时破裂,细胞内含物有粗颗粒或聚集成小团块。我毫不怀疑,它们必定从周围水中吸收了些物质;因为,如下面要谈的,在某些溶液里浸一个短时期,也会出现非常近似的情况。由生长在天然环境中(除非那里的水突出地清)的植株,这几乎是普遍现象这一点看来,这种吸收绝不是没有益处的。

位于口道缝隙附近的腺体,包括瓣盖和领圈上的,毛柄都短;而较远的腺柄都长得多而且向内伸着。这些腺体,都刚好摆在从泡囊通过口道排出的水液所激荡的地方。由将未受伤害的泡囊浸在各种溶液中的结果看来,瓣盖闭合得那么严密,是不是经常有腐败水液向外排出,很可怀疑。可是我们必须记住,一个泡囊经常捕获好些只小动物;每回有一个新鲜的动物进去时,一定有一股污水流出,冲荡着这些腺体。此外,我多次见到过,轻压含有空气的泡囊,就有一些小气泡通过口道排出;如果把一个泡囊搁在吸水纸上轻压,也有水渗出来。后一种情况中,如压力放松,就会吸入空气,泡囊又恢复原有的形状。再浸入水中轻压,小气泡仍只从口道钻出,而不从其他地方出来,可以证明泡囊并未破损。我所以特别提到这一点,是因为科恩引用了特雷维拉努斯(Treviranus)的话,说泡囊不破裂,空气便压不出来。我们可以归结说,一个泡囊盛满了水以后,如果分泌气体,则必定会有些水通过口道缓缓排出。因此,口道周围挤满的众多腺体,是适应于吸收从含有腐败动物的泡囊内部排出的污水中所含物质,我不怀疑。

为了检证这个结论,我用多种溶液来试验这些腺体。像四爪突起的情况一样,我用铵盐溶液作尝试,因为动物性物质在水下腐败到最后阶段,一定会产生铵的。不幸这些腺体生长在泡囊上而保持完整时,无从作细致观察。因此,只有将泡囊顶尖,包括瓣盖、领圈和触须一齐作一片切下,先观察腺体的情形,然后再在盖玻片下注加溶液,过了一定时距,仍用 Hartnack 8 号镜头再检视。以下实验,都是这样做的。

仍旧先用 1 份白糖和 1 份树胶分别兑 218 份水的溶液,做对照实验,看这两种溶液对腺体能否产生任何影响。也需要观察切下泡囊时,腺体是否受了影响。用了四个囊顶尖,一个在 2 小时 30 分钟后检视,其余三个在 23 小时后检查;它们的腺体都没有什么显著变化。

两个长着完全无色腺体的顶尖,用同一浓度(即 1 份盐兑 218 份水)的碳酸铵溶液灌注,5 分钟内,大多数腺体的原浆壶有些收缩;它们也凝缩成为斑点或小片,显出淡褐色。1 小时 30 分钟后再看,大多数又已经有些变样。第三个标本改用较淡的 1 份碳酸铵兑 437 份水的溶液尝试,1 小时后,腺体淡褐色,含有许多颗粒。

将 4 个顶尖用 1 份硝酸铵兑 437 份水的溶液灌注。15 分钟后,观察其中一个,腺体似乎已受了些影响;1 小时 10 分钟后,有了很大变化,大多数细胞的原浆壶都有些收缩,并且含有许多颗粒。第二个标本,2 小时后,原浆壶收缩明显,而且变成褐色。其余两个标本中,也有相似的效果,不过只是在过了21小时后才观察的。许多腺体的细胞核显然也都增大了。从一个长久养在颇清的清水中的枝条上，割了5个泡囊来检查，见到它们的腺体没有什么变化。把枝条剩下的部分浸到硝酸铵溶液中，21小时后，再检查上面的两个泡囊，则腺体都已变得带褐色，原浆壶也略有收缩，并且带有细颗粒。

另一泡囊顶尖，腺体完美地干净，用1份硝酸铵及磷酸铵各兑437份水的溶液混合后取几滴来灌注。2小时后，有少数腺体变成褐色。8小时后，几乎所有长圆形腺体都变成了褐色，而且比原来更不透明；它们的原浆壶略有收缩，并且含有少量聚集了的颗粒性物质。球形腺体还是白的，可是原浆壶已破散成三四个小的透明球状物，基部中央有一团不规则收缩的团块。几小时后，较小的球状物变了形状，有一些消失了。第二早，23小时30分钟后，都消失了，腺体变成褐色；原浆壶现在收缩成一团球形，在细胞中央。长圆腺体的原浆壶没有再收缩多少，但内含物有些聚集。最后，将一个经过糖液（1份糖兑218份水）处理过21小时而未生影响的顶尖，用同样的混合铵盐溶液灌注；8小时30分钟后，所有腺体都变成褐色，原浆壶略有收缩。

用腐臭了的生肉浸汁灌注4个顶尖。几小时中，腺体无变化可见；可是24小时后，大多数都变成了褐色，而且比原来更不透明，颗粒性也更显著。这些标本中，和用铵盐灌注的标本一样，核似乎加大了，也更坚实了，可惜没有量。用新鲜的生肉浸汁灌注另5个顶尖；24小时后，3个丝毫未受影响，其余两个，腺体的颗粒状或许有些增加。未变的标本中，取了一个用混合铵盐溶液灌注，25分钟后，腺体含有四五个乃至十多个颗粒。再过6小时，原浆壶大大收缩。

检查一个泡囊顶尖，所有腺体都无色，原浆壶也无收缩；可是多数长圆形腺体中，有着用Hartnack 8号镜头刚刚可以辨别的颗粒。现在用几滴1份尿素兑218份水的溶液灌注。24小时25分钟后，圆形腺体还是无色，但长圆腺体和两爪腺体已带褐色，原浆壶也大有收缩，有一些还含有明显可见的颗粒。9小时后，有些圆形腺体也变成了褐色；长圆腺体变得更厉害，但所含分散的颗粒减少了；它们的核则变大了，似乎合并了一些颗粒。23小时后，所有腺体都变成褐色，原浆壶收缩得很厉害，有不少已经破裂。

将一个已颇受环境水分影响的顶尖做实验：它的圆形腺体虽然还是无色，但原浆壶已略有收缩；长圆形腺体则已带褐色，原浆壶大有收缩，且不规则。现在用尿素溶液处理顶尖，9 小时内还不见影响，可是 23 小时后，圆形腺体已经变褐，原浆壶收缩加强；其余腺体的褐色更深，原胞囊收缩成不规则团块。

另外 2 个顶尖，腺体无色，原浆壶未收缩的，也用同一尿素溶液处理。5 小时后，很多腺体已有些褐色，原浆壶也略有收缩。20 小时 40 分钟后，其中少数已经很褐，而且含有不规则聚集的团块；其余一些，还保持无色，不过原浆壶已略起收缩；大多数却没有什么变化。这是一个很好的例证，说明同一个泡囊上各个腺体所受的影响，有时彼此大不相同；在污水中生长的植株，常有这种情况。另两个尖顶，用制备后在温暖的屋子里搁了好几天的尿素溶液处理，21 小时后镜检，它们的腺体没有受什么影响。

将淡些的 1 份尿素兑 437 份水的溶液，用来试 6 个顶尖；灌注之前，先经过细心检查。其中一个，在 8 小时 30 分钟后重新检查，它的腺体，包括圆形的在内，已经变褐色；多数长圆形腺体中，原浆壶已经收缩并且含有颗粒。第 2 个，灌注之前检视，见到它已经受到周围浑水的影响，圆形腺体外观不很一律，原浆壶收缩，少数长圆形腺体已经发褐，灌注后 3 小时 12 分钟，原来无色的长圆形腺体，原浆壶已略有收缩。圆形腺体没有变褐色，不过内含物形状似乎有些改变；23 小时后，变得更多而且已现颗粒状。大多数长圆形腺体已经变成暗褐色；不过它们的原浆壶没有多少收缩。其余 4 个，在 3 小时 30 分钟、4 小时、9 小时后检视过。它们总的简单情况是：许多长圆形腺体成了褐色；褐色的和无色的原浆壶都多少有些收缩，有一些含有小聚集团块。

对吸收现象观察的总结　以上事实，说明瓣盖上及领圈周围各种形状的腺体，无疑地都能够从淡铵盐溶液、尿素溶液和生肉的腐败浸汁中吸收物质。科恩教授以为它们分泌黏滑物质；我还没能见到它们有任何分泌作用的迹象，只有用酒精浸没后，有时看见从腺体表面有极细的线辐射出来。吸收对腺体的影响有种种不同：经常是变成褐色，有时含有很细的颗粒，有时略粗些，有时是不规则地聚集了的小团块；细胞核有时似乎增大了；原浆壶一般收缩，也有破裂的情形。污水生长繁殖着的植物，腺体有着与这些完全相同的整套变化。圆形腺体所受影响，一般和长圆形及两爪的不同，前者变褐的不普遍，受作用也较缓慢。因此我们可以推论，它们自然的功能有某些差异。

同一枝条上不同泡囊中的腺体，乃至于同一泡囊上同一种腺体，所受生长环境中污水及所试各种溶液的作用，很不相等，值得注意。对于前一种，我假想或者是由于放出水流，分量很小，只供应了某些腺体，而没有普遍达到其余的，或者是由于某种未知的先天差别。至于同一泡囊中同一种腺体对同一溶液表现的不同，则可能是某些腺体事先已经从水中吸收了少量物质。我们已经见过，毛毡苔同一片叶上的腺体，尤其是受某些蒸气的作用时，受到的影响也很不一致。

已经变褐色而原浆壶也有些收缩的腺体，用已知有效的溶液灌注时，它们不受影响，或者很轻微很缓慢。可是，如果腺体仅含有少数粗大颗粒，则不妨碍后来溶液的作用。我从未见过任何迹象，可以说明曾经因吸收了任何一种物质而受到强烈影响的腺体，能够恢复它们洁净无色、均匀的情况，或再获得吸收能力。

由各种试过的溶液的性质，我假想吸收了的是氮化物；不过长圆形腺体已变形的、带褐色、多少收缩了、聚集了的内含物，我们父子两个都从未见到过它们有原生质所特具的自发变化。另一方面，较大圆形腺体的内含物，经常分裂成小形透明球状物或不规则形状的团块，它们缓缓地改变形状，最后并合成为中央的收缩团块。不论各种腺体内含物性质如何，它们经过污水或含氮溶液作用之后，所生成的物质可能对植株有用，最后转移到其他部位。

这些腺体的吸收，显然比四爪二爪突起快；由以前所持的看法（即它们能从偶然由泡囊释出的腐水中吸收物质），则它们应当比那些突起作用得快些，因为这些突起和捕获的及腐败中的动物长期保持接触。

最后，由以上的实验和观察，引导我们作的结论是泡囊无消化动物性物质的能力，尽管四爪突起似乎略受生肉新鲜浸汁的影响。泡囊内部和外面的腺体，已经肯定可以从铵盐溶液，从腐败过的生肉浸汁，从尿素中吸收物质。腺体所受尿素溶液的影响，比四爪二爪突起强，而受生肉浸汁的作用则较弱，尿素的情形特别值得考虑，因为它对于适应于消化新鲜动物性物质的毛毡苔，也没有作用。而最重要的事实，则是英国狸藻和狸藻等，含有腐败动物的泡囊中，其四爪二爪突起一般都含有自发运动的原生质团块，而完全干净的泡囊里面则没有。

泡囊的发育过程 我和我儿子两人，在这个课题上花费了很多时间，成绩很小。我们的观察，用在这一种和狸藻上面；但所用材料，仍以狸藻为多，因为它的泡囊，几乎有英国狸藻的两倍大。早秋茎顶生成大形顶芽，冬天落下在水底休眠。在形成这些芽的幼叶上，长有泡囊，处于早期发育的不同阶段。狸藻的泡囊长到直径为$\frac{1}{100}$英寸(0.254 毫米)或英国狸藻的泡囊长到$\frac{1}{200}$英寸时,它们轮廓近圆形,横向的口道窄小,几乎完全关闭,囊里面空处盛满着水;但直径在$\frac{1}{100}$英寸以下的小泡囊是中空的。口道向内,或面对植株主轴。在这早期,泡囊呈扁平形,其扁平侧在口道所在的平面上,即与成熟泡囊的扁平侧成直角。泡囊外表面,满布着各种大小的乳突,其中多数轮廓作椭圆形。一束由简单长形细胞所成的导管,沿短柄上升,在囊基分开来。一支上到囊背面中部,另一支上升到腹面中部。完全长成的泡囊,腹侧支脉在领圈直下再分支,两支各向前分布到瓣盖的角隅和领圈相联处;在很幼小的泡囊里,这些分支还看不见。

附图(图 23)是碰巧刚好切在中线上的一个狸藻泡囊,切面通过囊柄并在两条新出触须中间;泡囊直径约为$\frac{1}{100}$英寸。标本很软,幼嫩瓣盖和领圈分开得比自然情况远一些,照原样绘出。很明白地看到,瓣盖和领圈都是囊壁向内折入的延伸。就在这样早期,瓣盖已有腺体可见。四爪突起的情形,下面再谈。触须这时是极小的细胞性突起(因为不在中线面上,所以没有画上),很快就长出初期刚毛。在 5 个例中,幼嫩两条触须的长短不同;如果如我所设想,它们是从泡囊末端由叶的两个裂片发展而成,则这事实便不难理解;因为真叶幼小时,不同裂片的发展,我所见到,都从不严格地对称;它们必定是一先一后地发育,触须也正一样。

再早得多的时期,半成型的泡囊直径还只有$\frac{1}{300}$英寸(0.0846 毫米)或稍大时,形状全不相似。附图(图 24)左侧,绘有一个这样的囊。这时幼叶有扁平的宽节段,后来的裂片,则起自侧出的隆起,图 24 右侧绘有一个。我的儿子观察过的许多标本中,幼泡囊看来似乎是由顶端和有一隆起的一侧向对面一侧斜着折叠而形成。折入的顶端和折入的隆起中间,所留圆形的空隙,显然后来就收缩成为狭小的口道,在那里再发育出瓣盖和领圈来;泡囊本身则是由叶片其余部分的对面边缘汇合而成。可是这种设想受到强烈反对,因为在这种设想中,必须假定瓣盖与领圈起于顶端和隆起边缘对称的发展。而且,维管束组织也得与叶片的原来形状作不相应的发展而形成。在找出这个最早形态与一个幼小而已发展完备的泡囊之间存在的各过渡形式之前,这些过程暂时还是可疑的。

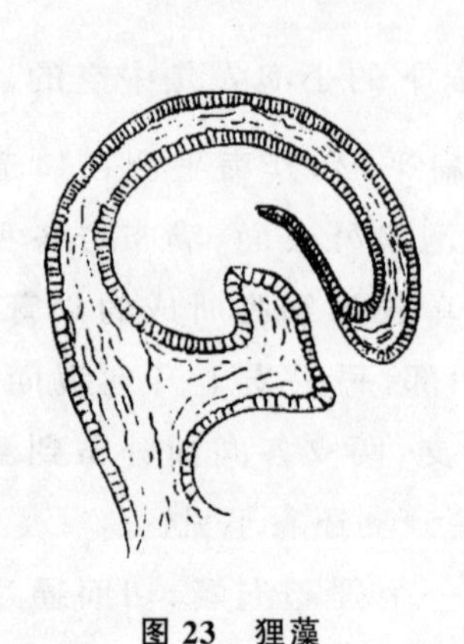

图 23 狸藻

（一个直径为$\frac{1}{100}$英寸的泡囊纵剖面；口道加宽展开了。）

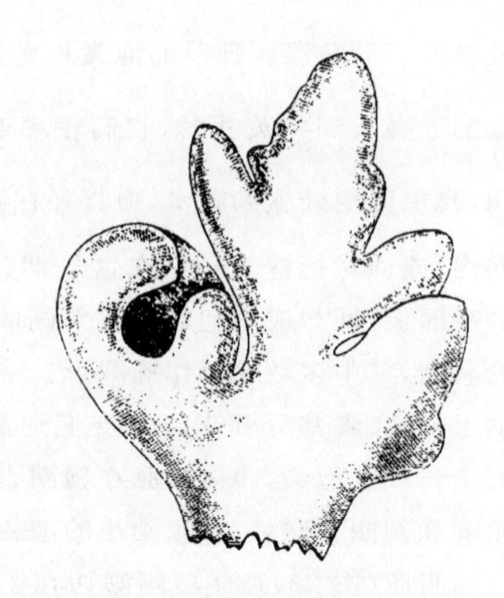

图 24 狸藻

（冬芽的幼叶，左侧有一个发育初期的泡囊。）

四爪与二爪突起是本属的最大特异点，我曾就英国狸藻对它们的发生过程，作过详细观察。直径为$\frac{1}{100}$英寸的泡囊内壁，已布满着乳突，是从大型细胞交界处角隅的小型细胞上长出的。乳突是一个极小的锥形瘤状突起，缩小成一个很短的柄，顶上有两个极小细胞。这就是说，它们所占相对位置和外形，都和泡囊外表面及叶面上的乳突完全相同，不过形体较小而更凸出一些。乳突顶端的一对细胞，先在与囊内壁平行的线上伸长很多，接着由纵壁隔成两个细胞。不久，这两个新细胞彼此分离，于是一个初期的四爪突起就形成了。由于空间限制，这两个新成细胞不能在原来的平面上加宽，就滑动到彼此部分相互重叠。它们改变了生长方式，不再在顶端伸长，而只在侧面延伸。下面两个细胞部分地滑到了上面一对的下面，伸长成为较长而更直立的那一对爪，而上面的两个，成为较短而水平伸出的一对，四个合起来，成了完备的四爪突起。乳突顶上两个细胞之间的初生隔壁，还可在一对长爪的基部之间见到痕迹。四爪突起的发育很容易随时停顿。我曾见到一个直径为$\frac{1}{50}$英寸的泡囊，仅仅含有最原始的乳突；另一个泡囊已达到成长期一半大小的，四爪突起还只在发展早期。

就我所能体会到的说来，两爪突起的发育过程，和四爪突起同一方式，不过原来两个末端细胞不分裂而增加长度。瓣盖和领圈上的腺体，出现极早，我无法追迹它们的发育经过；不过我们可以合理地设想，它们是由与泡囊外表面乳突相似的突起发育的，只是顶端细胞没有分裂成两个。形成腺体毛柄的两个节片，可能相当于四爪两爪突起的圆锥形瘤突和短柄。紫晶狸藻(*Utricularia amethystina*)泡囊整个腹面外侧直到囊柄，都长满着腺体的事实，增强了我的信心，认为腺体是由与泡囊外面乳突相似的乳突发育而成。

狸藻(*Utricularia vulgaris*)

胡克博士从约克郡给我寄了活植株来。这个种和英国狸藻不同的地方有：茎叶较壮大粗糙，叶裂片间的角度较锐，叶裂凹处的短刚毛是三四条不是一条，泡囊有两倍大，直径约$\frac{1}{5}$英寸(5.08毫米)。泡囊的重要特征和英国狸藻的相似，不过口缘的岸壁似乎更凸出，我所见到的，通常长有7～8条多细胞刚毛。每条触须上有11条刚毛，连尖端的一对计算在内。剖开5个有食饵的泡囊检查过，第一个，关住的动物包括5只金星虫，1个大形桡足类(Copepoda)，1个镖水蚤(*Diaptomus*)；第2个有四只金星虫；第3个有1只颇大的甲壳类；第4个有6只甲壳类；第5个有10只。我的儿子检查1个含有两只甲壳类残骸的泡囊，它的一些四爪突起，充满着圆形和不规则形状的物质团块，可看到在运动着，并合着，所以这些团块是原生质组成的。

细叶狸藻(*Utricularia minor*)

承约翰·普赖斯(John Price)先生从柴郡给我送来了这种希有植物的生活标本。叶片和泡囊比英国狸藻的还小得多。叶片上刚毛也短些少些，泡囊更近圆球形。触须不在囊前面向外指，而卷在瓣盖下面，带有12～14条极长的多细胞刚毛，一般成对地排列着。这些刚毛，连同口缘两侧的七八条长刚毛，构成网遮在瓣盖上，可以阻止小动物以外的一切动物进入泡囊。瓣盖和领圈的重要结构和前面两种相似，不过腺体不像那两种那么多；长圆形的更长一些，而双爪的则较短。瓣盖下缘斜着上指的两对刚毛短小，如果我假设的这些刚毛的功用在防止大型动物强撞进泡囊而引起伤害的想法是正确的，那么与前两种盖上的长毛相对比，它们的短小便很容易理解，因为瓣盖已为1对内卷的触须和许多侧面刚毛所保护。两爪突起和前两种相似，但四爪的四条爪指向同一方向，两条长的在中央，短的在两侧（图25）。

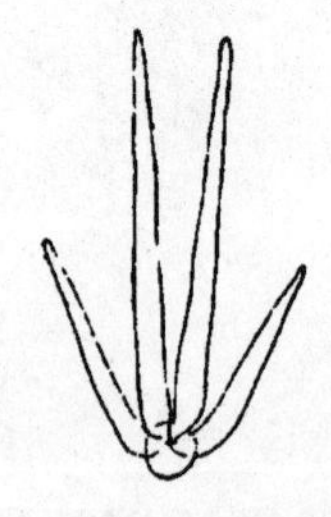

图25 细叶狸藻四爪突起，高倍放大。

植株在7月中采集；泡囊不透明，似乎充满了食饵。剖开5个检视，第1个含有不少于24只极小的淡水甲壳类，大多数只剩下空壳，里面有些还含几颗红色油滴；第2个有20只；第3个有15只；第4个有10只，其中有些比一般大；第5个看来很满。却只有7只，不过其中5只特别大。它的食饵，由这5个泡囊看，完全为淡水甲壳类，大多数与前两种泡囊中的种类不同。一个泡囊中与腐败着的物体接触的四爪突起，含有众多颗粒性球形物，缓缓地在改变形状和位置。

北美小狸藻(*Utricularia clandestina*)

这个北美原产种也和前3种一样是水生植物。新泽西州的特里特夫人作过记载，她的完美观察，上面我已经引证过。我还没有见到她对各种的泡囊结构作过详尽记载，似乎也有四爪突起。泡囊里捕获的动物数量很大；有些是甲壳类，但大多数是细小长形幼虫，我猜想应是孑孓。一些枝条上，“每10个泡囊中足有9个含有这种幼虫或其残骸。”这种幼虫“关入后24—36小时，还有生活的表征”，后来就死亡了。

第十八章　狸藻属(续)

· *Utricularia (continued)* ·

美洲狸藻——地下根茎上泡囊的说明——栽培的及天然环境内植株捕获的食饵——四爪突起及腺体的吸收——块茎作为贮水器官——狸藻属其余的种——沤苴——壶叶蕰捕获食饵的另一种装置——［瓶子草］——植物的各种不同营养方式

美洲狸藻　这个种生在南美洲,据说是附生植物;但由丘植物园所藏干标本的根(根茎)看来,它也生于地里,可能在岩石缝中。英国温室栽培的,是种在泥炭土中。内维尔夫人慷慨赠与我一棵健壮植株,胡克博士又给了我另一棵。叶全缘而不是像以前几个水生种那样深裂。叶片长形,阔约 1.5 英寸,有明显叶柄。植株有无数透明根茎[①],像棉线那么细,上面长着泡囊,有的膨大成为块茎,下面我们再谈。根茎完全像根,不过有时向上长出绿色枝条。它们深入地面下有时达 2 英寸以上,但以附生式生活时,它们必须在当地树干上厚层覆盖的藓、根、腐败树皮等等的堆里匍匐生长。

泡囊既然附在根茎上,它们自然只能是地下器官。它们数量极大,我的一个植株,虽然还幼小,必然有几百个,因为从一大团中取出一个分枝来数,就发现有 32 个;另一枝约 2 英寸长的(尖端和一个侧枝断掉了),有 73 个[②]。泡囊扁而圆,腹面,即细长的柄与瓣盖之间的一侧面,非常短(见图 26)。它们无色透明,简直和玻璃一样,因此看起来比它们的实体小。最大的长直径不到$\frac{1}{20}$英寸(1.27 毫米)。它们由较大的多角形细胞构成,角隅交接处有长圆形乳突伸出,和前几种泡囊外面的乳突相当。根茎上,乃至整个叶片上,也有很多同样乳突,不过叶面上的,形状较宽,具有平行横纹而不是螺旋纹的导管,顺柄上行到囊底为止;不像上面两种,分叉后向囊背和囊腹延展。

◀双裂苞狸藻

① 霍弗拉奎[见《法国科学院报》,第 105 卷,692 页,又 106 卷,310 页]曾讨论过地下匍匐茎的性质。他以为它们在形态上应是叶,反对申克[见《普林格海门年鉴》(*Pringsheim's 'Jahrbücher'*),第十八卷,218 页]认它为根茎的看法。席姆帕尔在他关于西印度群岛附生植物的文章[见《植物学通报》(*Bot. Centralblatt*),第十七卷,257 页]中,对他自己在多米尼加山中发现的中美狸藻(*U. schimperi*)所生匍枝或匍匐茎,持有与 Schenk 相同的意见。后来席姆帕尔记载的角花狸藻[*Utricularia cornuta*,见《植物学报》,1882,241 页],也有相同的地下匍匐茎以及气生的所谓叶的器官。他对匍匐茎和"叶"之间形态学上相同的可能性作过分析,持有与霍弗拉奎相反的意见,认为所谓"叶"和匍枝,可能是形态学上的茎。——F. D.

② 奥利弗教授绘图记载了[《林奈学会会报》(*Proc. Linn. Soc.*),第四卷,169 页]一种 *Utricularia jamesoniana*,具有全缘叶和根茎,和这一种相像;但有些叶的顶端半段的叶缘变成了泡囊。这件事实明白地指出,目前这一个和以下的种,根茎上的泡囊是叶节的变态;这样,也就和水生种漂浮的深裂叶片上的泡囊相符合了。

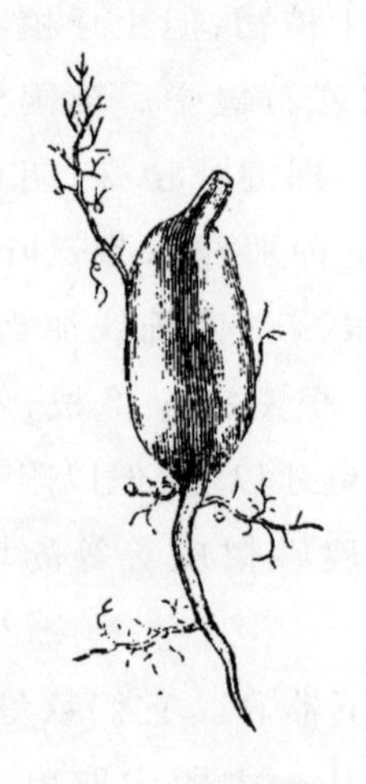

图 26　美洲狸藻

根茎膨大成块茎；枝条上有小泡囊；自然大小。

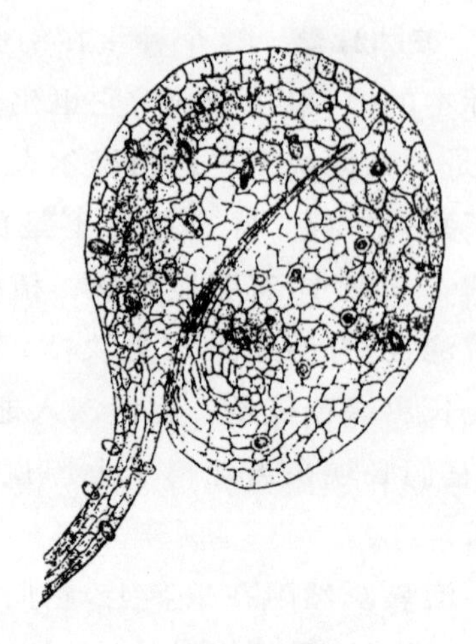

图 27　美洲狸藻

泡囊放大约 27 倍。

触须不很长，末端锐尖；和前面几种显著地不同，即不带刚毛。毛基急剧弯折，以至于毛尖一般都靠在泡囊腰部两侧，有时也靠近边缘，转折的毛基这样就为瓣盖所在的空腔搭上一个顶；但是，每一侧面都还留下一个小的圆形通道，通到腔中，如图 27 所绘；两条触须的基部之间，也另有一条窄狭过道。泡囊既生在地面以下，如果没有这样的覆盖，瓣盖所在处空腔便会被泥土或垃圾堵住；所以触须的弯曲是一个有用的特征。口缘即领圈外面，没有上述各种所具有的那些刚毛。

瓣盖小而陡削地倾斜着，其活动后缘贴在半圆的深深垂下的领圈上。它颇透明，长有两对短硬刚毛，位置和其他的种所生一样。触须和领圈上没有刚毛，这 4 条刚毛的存在，说明它们有重要功能，即像我所设想的，阻止过大的动物强行通过瓣盖进入。以前各个种，瓣盖上和领圈周围的各种腺体，这里也不见了，只有十来个横着伸长的或是双爪的腺体，着生在瓣盖边缘，下面的柄也极短。腺体长度只有$\frac{3}{4000}$英寸（0.019 毫米）；虽然小，但有吸收作用。领圈颇厚而硬，几乎是半圆形；和以前各种一样，由特殊的褐色组织构成。

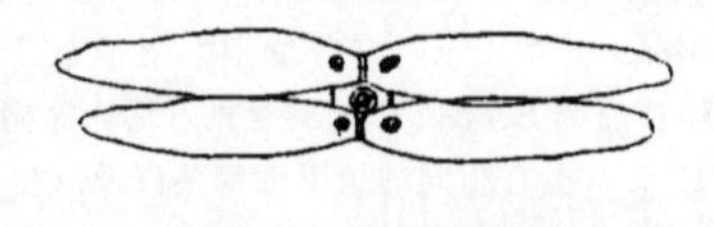

图 28　美洲狸藻

一个四爪突起，高倍放大。

泡囊满装着水，有时有气泡。内表面有颇粗短的四爪突起，大致排列成几层同心环。它们的两对爪,长度差异很小,排列很特殊(图 28);两条长些的,排成一直线,两条短些的,排成与前者平行的另一直线。每条爪含有一个褐色物质的小球形团块,压碎时,断开成为有棱角的碎片。这些小团块是细胞核,我不再怀疑,因为构成囊壁的细胞中,有着极相似的小球存在。领圈内侧正常部位上,长有两爪突起,不过爪略短而带卵圆形。

这些泡囊的各种重要特征,看来,都和前述各种相似。不同的是瓣盖上面和领圈周围没有腺体,只瓣盖上有少数极小的腺体。另外,更明显的是,触须和领圈外面,没有刚毛。前几种的这些刚毛,可能与捕捉水生动物有关。

对我说来,美洲狸藻的这些小泡囊,是不是和以前所谈各个种的一样,可以捕捉生活在地里面的动物,或这种狸藻附生的树皮上浓密植被中的动物,作为食饵,是一个很有意思的问题;因为如果是这样,则它们可以构成肉食植物中的一个小组,即地下捕食者。因此,检视了许多泡囊,得出如下结果。

(1) 一个小泡囊,直径不到$\frac{1}{30}$英寸(0.847 毫米),含有一小团褐色而腐败得很利害的东西;其中,找出了一个 4 节或 5 节的跗节,末端有一个双钩,在显微镜下看得清清楚楚。我怀疑它是一只弹尾类留下的残骸。和这腐败残骸接触的四爪突起,有的含有半透明带黄色的物质小团块,一般呈球形,有的含有细颗粒。这个泡囊中较远的地方,四爪突起透明中空,只含有自己的坚凝细胞核。我的儿子曾经就上述的聚集块之一,随时绘出简图比较,发现它们不断地、彻底地在改变形状,有时分离,有时合并。显然从吸收的腐败动物物质中,已生出新原生质。

(2) 另一个泡囊包有一块更小的腐败褐色物质,它邻近四爪突起,含有聚集团块,正像上一个例子。

(3) 第 3 个泡囊包有一只较大动物,已经腐败到仅仅可以看出它原来是有刺或多毛的。四爪突起和它接触的,已看不出有什么大变化。不过在几个爪中的核,大小相差颇多;有些爪中,含有两个外形相似的团块。

(4) 第 4 个泡囊含有一只节肢动物,我清楚地看出一个节肢残迹,末端带有钩。四爪突起没有检查。

(5) 第 5 个包有腐败得很利害的东西,显然是某种动物,不过已没有可以辨认的特征。与它接触的四爪突起含有许多原生质球。

(6) 从丘植物园得来的植株上取了好几个泡囊来检视。其中一个含有一只腐败不多的蠕虫状动物和一个同一种的残骸，已腐败得很利害。和这些残骸接触的四爪突起，有好几个爪含有球形团块，和正常爪中坚凝的细胞核同一形状。另一泡囊含有小颗石英，使我想起英国狸藻中2次相类似的例子。

看来，这种植物在它们的故乡可能捕获的动物，会比栽培的植株多些，我得到允许，从丘植物园标本室的干标本上取得少量根茎来检查。最初我还不懂得该先用水把材料浸2～3天，然后还该把泡囊切开，在玻璃片上摊开内含物；因泡囊中物质已经过腐败、压扁和干燥，它们原来的情况就不容易辨别。先检查了1个原产地是新格拉纳达（New Granada，南美洲中部）黑土上的植株的好几个泡囊；其中4个有动物残骸。第一个含有1只多毛的粉螨（*Acarus*），腐败得很利害，只剩有透明外被；还有1个某种动物黄色壳素的头部，有一个体内叉，食道挂在叉上，可是上颚已经不见了；还有某种动物，体积由圆形细胞构成。克劳斯（Claus）教授看过这只怪动物，认为该是一个根足类的外壳，可能属于表壳虫科（Arcellidae）。这一个和其余的泡囊都含有一些单细胞藻类，也有一个多细胞藻；无疑地都是闯入者寄住着的。

第2个泡囊所含一只粉螨，比前1个腐败程度浅得多，8条节肢完好无缺；此外还有好几个其他节肢动物。第3个，我想是一只粉螨的腹部末端和两条后肢。第4个有一只明显节肢动物，有刚毛，好几只其他动物，还有一堆暗褐色有机物，性质无从确定。

检查了一株特立尼达的植株（原是附生植物）的几个泡囊，不过检查得较粗略，浸的时间也不够长。4个含有很多褐色、半透明颗粒性物体，显然是有机物，没有可辨识的部件。2个的四爪突起带褐色，内含物颗粒状；显然它们吸收了些物质。第5个有一只瓶状生物，和上面所记的一样。第6个含有1只很长的腐败得利害的蠕虫状动物。最后，第7个也含有1只生物，分辨不出原来是什么。

对这种植物的四爪突起及腺体吸收能力，只做了一次实验。穿刺一个泡囊，浸在1份尿素兑437份水的溶液中24小时，四爪和二爪突起都大受影响。有些爪里面，只有一个对称的球形团块，比正常的细胞核大，由黄色的物质构成，一般半透明，有时带颗粒性；另一些，有两团，一大一小；还有些，有不规则团块；因此，好像是突起中原来清澈的内含物，由于吸收了溶液中的物质，有时在核周围聚集起来，有时形成分离的团块，这些分离团块后来又并合。原浆壶或贴壁的原生质薄层，也在各部分浓缩成为不规则各种形状的黄色半透明物质斑点。和经过同样处理的英国狸藻一样。不过斑点似乎不改变形状。

瓣盖上极小的双叉腺体也受到溶液的影响；它们现在含有好几个，有时多到6—8个，简直是球形的半透明团块，带有些黄色，缓缓地改变着形状和位置。在正常状况下，这些腺体中从未发现过这种团块。因此我们可以推定，这些腺体也有吸收功能。1个含有动物性遗体物质的泡囊，排出一点儿水分时(由前述各种方式，尤其是靠生成小气泡)，水分就会充满瓣盖所在的空腔；这时腺体可以利用其中所含腐败物质，否则就会浪费掉。

最后，由于这种植物在天然产地和栽培中都能捕获多量极小动物，泡囊虽小，却无疑地绝不是残存器官；相反，它们应是高度有效的猎获器。四爪二爪突起，也无疑地能从腐败食饵中吸收一些物质，由此生出新原生质。什么东西引诱各种小动物进入弯曲触须下的空腔，然后又强行通过瓣盖与领圈之间的裂缝式口道，进到满装着水的泡囊里，我不能推测。

块茎　前面1个图(图26)绘了1个自然大小的这种器官，它还值得说明几句。一棵植株的根茎上曾数出有20个；可是很难数得准确，因为这20个之外，在一小段稍有膨胀的根茎，和膨胀得很大，可以含糊地够称为块茎之间，还有种种过渡形式。块茎发达得很好时，是对称的卵圆形，比所给的还要更对称。我所见过的最大的，有1英寸(25.4毫米)长，0.45英寸(11.43毫米)宽。它们普通接近地面，也有深埋到地下2英寸深处的。深埋的污白色，近地面而部分曝光，由于表层细胞中生成了叶绿素，所以带绿色。它们的末端是根茎，但这一段根茎有时腐败脱落。它们不含空气，入水即沉；表面上也长满着正常的乳突。每个根茎中的维管束进入块茎后，分作3个明显分支，在相对端又联合为一。一个块茎的颇厚切片简直和玻璃一样透明，可以看出是由多角形大细胞构成，细胞中充满着水，没有淀粉或其他固态物质。几片切片在酒精中浸过好几天，只在细胞壁上生成了很少极小颗粒的沉淀；这些沉淀，比在根茎和泡囊细胞壁上沉淀的还少得多。因此我们可以归结说，块茎决不是贮藏有机养分的器官，而只是干旱季节的贮水器官，这种条件植物可能会遇到。充满了水的许多小泡囊，可能对于同一目的也有帮助。

为了验证这个想法正确与否，把一个生长在松泥炭土盆中的小植株，饱饱地灌了一次水，然后搁在温室里面，一滴水也不再给，事前，先挖出两个块茎，量了尺码，再松松地盖上。过了两星期，盆中的泥土看来已经极干；可是一直到第35天，叶片并没有受过丝毫影响；此后，叶片稍有些反卷，但仍保持柔软和绿色。这个植株只长有10个块茎，如果我没有先割掉3个块茎和好几条长根茎，可能还要抗过更长久的干旱。到第35天，盆中的泥土倒出来，已经干到像大路上的尘土一样。所有块茎表面都已绉缩，不是原来光滑饱满的模样。它们都收缩了，我无法准确说出收缩了多少；因为它们原是对称卵形时，我只量出长和宽；现在它们的一个横轴收缩得特别厉害，已经变成很扁。原来量过的2个块茎之一，现在长度只剩下$\frac{3}{4}$，在厚度上，一个方向剩有$\frac{2}{3}$，另一方向只剩$\frac{1}{3}$。另一个，长度减少了$\frac{1}{4}$；厚度在一个方向少了$\frac{1}{8}$，另一方向少了一半。

从绉缩了的块茎上切下一片来检查。细胞还含有水，没有空气；可是已经圆化了，没有原先那么角隅分明，胞壁也不是直的；这就是说，细胞收缩了。这些块茎，只要还活着，吸水力极强大；切过一片的那个块茎，放进水里，过了22小时30分钟，表面又和原来一样平滑饱满。另一方面，一个绉缩的块茎，因为无意中从根茎割断了，看来已死亡，在水里搁了好几天，一直没有膨胀。

许多种植物都用块茎、球茎等器官部分地作为贮水器官，但是这样专门为贮水而发育的器官，除了现在这种植物之外，我还没有见到过。奥利弗教授告诉我，狸藻属还有另外3种也有这种附属器，因此具有这种器官的一群，就称为“兰科型”(orchidioides)。狸藻属其他(即除兰科型以外)的种，和与狸藻属相近的几属，都是水生或沼泽植物；由近亲植物一般在营养型上都相似的原理看来，永不缺乏的水源，显然对现在这一种植物也是重要的。因此，我们可以体会到它所以发育这种块茎，而且，一个个体上的数目，至少在一个例中已达到20个，是有意义的。

莲叶狸藻，紫晶狸藻，南洋狸藻，天蓝狸藻，圆叶狸藻，多茎狸藻，【角花狸藻】

我想确定狸藻属其他种和相联几属的各个种的根茎上的泡囊，是否和美洲狸藻具有同样重要构成的部分,能不能捕虫,因此请求奥利弗教授从丘植物园标本室里给我寄些零星块片来检视。他欣然地选了一些最明显的种类,具有全缘叶,认为是生长在沼泽地区或水中的,给我寄了来[1]。我的儿子弗朗西斯·达尔文检查了它们,交给我以下的记载。必须说明,这么极小的纤弱的物体,经过干燥和压平,要了解它们的内部结构,实在很困难。

莲叶狸藻(*Utricularia nelumbifolia*,巴西,风琴山) 这个种的生长环境非常奇特。据发现这个种的加德纳[2]说,它是水生的,"但是只生长在铁兰(*Tillandsia*)叶基所蓄积的水里,而这种植物却茂盛生长于海拔 5000 英尺山中和干燥岩石地区。它除了靠种子这种寻常的繁殖方式之外,还靠由花轴基部长出的纤匐枝;纤匐枝生出之后,总是向最近一棵松萝兰长过去,把纤匐枝尖端插进水里面,发展成一个新植株,新植株又再送出新纤匐枝。我曾见到过不少于 6 棵植株以这种方式相联系"。泡囊所有重要特征都和美洲狸藻的相似,甚至于瓣盖上有几个极小的双叉腺体,也全相同。泡囊里面,有着某种大甲壳类或昆虫幼虫腹部的一段残骸,尖端有一丛锐长刚毛。其余泡囊包含节肢动物片段,还有不少泡囊里面有一种奇异动物的破片,许多见过这些破片的人,都不知道它原来是什么。

紫晶狸藻(*Utricularis amethystina*,圭亚那) 这个种,具有小型全缘叶,显然是一种沼泽植物;但它生长的环境中,必定有甲壳类存在,因为有一个泡囊中发现了两种小型甲壳类。泡囊形状和美洲狸藻相似,外面也满长着同样的乳突;不过有一点突出的不同,是触须退化,只剩两个短尖,以一个中部空虚的膜连着。膜上有无数长圆形长柄腺体;大多数排成两行,向瓣盖集中;膜的边缘上,另外有些腺体;泡囊的短腹面,在叶柄与瓣盖之间的地方,也密生着腺体。大多数的头部已经脱落,只留有腺柄,因此用低倍镜检视腹面和口道时,似乎长满着细刚毛。瓣盖窄,长有少数几乎无柄的腺体。盖缘向之闭合的领圈,带黄色,结构如常。由腹面和口道附近的多量腺体推测,这个种可能生长在极浊的污水中,腺体能从污水及捕获的食饵腐败过程中吸收材料。

南洋狸藻(*Utricularia griffithii*,马来半岛及加里曼丹) 泡囊透明而极小,量过的一个,直径为 0.711 毫米。触须中等长度,直向前指。它们

---

[1] 奥利弗教授本人曾(在《林奈学会会报》,第四卷,169 页)绘图记载两种南美洲狸藻属[即 *Utricularia jamesoniana* 及盾狸藻(*U. peltata*)]的泡囊;但他似乎没有特别注意这个器官。

[2] 《巴西内地旅行记》(*Travels in the Interior of Brazil*),1836—1841,527 页。

在基部有一短段由一片膜相联，触须上有许多刚毛，不像以前各种那样简单，而是顶端戴有腺体的。泡囊也和前几种不同，里面没有四爪突起，只有二爪的。一个泡囊里有一只极小水生昆虫幼虫，另一个有一些节肢动物的尸体；多数有沙粒。

天蓝狸藻(*Utricularia caerulea*，印度) 泡囊的触须情况和内部突起只有二爪一型，都和上一种相似，它们含有切甲类甲壳动物遗体。

圆叶狸藻(*Utricularia orbiculata*，印度) 长有泡囊的圆球形叶和茎，浮在水面。泡囊和前两种大致相似。基部一短段相联的触须，外表面和顶端都长着多细胞长毛，毛顶戴有腺体。泡囊里面的四爪突起，四爪散开等长。捕获的食饵有切甲类甲壳动物。

多茎狸藻(*Utricularia multicaulis*，锡金，印度，7000～11000 英尺) 根茎上所生泡囊，最大特点是触须的结构。触须阔而扁；大型，边缘上长有多细胞的长毛，毛顶戴着腺体。基部连成一条颇窄小柄，所以外观很像在泡囊的一端长有一个大型掌状扩张物。囊里面四爪突起的爪等长向外散开。囊中含有节肢动物残骸。

[**角花狸藻**(*Utricularia cornuta*，美国)席姆帕尔在美洲研究了这个种，曾以它为主题在《植物学报》上发表过一篇文章①。生在沼泽地带，外观极特别；初看上去，植株的气生部分似乎只有裸出的花轴，1 英尺高，开 2—5 朵大型黄花。角花狸藻没有根，它的地下茎或根茎，分支很多，长有很多极小泡囊。根茎的分支，随地发出草样的叶子，盖在地面上，和花轴没有什么明显的联系。泡囊的结构没有什么突出特点，大致和欧洲种相似。囊里面的生物残骸，114 个囊只有 11 个不含碎屑。内含物包括硅藻的小动物——蠕虫、担辐类、小甲壳类；囊壁内面的毛，有表明它们曾从腐败物中吸收过物质的证据。——F. D.]

泡蕴属(*Polypompholyx*)

这一属仅限于澳洲西部，特征是具有“四裂萼”。其他方面，奥利弗教

① 《食虫植物小记》(*Notizen über Insectfressende Pflanzen*)，1882，241 页。

授说过①,“完全就是狸藻”。

沤蕴(*Polypompholyx multifida*)　泡囊成轮地排列在硬柄尖端周围。两条触须只剩下一个膜状的小叉,叉基部像一个围屏,遮在口道上。围屏伸出两个翼,包围着泡囊两侧面。另有第3翼或脊像是由柄背伸出;不过由于标本的情况,这3个翼的内部结构已经无从辨认。围屏内面长有简单长毛,内含聚集物质和与腐败动物接触过的四爪突起及以前所记各种的内部一样。所以这些长毛似乎也有吸收功能。见到过一个瓣盖,不过无法确定它的内部结构。瓣盖周围的领圈上,没有腺体,只有无数单细胞乳突,下面有极短短柄。四爪突起的爪,等长四向散出。泡囊内有切甲类甲壳动物残骸。

小沤蕴(*Polypompholyx tenella*)　泡囊比前一种更小,一般结构全同。囊中满是渣屑,显然是生物性物质,但辨别不出节肢动物遗体。

壶叶蕴属(*Genlisea*)

这个奇特的属与狸藻属的区别,据奥利弗教授说,在于萼五裂。属中各种,分布全世界几个区域,据说是“沼泽地一年生草本”。

巴西壶叶蕴(*Genlisea ornata*)　沃明博士曾绘图记载过这个种,说它有两种叶,他把它们称为匙形叶和带壶叶的②。后一种叶,内部有空腔,空腔和以前所记的泡囊相差很大,我们打算称它为“壶”③(utricle),以便区别。附图(图29)是一枚带壶叶,大致放大了三倍,可以表示出我儿子所作下述说明,重要各项都和沃明博士的叙述相符合。壶(图29中*b*)由狭窄叶片稍微阔大一点儿变成。约为壶长15倍的中空壶颈(*n*),由横向窄缝的口道(*o*)起,形成通道进入壶腹空腔。一个长径为$\frac{1}{36}$英寸(0.705毫米)的壶,壶颈长10.583毫米,宽$\frac{1}{100}$英寸(0.254毫米)。口道两旁,各有一条长螺旋形的角或管(*a*);它们的构成,可以用以下方式来说明,把一窄条扁丝带,螺旋地缠在一个细长圆柱上,让带缘彼此相接;然后把缝两边的带缘

① 见《林奈学会会报》,第四卷,171页。

② 《狸藻科研究报告》,哥本哈根,1874。

③ 也可译为胞囊。——译者

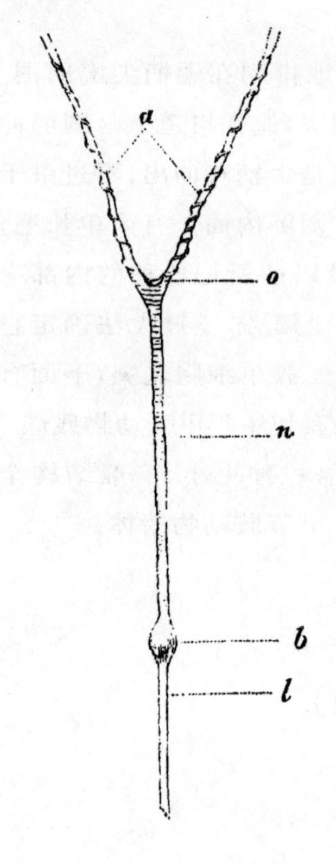

图 29　巴西壶叶蕰有壶叶，约放大三倍。

l.叶片上端；*b*.壶（即泡囊）；*n*.壶颈；*o*.口道；*a*.螺旋形叶管；尖端已破断。

全部捏合，让这合缝稍稍向外凸出，这条合缝自然会在圆柱外面形成一条像螺丝钉上的螺线。如果把圆柱抽出，留下的空管，就成了螺旋空管。合缝并没有实际闭合，可以很容易用针尖刺入。实际上它们在很多地方是分开一点的，形成进到叶管里去的狭窄进口；不过，也可能这只是标本干了之后新出现的情形。构成叶管的薄片似乎是口道两唇的侧出延伸物；合缝两边螺旋形缘口，就与口道的角直接相连。用一条细鬃毛插入叶管上端，可以达到壶颈上部。因为所有标本都有残破，究竟叶管末端是闭合的还是开放的，无从决定。沃明博士也没有确定这一点。

关于外形，我们谈到这里为止。壶腹内部下方，满长着球形乳突，由 4 个[沃明博士说，有时 8 个]细胞构成；这种乳突显然相当于狸藻属泡囊内壁的四爪突起。壶腹内腹面和背面腰上也还有一段长有这种突起；据沃明说，在上部也还有少数。壶腹腰以上，有许多横排短而密集的毛，毛尖指向下。毛基较宽大，毛尖是另一个细胞。乳突很多的壶腹下部，没有这种毛。壶颈在全长上都同样也长着许多横排细长透明的毛，毛底宽球茎状，毛尖也同样有另一个锐尖小细胞（图 30）。它们的底台是一些略为突起的四方形表皮细胞。毛长略有参差，尖端一般地都达到下一排的底台。因此，如果破开壶颈而把它摊平，内面就像一版大头针；毛像针，毛基底台所成小横脊，像针穿过的那一窄条纸。29 图中壶颈上的许多横线代表这些横排的毛。此外，壶颈内面也有许多乳突；下段的成球形，由 4 个细胞构成，和壶腹下部的相似；上段的，只有 2 个细胞从着生点向下伸长。这种双细胞乳突，显然相当于狸藻泡囊上部的二爪突起。狭小横裂的口道位于两个叶管基部中间。这里没有什么瓣盖可见，沃明博士也没有见到过。口道两唇，有许多粗、短、锐尖而略向内弯曲的毛或“齿”。

构成叶管的两个螺旋式扭曲叶片，合缝处凸出的缘口，也有短小向内弯曲的毛或齿，和口道唇部的完全一样。它们与凸出的缘口螺旋线成直角向内伸出。叶片内表面也有由两个细胞构成的长形乳突,和壶颈上部内面的乳突相似。不过据沃明说,有这么一点不同:叶管内面的乳突,底台由大形表皮细胞的隆起作为柄,而壶颈乳突的底台,则由大细胞群中陷下的小细胞构成。这种螺旋形叶管是这一属与狸藻属最显著的区别。

由线形叶片下部上来的螺旋形维管束,紧接在壶腹下面分成两股。一股顺壶腹上到壶颈背面,一股顺腹背上升。然后,每个螺旋形叶管都有一股进入。

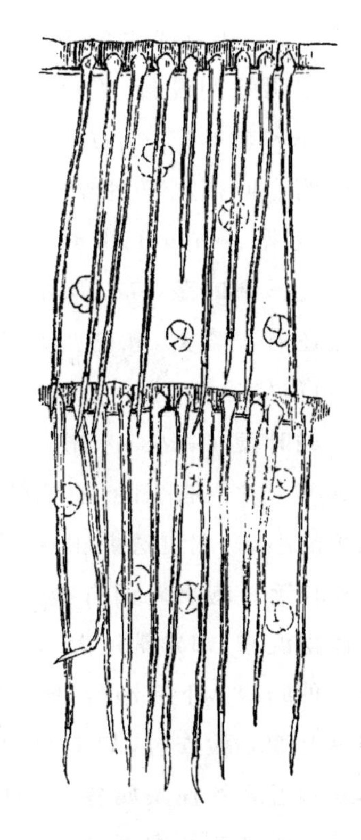

图 30 巴西壶叶蕴

(壶颈内部,接近壶腹的一段,高倍放大,表示向下指的刚毛和小形四分细胞或四爪突起)

壶含有许多渣屑或污浊物质,似乎是生物性,不过分辨不出是什么生物。事实上,除了生活生物之外,很难想得到能有什么东西可以由口道进入,通过那么细长的壶颈下来。某些标本的壶颈中,却发现过一只具有缩入的角质颚的蠕虫,一个节肢动物的腹部,还有一些污斑,可能是其他小动物的残骸。壶腹壶颈中许多乳突都有褪色现象,似乎吸收了物质。

从这些记载已很清楚壶叶蕴怎样拘留食饵的。小形动物从窄小口道进来,(可是什么东西引诱它们走进来,则和狸藻的情形一样,不知道)会感到退出的困难,因为口道的唇上有向内屈曲的锐毛,再经壶颈进去一点儿,由于许多横排向下指着的直长毛,和它们的底台所成横脊,就不能再向后转了。这样闯进来的生物会在壶颈和壶腹里死亡;四爪突起随后就可以从它们的腐败残骸中吸收物质。横列长毛,如此之多,如专为阻止食饵的逃走而设,也显得过剩,它们既细且柔薄,可能也和貉藻叶向内折入的缘口上所生柔软长毛一样,可以作为补充的吸收器。螺旋形叶管,无疑是辅助性陷阱。在没有检查新鲜物质以前,凸出缘口合缝处所留空隙,究竟是否全线都有点敞开,或者只有某几处,不能决定;不过任何小动物从任何一点钻了进来之后,向内弯的尖毛就可以阻止它再逃出去,只有一条向下通到壶颈的通路,再下到壶中。如果动物在螺旋管中死亡,它的遗体腐败后也可由两爪乳突吸收利用。这样看来,壶叶蕰捕虫的方式,不借助于前几个种的弹性瓣盖,而是用一套捕鱼陷阱式的设备,不过更复杂。

非洲壶叶蕰(*Genlisea africana*,南非) 这个种的带壶叶片段表现着与巴西壶叶蕰同样的结构。一枚叶的壶颈或壶腹内,发现了一只几乎完整的酪螨(*Acarus*),但究竟是颈或腹,没有记下。

金黄壶叶蕰(*Genlisea aurea*,巴西) 壶颈的一段内面也有横排长毛,并且还有长乳突,和巴西壶叶蕰壶颈的情形完全一样。因此,整个壶的结构,可能完全相同。

线叶蕰(*Genlisea filiformis*,巴西,巴伊亚州) 检查过许多叶片,没有见到那一片上有壶的,前几种则很容易看见。另一方面,根茎上却有着极像狸藻的泡囊,泡囊透明很小,只有 0.254 毫米长。触须不在基部联合,显然长有长毛。泡囊外面有很少的乳突,内面的四爪乳突更少。可是后者对泡囊体积说来,却异常地大,有四条等长四散的爪。囊内没有见到食饵。因为这一种的根茎上有泡囊,所以又在巴西壶叶蕰、非洲壶叶蕰和金黄壶叶蕰的根茎上细心检查过,却未发现。这些事实让我们怎样推论?是否上面三种本来和近亲的狸藻属各种一样,根茎上原有泡囊,后来消失了,而代之以壶叶呢?线叶蕰的泡囊极小,四爪乳突也少,似乎在退化变化中,可以作为这个假设的有力支持;可是线叶蕰为什么却没有发生同属其他种所具的壶叶?

总结 以上证明了狸藻属的多数种及其近亲两属分布在全世界相距极远的区域——欧洲、非洲、印度、马来群岛、澳洲、南北美洲,它们借两种方式非常好地适应于捕获水生或陆生动物,而且吸收它们的腐败产物。

普通各类高等植物都借根从土壤中获得所需要的无机元素,借茎叶从空中吸收碳酸气。但本书前一段,我们谈到了有一群植物能消化并随后吸收动物性物质,这就是茅膏菜科,捕虫堇以及胡克博士发现的猪笼草,几乎可以肯定说将来还会有新的其他种类补充。这些植物还可以消化并吸收植物性物质如花粉、种子和叶片小块等。它们的腺体无疑地也能吸收雨水带来的铵盐,还证明了另一些植物能靠它们的腺毛吸收铵盐;因此雨水带给它们的铵盐,它们可以受益。还有一群植物,不能消化,但是可以吸收它们捕获的动物的腐败产物,即狸藻①和它极近亲的几属;由

---

① 已故的德·巴里教授在斯特拉斯堡给我看了两棵狸藻(普通狸藻?)于标本,明确地证实了这种植物从捕获的动物得到利益。一个标本长在充满小甲壳类的水中,一个长的清水中;"喂过"的和"饥饿"的大小之间的差别,极为明显。——F. D.

米利查姆(Mellichamp)博士和坎比博士的精心观察看来，则瓶子草(*Sarracenia*)和加州瓶子草(*Darlinytonia*)也毫无疑问地应属于这一群，虽然似乎还没有完全证实。

席姆帕尔在一篇有意味的文章中[1]，证明了紫瓶子草(*Sarracenia purpurea*)瓶状叶，确实吸收了腐败产物[2]。瓶状叶底部的表皮细胞，在有腐败物存在时所起变化异常明显，与毛毡苔的聚集现象非常相似。细胞液含有大量单宁(毛毡苔也一样)，起聚集时，含细胞液的单一液胞，由好几个折光力极强的点滴取代了。其中经过很像德弗里斯所记述液胞的收缩和分裂。席姆帕尔假定细胞液向原生质让出一部分水分，他记述这样形成的含单宁的浓缩液滴，位于吸收肿涨了的原生质中，原生质就比未受刺激之前占有更大容积。席姆帕尔的文章还有关于瓶子草瓶状叶的很好的一般记载。——F. D.

有第3群植物，现在一般已承认，以植物性质的腐败产物为食，如鸟巢兰(*Neottia*)等[3]。最后，还有熟知的第4群寄生物(如菟丝子)，它们靠生活植物的汁液营养。然而，属于这4群里的大部分植物都是从大气中取得它们的碳素，像普通植物种那样。这些便是高等植物维持生存所依靠的、至今已知的、多种多样的方法。

---

① 《植物学报》，1882，225页，《食虫植物小记》。

② 在《科学文艺季刊》，1829，第二卷，290页，伯内特[承赛西尔顿·代尔(Thiselton Dyer)先生见告]写过："瓶子草，如杜绝蝇的来访，据说生长就不如每个瓶都成为真正的"吸肉棺"(sarcophagus)时那样旺盛。"据费弗尔(Faivre)[《法国科学院学报》第83卷，1155页]说，猪笼草和瓶子草，瓶状叶中灌水时长得旺些。威斯纳(Wiesner)说，可以好几个月不向瓶子草根部灌水而仍长得旺，只要向瓶状叶中供应[《植物解剖学及生理学初步》(*Element der Anat. und Phys. der. Pfbanzen*，第二版，1885，226页)]。——F. D.

③ 瓜子金(*Dischidia rafflesiana* Wall)有时被含糊地说成是食虫植物。特鲁勃的研究[《布顿座植物园年鉴》(*Annales du Jardin botanique de Buitenzorg*)第三卷，1883，13页)]指出并非如此。瓜子金是一种在树上生长的攀缘附生植物，形成簇生的变态叶或瓶状叶。它们在形态上有意义，因为是瓶状叶内部相当于叶的下表面，于是这些瓶状叶是叶片从下表面的内卷或囊袋，而不是像猪笼草、瓶子草和土瓶草(*Cephalotus*)那样从上表面的内卷或囊袋[见迪克森(Dickson)《植物学杂志》(*Journal of Botany*)，1881，133页]。瓜子金的瓶状叶在里面和外面都有一层蜡质覆盖物，这种覆盖物以奇怪方式在气孔周围堆积起来，在每一气孔周围形成塔式结构。瓶状叶表面没有腺体，它们常常部分盛满的液体只是收集的雨水。气生根很多，通常进入瓶状叶的腔内。德尔皮诺(特鲁勃引述)认为这种瓶状叶是用于收集蚂蚁的，其尸体可提供食物。而特鲁勃却认为蚂蚁在瓶状叶内淹死是偶然的，不是植物方面故意的。他指出没有保留蚂蚁的装置存在，并且气生根还为它们提供可逃跑的梯子；此外，在瓶状叶内找到的蚂蚁常不是活着的和健全的。Treub倾向于把瓶状叶的功能看做是贮水器；但是它们在植物经济上的用处还不能认为已经确切解决。——F. D.

科学元典丛书

1	天体运行论	〔波兰〕哥白尼
2	关于托勒密和哥白尼两大世界体系的对话	〔意〕伽利略
3	心血运动论	〔英〕威廉·哈维
4	薛定谔讲演录	〔奥地利〕薛定谔
5	自然哲学之数学原理	〔英〕牛顿
6	牛顿光学	〔英〕牛顿
7	惠更斯光论（附《惠更斯评传》）	〔荷兰〕惠更斯
8	怀疑的化学家	〔英〕波义耳
9	化学哲学新体系	〔英〕道尔顿
10	控制论	〔美〕维纳
11	海陆的起源	〔德〕魏格纳
12	物种起源（增订版）	〔英〕达尔文
13	热的解析理论	〔法〕傅立叶
14	化学基础论	〔法〕拉瓦锡
15	笛卡儿几何	〔法〕笛卡儿
16	狭义与广义相对论浅说	〔美〕爱因斯坦
17	人类在自然界的位置（全译本）	〔英〕赫胥黎
18	基因论	〔美〕摩尔根
19	进化论与伦理学(全译本)(附《天演论》)	〔英〕赫胥黎
20	从存在到演化	〔比利时〕普里戈金
21	地质学原理	〔英〕莱伊尔
22	人类的由来及性选择	〔英〕达尔文
23	希尔伯特几何基础	〔德〕希尔伯特
24	人类和动物的表情	〔英〕达尔文
25	条件反射：动物高级神经活动	〔俄〕巴甫洛夫
26	电磁通论	〔英〕麦克斯韦
27	居里夫人文选	〔法〕玛丽·居里
28	计算机与人脑	〔美〕冯·诺伊曼
29	人有人的用处——控制论与社会	〔美〕维纳
30	李比希文选	〔德〕李比希
31	世界的和谐	〔德〕开普勒
32	遗传学经典文选	〔奥地利〕孟德尔 等
33	德布罗意文选	〔法〕德布罗意
34	行为主义	〔美〕华生
35	人类与动物心理学讲义	〔德〕冯特
36	心理学原理	〔美〕詹姆斯
37	大脑两半球机能讲义	〔俄〕巴甫洛夫
38	相对论的意义	〔美〕爱因斯坦
39	关于两门新科学的对谈	〔意大利〕伽利略
40	玻尔讲演录	〔丹麦〕玻尔
41	动物和植物在家养下的变异	〔英〕达尔文
42	攀援植物的运动和习性	〔英〕达尔文
43	食虫植物	〔英〕达尔文

44	宇宙发展史概论	［德］康德
45	兰科植物的受精	［英］达尔文
46	星云世界	［美］哈勃
47	费米讲演录	［美］费米
48	宇宙体系	［英］牛顿
49	对称	［德］外尔
50	植物的运动本领	［英］达尔文
51	博弈论与经济行为（60周年纪念版）	［美］冯·诺伊曼 摩根斯坦
52	生命是什么（附《我的世界观》）	［奥地利］薛定谔
53	同种植物的不同花型	［英］达尔文
54	生命的奇迹	［德］海克尔
55	阿基米德经典著作	［古希腊］阿基米德
56	性心理学	［英］霭理士
57	宇宙之谜	［德］海克尔
58	圆锥曲线论	［古希腊］阿波罗尼奥斯
	化学键的本质	［美］鲍林
	九章算术（白话译讲）	张苍 等辑撰，郭书春 译讲

即将出版

动物的地理分布	［英］华莱士
植物界异花受精和自花受精	［英］达尔文
腐殖土与蚯蚓	［英］达尔文
植物学哲学	［瑞典］林奈
动物学哲学	［法］拉马克
普朗克经典文选	［德］普朗克
宇宙体系论	［法］拉普拉斯
玻尔兹曼讲演录	［奥地利］玻尔兹曼
高斯算术探究	［德］高斯
欧拉无穷分析引论	［瑞士］欧拉
至大论	［古罗马］托勒密
超穷数理论基础	［德］康托
数学与自然科学之哲学	［德］外尔
几何原本	［古希腊］欧几里得
希波克拉底文选	［古希腊］希波克拉底
普林尼博物志	［古罗马］老普林尼

科学元典丛书（彩图珍藏版）

自然哲学之数学原理（彩图珍藏版）	［英］牛顿
物种起源（彩图珍藏版）（附《进化论的十大猜想》）	［英］达尔文
狭义与广义相对论浅说（彩图珍藏版）	［美］爱因斯坦
关于两门新科学的对话（彩图珍藏版）	［意大利］伽利略

扫描二维码，收看科学元典丛书微课。